中经"精品课程"系列
人工智能系列规划教材

人工智能基础

主　审：牛文峰
主　编：李　祺　郭莹洁　欧明桥
副主编：崔馨月　贺　立　范兴兵　宋　林
编　者：高　静　谭宇宁　段凯歌

中国经济出版社　　中国石化出版社

·北京·

图书在版编目（CIP）数据

人工智能基础 / 李祺，郭莹洁，欧明桥主编．
北京：中国经济出版社：中国石化出版社，2025.8．
ISBN 978-7-5136-8240-4

Ⅰ．TP18
中国国家版本馆 CIP 数据核字第 2025MW5251 号

选题策划	雷　生
责任编辑	彭　欣
责任印制	李　伟
封面设计	任燕飞

出版发行	中国经济出版社
印 刷 者	宝蕾元仁浩（天津）印刷有限公司
经 销 者	各地新华书店
开　　本	889mm×1194mm　1/16
印　　张	22.25
字　　数	566 千字
版　　次	2025 年 8 月第 1 版
印　　次	2025 年 8 月第 1 次
定　　价	49.80 元

广告经营许可证　京西工商广字第 8179 号

中国经济出版社　网址 http://epc.sinopec.com/epc/　社址 北京市东城区安定门外大街 58 号　邮编 100011
本版图书如存在印装质量问题，请与本社销售中心联系调换（联系电话：010-57512564）

版权所有　盗版必究（举报电话：010-57512600）
国家版权局反盗版举报中心（举报电话：12390）　　服务热线：010-57512564

PREFACE 前言

在这万物互联的新纪元，人工智能（Artificial Intelligence，AI）如细雨般无声地渗透进生活的每一寸肌理——晨曦初现时，是手机语音助手温柔唤醒沉睡的梦中人；夜幕低垂之际，自动驾驶的汽车穿梭于城市斑斓的灯火之间，绘就未来图景。在医疗的领域，AI 系统以其精准之眼，洞悉病灶之秘；在金融的浪潮中，算法模型则以智慧之翼，预演市场的风云变幻。人工智能，这股不可小觑的力量，不仅悄然重塑了人类感知世界的维度，更以破晓之势，重新勾勒着未来发展的壮阔边际。

本书旨在为读者打开一扇通向 AI 世界的大门，帮助大家理解其核心原理、应用场景及社会影响。

本书分为理论知识与实训技能两大核心板块，全面而深入地探索人工智能领域。理论知识部分首先追溯 AI 的历史背景，深入剖析数学逻辑、算法设计、数据处理等基础知识，为读者构建坚实的理论基础。其次详细阐述大数据、云计算、机器学习这三大关键技术，以及它们在农业、电网、旅游等多个行业中的广泛应用，展示了 AI 技术的巨大潜力和价值。同时，深入探讨知识表示、自然语言处理、计算机视觉等核心技术，揭示 AI 技术的内在逻辑和工作原理。此外，还关注 AI 技术的未来发展趋势、社会伦理影响及安全挑战，为读者提供全面的视角与思考。实训技能部分则通过 DeepSeek 部署、AIGC 应用等具体案例，提供实战操作指导，帮助读者将理论知识转化为实际操作技能。整体而言，本书适合从初学者到专业人士的全方位学习与实践。

在编写本书的过程中，我们遵循基础性、实用性与前瞻性的指引。基础性犹如稳固的基石，通过对基本概念、原理及技术的细腻剖析，为读者筑起一座坚实的知识殿堂，确保他们能够深植学问之根，稳固前行。实用性则如同璀璨的实践之光，借助丰富的案例分析与项目实训，将知识的种子播撒于现实的土壤，使读者所学得以迅速生根发芽，绽放于实践的花海。前瞻性宛若明亮的灯塔，时刻照亮着人工智能领域的浩瀚天际，我们紧密追踪前沿技术的脉动，及时捕捉发展趋势的浪潮，为读者未来的学习与探索之旅拓宽视野，引领他们向着未知的远方勇敢航行。本书语言简洁明了，逻辑清晰，图表丰富，便于读者理解和记忆。

我们衷心希望，本书能够成为广大读者开启人工智能技术大门的钥匙，引领大家在人工智能的广阔天地中探索前行，为推动人工智能技术的发展与应用贡献自己的力量。

本书由李祺、郭莹洁、欧明桥任主编，由崔馨月、贺立、范兴兵、宋林、高静、谭宇宁、段凯歌等参与编写。

在编写过程中，尽管我们竭尽全力，但由于人工智能技术发展日新月异，书中难免存在不足之处，恳请广大读者批评指正。

编　者

2025 年 3 月

CONTENTS 目录

理论知识篇

第一章　人工智能的前世今生 ... 003

1.1　人工智能的起源 ... 004
 1.1.1　人工智能的概念 ... 005
 1.1.2　人工智能的萌芽 ... 005
 1.1.3　人工智能的三大学派 ... 006

1.2　人工智能的理论基础 ... 008
 1.2.1　数学基石：驱动智能的底层逻辑 ... 010
 1.2.2　算法核心：智能实现的策略路径 ... 011
 1.2.3　数据支撑：智能成长的养分源泉 ... 013
 1.2.4　计算能力：智能腾飞的硬件翅膀 ... 014
 1.2.5　人工智能的三种形态 ... 014
 1.2.6　人工智能技术体系整合 ... 015

1.3　人工智能的发展 ... 017
 1.3.1　科学梦想的萌芽：起步发展期（20世纪50—60年代） ... 018
 1.3.2　热情褪去的寒冬：反思发展期（20世纪60—70年代） ... 019
 1.3.3　专家系统的辉煌与衰落：应用发展期（20世纪70—80年代） ... 020
 1.3.4　人工智能的挑战与蛰伏：低迷发展期（20世纪80年代至90年代中期） ... 021
 1.3.5　神经网络复兴的曙光：稳步发展期（20世纪90年代中期至2010年前后） ... 022
 1.3.6　迈向智能新时代：蓬勃发展期（2010年至今） ... 023

习　题 ... 026

第二章　人工智能的技术基础　　027

- 2.1 人工智能的"燃料"——大数据 …… 028
  - 2.1.1 数据的概念 …… 029
  - 2.1.2 大数据的概念 …… 029
  - 2.1.3 大数据的特征 …… 030
  - 2.1.4 大数据的处理流程 …… 031
  - 2.1.5 大数据的应用 …… 035
  - 2.1.6 大数据的发展 …… 036
- 2.2 人工智能的运算保障——云计算 …… 037
  - 2.2.1 云计算的概念 …… 038
  - 2.2.2 云计算的特征 …… 038
  - 2.2.3 云计算的分类 …… 039
  - 2.2.4 云计算的应用 …… 040
  - 2.2.5 云计算的发展 …… 042
- 2.3 人工智能的核心引擎——机器学习 …… 046
  - 2.3.1 机器学习的概念 …… 047
  - 2.3.2 机器学习的分类 …… 047
  - 2.3.3 深度学习 …… 049
  - 2.3.4 机器学习与深度学习的关系 …… 051
- 习　题 …… 052

第三章　人工智能助力产业升级（上）　　054

- 3.1 AI + 农业 …… 055
  - 3.1.1 智慧农业定义与核心特征 …… 056
  - 3.1.2 智慧农业发展的背景与必要性 …… 057
  - 3.1.3 智慧农业的社会价值与战略意义 …… 059
  - 3.1.4 智慧农业的技术基础 …… 060
  - 3.1.5 人工智能在智慧农业中的应用场景 …… 063
- 3.2 AI + 电网 …… 070
  - 3.2.1 智慧电网概述 …… 071
  - 3.2.2 智慧电网的核心技术支撑 …… 074
  - 3.2.3 人工智能在智慧电网中的应用场景 …… 080

3.3　AI + 旅游 ……………………………………………………………… 083
　　3.3.1　智慧旅游概述 …………………………………………………… 084
　　3.3.2　智慧旅游的关键技术支撑 ………………………………………… 087
　　3.3.3　智能服务系统：客服、导览与出行 ………………………………… 090
　　3.3.4　个性化行程推荐：基于用户画像与协同过滤的智能推荐系统 …… 093
3.4　AI + 物流 ……………………………………………………………… 094
　　3.4.1　智慧物流概述 …………………………………………………… 096
　　3.4.2　智慧物流的技术体系 ……………………………………………… 098
　　3.4.3　人工智能在智慧物流中的应用场景 ………………………………… 104
习　题 ………………………………………………………………………… 109

第四章　人工智能助力产业升级（下）　　111

4.1　AI + 制造 ……………………………………………………………… 112
　　4.1.1　智能制造的概述 …………………………………………………… 113
　　4.1.2　全球发展路径与国家战略 ………………………………………… 114
　　4.1.3　智能制造的关键技术支撑 ………………………………………… 117
　　4.1.4　人工智能在制造领域的应用 ……………………………………… 120
4.2　AI + 建筑 ……………………………………………………………… 123
　　4.2.1　人工智能在建筑领域的发展现状 ………………………………… 126
　　4.2.2　人工智能在建筑领域的应用 ……………………………………… 127
　　4.2.3　国内外智能建筑的应用案例 ……………………………………… 128
　　4.2.4　智能建筑的未来发展趋势 ………………………………………… 133
4.3　AI + 金融 ……………………………………………………………… 134
　　4.3.1　人工智能在金融领域的发展现状 ………………………………… 135
　　4.3.2　人工智能在金融领域的应用 ……………………………………… 137
　　4.3.3　智慧金融的未来 …………………………………………………… 140
4.4　AI + 财税 ……………………………………………………………… 141
　　4.4.1　人工智能在财税领域的发展现状 ………………………………… 141
　　4.4.2　人工智能在财税领域的应用 ……………………………………… 142
　　4.4.3　智慧财税的未来 …………………………………………………… 146
习　题 ………………………………………………………………………… 148

第五章　人工智能的关键技术　　149

5.1　知识表示与推理技术　150
- 5.1.1　知识的概念　151
- 5.1.2　知识的表示方法　151
- 5.1.3　知识推理　155
- 5.1.4　知识推理系统设计　157

5.2　搜索技术与问题求解　159
- 5.2.1　搜索策略的分类　160
- 5.2.2　搜索技术的应用　161
- 5.2.3　问题求解的关键步骤　162

5.3　知识图谱与专家系统　164
- 5.3.1　知识图谱的原理　165
- 5.3.2　知识图谱的发展历程　166
- 5.3.3　知识图谱的构建　167
- 5.3.4　知识图谱的应用场景　168

5.4　自然语言处理系统　170
- 5.4.1　自然语言处理的定义　171
- 5.4.2　自然语言处理的发展历程　172
- 5.4.3　自然语言处理的典型应用　173
- 5.4.4　自然语言处理的工作过程　175

5.5　计算机视觉处理技术　177
- 5.5.1　计算机视觉概述　178
- 5.5.2　计算机视觉的发展历史　179
- 5.5.3　计算机视觉的应用　180
- 5.5.4　图像分类技术　182
- 5.5.5　目标检测技术　183
- 5.5.6　图像分割技术　184

5.6　AIGC 技术　185
- 5.6.1　什么是 AIGC　186
- 5.6.2　AIGC 的分类　187
- 5.6.3　AIGC 的关键技术　189

习　题　190

第六章　深度学习　192

- 6.1 深度学习入门 …… 193
  - 6.1.1 神经网络 …… 194
  - 6.1.2 感知机 …… 195
  - 6.1.3 浅层学习与深度学习 …… 196
  - 6.1.4 卷积神经网络 …… 197
  - 6.1.5 循环神经网络 …… 199
- 6.2 DeepSeek 发展 …… 201
  - 6.2.1 DeepSeek 的诞生 …… 202
  - 6.2.2 DeepSeek 的独特优势 …… 203
  - 6.2.3 DeepSeek 的基础架构 …… 204
- 6.3 DeepSeek 的使用方法与技巧 …… 209
  - 6.3.1 提示语的基本结构 …… 210
  - 6.3.2 提示语的类型 …… 210
  - 6.3.3 提示语的设计方法 …… 211
  - 6.3.4 提示语链 …… 214
- 6.4 DeepSeek 应用 …… 215
  - 6.4.1 DeepSeek + 农业 …… 217
  - 6.4.2 DeepSeek + 制造业 …… 217
  - 6.4.3 DeepSeek + 金融 …… 219
  - 6.4.4 DeepSeek + 医疗 …… 220
- 习题 …… 222

第七章　人工智能的未来发展与挑战　223

- 7.1 人工智能的社会和伦理影响 …… 224
  - 7.1.1 人工智能的社会影响 …… 225
  - 7.1.2 人工智能的伦理影响 …… 226
  - 7.1.3 人工智能健康发展的措施 …… 228
- 7.2 人工智能安全 …… 229
  - 7.2.1 人工智能带来的安全威胁 …… 230
  - 7.2.2 人工智能安全体系架构 …… 231
  - 7.2.3 数据安全保护的必要性 …… 233
  - 7.2.4 人工智能安全保护措施 …… 233

7.2.5 人工智能安全发展的挑战 …… 234
7.3 人机共生拥抱智能浪潮 …… 234
　7.3.1 人机共生的概念 …… 236
　7.3.2 人机共生三种模式 …… 240
　7.3.3 人机共生现状 …… 243
　7.3.4 人机共生的挑战 …… 244
　7.3.5 未来人机共生发展方向 …… 245
习　题 …… 246

实训技能篇

项目一　DeepSeek 实战　251

任务 1.1　智启本地：DeepSeek 模型部署 …… 252
任务 1.2　Prompt 炼金术：DeepSeek 提示工程 …… 267
任务 1.3　创意无限：DeepSeek 赋能设计新视界 …… 279

项目二　AIGC 助力高效办公　285

任务 2.1　高效写作 …… 286
任务 2.2　高效图表 …… 294
任务 2.3　高效演示文稿 …… 306
任务 2.4　综合实训 …… 313

项目三　AIGC 助力体验升级　315

任务 3.1　图像类 AIGC 工具 …… 316
任务 3.2　音频类 AIGC 工具 …… 327
任务 3.3　视频类 AIGC 工具 …… 332
任务 3.4　综合实训 …… 342

理论知识篇

第一章
人工智能的前世今生

本章导学

欢迎翻开这本探索人工智能奥秘的书籍,让我们一起踏上第一章的学习之旅——"人工智能的前世今生"。

人工智能(Artificial Intelligence,AI)是当今科技领域最具变革性的技术之一。从科幻作品的畅想到现实世界的突破,从实验室的理论探索到千行百业的深度应用,人工智能正以前所未有的速度重塑人类社会的生产与生活方式。

20世纪50年代,科学家们在达特茅斯会议上首次提出"人工智能"的概念。本章将带领大家穿越时空隧道,从人工智能的起源出发,梳理其跌宕起伏的发展历程,探索技术突破背后的故事。从符号主义的逻辑推演到深度学习的爆发式突破,从实验室中的理论探索到产业界的规模化落地,每一次技术寒冬与复兴的背后,都蕴含着科学研究的规律与人类智慧的闪光点。

在学习过程中,希望读者能够积极思考,勇于探索。人工智能是一个充满挑战和机遇的领域,只有不断学习和创新,才能跟上时代的步伐。让我们一起开启这扇通往人工智能世界的大门,探索其中的奥秘,为未来的科技发展贡献自己的力量!

学习目标

素质目标

◇ 搜集人工智能发展的前沿动态,培养数字素养,提高自主学习能力。
◇ 增强创新意识,思考如何利用 AI 解决实际问题。

知识目标

◇ 掌握人工智能的基本概念、三大学派及其核心思想。
◇ 理解人工智能的理论基础(数学、算法、数据、算力)。
◇ 熟悉人工智能的发展阶段及标志性事件。

能力目标

◇能够结合实际案例,阐述人工智能的应用和产生的影响。

1.1 人工智能的起源

• 任务介绍

欢迎大家来到人工智能的世界,本次任务我们将介绍人工智能的萌芽及各种概念,并通过理论学习、案例分析及小组讨论的形式一起深入探究人工智能的起源。

• 任务实施

学习任务见表1-1-1。

表1-1-1 学习任务表

学习内容	人工智能的起源
任务目标	1. 能准确阐述人工智能的定义及图灵测试的标准 2. 能举例说明三大学派的技术差异(如专家系统 vs. 神经网络 vs. 机器人导航) 3. 理解人工智能发展的关键历史节点
任务实施	1. 知识学习 阅读本节内容,标注关键概念(如符号处理、神经元网络、感知—动作模式) 观看配套视频《人工智能的起源与三大学派》(链接示例:https://example.com/ai-origins) 2. 案例分析 分组讨论"智能支付""语音助手"如何体现不同学派的技术融合 3. 实践巩固 (1)简述早期人工智能三大学派的核心思想、代表人物和关键应用,以及优缺点 (2)绘制思维导图,梳理人工智能发展时间线
任务总结	通过本节内容的学习,我学到
小组互评	

刷脸支付、指纹支付、支付宝碰一碰,多种智能支付手段层出不穷,使日常支付更加便捷(见图1-1-1);天猫精灵、小度音响、小爱同学,多种智能语音助手提升了我们的生活品质;智能导航、实时路况、无人驾驶,使交通更加畅通,让每一次旅程都轻松愉快……这些看似平常却充满科技感的日常应用,无不深刻地体现了人工智能的影响力。

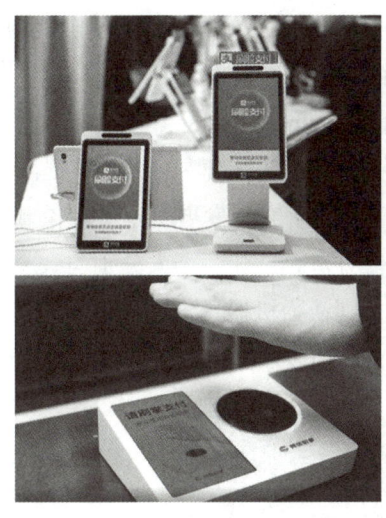
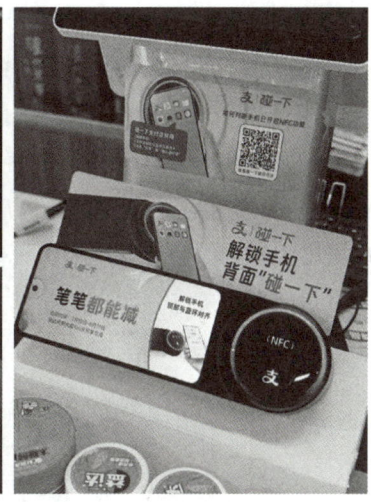

图 1-1-1 智能支付

1.1.1 人工智能的概念

人工智能（Artificial Intelligence，AI）是一种模拟人类智能的技术，旨在研究、开发用于模拟、延伸和扩展人的智能的理论、方法、技术及应用系统，使机器能够像人一样学习、思考和做出决策，从而能够自主地执行各种任务。人工智能通过研究使用计算机来模拟人的某些思维过程和智能行为（如学习、推理、思考、规划等），主要包括计算机实现智能的原理、制造类似于人脑的智能计算机，使计算机能实现更高层次的应用。人工智能涉及计算机科学、心理学、哲学和语言学等学科。

1.1.2 人工智能的萌芽

关于模拟人类智能的思想最早可追溯到我国的西周时期。根据列子辑注的《列子·汤问》记载，中国西周时期已经出现了偃师造人的技术。西周时期周穆王西巡时遇到一位名叫偃师的工匠，他制造了一个栩栩如生、能歌善舞的人偶，几乎能以假乱真。偃师向穆王拆开人偶，展示其内部构造，原来是由皮革、木头、胶漆、黑白红蓝颜料等材料制成，并有着假的心肝脾肺等器官。春秋时期鲁班发明了一种木鸟可以在空中飞行"三日不下"、三国时期诸葛亮成功地创造出了"木牛流马"等，这些故事都反映了人类早期对人工智能的一种朴素想象和尝试。

直至 20 世纪 40 年代，第二次世界大战的爆发促使各国军事上对计算与通信能力的需求急剧增加，成为推动科学研究的主要动力。随着信息科学的诞生和电子计算机的发明，现代意义上的"人工智能"初见端倪。

1946 年，世界第一台通用计算机 ENIAC 在美国宾夕法尼亚大学诞生，标志着通用可编程的计算机技术有了初步成果。1947 年，冯·诺依曼率领团队在 ENIAC 的基础上进行改造和升级，设计制造了真正意义上的现代电子计算机设备 MANIAC。1948 年，诺伯特·维纳（Norbert Wiener）和克劳德·香农（Claude Shannon）分别发表了两部极具开创性的著作，创立了"控制论"和"信息论"，再结合 1945 年路德维希·冯·贝塔朗菲（Ludwig Von Bertalanffy）发表的"系统论"，构成了"信息学"的三大支柱性理论，推动了信息科学快速发展。人们畅想着在经历了蒸汽时代、电气时代之后，即将见证信息时代的来临。人们所期望的信息时代，计算机除了能够完成计算和信息传输之外，还能够像人类一样听说读写，甚至能够思考。

1950年，英国数学家艾伦·麦席森·图灵（Alan Mathison Turing）发表了一篇题为《计算机器与智能》（Computing Machinery and Intelligence）的论文（见图1-1-2），其中提出了著名的"图灵测试"。这一事件被视为人工智能领域的里程碑，为后续的研究和发展奠定了理论基础。该测试旨在判断机器是否能够表现出与人类相似的智能行为。具体方法是：让一个人分别与一个机器和一个隐藏起来的人进行对话，如果对话者无法区分两者的差异，则认为机器具备了与人类相当的智能水平。图灵测试不仅为人工智能的研究提供了明确的衡量标准，也引发了人们对机器智能的广泛关注和讨论。

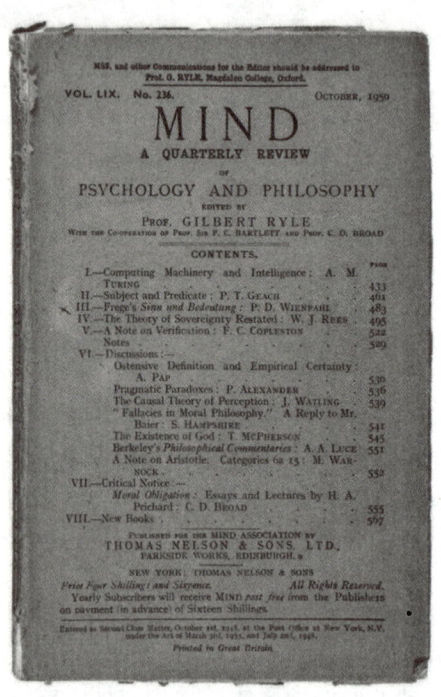

图1-1-2　图灵发表《计算机器与智能》的期刊目录

1.1.3　人工智能的三大学派

人工智能领域存在三大核心理论学派：符号主义、连接主义和行为主义（见图1-1-3）。它们分别从不同角度探索智能的本质与实现路径，共同构成了AI技术的理论基础和实践方向。

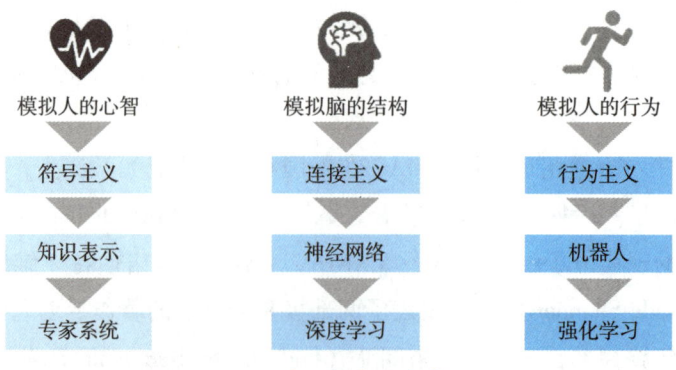

图1-1-3　人工智能三大学派

（1）符号主义：符号主义又称为逻辑主义、心理学派或计算机学派，是一种基于逻辑推理的智能模拟方法。它认为人类认知和思维的基本单元是符号，认知过程就是在符号表示上的一种运算。

符号主义的核心思想是将人类智能视为一种符号处理过程，通过构建物理符号系统（即符号操作系统）来实现人工智能。这种系统能够模拟人类的逻辑推理、知识表示和问题解决能力。符号主义认为，知识是信息的一种形式，是构成智能的基础，因此知识表示、知识推理、知识运用是人工智能的核心。符号主义的思想可以归结为"认知即计算"，即把人类的认知过程看作一种符号处理过程，可以用计算机来模拟。

符号主义代表人物有艾伦·纽厄尔（Allen Newell）、赫伯特·西蒙（Herbert A. Simon）、约翰·麦卡锡（John McCarthy）等。1955年，艾伦·纽厄尔和赫伯特·西蒙开发了"逻辑理论家"程序（Logic Theorist），它能够证明《数学原理》中前52个定理中的38个，甚至有些证明比原著更加精妙。20世纪60—80年代，符号主义学派在启发式算法、专家系统和知识工程方面取得了显著进展，专家系统成为符号主义的重要应用之一，利用人类专家的知识和经验解决实际问题。

（2）连接主义：连接主义强调神经系统（特别是大脑）中的连接或网络在信息处理和学习中的核心作用。它认为知识和信息是通过网络中节点（通常代表神经元）之间的连接来存储和处理的，这些连接可以根据经验进行调整和优化。连接主义与神经网络模型紧密相关，通过模拟神经元间的连接和通信实现智能行为。连接主义的基本原理基于人工神经网络，这些网络由多层神经元组成，通过层与层之间的权重连接来传递信息。

连接主义核心思想是通过调整神经元连接的权重来实现学习和记忆。具体来说，连接主义模型通过大量数据训练，自动学习特征和模式，这种学习方式被称为数据驱动的学习。与传统的符号人工智能不同，连接主义强调神经元之间的连接和权重调整，而不是明确的符号和逻辑规则。这种非符号化的计算方式使得连接主义模型能够模拟人类大脑的分布式处理，具有强大的并行处理能力。

连接主义代表人物有弗兰克·罗森布拉特（Frank Rosenblatt）和杰弗里·辛顿（Geoffrey Hinton）。罗森布拉特提出了感知机（Perceptron）模型，为神经网络的发展奠定了基础。辛顿则通过反向传播算法解决了多层神经网络的学习问题，推动了深度学习的兴起。

（3）行为主义：行为主义也称为进化主义或控制论学派，其原理为控制论思想，强调智能与行为之间的密切关系。它认为智能不仅仅在于内部的符号运算或神经网络处理，更在于智能体如何与外部世界进行交互和适应。行为主义通过观察和分析智能体的行为来理解其智能，提出了智能行为的"感知—动作"模式。

行为主义的核心思想是智能产生于主体与环境的交互过程。它主张人工智能应关注智能体的行为和交互，通过感知和动作来实现智能。行为主义强调智能体的自主性和适应性，认为智能是通过与环境的交互和反馈逐渐形成的。因此，行为主义的研究重点在于构建能够感知环境、做出决策并执行动作的智能系统。

行为主义代表人物是诺伯特·维纳（Norbert Wiener），他以其控制论思想在人工智能领域开辟了新的道路。维纳将控制论与行为主义相结合，提出了智能行为通过与环境交互和反馈机制形成的观点，为人工智能的发展提供独特的视角和方法论。他的理论不仅推动了机器学习和自适应系统等领域的发展，还深刻影响了人工智能研究的方向和趋势。行为主义典型应用包括机器人导航、自动驾驶等。在这些场景中，智能体通过感知环境并做出相应动作，实现智能行为。行为主义方法注重实用性和适应性，使智能体能在复杂环境中高效稳定地运行。

想一想

1. 分组辩论：AI 是否应拥有与人类同等的道德权利？
2. 案例分析：分析某一 AI 应用（如人脸识别、推荐算法），从三大学派角度探讨其设计逻辑与潜在风险。
3. 推荐书籍：《奇点临近》（雷·库兹韦尔），探讨技术奇点与人类未来。
4. 推荐纪录片：《虚拟革命》，回顾 AI 发展历程，解析技术与社会的互动。

拓展阅读

人工智能发展史上第一个商用专家系统

XCON（eXpert CONfigurer）也被称为 R1，是人工智能领域首个成功商用的专家系统。该系统由卡内基梅隆大学（CMU）于 1980 年研发并投入使用，成为标志着专家系统从实验室研究迈向工业应用的里程碑。

XCON 专为计算机硬件配置设计，主要用于 DEC 公司（Digital Equipment Corporation）的 VAX 系列计算机订单处理。系统通过分析客户需求（如性能、预算等），自动生成符合要求的硬件配置方案，大幅提升订单处理效率和准确性。

XCON 基于规则推理（Rule–Based Reasoning），系统内置数千条领域知识规则（如"若客户需要图形处理，则需配备高分辨率显卡"），通过符号表示和逻辑推理实现知识表达与问题求解，模拟人类专家的决策逻辑。

XCON 在 DEC 公司部署后，显著降低了人工配置错误率（从 30% 降至 2%），每年为公司节约数千万美元成本。同时，带动了 20 世纪 80 年代专家系统的繁荣，催生 MYCIN（医疗诊断）、PROSPECTOR（地质勘探）等垂直领域应用的发展，验证了"知识工程"的可行性，加速了 AI 从理论研究向产业落地的转型。

但在运行过程中存在一定的局限性：①依赖人工知识工程，规则维护成本高昂（如 DEC 需专门团队更新硬件兼容性规则）；②缺乏自主学习能力，无法适应动态变化的需求（如新型硬件迭代需重新编码规则）。毋庸置疑的是，R1 商用推动了后续 AI 技术（如机器学习、深度学习）的发展，强调数据驱动与自适应学习的重要性。

1.2 人工智能的理论基础

• 任务介绍

通过前面任务的学习，你已经对人工智能有了一定的了解，本节我们将深入剖析人工智能的理论基础。这些理论是支撑人工智能技术不断前进的基石，包括逻辑学、概率论、神经科学等多个学科。我们将逐一介绍这些理论基础，并探讨它们在人工智能领域中的应用和意义。

• 任务实施

学习任务见表1-2-1。

表1-2-1 学习任务表

学习内容	人工智能的理论基础
任务目标	1. 能解释线性代数在图像识别中的作用 2. 能区分监督学习与无监督学习的应用场景 3. 能阐述数据清洗对模型的重要性 4. 能列举至少3种AI硬件及其适用场景
任务实施	1. 知识学习 阅读本节内容，标注关键公式与算法名称 观看MOOC视频《AI的数学基础》 2. 案例分析 分组讨论"自动驾驶如何融合感知、决策与行动技术" _____ _____ _____ _____ 3. 实践巩固 使用Python完成K-Means聚类实验（数据集：客户消费记录） 撰写数据预处理报告
任务总结	通过本节内容的学习，我学到_____ _____ _____ _____
小组互评	

人工智能绝非大众刻板印象中仅仅局限于那些外形酷炫、能行走说话的智能机器人模样。实际上，人工智能致力于赋予机器模拟人类智能的卓越本领，力求让机器拥有如同人类一般敏锐且精准的感知能力。无论是从通过摄像头精准捕捉繁华都市的街景，到微观世界的细胞结构中的每一个细节，还是识别出我国古老建筑的风格、雕塑人物的表情神态，都让我们感叹它的细致入微；借助麦克风敏锐捕捉声音，无论是辨别嘈杂的集市中人们的讨价还价声，区分不同人的音质，还是在音乐会现场精准还原乐器的演奏音色，它都能敏锐地闻声识别；无论依靠传感器精确探测物理数据，实时知晓温度、湿度、压力等环境指标变化，还是小到室内环境的舒适度调控，大到工业生产流程中的环境参数监控，它都能确保一切运行在最佳状态。

另外，它还能深刻理解所获取的海量信息，能从新闻报道中提炼事件核心，在学术文献里把握前沿理论脉络，仿若一位饱学之士，面对复杂的文学巨著、专业的科研报告，它都能游刃有余。不仅如此，面对复杂多变的情境，人工智能能够迅速且准确地做出决策，在诸多可行方案中筛选出最优路径，恰似经验丰富的决策者在商海浪潮中精准抉择，为企业提供极具价值的营销策略。

人工智能有效地将虚拟的决策转化为现实世界的有力行动，真正实现从"想到"到"做到"的跨越。如操控机器人精准完成复杂的装配任务，或是自动调度交通信号灯缓解拥堵，都是涉及机器学习、深度学习、自然语言处理等多个前沿且复杂领域紧密协同作战的综合性探索，各个领域相互交融、互为支撑，如同精密仪器中的齿轮组，缺一不可，共同勾勒出人工智能丰富多彩、潜力无限的全貌，持续拓展人类科技与智慧的边界。

1.2.1 数学基石：驱动智能的底层逻辑

人工智能几乎涉及自然科学和社会科学的所有学科，如计算机科学、心理学、哲学和语言学等学科，其范围已远远超出了计算机科学的范畴，人工智能与思维科学的关系是实践和理论的关系，人工智能处于思维科学的技术应用层次，是它的一个应用分支。从思维观点来看，人工智能不仅应具有逻辑思维，更要考虑形象思维、灵感思维才能促进人工智能的突破性发展，数学常被认为是多种学科的基础科学，人工智能学科也必须借用数学工具。

1. 数理逻辑：机器的理性思维框架

数理逻辑宛如一座精密复杂却又井然有序的智慧大厦，为人工智能构建起了理性思维的坚固框架。其中，命题逻辑与谓词逻辑恰似大厦的基石与栋梁，它们运用一套严谨规范、近乎苛刻的符号体系与规则集合，构建起知识表达系统。不妨想象一下专家系统诊断疾病的场景：当患者怀揣着忐忑的心情走进医院，一系列诸如发热、咳嗽、乏力、头痛等症状信息被输入系统后，系统瞬间化身为一位经验丰富、治学严谨的医学专家。它依据海量的医学知识储备，有条不紊地运用数理逻辑进行推理，从基础的诊断，到深层次剖析症状之间的关联、挖掘隐藏的病因线索，每一步都严格遵循逻辑推导的路径。通过层层推理，精准地找出病因，为后续制定个性化、科学有效的治疗方案提供坚实依据，让机器在面对复杂问题时能够像人类理性思考那般抽丝剥茧、直击要害，展现出卓越的分析能力。

2. 线性代数：数据处理的幕后英雄

在线性代数的奇妙世界里，隐藏着诸多助力人工智能腾飞的神奇力量。以我们日常的图像识别技术为例，一幅精美的图片在进入计算机系统的瞬间，便开启了一场奇妙的"变形记"。它被巧妙地转化为矩阵进行存储，这一过程犹如将一幅绚丽多彩的画卷拆解成一个个由数字组成的小方格，看似打破了图像原有的直观美感，实则开启了通往智能识别的大门。通过矩阵运算、特征向量提取等一系列线性代数方法，精准地找到图像中的关键特征点。在这个过程中不仅实现了数据的降维处理，还将复杂庞大的数据精简为关键信息，高效地完成模式提取，让机器迅速识别出图像中的物体、人物或场景。值得一提的是，这与我国古代数学名著《九章算术》中的方程思想有着千丝万缕的联系，古代先哲们智慧的结晶跨越时空，在现代人工智能的数据操控领域焕发出全新活力，为其注入源源不断的动力，仿佛古老的火种在当代科技的炉灶中重新燃烧，照亮了人工智能前行的道路，激励着当代研究者不断挖掘古代数学宝藏，为前沿科技赋能。

3. 概率论与数理统计：应对不确定性的利器

在现实世界这个充满变数与不确定性的大舞台上，概率论与数理统计宛如为人工智能量身定制的导航利器。

贝叶斯定理无疑是其中最为耀眼的明星之一，它在医疗诊断领域发挥着举足轻重的作用，无论是疑难杂症的早期排查，还是常见疾病的精准诊断，都离不开它的助力。当一位患者踏入医院，医生收集到其症状表现、既往病史、各类检查检验结果等海量信息后，诊断辅助系统便如同一位经验丰富、洞察秋毫的老中医，运用贝叶斯定理，根据新获取的每一项信息，实时动态地调整对患者罹患各类疾病的概率判断。从最初的推测，到随着信息增多逐渐精准定位，提供科学严谨的诊断建议，实现了传统医学经验与现代数理思维的完美融合，让医疗诊断更加精准、高效，为守护人类健康增添有力保障。

蒙特卡罗方法的诞生更是充满传奇色彩，它源自二战时期美国的"曼哈顿计划"，科学家们在面对复杂核反应参数估算这一棘手难题时，创新性地提出随机模拟这一"奇兵"。如今，这一方法在金融风险评估领域大显身手，通过模拟市场的各种复杂波动，精准量化风险，帮助投资者在风云变幻的金融市场中看清局势、做出明智决策，帮助进行股票市场的涨跌预测和债券投资的风险把控。此外，在自动驾驶场景模拟中，也有它的身影，提前预测多种可能出现的路况，让驾驶决策更加可靠，对于突发的行人横穿马路、复杂的道路施工场景，都能提前规划，做出最优应对策略，让人工智能在模糊不清的现实迷雾中精准导航，从容应对各种不确定性挑战，保障行车安全。

1.2.2 算法核心：智能实现的策略路径

1. 搜索算法：智能探索的导航仪

搜索算法在人工智能的浩瀚知识宇宙中，扮演着导航仪的关键角色。想象一下，在一个如同迷宫般复杂的问题解空间里，盲目搜索就如同迷失方向的旅人，漫无目的、四处碰壁，耗费大量的时间与资源。启发式搜索，尤其是著名的 A* 算法，则宛如一位手持指南针、经验丰富的探险家，它巧妙地依据已有的经验或预先设定的规则，对搜索路径进行智能优化。通过评估每个节点距离目标的远近、探索的难易程度等因素，果断舍弃那些看似前途渺茫的路径，精准地朝着最有可能通向出口的方向前进，大幅削减了计算成本，仿佛为探索之旅开辟了一条高速公路，显著提升了人工智能在复杂解空间中定位最优解的效率，让机器在面对复杂问题时能够快速找到解决方案，节省大量的运算资源和时间成本。无论是在物流配送路线规划中寻找最短路径，还是在游戏策略制定中探索最优玩法，都能大显身手。

2. 机器学习算法：数据中挖掘知识

监督学习犹如一位严格的导师带领下的学生成长之旅。以线性回归预测房价为例，我们精心收集了大量与房价相关的房屋特征数据，如：面积大小，从温馨的小户型到宽敞的大别墅，涵盖各种户型的独特魅力与价值因素；房龄长短，涵盖新建不久的新房到历经岁月沧桑的老房子，充分考虑房屋折旧与潜在维护成本；周边配套设施完善程度，包括邻近优质学校、繁华商场或是静谧公园等关乎生活便利性与品质提升的特征数据。这些带有明确"答案"的样本数据就如同老师精心准备的教材。模型如同勤奋好学的学生，依据这些标记数据进行刻苦训练，逐渐掌握房屋特征与房价之间微妙的映射关系。当面对一套全新的待评估房屋时，便能凭借所学知识，精准地预测出其价格区间，为房产市场决策提供有力参考，无论是购房者判断性价比，还是开发商制定营销策略，都离不开这一精准预测，让市场交易更加理性、高效。

无监督学习宛如一位勇敢的探险家独自闯入未知的数据丛林。聚类算法，如经典的 K-Means 聚类，以对客户群体进行分类为例，它依据客户的消费行为，是偏好高端奢侈品还是实用平价品，反映消费层次与审美偏好；消费偏好，是喜欢时尚服饰、电子产品，还是美食生鲜，洞察兴趣领域与生活方式；购买频率，是频繁剁手的购物达人，还是偶尔消费的谨慎买家，考量消费活跃度与忠诚度等多维度数据。自动发现其中隐藏的内在结构，将相似的客户聚成一个个小组，这一过程无须事先知晓明确的分类标签，完全依靠数据自身的特征，挖掘出市场细分的潜在规律，为企业精准营销、个性化服务提供了关键依据，让企业能够针对不同客户群体制定专属策略。

同样，逻辑回归对垃圾邮件判别有着巨大作用。通过对海量邮件样本的学习，识别出邮件中的关键词，如"促销""中奖""暴富"等典型垃圾邮件词汇，以及发送源的可疑特征，如陌生的邮箱域名、频繁更换的 IP 地址等，与垃圾邮件标签进行关联，从而快速准确地将垃圾邮件筛选出来，让我们免受垃圾信息的侵扰，享受清爽的收件体验。

决策树算法则别具一格，它将复杂的决策过程通过可视化呈现出来，就像一棵枝繁叶茂的大树。以判断水果种类为例，从颜色来看，鲜艳的红色可能是苹果、娇艳的黄色或许是香蕉，但也需考虑到特殊品种的例外情况；从形状来看，圆润的球体多为橙子、弯弯的月牙状大概率是香蕉，同时结合大小、果柄形态等细节；从纹理来看，光滑的果皮多见于苹果、粗糙带有凸起的可能是菠萝，同时兼顾不同成熟度的差异。从这些基础特征出发，每一个特征都作为树的一个分叉节点，依据不同的特征取值逐步细分，最终形成一个清晰明了的决策树分类体系。这种从数据特征分叉构建分类体系的方式，使得它在处理多特征复杂分类任务时展现出得天独厚的优势，能够迅速而准确地对不同种类的水果进行甄别，无论是水果分拣的生产线，还是超市的自助称重区，都能高效运行，提升分类效率，减少人工误差。

主成分分析（PCA）则是高维数据处理的得力助手。以人脸图像为例，原始的人脸图像数据维度极高，包含着海量的像素信息，这不仅给存储和计算带来巨大压力，还可能存在冗余信息。PCA 技术通过巧妙的数学变换，将高维数据降维可视化，保留人脸关键特征，如：五官轮廓，清晰的眼睛、鼻子、嘴巴形状，包括其细微的形态变化；表情纹理，开心时的眼角细纹、皱眉时的额头纹路，以及唇部的动态变化等主要信息。同时，大幅降低计算负担，让人工智能能够更加高效地处理复杂的人脸图像数据，拓展了其在诸多领域（如安防监控领域精准识别嫌疑人、美颜美妆领域打造个性化妆容等）的应用边界，让科技更好地服务于生活。

3. 深度学习算法：自动特征提取的先锋

深度学习算法仿佛一位拥有超凡洞察力的智能工匠，大刀阔斧地革新了人工智能的特征提取方式。多层神经网络架构，从最初简单的感知机起步，逐步进化到拥有复杂隐藏层的深度网络。在图像识别领域，卷积神经网络（Convolutional Neural Networks，CNN）如同一位目光如炬的图像鉴赏家，能够自动提取图像中的纹理（细腻的木纹、粗糙的砖石纹理，捕捉材质质感）、形状（规则的几何图形、不规则的物体轮廓，识别物体形态）、颜色（鲜明的对比色、柔和的渐变色，感知色彩氛围等深度特征）。面对一幅风景照片，它能迅速识别出蓝天、白云、绿树、河流等元素，精准分类图片主题，无论是方便用户回顾美好旅程的旅游照片的自动分类整理，还是助力地图绘制与地理研究的地理信息图像的智能识别。在语音识别方面，循环神经网络（Recurrent Neural Network，RNN）及其变体则像是一位精通多国语言的翻译官，擅长处理序列数据，无论是连续的文本信息流（从小说的章节段落到论文的论述语句，遵循语法逻辑与语义连贯），还是语音流（从日常的对话交流到演讲的慷慨陈词，捕捉语音语调与停顿节奏），都能准确捕捉其中的语义信息，实现实时转录、翻译，打破语言交流障碍，让沟通更加顺畅，推动迈向智能高阶形态，解锁更多前所未有的应用场景，持续为人类社会创造价值。

1.2.3 数据支撑：智能成长的养分源泉

1. 数据采集：智能的原料收集

数据采集是人工智能开启智慧之旅的第一步，也是至关重要的原料收集环节。网络爬虫宛如一位不知疲倦的信息猎手，穿梭于互联网的浩瀚海洋之中，精准地采集网页文本，无论是新闻资讯网站上实时更新的时事热点、深度剖析报道，学术论文数据库中的前沿研究成果、专业理论分析，还是社交媒体平台上的热门话题讨论、用户情感抒发，统统收入囊中，为自然语言处理、知识图谱构建等提供了海量的文字素材，让人工智能能够学习到人类丰富多彩的语言和知识。

传感器则如同敏锐的感知触角，分布在各个角落，实时收集环境物理量，从监测大气污染的空气质量传感器（精准记录温度、湿度、有害气体浓度等数据，为环保决策提供依据），到工业生产线上的压力、震动传感器，实时监测机器设备的运行状态，保障生产安全稳定，为智能决策提供第一手的环境信息，确保机器在不同环境下都能做出恰当反应。此外，用户交互记录更是一座蕴含无限潜力的宝藏。电商购物平台记录下用户的每一次点击，浏览商品详情页的好奇探索、加入购物车的心动瞬间；浏览行为，长时间停留的品类偏好、快速跳过的不感兴趣领域；购买行为，频繁购买的日常刚需、偶尔尝试的新鲜好物。社交网络留存着人们的互动，点赞、评论、转发的社交热度；分享内容，生活中的美好瞬间、专业知识的科普传播；情感表达，开心的欢笑、悲伤的泪水。这些丰富多样的用户数据为个性化推荐、用户行为分析等人工智能应用提供了多元素材，使人工智能茁壮成长，更好地理解人类需求，提供贴心服务。

2. 数据预处理：数据的"打磨"工序

采集的数据并非完美无瑕，如同未经雕琢的璞玉，需要经过一系列精细的"打磨"工序，这便是数据预处理。数据清洗是其中的关键一环，它如同一位严谨的质检员，仔细去除数据中的噪声干扰，那些错误录入的数字、字母，测量误差导致的异常值，因仪器故障出现的离谱数据，以及因各种原因缺失的数据点，都逃不过它的"火眼金睛"。通过填补缺失值（采用均值、中位数或特定算法估算）、修正异常值（依据数据分布规律和业务常识调整），确保数据的准确性和完整性，让数据以最纯净的状态进入后续流程。

归一化操作则像是给数据穿上统一的"制服"，以图像像素值归一为例，将不同取值范围的像素值统一规范到特定区间，使得数据在后续的运算处理中更加高效，避免因数据量级差异过大而导致的计算偏差，就像让不同身高的运动员站在同一起跑线竞争。

特征工程更是一门艺术，在文本处理中，将文本转化为词向量，挖掘文字背后的语义信息，通过词袋模型、Word2Vec 等方法，把文本中的词汇映射成数字向量，为机器学习模型打造更具辨识度的"学习教材"，提升模型的学习效果，确保输入数据精准可靠，有效避免"垃圾进、垃圾出"的尴尬困境，为人工智能的高效运行奠定坚实基础。

3. 数据集构建：定制智能的"训练题库"

数据集构建宛如为人工智能量身定制的"训练题库"，其科学性与合理性直接关乎模型的训练成效。依据不同的任务需求，如图像分类任务，需要将海量的图像数据按照一定比例划分为训练集、验证集和测试集。常见的科学比例为 8∶1∶1，训练集如同学生的课堂教材，占比最大，用于模型的反复学习、技能锤炼，让模型在大量的示例中掌握图像特征与分类标签之间的关系；验证集则像是课后作业，在训练过程中用于定期检验模型的学习效果，及时调整学习策略，避免模型过拟合或欠拟合，确保模型的泛化能力；测试集便是最终的考场，在模型完成训练后，用于客观评估模型的真实性能，检测其在实际应用中的表现，看其能否准确识别未曾见过的图像。以 CIFAR–10 图像集为例，它涵盖了飞机、汽车、鸟类、猫、狗等 10 个不同类别的海量图像，为图像识别模型提供了丰富且具有挑战性的学习素材，助力模型在一次次的训练与优化中茁壮成长，从初出茅庐的新手逐渐成长为独当一面的高手，在图像识别领域发挥重要作用，无论是安防监控中的人脸识别、交通管理中的车牌识别，还是医疗影像诊断中的病灶识别，都离不开精准的图像分类模型。

1.2.4　计算能力：智能腾飞的硬件翅膀

1. CPU：传统算力支柱

中央处理单元（Central Processing Unit，CPU）是计算机体系结构中的核心部件，通过指定的基本算术、逻辑、控制和输入/输出操作来执行计算机程序的指令。CPU 架构的演进从单核发展到多核，显著提升了计算机的并行处理能力。CPU 在传统数据分析任务中展现了其通用性，尽管在深度学习的大规模并行计算中稍显吃力，但作为早期 AI 起步的奠基，CPU 处理常规逻辑和简单模型运算的能力不容忽视。

2. GPU：AI 加速新引擎

图形处理单元（Graphic Processing Unit，GPU）是一种专用的电子电路，采用并行处理架构，旨在快速操作和更改内存，以加速图像渲染。GPU 是专为图形渲染而生的大规模并行架构，在矩阵运算上具有显著优势，拥有数千核心并行处理的能力。与 CPU 相比，GPU 在深度学习模型训练中表现出色，大幅缩减了训练时间，已成为训练深度神经网络的标配硬件。

3. TPU 等新兴芯片：面向未来的算力尖兵

张量处理单元（Tensor Processing Unit，TPU）是为 AI 核心运算定制化设计的芯片，聚焦于 AI 的核心计算任务。TPU 以低功耗和超高算力为特点，在谷歌云服务中助力企业快速部署 AI 模型。此外，类脑芯片（Neuromorphic Chip）模拟神经元的计算原理，探索适应 AI 发展的硬件新方向。这些新兴芯片代表了 AI 硬件的未来趋势，它们在处理复杂的时空序列信息和实时传感器数据方面展现出强大的并行计算能力。

1.2.5　人工智能的三种形态

1. 弱人工智能：专注单领域任务执行

弱人工智能（Artificial Narrow Intelligence，ANI）是擅长于单个方面的人工智能，弱人工智能系统的设计和实现依赖于精确的领域知识和大量的训练数据。例如，Siri 语音助手专注于语音交互，通过自然语言处理和语音识别技术，为用户提供信息查询和日常任务管理等服务。智能摄像头则利用计算机视觉技术进行精准安防监控，通过图像识别和模式匹配实现目标检测和行为分析。这些系统通常采用监督学习算法，通过大量标注数据训练模型，实现高效的任务执行。

2. 强人工智能：类人综合智能的追求

强人工智能（Artificial General Intelligence，AGI）是人类级别的人工智能，强人工智能是指在各方面都能和人类比肩的人工智能，人类能干的脑力活它都能干。创造强人工智能比创造弱人工智能要难得多，我们现在还做不到。Linda Gottfredson 教授把智能定义为"一种宽泛的心理能力，能够进行思考、计划、解决问题、抽象思维、理解复杂理念、快速学习和从经验中学习等操作"。强人工智能在进行这些操作时，应该和人类一样得心应手。

3. 超人工智能：超越人类智能的想象

超人工智能（Artificial Super Intelligence，ASI），牛津哲学家、知名人工智能思想家 Nick Bostrom 把超级智能定义为"在几乎所有领域都比最聪明的人类大脑聪明很多，包括科技创新、通识和社交技能"。超人工智能可以是各方面都比人类强一点，也可以是各方面都比人类强万亿倍，超人工智能也正是人工智能话题火热的缘故。

人工智能三种形态的对比见表 1-2-2。

表 1-2-2　人工智能三种形态的对比

类型	擅长领域	具备能力	发展成熟度
弱人工智能（ANI）	某一特定领域	具备执行能力	已应用广泛
强人工智能（AGI）	大部分领域	拥有能够与人类相媲美的智慧	处于研发阶段
超人工智能（ASI）	所有领域	全知全能	尚处早期

1.2.6　人工智能技术体系整合

1. 感知技术：智能的"五官"

感知技术是人工智能领域的基础，它赋予了 AI 视觉和听觉的感知能力，类似于人类的五官。在计算机视觉领域，感知技术能够识别和理解图像与视频内容，广泛应用于安防监控和自动驾驶视觉感知。在语音识别领域，感知技术能够转录语音指令和进行对话，如智能客服和语音助手，开启了 AI 的信息输入通道。这些技术的核心在于智能感知系统的算法，包括人工智能算法，以及智能感知传感器、处理器和通信技术。本教材将深入探讨这些技术的原理、实现方法和应用案例，以及它们在智能交通、智慧城市、工业物联网和医疗领域的应用。

2. 认知技术：智能的"大脑"

认知技术是 AI 的大脑，它涵盖了自然语言处理（NLP）以理解文本语义，以及知识图谱构建以关联知识网络。这些技术使 AI 能够读懂和思考知识，执行复杂的信息加工任务。例如，搜索引擎能够智能问答，智能推荐系统能够依据知识图谱关联推荐精准内容。本教材将详细介绍 NLP 的关键技术，如文本生成和信息提取，以及知识图谱的构建和应用；此外，还将探讨认知技术在智慧教育、智慧医疗和智能交通等领域的应用。

3. 行动技术：智能的"四肢"

行动技术展示了 AI 在决策后操控物理世界的能力，它是 AI 的四肢。以工业机器人精准装配和物流无人机自动配送为例，行动技术依据感知和认知的输出指令行动，完成任务闭环，实现智能从虚拟到现实的转化。本教材将详细介绍行动技术的工作原理，包括机器人技术、自动化控制和智能决策系统；同时还将探讨行动技术在智能制造、智能物流和智能服务等领域的应用，以及它们如何与感知技术和认知技术相结合，形成完整的智能系统。

想一想

1. 数学与 AI 的关系：为什么说数学是 AI 的"底层逻辑"？结合线性代数在图像识别中的应用，谈谈你的理解。

2. 数据隐私与 AI 发展：数据采集是 AI 的"原料"，但过度采集可能侵犯隐私，如何平衡数据需求与隐私保护？

拓展阅读

AI 知识链接：前沿技术轻松学

1. 神经符号计算：AI 的"左右脑协作"

想象 AI 有两个大脑——右脑是神经网络（感知天才），能快速识别图像、语音；左脑是符号逻辑（推理专家），能进行数学证明、因果分析。神经符号计算就像让这两个大脑"手拉手"，比如 DeepMind 的神经定理证明器，既能用神经网络看懂数学题，又能用符号逻辑一步步推导答案，最终实现"既能感知又能理解"的 AI。

2. 联邦学习：数据孤岛的"秘密合作"

假设有三家医院想合作研发一个能识别肺癌的 AI 模型，但哪家医院都不愿泄露病人隐私。联邦学习就像一个"数据翻译官"，让医院各自用本地数据训练模型，只交换"加密后的学习成果"，最终汇总成一个"超级模型"。这样既保护了隐私，又让 AI 学到了更多病例。

3. 边缘计算与 AI 芯片：智能设备的"本地大脑"

以前，AI 就像住在云端的"超级大脑"，数据要通过手机、摄像头等设备上传才能处理，又慢又不安全。现在，边缘计算给每个设备装了"本地大脑"——AI 芯片（如 NVIDIA Jetson）。比如，工厂里的摄像头能直接在本地检测产品缺陷，超市自助结账机不用联网就能识别商品，既快又保护隐私。

前沿趋势：

1. 神经符号 + 联邦学习

例如，不同医院联合训练一个可解释的医疗诊断模型，既能保护隐私，又能清晰展示诊断逻辑。

2. 边缘 AI + 生成式 AI

手机端直接运行轻量化的 GPT 模型，实现离线对话助手或本地图像生成。

通过这些技术，AI 正从"云端黑箱"走向"透明化、本地化、协作化"，让智能更贴近生活，也更安全可靠。

1.3 人工智能的发展

• 任务介绍

本节将带大家回溯人工智能的发展历程。从最初的萌芽阶段到现在的蓬勃发展，人工智能经历了许多重要的里程碑。我们将沿着时间的脉络，梳理人工智能发展历程中的标志性事件与技术特征，理解技术瓶颈与社会需求如何推动 AI 演进，一起分析 AI 发展对社会的影响及未来挑战，让大家更加直观地感受这项技术的飞速进步。

• 任务实施

学习任务见表 1-3-1。

表 1-3-1 学习任务表

学习内容	人工智能的发展
任务目标	1. 能准确标注六个阶段的时间节点与核心技术 2. 能分析专家系统衰落的原因 3. 能阐述深度学习对 AI 的推动作用 4. 能讨论 AI 发展的伦理问题
任务实施	1. 知识学习 阅读本节内容，绘制 AI 发展时间线（标注关键事件） 观看纪录片《人工智能革命》（推荐片段：专家系统兴衰） 2. 案例分析 分组讨论"AlphaGo 如何体现深度学习优势" 3. 实践巩固 辩论活动："AI 是否会取代人类工作？"（结合不同发展阶段的技术影响） 制作 PPT 展示"AI 技术如何改变生活"（结合语音助手、自动驾驶等案例）
任务总结	通过本节内容的学习，我学到
小组互评	

人工智能的发展历程犹如一部充满激情与跌宕起伏的史诗，从萌芽时期的理论探索，到如今深刻改变社会的技术应用，每一步都见证了科学与人类智慧的进步。下面将通过六个发展阶段，深入解读人工智能如何从梦想变为现实（见图 1-3-1）。

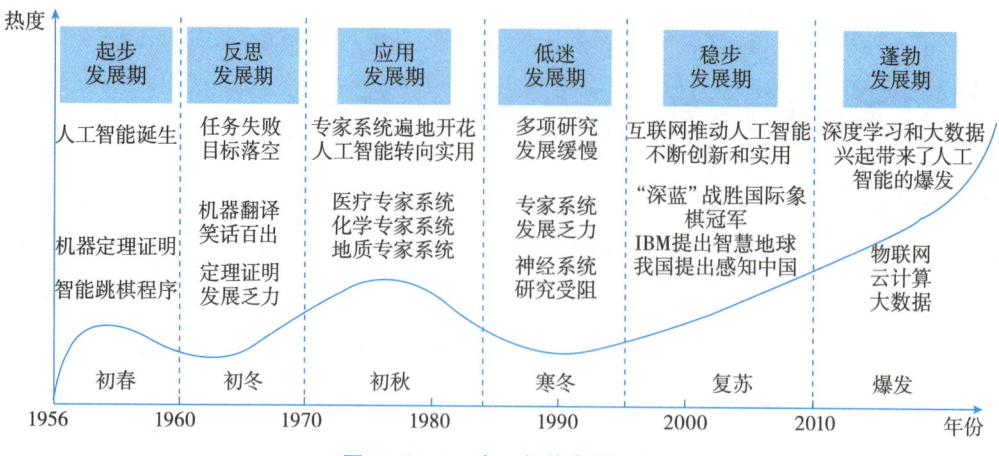

图 1-3-1 人工智能发展历程

资料来源：制造业排名数据库。

1.3.1 科学梦想的萌芽：起步发展期（20世纪50—60年代）

1. 早期探索：奠定理论基础

20世纪50—60年代，人工智能作为一个新兴领域，经历了起步发展期。这一时期的两大标志性事件——图灵测试和达特茅斯会议，为人工智能的发展奠定了坚实的理论基础。

1950年，英国数学家阿兰·图灵提出了著名的"图灵测试"。他通过"问"与"答"的模式来判断机器是否具备智能。这一理论不仅为人工智能的研究提供了明确的衡量标准，也极大地推动了人工智能领域的发展。

1956年，达特茅斯学院举行了一场具有历史意义的学术会议（见表1-3-2）。在会上，科学家们提出了一个富有想象力的目标：让机器具备像人类一样的智能，能够推理、学习和解决问题。这次会议首次正式提出人工智能（Artificial Intelligence，AI）一词，一直被沿用至今，1956年也被称为"人工智能元年"。

表 1-3-2 参加 1956 年达特茅斯人工智能暑期研讨会主要人员

姓名	基本信息
巴克斯	1977年图灵奖得主
麦卡锡	1971年图灵奖得主
麦卡洛克（W. S. McCulloch）	神经科学家和控制论研究先驱者，与皮茨（W. Pitts）首次提出了麦卡洛克—皮茨模型（简称 M-P 模型）来描绘神经网络
明斯基	1969年图灵奖得主，是第一位获此殊荣的 AI 学者
纳什（J. Nash）	1994年诺贝尔经济学奖获得者，提出了"纳什均衡"等博弈论概念
纽厄尔	1975年图灵奖得主
罗切斯特	IBM 第一台商用计算机 IBM 701 的主设计师
塞缪尔	机器学习研究先行者，首个棋类 AI 程序的开发者
香农	信息论创始人、信息熵提出者
西蒙	1975年图灵奖得主和1978年诺贝尔经济学奖得主
所罗门诺夫	算法概率论创始人

续表

姓名	基本信息
维纳（N. Wiener）	控制论创始人

2. 早期成就：技术探索与实践

这一时期，人工智能领域取得了若干早期成就，包括逻辑推理、感知与对话系统的尝试。

逻辑理论家：1955 年，西蒙和纽厄尔开发出一款名为"逻辑理论家"的程序，它能够证明数学定理，被认为是世界上第一个人工智能程序。这一成就展示了人工智能在逻辑推理方面的潜力。

感知机模型：1958 年，弗兰克·罗森布拉特提出了"感知机"这一初代神经网络模型（见图 1-3-2）。这种设计试图模仿人脑的神经结构，通过简单的权重调整来实现对输入数据的分类。感知机为后来的深度学习奠定了重要的理论基础，尽管当时的技术条件限制了其进一步发展。

图 1-3-2　弗兰克·罗森布拉特与感知机

ELIZA 对话系统：1966 年，约瑟夫·维茨鲍姆在 ACM 上发表了一篇文章，描述了一个叫作 ELIZA 的程序如何使人与计算机在一定程度上进行自然语言对话。ELIZA 是世界上最早的聊天机器人之一，它模拟心理咨询对话，展示了人工智能在自然语言处理方面的初步成果。

3. 发展局限：技术瓶颈与挑战

尽管这一时期的研究打开了人工智能的大门，但受限于计算能力和算法设计，人工智能的发展仍然面临诸多挑战。当时的计算机性能有限，无法处理复杂的计算任务；同时，算法设计也缺乏足够的灵活性和鲁棒性，使得人工智能只能解决简单的逻辑问题。因此，尽管科学家们对人工智能充满了美好的梦想和期待，但技术上的限制使得这些梦想在短期内难以实现。

1.3.2　热情褪去的寒冬：反思发展期（20 世纪 60—70 年代）

1. 从高期待到低迷：过度乐观后的现实挑战

20 世纪 60 年代，人工智能领域曾经历了一段极度乐观的时期。科学家们对人工智能的前景充满了期待，甚至有人宣称"机器将在十年内达到人类智力水平"。然而，这种乐观的预测很快就被现实所击败。随着研究的深入，人们逐渐发现机器在复杂环境中的表现并不如预期，而计算资源的匮乏更是让研究陷入了停滞。

（1）Shakey 机器人：早期的 AI 明星与其局限。

1966 年，斯坦福大学 SRI 研究所开发的 Shakey 机器人成了当时人工智能领域的明星（见图 1-3-3）。Shakey 是世界上第一个结合感知、规划和执行能力的自主移动机器人，它能够在场景中自主探索并避开障碍物。然而，由于当时传感器设备的局限性和计算能力的不足，Shakey 完成一个任务通常需要耗费数小时，并且只能在预先设置好的、相对简单且受控的实验室环境中工作。一旦面对稍微复杂的现实场景，Shakey 就显得力不从心。

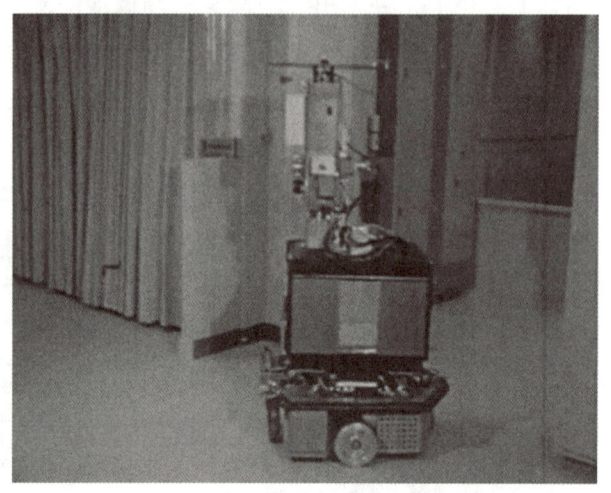

图 1-3-3　Shakey

（2）感知机的致命缺陷。

1969 年，人工智能领域的领军人物马文·明斯基和西摩·帕珀特在《感知机》一书中指出了感知机无法解决"异或问题"的缺陷。这一发现引发了人们对感知机和神经网络模型的广泛质疑。同时，由于计算能力的不足，复杂算法难以实现，导致相关研究陷入了低谷。

2. 人工智能的第一次寒冬

进入 20 世纪 70 年代，人工智能研究遭遇了前所未有的挑战。技术瓶颈、社会舆论压力以及科研人员与美国国家科技研究项目合作上的失败，共同导致了人工智能研究进入低谷期，这一时期被称为"第一次寒冬"。

然而，值得一提的是，尽管这一时期的人工智能研究陷入了低谷，但挫折并未阻止人工智能的发展。研究者们开始反思并调整研究方向，从过度乐观的幻想中回归现实，更加注重技术的可行性和实用性。这种反思和调整为后续的人工智能复苏奠定了基础。

1.3.3　专家系统的辉煌与衰落：应用发展期（20 世纪 70—80 年代）

1. 从理论到实践：专家系统的崛起

20 世纪 70—80 年代，为了克服早期人工智能的局限性，研究者们提出了"专家系统"的概念。这一创新性的想法基于一个简单的逻辑：如果机器不能像人类一样思考，那就让它模仿人类专家的决策过程。专家系统通常由两部分组成：一是存储了领域专家规则和经验的知识库，二是用这些规则模拟专家思维过程进行判断或决策的推理机。通过海量的规则和经验模拟专家的决策和推理过程，专家系统迅速在医学、工业和商业领域崭露头角。其中，MYCIN 系统和 XCON 系统是这一时期的两大杰出代表。

AI 医生的雏形——MYCIN 系统。MYCIN 系统是一个医疗诊断专家系统，它利用存储在知识库中的医学知识和规则，帮助医生分析细菌感染并推荐治疗方案。MYCIN 的诊断准确率甚至超过了一些普通医生，这充分展示了人工智能在特定任务中的巨大潜力。

工业领域的明星——XCON 系统。XCON 系统则是商用专家系统的杰出代表。它为数字设备公司的计算机硬件配置提供建议，极大地提高了生产效率。XCON 的成功证明了人工智能在商业领域的价值，也为专家系统的广泛应用奠定了坚实基础。

2. 从实践到反思：专家系统的没落

尽管专家系统在特定领域表现出色，但其固有的局限性也逐渐暴露出来。专家系统依赖于固定的规则进行推理和决策，这限制了其适应动态环境的能力。随着规则数量的增加，系统变得越来越复杂且难以维护。

专家系统的局限性主要表现在以下几个方面：

（1）应用领域狭窄：专家系统的设计和实现往往基于特定领域的知识和经验。这使得它们在某些特定领域表现出色，但难以推广至更广泛的领域。不同领域之间的知识结构和问题类型差异巨大，导致专家系统难以适应新的领域环境。

（2）知识获取困难：专家系统的知识库需要人工构建和维护，这是一个耗时且成本高昂的过程。此外，由于领域知识的复杂性和不确定性，知识获取的效率往往较低。

（3）推理方法单一：专家系统的推理机制通常基于规则或案例，这种方法在处理确定性和结构性较强的问题时表现良好。然而，在面对复杂、不确定环境下的问题时，专家系统的推理方法则显得力不从心。

（4）缺乏灵活性和适应性：一旦专家系统的知识库或推理规则确定下来，就很难进行动态调整和更新。这意味着当领域知识或问题类型发生变化时，专家系统可能无法及时适应新的环境或问题类型。

由于这些局限性，20 世纪 80 年代末，专家系统逐渐走向衰落。人工智能领域再次陷入低谷，迎来了第二次"寒冬"。然而，这一时期的挫折和反思也为后续的人工智能研究和发展提供了宝贵的经验和教训。

1.3.4 人工智能的挑战与蛰伏：低迷发展期（20 世纪 80 年代至 90 年代中期）

20 世纪 80 年代至 90 年代中期，人工智能领域经历了前所未有的低迷。这一时期，人工智能不仅面临着技术上的局限性，还受到了应用领域狭窄以及社会认知的制约，其发展陷入了瓶颈。然而，正是在这样的背景下，人工神经网络研究取得了新的突破，为人工智能的未来发展开辟了新的道路。

在这一低迷发展期，连接主义逐渐崭露头角，取代了传统的符号主义，成为人工智能领域的主流学派。连接主义强调，人的智能并非仅仅依赖于符号或规则的处理，而是由大量神经元之间的复杂连接所构成的神经网络所实现的。因此，人工智能也应该通过建立类似神经网络的模型来模拟人类的智能。这一观点的提出，为人工神经网络的研究提供了新的理论支撑，推动了该领域的深入发展。

1981年，美国数学家詹姆斯·莱特希尔首次提出了神经网络的概念，为这一领域的研究奠定了重要的基础。随后，在1986年，反向传播算法的提出更是为训练多层神经网络提供了有效的方法。这一算法的引入，使得神经网络技术能够更有效地学习复杂的特征表示，从而提高了其在实际应用中的性能。这一突破性的进展再次吸引了学术界的广泛关注，推动了人工神经网络研究的深入。

尽管在当时，神经网络技术仍面临着一些挑战，如训练时间长、泛化能力差等问题，但其潜力已经逐渐得到认可。研究人员不断探索和改进神经网络技术，为其在更多领域的应用及后续的深度学习技术奠定了基础，推动了人工智能技术的不断发展和进步。

1.3.5 神经网络复兴的曙光：稳步发展期（20世纪90年代中期至2010年前后）

进入20世纪90年代，随着计算机性能的显著提升和算法的不断优化，人工智能技术开始逐渐从理论研究走向实际应用，为人们的生活和工作带来了实质性的改变。这一时期，神经网络的复兴成为推动人工智能发展的重要力量，同时，一系列标志性事件也标志着人工智能技术的不断成熟和普及。

1. 算法突破：神经网络的重生

在这一时期，反向传播算法的成功推广成为多层神经网络训练的关键转折点。这一技术突破极大地降低了神经网络训练的难度，使得科学家们能够构建更加复杂和高效的神经网络模型。随着算法的不断优化和计算机性能的提升，神经网络开始展现出强大的学习和推理能力，为人工智能的发展带来了新的机遇。

2006年，加拿大计算机科学家杰弗里·辛顿提出的深度学习概念更是将神经网络研究推向了新的高度。深度学习通过建立多层次的神经网络模型，能够自动学习数据的复杂特征表示，从而实现更高级的认知和决策能力。这一技术的提出，不仅推动了神经网络研究的深入发展，也为人工智能技术的广泛应用奠定了坚实基础。

2. 人机大战：深蓝的胜利

1997年，国际象棋世界冠军卡斯帕罗夫在与名为"深蓝"的超级计算机的对抗中败北，这一事件被视为人工智能在战略游戏领域的重要胜利（见图1-3-4）。"深蓝"通过先进的算法和强大的计算能力，成功战胜了人类顶尖棋手，展示了人工智能在特定任务中超越人类的能力。这场"人机大战"不仅提高了人工智能技术的知名度，也进一步推动了人工智能技术的普及和人们对其的认知。

3. 日常应用的兴起：语音与翻译技术突破

随着计算能力的不断提升和算法的不断优化，语音识别和机器翻译技术也开始进入人们的日常生活。苹果的Siri语音助手和谷歌翻译等工具的出现，让人们第一次真正感受到了人工智能带来的便捷性。这些技术通过先进的算法和模型，能够准确识别和理解人类语言，实现自然语言交互和机器翻译等功能，极大地提高了人们的生活质量和工作效率。

同时，这些技术的普及也推动了人工智能技术的商业化和产业化进程。越来越多的企业开始关注和应用人工智能技术，推动了人工智能技术的快速发展和广泛应用。

图1-3-4 卡斯帕罗夫与"深蓝"的人机大战

资料来源：CFP。

1.3.6 迈向智能新时代：蓬勃发展期（2010年至今）

随着技术的飞速进步和实际应用的爆炸式增长，2010年以来，人工智能进入了蓬勃发展的新时代。计算能力的显著提升、大数据的广泛应用以及深度学习等新兴技术取得重大突破，人工智能在图像识别、自然语言处理等多个领域取得了显著进展。人工智能迎来了第三次发展浪潮，并取得了惊人的进展。

1. 技术爆发：深度学习的全面兴起

2012年，谷歌的无人驾驶汽车在加利福尼亚州进行了测试，标志着人工智能在自动驾驶领域的研究进入了实际应用的阶段。同年，AlexNet通过深度卷积神经网络在ImageNet图像识别大赛中夺得冠军，这一成就不仅证明了深度学习在图像识别领域的巨大潜力，也标志着深度学习正式成为人工智能研究的主流方法。随后，深度学习技术在图像识别、语音处理和自然语言理解等多个领域取得了惊人突破，推动了人工智能技术的快速发展。

2. 围棋领域的里程碑：AlphaGo的辉煌战绩

2016年，谷歌DeepMind团队开发的AlphaGo与世界围棋冠军李世石的对弈成为全球关注的焦点。AlphaGo的胜出不仅震撼了围棋界，也向全世界展示了深度学习技术在决策类游戏中的卓越能力。这一事件进一步推动了人工智能技术的普及和人们对其的认知，使更多人开始关注和了解人工智能的潜力。

3. 多领域应用：从无人驾驶到内容生成的全面开花

在无人驾驶领域，特斯拉等公司利用人工智能技术开发的自动驾驶汽车，正在逐步改变未来的交通格局，为人们带来更加便捷、安全的出行体验。同时，在线购物和内容平台的智能推荐算法，通过深度学习和大数据分析，实现了消费者体验的个性化定制，极大地提升了用户体验。

此外，生成式AI技术的崛起，如GPT等语言模型的广泛应用，更是让人工智能从理解语言迈向了创造内容的新阶段。这些技术不仅为社会带来了前所未有的便利，也带来了诸多挑战和机遇。

例如，ChatGPT 等生成式 AI 技术的出现，推动了自然语言处理技术的进步，并在教育、娱乐、媒体等多个领域实现了广泛应用，为人们的生活和工作带来了更多可能性。

4. 国家战略层面的重视与规划

随着人工智能技术的快速发展和广泛应用，越来越多的国家将其纳入国家战略层面进行规划和布局。各国纷纷制定人工智能发展规划和战略，旨在通过加强技术研发、人才培养和国际合作等方式，推动人工智能技术的持续创新和应用拓展，为经济社会发展注入新的动力。

人工智能的发展历程，是一部从理论探索到实践应用的壮丽史诗，它见证了人类科学技术的辉煌成就与不懈追求。从最初的萌芽阶段，到经历低谷后的再次崛起，直至如今成为推动社会进步的重要力量，人工智能已经深入工业、医疗、教育、娱乐等多个领域，为人类生活带来了前所未有的变革。

然而，这仅仅是人工智能发展历程中的一个里程碑，而非终点。未来，人工智能将继续以其独特的魅力和无限的可能性，引领我们走向一个更加智慧、更加人性化的新时代。它或许将成为我们的朋友，陪伴我们度过每一个孤独的夜晚；或许将成为我们的助手，帮助我们解决生活中的琐碎问题；甚至可能成为我们的合作伙伴，与我们共同探索未知的世界。

与此同时，人工智能的发展也伴随着诸多挑战和不确定性。如何确保 AI 的伦理道德？如何避免 AI 带来的社会不公？如何确保 AI 的安全性和可控性？这些问题都需要科学家、社会学家以及全人类共同探讨和应对。

回顾人工智能的发展历程，我们不难发现，它不仅仅是一段技术变革的历史，更是一部人类不断追求知识与创新的故事。每一次技术的突破，都是人类智慧的结晶；每一次应用的拓展，都是人类需求的体现。而我们今天所见证的每一次突破，都是在为人类社会走向更光明的未来奠定坚实的基础。

因此，让我们以更加开放的心态，迎接人工智能的未来。让我们携手共进，共同探索人工智能的无限可能，为人类社会的繁荣发展贡献我们的智慧和力量。

想一想

1. 技术瓶颈与社会影响：为什么专家系统的局限性导致了第二次 AI 寒冬？这对当前大模型的发展有何启示？

2. 伦理与未来：随着生成式 AI（如 ChatGPT）的普及，如何平衡技术创新与内容真实性的风险？

3. 跨学科融合：AI 发展历程中，数学、神经科学、计算机科学如何交叉推动技术突破？

拓展阅读

AI 伦理与治理：全球规则框架下的平衡探索

1. 欧盟《人工智能法案》：从风险分级到全球标杆

2024 年 8 月 1 日，欧盟《人工智能法案》正式生效，标志着全球首部全面监管 AI 的法规落地。这部历时三年制定的法案，以"风险分级"为核心，将 AI 系统分为禁止类、高风险类、有限风险类和低风险类，分别实施不同监管措施。例如，公共场所实时面部识别、情绪监控等被列为"不可接受风险"并严格禁止；自动驾驶、医疗诊断等高风险系统需通过欧盟认证机构评估，并在数据库注册后方可投入市场。

针对以 ChatGPT 为代表的通用型 AI 和基础模型，法案提出特别要求：提供者需制定技术文件、建立质量管理体系，并在系统投放市场后 10 年内保留相关数据以备审查。此外，法案强化了企业责任，对违规行为处以最高全球年营业额 7% 的罚款，旨在通过严格执法保障公民权利与社会安全。

欧盟立法者强调，该法案并非单纯限制技术发展，而是通过"安全港"原则鼓励创新。例如，设立监管沙盒允许企业在受控环境中测试新技术，同时要求算法具备可解释性与透明度，以增强公众信任。这一模式为全球 AI 治理提供了重要参考，也促使其他国家加速本土法规的制定。

2. 中国《生成式人工智能服务管理暂行办法》：发展与安全并重

在欧盟法案生效前一年，中国于 2023 年 8 月 15 日实施《生成式人工智能服务管理暂行办法》（以下简称《办法》），确立了"促进创新与依法治理相结合"的原则。《办法》要求提供者确保训练数据合法、真实、多样，禁止生成虚假信息或侵害他人权益，并对生成内容（如图像、视频）强制标注"AI 生成"标识。针对未成年人保护，平台需采取防沉迷措施；对涉及国家安全或社会公共利益的服务，则需通过安全评估与算法备案。

与欧盟"风险分级"不同，中国《办法》更注重全生命周期治理。例如，在数据标注环节，要求制定明确规则并核验质量；在技术研发阶段，鼓励自主创新与国际合作，同时强调数据安全与隐私保护。此外，《办法》明确了政府、企业、用户三方责任，构建"多元协同"的治理体系。

3. 全球治理的挑战与趋势

当前，AI 伦理与治理已从单一技术问题上升为国家战略议题。除中国与欧盟外，美国通过《人工智能权利法案》强调公平性，英国则建立 AI 监管沙盒推动创新。然而，技术快速迭代与治理滞后的矛盾仍然存在，例如欧盟法案在实施过程中需动态调整以应对生成式 AI 的新风险。

未来，全球 AI 治理将呈现以下三大趋势：

差异化监管：根据技术成熟度与应用场景制定灵活规则，避免"一刀切"；技术赋能治理：利用 AI 自身优势（如检测深度伪造内容）提升监管效率；国际标准协同：通过多边合作减少规则冲突，例如 G7 国家正探索 AI 伦理共同框架。

正如清华大学薛澜教授所言，AI 治理需在"收益最大化"与"风险最小化"间找到平衡点。唯有坚持人本主义立场，将伦理嵌入技术设计全流程，才能确保 AI 真正服务于人类共同福祉。

本章小结

在本章中，我们不仅了解了人工智能的基本概念、理论基础和发展历程，更深刻认识到人工智能作为一门交叉学科的重要性和广阔前景。它不仅是科技进步的象征，更是推动社会发展和变革的重要力量。希望通过本章的学习能激发大家对人工智能的浓厚兴趣和探索精神，让我们共同期待人工智能在未来创造更多的奇迹！

参考文献

[1] 周志明. 智慧的疆界:从图灵机到人工智能[M]. 北京:机械工业出版社,2018.

[2] 钱银中. 人工智能导论[M]. 北京:高等教育出版社,2019.

习 题

一、选择题

1. 机器学习中的无监督学习是指（　　）。

   A. 使用未标记的数据进行训练　　　　B. 没有给定训练样本进行学习

   C. 通过人工标记的样本进行学习　　　D. 不需要有人监督就可以学习

2. 要想让机器具有智能，必须让机器具有知识。因此，在人工智能中有一个研究领域，主要研究计算机如何自动获取知识与技能，实现自我完善，这门研究分支学科叫（　　）。

   A. 专家系统　　　B. 机器学习　　　C. 神经网络　　　D. 模式识别

3. AI 是（　　）两个英文单词的缩写。

   A. Automatic Intelligence　　　　B. Artificial Intelligence

   C. Automatic Information　　　　D. Artificial Information

4. 人工智能的第一次寒冬发生在（　　）。

   A. 20 世纪 50 年代　B. 20 世纪 60 年代　C. 20 世纪 70 年代　D. 20 世纪 80 年代

5. 大数据处理的第一步是（　　）。

   A. 数据挖掘　　　B. 数据采集　　　C. 数据可视化　　　D. 数据存储

6. （　　）不是人工智能的研究领域。

   A. 机器研究　　　B. 图像处理　　　C. 自然语言处理　　　D. 编译原理

7. 人工智能的三大学派包括符号主义、连接主义和（　　）。

   A. 行为主义　　　B. 逻辑主义　　　C. 进化主义　　　D. 控制论学派

8. 图灵测试的提出者是（　　）。

   A. 艾伦·图灵　　B. 诺伯特·维纳　　C. 克劳德·香农　　D. 约翰·麦卡锡

9. （　　）不属于符号主义的代表成果。

   A. 逻辑理论家　　B. 专家系统　　　C. 感知机　　　D. 知识工程

10. 深度学习属于（　　）学派的技术。

    A. 符号主义　　　B. 连接主义　　　C. 行为主义　　　D. 控制论学派

二、简答题

1. 列举人工智能发展历程中的三个关键阶段及其标志性事件。

2. 讨论强人工智能与弱人工智能的区别。

第二章
人工智能的技术基础

本章导学

人工智能技术发展的三个核心要素是数据、算力、算法。

数据是人工智能的"燃料",为机器学习和深度学习算法提供了必要的训练材料。在大数据时代,海量、多样、高质量的数据对于提升人工智能模型的准确性和泛化能力至关重要。通过采集、清洗、存储、分析大量数据,人工智能系统得以从中学习并提取有用信息,进而实现智能决策和预测。

算力即计算能力,是指计算机处理数据和执行算法的能力,通常依赖高性能计算机或云计算系统。算力是支撑人工智能运算的重要基础。随着深度学习等复杂算法的应用,人工智能对算力的需求日益增长。高性能计算(HPC)和云计算等技术的发展,为人工智能提供了强大的算力支持。这些技术使得人工智能系统能够更高效地处理大规模数据,加快模型训练和推理过程。

算法是人工智能的核心引擎,决定了其智能水平的高低。从传统的机器学习算法到深度学习算法,再到强化学习等先进算法,人工智能领域的算法不断创新和发展。这些算法通过模拟人脑的学习和决策过程,使机器能够具备感知、理解、推理和决策等能力。算法的优化和改进,对于提升人工智能系统的性能和效率具有重要意义。

本章将围绕这三要素展开,从大数据的基本概念、特征、大数据处理的流程以及大数据的应用和发展,走进人工智能"燃料"的内核深处;从云计算的概念、基本特征、分类以及云计算的应用和发展,感受人工智能运算保障的力量;从机器学习的概念、分类,到深度学习的发展,追溯人工智能核心引擎的发展史。

学习目标

素质目标

◇培养学生的数字素养、科学素养。
◇引导学生树立科技强国、科技报国的理想信念。

 人工智能基础

知识目标

◇ 掌握大数据、云计算、机器学习、深度学习等重要概念。
◇ 了解大数据、云计算的未来发展趋势。

能力目标

◇ 能够列举大数据、云计算的应用,并阐述其实现原理。
◇ 能够正确理解大数据和云计算的特征,以及机器学习与深度学习之间的关系。

2.1 人工智能的"燃料"——大数据

· 任务介绍

本任务主要介绍人工智能的"燃料"——大数据。通过本任务的学习,读者能够对大数据的概念、4V 特征、大数据处理的流程有深入的认识,同时了解大数据的相关应用和未来发展。

· 任务实施

学习任务见表 2-1-1。

表 2-1-1 学习任务表

学习内容	人工智能的"燃料"——大数据
任务目标	1. 理解大数据的概念 2. 能结合日常生活,掌握大数据的4V 特征 3. 熟悉大数据的处理流程 4. 了解大数据的应用和未来发展趋势
任务实施	1. 知识学习 观看微视频《5 分钟解读什么是大数据》,预习本节内容 2. 案例分析 观看纪录片《大数据时代》第一集《数据时代》,简述视频中的大数据应用领域有哪些,解决了哪些问题 3. 实践巩固 (1) 大数据的处理流程要经过哪几步 (2) 列举你了解的 1~2 个大数据的应用领域
任务总结	通过本节内容的学习,我学到
小组互评	

2.1.1 数据的概念

数据（Data）是现实世界中自然现象和人类活动所留下的轨迹。《辞海》（第七版）将数据定义为"描述事物的数字、字符、图形、声音等的表示形式"。2021年出台的《中华人民共和国数据安全法》中，数据是指任何以电子或者其他方式对信息的记录。

拓展阅读

在计算机中，数据、信息、知识三者之间有什么关系？

根据《计算机科学技术名词（第三版）》：

数据是客观事物的符号表示。在计算机科学中，指所有能输入到计算机中并被计算机程序处理的符号的总称。

信息是处理后的数据，可用于对人们管理和决策的支持。

知识是知识问题求解所需的信息的总和。其中信息是经过整理的、结构化的。知识具有产生或者有助于产生新信息的能力。

在计算机中，数据的形式是多样的，可以表现为数值、文字、图像、音频、视频或其他计算机可以识别和处理的形式，这些经过计算机相关程序转换之后，实际存储在计算机中的是由0和1构成的二进制序列。

数据体现的是一种过程、状态或结果的记录，这类记录经数字化（Digitalized）后可以被计算机存储和处理。信息则是包含在数据之中能够为人脑理解和思维推理的结论。

综上，我们可以知道，数据是反映客观事物属性的记录，是信息的载体；原始的数据经过处理之后，就成为信息；经过整理、处理之后形成某个知识问题求解所需的信息总和，就是知识，知识可以通过转化形成价值，所以信息是知识的载体。

2.1.2 大数据的概念

大数据的起源可以追溯到20世纪中叶，从计算机的诞生与发展，再到数据存储和数据处理技术的提升，硬件和软件技术的发展，互联网、移动互联网以及物联网的发展，这些都为大数据的产生提供了沃土。21世纪初，谷歌发表了三篇论文为大数据存储和处理提供了新的思路。

2013年，大数据主流技术（如Hadoop、Spark等）趋于成熟，全球数据总量呈现爆炸式增长，金融、零售、医疗等领域开始利用大数据进行精准预测、推荐和风险控制，许多国家开始布局大数据相关战略，这一年被广泛认为是"大数据元年"。

目前大数据已经成为全社会热议的话题，但到目前为止，"大数据"尚无公认的统一定义。在百度百科中，大数据或称巨量资料，指的是所涉及的资料量规模巨大到无法通过主流软件工具，在合理时间内达到撷取、管理、处理、并整理成为帮助企业经营决策更积极目的的资讯。麦肯锡全球研究所给出的定义：大数据是一种规模大到在获取、存储、管理、分析方面大大超出了传统数据库软件工具能力范围的数据集合。

2.1.3 大数据的特征

大数据有四个特征,分别是 Volume(海量的数据规模)、Variety(数据的多样性)、Velocity(高速的数据流转)、Value(巨大的价值),一般概括为"4V"。

1. 海量的数据规模

数据的规模巨大,存储单位达到 PB 甚至 EB 级别。相关数据显示,2004 年,全球数据总量是 30EB[①],2015 年全球数据总量达到了 900EB,2022 年全球数据总量为 77ZB[②],其中中国贡献了 8.1ZB,占总量的 10.5%。

2. 数据的多样性

随着新一代信息技术的兴起,数据的来源更加丰富,有来自媒体软件、电商平台等的企业数据,也有来自社交软件、个人消费等的个人数据,还有来自物联网、传感器、智能设备等机器设备产生的数据。数据的类型也从传统的关系型数据(如日志、数据库等),即结构化数据,转变为视频、音频、图片、文档等数据结构不明显的半结构化数据、非结构化数据。

3. 高速的数据流转

数据的流转体现在两方面:一方面,智能互联时代,数据的产生十分迅速,尤其是在一些用户数量庞大的应用软件中,我们每个人每时每刻都在产生数据资源;另一方面,强大的数据处理技术和分析技术,能够及时地对收集到的数据进行处理。

4. 巨大的价值

数据中隐藏着巨大的价值,这是大数据的核心特征。人们从数据中挖掘有价值的信息用于预测、分析和推荐,并将其推广应用于金融、医疗、农业、环境监测等各个领域,从而提高生产效率,为众多疑难问题找到最优解。目前,我们挖掘到的信息相对于庞大的数据整体来说所占比例较小。未来我们希望能够通过新的技术、新的算法,挖掘到数据中更多的价值,为我们的生活提供更多便捷。

拓展阅读

你知道现在全球数据有多少吗?

国际数据公司(International Data Corporation,IDC)于 2024 年 10 月发布的最新报告显示,预计到 2028 年全球数据量(Global Data Volume)将增长至 393.8ZB,2024—2028 年,这五年间生成的数据量将至少是过去 10 年生成的数据总量的 2.2 倍,约为过去 5 年生成的数据总量的 2.9 倍(见图 2-1-1)。

具体来看,全球数据量有以下趋势:

(1)2023 年每秒产生 4.2 PB 的数据,这一数字在 2028 年将增长至 12.5 PB。

---

① 1 EB = 2^{10} PB = 2^{20} TB = 2^{30} GB。

② 1 ZB = 2^{10} EB。

（2）由于数据分析和生成式 AI 的广泛应用，企业数据占比将从 64% 增长至 81%（2023—2028 年）。

（3）数据上云/云上服务更加明显，到 2028 年，37% 的数据将会在云端直接产生，超过 60% 的数据会最终存储在云上。

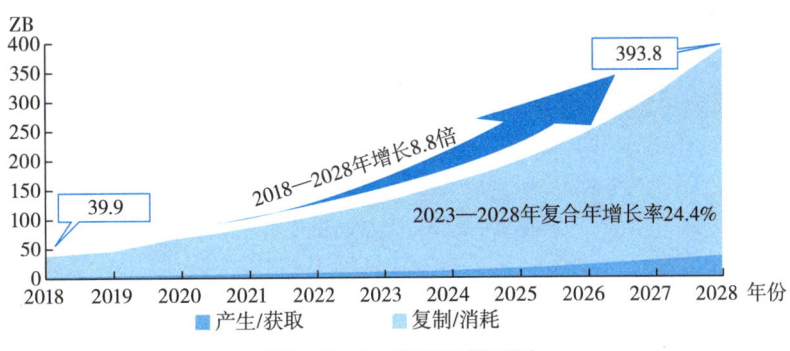

图 2-1-1　数据总量预测

资料来源：IDC 数据中心。

2.1.4　大数据的处理流程

大数据的处理流程为数据采集、数据预处理、数据存储与管理、数据处理与分析、数据可视化及应用，每个环节都面临不同程度的技术上的挑战，如图 2-1-2 所示。

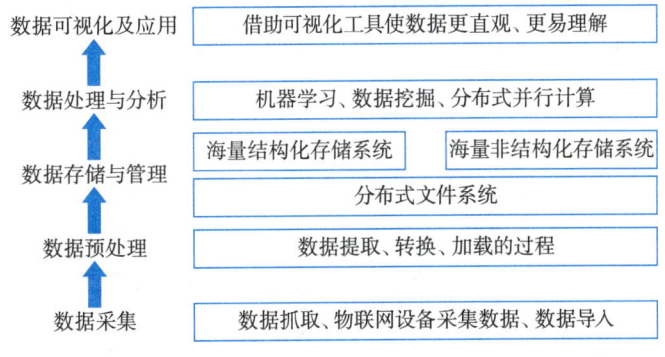

图 2-1-2　大数据处理的流程

1. 数据采集

随着新一代信息技术的发展，每时每刻都在产生着大量的数据，数据的总量呈现指数级增长。这些数据来源多样：来自企业内部的数据，如业务系统数据、交易记录数据、员工数据和财务报表数据；来自外部的数据，如政府发布的统计数据、行业报告数据、社交媒体数据；来自网络的数据，如网页数据、API 数据、日志数据；用户个人产生的数据，如网站浏览记录、社交媒体评论数据、相关产品或服务的评价信息；来自物联网（Internet of Things，IoT）传感设备产生的数据、服务器的日志数据、智能设备数据等。数据采集就是根据用户需求，通过相关技术将所需的实时数据或非实时数据收集起来的过程。数据采集是数据分析的入口，也是数据分析过程中相当重要的一个环节。

数据采集技术的选取，需要考虑数据的来源和业务需求。

（1）网络数据采集。

网络数据采集主要借助于网络爬虫（Web Crawer）技术。"网络爬虫"是一个在互联网上自动提取网页信息并进行解析抓取的程序。网络爬虫技术可以将网页中的非结构化数据，如视频、音频、图片等文件从网页中抽取出来，并将其存储为本地文件，其抓取过程如图2-1-3所示。

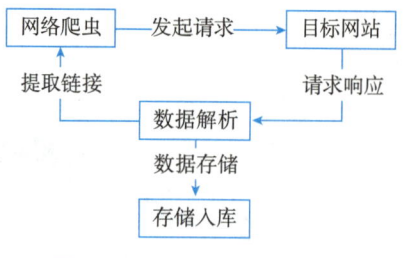

图2-1-3 网络爬虫技术

（2）物联网数据。

物联网是在互联网的基础上，利用射频识别、传感器、红外感应器、无线数据通信等技术，实现物物相连的互联网络。

传感器采集：通过部署各种传感器，如温度传感器、湿度传感器、压力传感器等，实现对环境参数的实时监测与数据采集。

RFID采集：通过在物品上粘贴RFID标签，利用读写器进行批量扫描和识别，快速准确地获取物品信息。

网络摄像头采集：通过视频监控设备，实现对场景的实时监视和数据采集。

移动设备采集：通过智能手机、平板电脑等移动设备，进行位置信息、用户行为等数据的采集。

（3）日志数据。

日志文件数据一般由数据源系统产生，用于记录数据源执行的各种操作活动，比如网络监控的流量管理、金融应用的股票记账和Web服务器记录的用户访问行为。通过对这些日志信息进行采集，然后进行数据分析，就可以从公司业务平台日志数据中挖掘得到具有潜在价值的信息，为公司决策和公司后台服务器平台性能评估提供可靠的数据保证。日志采集系统做的事情就是收集日志数据，供离线和在线实时分析使用。

（4）企业内部的数据。

一些企业会使用传统的关系型数据库MySQL和Oracle等来存储业务系统数据，除此之外，如Redis和MongoDB的NoSQL数据库也常用于数据的存储。企业每时每刻产生的业务数据，以数据库一行记录的形式，被直接写入到数据库中。

企业可以借助于ETL（Extract-Transform-Load）工具，把分散在企业不同位置的业务系统的数据，抽取、转换、加载到企业数据仓库中，以供后续的商务智能分析使用。

2. 数据预处理

数据预处理也叫数据清洗，是指将大量原始数据中的"脏"数据"洗掉"，它是发现并纠正数据文件中可识别的错误的最后一道程序，包括检查数据一致性，处理无效值和缺失值等。比如，在构建数据仓库时，由于数据仓库中的数据是面向某一主题的数据的集合，这些数据从多个业务系统中抽取而来，而且包含历史数据，这样就避免不了有的数据是错误数据、有的数据相互之间有冲突，这些错误的或有冲突的数据显然是我们不想要的，称为"脏数据"。我们要按照一定的规则把

"脏数据"给"洗掉",这就是"数据清洗"。

数据预处理常使用数据的 ETL 操作,即提取(Extract)、转换(Transform)、加载(Load)。从不同的数据源中提取数据,并进行清洗、转换和整合,然后将处理后的数据加载到目标数据库或数据仓库中。ETL 常用于将多个来源的数据集成到一个统一的数据存储位置,以便进行数据分析和商业智能化应用。

3. 数据存储与管理

利用分布式文件系统、数据仓库、关系数据库、NoSQL 数据库、云数据库等,实现对结构化、半结构化和非结构化海量数据的存储和管理。

(1)分布式存储。

分布式文件系统(Distributed File System,DFS)是一种通过网络实现文件在多台主机上进行分布式存储的文件系统(见图 2-1-4)。文件系统管理的物理存储资源不一定直接连接在本地节点上,而是通过计算机网络与节点相连;或是若干不同的逻辑磁盘分区或卷标组合在一起而形成的完整的有层次的文件系统。

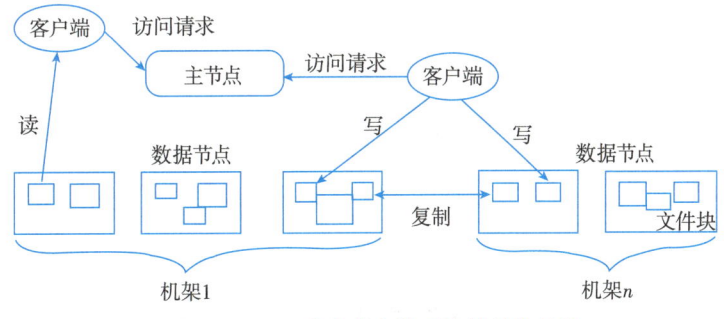

图 2-1-4　分布式文件系统的整体结构

谷歌开发了分布式文件系统 GFS,通过网络实现文件在多台机器上的分布式存储,较好地满足了大规模数据存储的需求。

Hadoop 的 HDFS(Hadoop Distributed File System)通过将数据划分为多个块并分布在多个节点上,提高了数据存储的可靠性和可扩展性。HDFS 默认一个块的大小通常为 64MB 或 128MB,每个数据块通常有 3 个副本,以提高数据的可用性。

另一种开源的分布式文件系统 GlusterFS,支持文件系统的水平扩展,通过 Peering 技术实现多个服务器之间的数据复制和负载均衡。

(2)数据仓库。

数据仓库(Data Warehouse)是一个面向主题的、集成的、相对稳定的、反映历史变化的数据集合,用于支持管理决策,其体系架构如图 2-1-5 所示。

(3)数据库管理技术。

NoSQL(Not only SQL)能够处理大量结构化和非结构化数据,是非关系型数据库的统称,具有高可扩展性和灵活性。NoSQL 数据库所采用的数据模型并非传统关系数据库的关系模型,而是类似键/值、列族、文档等非关系模型,适用于不同应用场景的数据存储。

NoSQL 数据库没有固定的表结构,通常也不存在连接操作,也没有严格遵守 ACID 约束,因此,与关系数据库相比,NoSQL 具有灵活的水平可扩展性,可以支持海量数据存储。

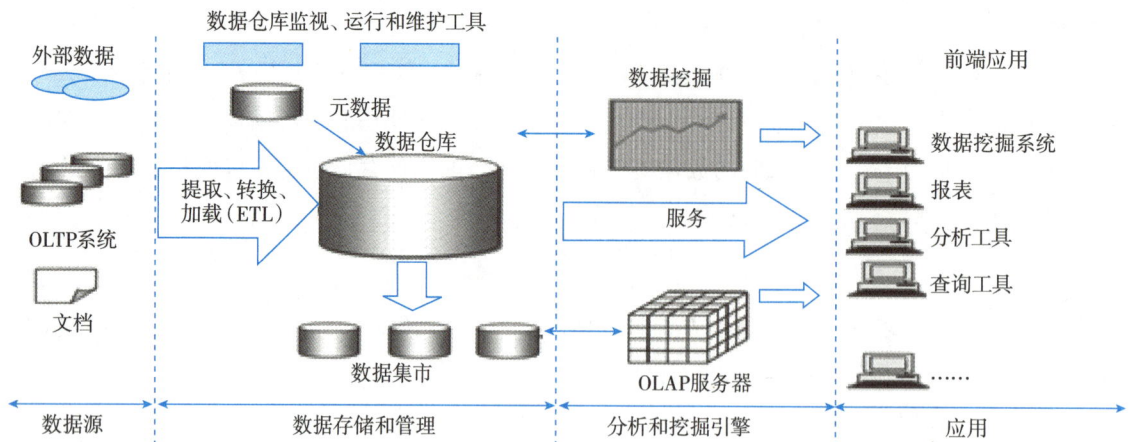

图 2-1-5 数据仓库体系架构

大数据时代，关系型数据库仍然是结构化数据存储和管理的重要工具。关系型数据库使用 SQL 语言进行数据定义和操作，支持事务管理和 ACID 特性。

想一想

数据仓库与数据库有什么区别？

拓展阅读

什么是 ACID？

ACID 是指数据库管理系统（Database Management System，DBMS）在写入或更新资料的过程中，为保证事务（Transaction）是正确可靠的，所必须具备的四个特性：原子性（Atomicity）（或称不可分割性）、一致性（Consistency）、隔离性（Isolation）、持久性（Durability）。

（1）Atomicity（原子性）：一个事务（Transaction）中的所有操作，要么全部完成，要么全部不完成，不会结束在中间某个环节。事务在执行过程中发生错误，会被恢复（Rollback）到事务开始前的状态，就像这个事务从来没有执行过一样。

（2）Consistency（一致性）：在事务开始之前和事务结束以后，数据库的完整性没有被破坏。这表示写入的资料必须完全符合所有的预设规则，包含资料的精确度、串联性以及后续数据库可以自发性地完成预定的工作。

（3）Isolation（隔离性）：数据库允许多个并发事务同时对其数据进行读写和修改，隔离性可以防止多个事务并发执行时由于交叉执行而导致数据的不一致。事务隔离分为不同级别，包括读未提交（Read Uncommitted）、读提交（Read Committed）、可重复读（Repeatable Read）和串行化（Serializable）。

（4）Durability（持久性）：事务处理结束后，对数据的修改就是永久的，即便系统故障也不会丢失。

4. 数据处理与分析

数据处理是根据处理的数据类型和分析目标，采用适当的算法模型，快速处理数据的过程。通常使用分布式并行编程模型和计算框架，结合机器学习和数据挖掘算法，实现对海量数据的处理和分析。大数据处理分析技术类型及其代表产品如表2-1-2所示。

表2-1-2 大数据处理分析技术类型及其代表产品

大数据计算模式	解决问题	代表产品
批量处理计算	针对大规模数据的批量处理	MapReduce、Spark 等
流计算	针对流数据的实时计算	Storm、S4、Flume、Streams、Puma、DStream、SuperMario、银河流数据处理平台等
图计算	针对大规模图结构数据的处理	Pregel、GraphX、Giraph、PowerGraph、Hama、GoldenOrb 等
查询分析计算	大规模数据的存储管理和查询分析	Dremel、Hive、Cassandra、Impala 等

海量数据处理要消耗大量的计算资源,对于传统单机或并行计算技术来说,在速度、可扩展性和成本上都难以适应大数据计算分析的新需求。因此,采用"分而治之"思想的分布式计算MapReduce成为离线批量处理数据的主流计算架构。

Hadoop是典型的大数据批量处理架构,由HDFS负责静态数据的存储,通过MapReduce实现计算逻辑、机器学习和数据挖掘算法。

5. 数据可视化及应用

数据可视化是对分析结果进行可视化呈现,利用数据分析和开发工具发现其中未知信息的处理过程,从而帮助人们更好地理解数据、分析数据。

可视化技术让枯燥的数据以简单友好的图表形式展现出来,变得更加通俗易懂,有助于用户更加方便快捷地理解数据的深层次含义,有效参与复杂的数据分析过程,提升数据分析效率,改善数据分析效果。

2.1.5 大数据的应用

随着大数据技术的发展,大数据在各行各业的应用领域更加广泛且深远,不仅改变了企业的运营方式,也影响了我们的日常生活。

大数据技术为医疗保健带来了新的机遇。通过分析大量的医疗数据,包括患者病历、基因数据、环境因素等,可以预测疾病的发生风险,提前采取预防措施。如IBM Watson Oncology辅助制定治疗方案;可穿戴设备实时监测心电图数据与医疗机构联动,预警房颤风险,减少急诊事件;利用大数据优化基因编辑靶点选择,提高基因治疗成功率。同时,大数据技术还能优化医院的资源分配,如病床管理、医生排班等,提高医疗服务的效率和质量。

依托大数据构建城市级安全监管平台,整合消防、交通、民政等部门数据流,实现风险预警信息实时共享与联合响应机制。例如,四川消防救援总队以信息融通和数据赋能为牵引,大力推进"智慧消防"建设,积极打造智慧联动、上下一体、统一高效的智慧消防体系,已经建成的四川消防大数据平台,覆盖全省5.1万个社区网格,通过四色预警模型动态评估区域风险等级。利用四川省消防大数据平台,消防监督人员可以"一张图"掌握火灾分布、监督执法、网格排查、维保检测等现有消防各系统相关信息,动态跟踪接入消防物联网平台企业的设备状况,全面了解消防执法动态,实时展现各区域安全指数排名。

在通信领域,运营商利用Hadoop和Spark等分布式计算框架处理海量网络数据,分析网络流量和流向变化趋势,及时调整资源配置,分析网络日志并进行全网络优化,提升网络质量和利用率。

运用数据挖掘技术发现用户行为模式和市场趋势，利用推荐系统算法如协同过滤，向用户推荐相关服务。某通信运营商基于用户消费信用、套餐履约等 20＋维度数据构建预测模型，提前识别高欠费风险用户，实现欠费金额回收率提升至 92%。该系统已拦截恶意欠费行为超 1500 万次，挽回经济损失超 6 亿元。大数据推动了通信行业的数字化转型，为用户带来更加智能化、个性化的服务体验，同时也为行业的可持续发展注入新的活力。

2.1.6 大数据的发展

全球大数据技术产业与应用创新不断迈向新高度。世界各国均通过政策、法案、设立机构等形式，持续深化实施本国大数据战略。国内方面，党中央、国务院再次做出一系列重要部署，我国大数据领域良好的发展态势进一步巩固。

（1）技术创新与突破。

大数据技术不断创新，数据仓库、数据集市、离线数仓、实时数仓、时空数据库等各类技术不断涌现和发展。神经计算模型、类脑芯片技术等新兴计算技术在大数据领域的应用取得显著进展，为大数据处理和分析提供了更强大的计算能力。

（2）政策与法规支持。

我国先后出台相关政策，为大数据产业的发展提供有力支持。如《"十四五"数字经济发展规划》和《"十四五"大数据产业发展规划》等文件的发布，明确了大数据产业的发展目标和重点任务。各级地方政府也结合本地实际情况，推出了一系列具有针对性的政策措施，推动大数据产业在本地的发展。

各国政府纷纷将大数据视为推动经济社会发展的重要力量，投入大量资源进行技术研发和应用。同时，也加强了数据安全和隐私保护的法律法规建设。如美国和欧盟在数据经济方面表现出显著的规模和影响力，通过完善数据要素市场法律法规、推动数据一体化市场建设等措施，促进大数据产业的健康发展。

2019 年 10 月，党的十九届四中全会首次将数据纳入生产要素范畴；2022 年 12 月，中共中央、国务院印发《关于构建数据基础制度更好发挥数据要素作用的意见》，确立了数据基础制度体系的"四梁八柱"，为最大化释放数据要素价值、推动数据要素市场化配置提供了最新指引。我国出台的《中华人民共和国网络安全法》《中华人民共和国数据安全法》《中华人民共和国个人信息保护法》《网络数据安全管理条例》，标志着数据合规的法律架构已初步搭建完成。在此基础上，重点行业、新兴技术的法律和司法解释密集出台，为国家安全提供了有力的支撑。

（3）新技术的融合。

中国大数据市场规模持续增长，数据要素市场的建设和发展成为推动大数据产业增长的重要动力。云计算、物联网、边缘计算等新技术的不断发展，为大数据的采集、存储、处理、分析提供了更加强有力的支持。这些新技术的融合应用，不仅提高了大数据处理的效率和准确性，也为大数据的应用场景提供了更多可能性。

大数据的应用不再局限于某一行业或领域，跨界融合趋势越来越明显。例如，大数据与金融、医疗、教育等领域的结合，产生了许多创新的应用场景和商业模式。这些跨界融合不仅推动了大数据技术的进一步发展，也为各行各业带来了新的发展机遇。

随着数据要素市场的不断完善和协同发展，大数据产业将形成更加完整和高效的生态系统，为各行各业提供更加优质的数据服务。

在全球化的大背景下，大数据行业的国际合作与交流进一步加强，分享经验和技术成果，推动大数据技术的创新和发展，为全球经济社会的发展做出更大贡献。未来，随着技术的不断进步和应用的不断深化，大数据将继续为经济社会发展注入新的活力。

2.2 人工智能的运算保障——云计算

• 任务介绍

本任务主要介绍承担重要人工智能强大算力支撑的云计算，不仅让读者知道什么是云计算，以及云计算的特征、云计算的分类，还通过身边的云计算应用，让读者感受云计算如何作为强大后盾支撑各领域的发展。

• 任务实施

学习任务见表 2-2-1。

表 2-2-1　学习任务表

学习内容	人工智能的运算保障——云计算
任务目标	1. 理解云计算的概念 2. 结合生活实际案例，理解并掌握云计算的特征 3. 掌握云计算的两种分类标准 4. 了解云计算的应用和发展
任务实施	1. 知识学习 （1）观看微视频《什么是云计算》，并预习本节内容 （2）阅读中国信息通信研究院发布的《云计算蓝皮书（2024年）》《先进计算暨算力发展指数蓝皮书（2024年）》了解云计算和算力的发展现状 2. 案例分析 （1）观看微视频《IaaS PaaS SaaS》结合所举案例，对比云计算三种服务模式 （2）举例说明日常接触到的云计算部署模式或服务模式 3. 实践巩固 云计算有哪些特征
任务总结	通过本节内容的学习，我学到
小组互评	

2.2.1 云计算的概念

云计算（Cloud Computing）是一种通过互联网按需提供计算资源（如服务器、存储、数据库、网络等）的技术模式。关于云计算，没有统一的定义。中国信息通信研究院（CAICT）在《云计算白皮书（2012）》中给出的定义是：云计算是一种通过网络统一组织和灵活调用各种 ICT 信息资源，实现大规模计算的信息处理方式。美国国家标准与技术研究院（NIST）给出的定义是：云计算是一种模型，用于实现对可配置计算资源共享池便捷按需的网络访问。该共享池中的计算资源包括网络、服务器、存储、应用程序和服务等，这些资源可以快速地获取和释放，同时管理成本极低，而且与服务提供商的沟通成本基本为零。阿里巴巴给出的定义是：云计算是一种通过互联网提供计算资源和服务的技术。它允许用户随时随地访问和使用云平台上的数据、软件和硬件资源。

在数字化时代，云计算使得数据中心能够像一台计算机一样去工作。通过互联网将算力以按需使用、按量付费的形式提供给用户，包括计算、存储、网络、数据库、大数据计算、大模型等算力形态，提供更加高效、灵活的服务。

拓展阅读

什么是算力？[①]

从狭义上看，算力是设备通过处理数据，实现特定结果输出的计算能力。2018 年诺贝尔经济学奖获得者 William D. Nordhaus 在《计算过程》一文中提出："算力是设备根据内部状态的改变，每秒可处理的信息数据量。"算力实现的核心是 CPU、GPU、FPGA、ASIC 等各类计算芯片，并由计算机、服务器、高性能计算集群和各类智能终端等承载，海量数据处理和各种数字化应用都离不开算力的加工和计算。算力数值越大代表综合计算能力越强，常用的计量单位是每秒执行的浮点数运算次数（Flops，1E Flops = 10^18 Flops）。据测算，1E Flops 约为 5 台天河 2A 超级计算机，或者 25 万台主流双路服务器，或者 200 万台主流笔记本的算力输出。

从广义上看，算力是数字经济时代新生产力，是支撑数字经济发展的坚实基础。现阶段 5G、云计算、大数据、物联网、人工智能等技术的高速发展，推动数据的爆炸式增长和算法的复杂程度不断提高，对算力规模、算力能力等需求快速提升，算力的进步又反向支撑了应用的创新，从而实现了技术的升级换代、应用的创新发展、产业规模的不断壮大和经济社会的持续进步。

2.2.2 云计算的特征

云计算的特征可以概括为以下五个：

（1）按需自助服务。

云计算提供了一种按需付费的计费模型，用户只需按需使用所需的资源，并按使用量付费。这种模型降低了初始投资和运营成本，同时提高了效率和灵活性。

[①] 中国信息通信研究院：《中国算力发展指数白皮书（2021 年）》。

（2）虚拟化。

云计算支持用户在任意位置、使用各种终端获取服务。所请求的资源来自"云"，而不是固定的有形的实体。这使得用户可以随时随地通过网络访问和使用所需的资源，但用户无须了解所用资源和服务的具体位置。

（3）可扩展性。

各种资源都由云计算平台统一管理，支持灵活的扩容和缩容，用户可以根据实际需求快速调整资源，无须担心资源不足或过剩的问题。

（4）可靠性。

云计算系统由大量商用计算机组成集群向用户提供数据处理服务，利用多种硬件和软件冗余机制，使得云计算服务比本地计算机服务更加可靠。与云基础设施深度融合的原生云安全，通过安全即服务实现云平台及业务数据全生命周期保护，即使某个节点出现故障，也可以迅速切换到其他节点，确保服务的连续性。

（5）经济性。

云计算的自动化集中式管理，使得企业无须负担高昂的数据中心管理费用。同时，全球化的服务能力和公共云规模的不断扩大，带来规模化效益，降低用户的云上开发成本。

2.2.3　云计算的分类

云计算可以从服务模式和部署模式两个方面进行分类。

（1）按照服务模式。

云计算的服务模式一直在发展和改进，分为以下三种：

◆基础设施即服务（Infrastructure as a Service，IaaS）。IaaS提供虚拟化的硬件资源，如服务器、存储和网络设备等。用户可以通过互联网租赁资源，将本地数据中心等基础设施迁移至云。IaaS的灵活性较高，用户可以自定义配置和优化系统，只需为使用的资源付费，以及具备一定的云计算运维和管理技能。

◆平台即服务（Platform as a Service，PaaS）。PaaS提供应用程序开发和部署的平台环境，包括操作系统、数据库和中间件等。PaaS提供预配置的开发环境和工具，用户可以在该平台上开发、部署、扩展、测试和管理应用程序，让用户专注功能实现，无须关心底层基础设施。PaaS提升开发效率和降低运维成本，适合中小型企业或开发者使用。

◆软件即服务（Software as a Service，SaaS）。SaaS是一种将软件部署在云端，用户通过互联网访问并使用的服务模式。用户无须安装软件，通过浏览器即可访问和使用。SaaS提供商负责软件的维护和升级，根据使用量或订阅模式付费。SaaS适用于需要快速部署和访问的企业或个人用户。

举例来说，中午你想吃红烧鲤鱼，万事俱备，目前你差一条鱼，现在你有以下三种方案可以选择：

方案一：租水域养殖鱼。

租用水域，购置鱼苗、增氧器、消毒机等设备，通过喂食，最终通过渔网或其他捕捞工具，将鱼捕捞上来。

方案二：鱼塘捕捞。

自己携带鱼饵、捕捞工具，来到鱼塘捕捞。

方案三：市场买鱼。

直接去市场买一条鱼，回家立马就可以做菜。

方案一中，水域和水草是基础设施，用户可以根据业务需求灵活分配这片水域养殖的类型、品种，用户也需要承担养殖过程中的风险与责任，类似 IaaS 模式。

方案二与方案一相比，用户承担的工作量就少了很多，只需要备好鱼饵和捕捞工具，就可以在鱼塘捕捞。但是，最终捕捞的鱼是不是想要的鱼，与这片鱼塘有很大关系。PaaS 简化了开发流程，缩短了开发周期，更加注重于应用程序的功能实现，无须考虑底层基础设施。然而，由于平台的限制，实现过程中可能会有一定约束。

方案三中，用户承担的工作量最少，类似于 SaaS 模式。

从服务层次上看，IaaS 属于最底层、PaaS 属于中间层、SaaS 属于最上层。它们都通过网络提供按需付费的服务，都可以帮助企业降低 IT 成本，提高业务敏捷性和灵活性，提供的服务层次和侧重点不同，满足了不同用户的需求和应用场景。

（2）按照部署模式。

◆公有云（Public Cloud）：云服务提供商拥有云基础设施，并且为公众或者企业用户提供云服务。

◆私有云（Private Cloud）：云计算的基础设施由单一的组织拥有，拥有者对私有云具有完全的访问和控制权限，而未授权的用户则无法获取私有云的任何信息，更无法使用私有云提供的任何服务。

◆社区云（Community Cloud）：在一定的地域范围内，由云计算服务提供商统一提供计算资源、网络资源、软件和服务能力，形成云计算部署模式。"社区"是指由一组云消费者组成的集体，社区中的各成员共同制定了安全和隐私政策并统一遵守。它基于社区内的网络互连优势和技术易于整合等特点，对区域内各种计算能力进行统一服务形式的整合，结合社区内的用户需求共性，实现面向区域用户需求的云计算服务模式。与私有云类似，社区云仅对社区内的各成员开放。

◆混合云（Hybrid Cloud）：是指由两个或多个不同的云计算服务部署模式（公有云、私有云或社区云）组成的云服务获取平台，它并不是云的简单组合，而是云服务提供商根据企业实际情况定制的个性化云计算服务部署模式。

2.2.4 云计算的应用

（1）算力+工业。

针对"智慧工厂"场景数据实时计算要求，加快部署工业边缘数据中心，推动算力赋能智能检测、故障分析、人机协作等技术迭代，提升不同工业场景业务处理能力，瞄准高端化、智能化、绿色化方向，逐步构建工业基础算力资源和应用能力融合体系，满足不同类型工业企业在研发设计、生产制造、仓储物流、营销服务等方面的算网存用需求，推动工业企业技术改造、降本增效和绿色化转型，加快推进算力赋能新型工业化建设应用。

2024 年，山西晋云互联科技有限公司与华为公司签署战略合作协议，深化技术、人才、市场、研发、管理、运营等全方位战略合作，建成以人工智能大模型为核心的全栈式一体化工业互联网平台——山西煤炭工业互联网平台，该平台为全国首个省级煤炭工业互联网平台，作为国家级产业集群，汇聚行业生态，赋能智能矿山，成为工业互联网领域的领跑者。

平台依托华为云 Stack 打造的云基础设施算力底座，为智算提供充沛的"动力"。同时，平台提供一站式 AI 开发平台及工具链，涵盖数据处理、模型训练、部署及 Agent 开发等功能，极大地简化了 AI 大模型的开发与部署流程，相关产品接入部署完成的 DeepSeek–R1 大模型，将大模型的动态学习、分析和辅助决策能力深度融入矿山行业应用场景，加速煤炭行业智能化发展。

（2）智慧交通。

面向交通供需、道路拥堵等重点场景，支持感知、通信、控制相关设备的标准化接入与数据汇聚，为道路交通精细化管理、场站枢纽智能运营等跨域综合信息应用以及车路协同自动驾驶等低时延高可靠应用提供灵活高效的算力支撑。

2019 年，浙江入选首批交通强国建设试点，5 年间，浙江省加大城市交通数据采集与应用，利用公交智能调度、公共停车场信息化管理、道路交通信号智能控制和交通违法行为自动监控等系统，建立健全城市道路交通感知、预警、研判体系，实时监测道路网交通运行状况。

通过构建杭州交通"城市大脑"，融合公交地铁运营数据、车辆定位数据、互联网出行数据等多源数据，每 2 分钟对城市道路交通状况进行一次"扫描"，通过分析车流实时信息，智能调配 128 个路口信号灯，实时感知在途交通量、延误指数、拥堵指数、快速路车速等。宁波实施绿波路段后平均行程车速由 20 千米/小时左右提升至 40 千米/小时左右；衢州开发智能雷达交通信控系统，路口放行时间周期最大降低幅度为 73.9%，路上平均行程时间最大降低幅度为 53.4%，平均延误时间最大降低幅度为 92.4%；舟山突破长距离绿波协调技术，21 千米超长绿波带行程时间缩短 50%。

阿里云发布产业智能数字孪生仿真技术架构，为交通行业等数字化转型提供全类型的数据融合、治理及服务能力，让数据从"可视"走向"可用、好用"，并支撑了公路高速、城市交通、机场航司、港口水运、货运物流等多个交通领域的创新突破。

（3）智慧安防。

利用人工智能、云计算、大数据等现代信息技术，全方位监控、预警、防控和处置各种安全问题，让我们的生活更加安全、方便和舒适。其中视频监控系统是智慧安防的核心。它包括网络摄像头、视频采集卡、视频存储器件和视频分析软件等。这些设备通过 AI 算法对视频进行识别和分析，智能监测车辆、人和物，一旦发现异常行为就会预警和分析。

通过云计算资源，将视频数据存储在云端，实现远程访问和存储。用户可以通过互联网随时随地连接到云服务器，查看实时监控画面和录像回放。利用云计算的弹性计算能力，智能监控系统可以在需要时自动扩展计算资源，应对高峰期的数据处理需求，提高系统的稳定性和性能，平台可利用云计算，对多个监控设备通过云平台进行集中管理和控制，实现统一的监控操作和系统设置。

（4）企业云。

中小企业云能够让企业以低廉的成本建立财务、供应链、客户关系等管理应用系统，大大降低企业信息化门槛，迅速提升企业信息化水平，增强企业市场竞争力。

各种资源的云端化，实现了信息资源整合和资源共享，推动了管理创新，有效提高了资源利用率，保障了服务质量。

前沿技术

从自动驾驶到智慧能源，从餐饮业到声音阅读、音视频技术，阿里云携手吉利、小鹏、固德威、汉堡王、喜马拉雅、哔哩哔哩等共同成长，为大众创造极致创新体验。

2022年10月，阿里云在业界首次提出MaaS理念，并发布AI模型社区"魔搭"；一年后，MaaS成为云计算与AI技术融合发展的主流方向，"魔搭"成为中国规模最大的模型社区。2023年，通义千问和阿里云百炼大模型服务平台相继发布，并坚持开源路线，2024年推出通义千问第二代开源模型Qwen2，登上Open LLM Leaderboard榜首。

服务器台数从5000到200万（2013年8月，阿里云具备了单集群5000台服务器规模的调度能力。现在飞天云计算操作系统正在调度和管理全球200万台服务器）。从飞天到MaaS，规模积累和技术创新是阿里云十五年来不变的坚持，也是陪伴全球500万客户共同成长的底气所在。

2.2.5 云计算的发展

随着人工智能市场爆发式增长，云计算作为大模型的底层算力支撑，进一步影响了人类生活方式和全球产业格局，并呈现出以下特点：

（1）云计算上升为国家战略。

云计算为人工智能创新发展提供足够的算力保障。许多国家制定和实施一系列政策，推动云计算的快速发展。

美国通过税收优惠支持云计算的技术创新，推动本国云服务商（AWS、Azure、Google Cloud）主导市场，并出台关于云安全和云主权的政策，避免技术外溢，以巩固其在云计算领域的领先地位。欧盟将云计算服务的使用率定为提升国家竞争力的关键绩效指标，出台相关条例、法案，要求政府数据存储在本国，限制使用非欧盟云服务商，保障数据隐私与本地部署，限制数据跨境传输，开展云计算和边缘计算技术的研究、开发和工业部署相关计划。东南亚和中东地区等国家发布数字路线图、法案，将投资发展云计算作为国家的长期战略，同时也要求跨国云提供商在本国设立数据中心。

拓展阅读

"东数西算"

"东数西算"工程是中国在"十四五"规划中提出的一项国家重大战略，旨在通过优化全国数据中心的布局，将东部地区的数据计算需求（"数"）转移到西部地区进行计算（"算"），从而实现资源的合理配置和高效利用。图2-2-1为2023"东数西算"大会。

1. "东数西算"的含义

"东数"：指东部地区产生的海量数据需求，如互联网、金融、医疗、教育等领域的数据处理。

"西算"：指利用西部地区丰富的能源资源（如水电、风电、太阳能等）和较低的土地成本，建设大规模数据中心，承担计算任务。

图 2-2-1 2023 英特尔算力大会暨"东数西算"大会

2. 实行"东数西算"工程的背景

数据爆炸式增长：随着5G、人工智能、物联网等技术的发展，数据量呈指数级增长，对计算资源的需求激增。

资源分布不均：东部地区经济发达，数据需求量大，但能源和土地资源有限；西部地区能源丰富，但经济发展相对滞后。

碳中和目标：数据中心是高能耗产业，将数据中心向西部转移，可以利用清洁能源，减少碳排放。

3. "东数西算"工程的意义

优化资源配置：实现东西部资源互补，促进区域协调发展。

降低能耗成本：利用西部清洁能源，降低数据中心的运营成本和碳排放。

提升计算效率：通过全国一体化的算力网络，提高数据处理效率，支持数字经济发展。

4. "东数西算"与云计算的关系

"东数西算"工程与云计算技术密切相关，主要体现在以下几个方面：

数据中心布局：云计算依赖于大规模的数据中心，"东数西算"优化了数据中心的布局，为云计算提供了更高效的基础设施。

算力网络：通过构建全国一体化的算力网络，云计算服务可以更灵活地调度资源，满足不同地区的计算需求。

边缘计算："东数西算"推动了边缘计算的发展，将计算能力下沉到靠近数据源的地方，减少延迟，提升效率。

绿色计算：利用西部清洁能源，推动云计算产业向绿色、低碳方向发展。

5. "东数西算"的典型案例：贵州大数据中心

贵州作为中国西部地区的重要省份，凭借其独特的自然条件和政策支持，成为"东数西算"工程中的核心节点之一。

(1) 贵州发展大数据中心的优势。

能源优势：贵州拥有丰富的水电、风电等清洁能源，电力成本低，适合高能耗的数据中心运营。

气候优势：贵州气候凉爽，年平均气温在15℃左右，有利于数据中心的散热，降低空调能耗。

政策支持：2014年，贵州获批建设全国首个国家级大数据综合试验区，给予政策倾斜和资金支持。

地理优势：贵州地处中国西南腹地，地质结构稳定，自然灾害风险低，适合建设大规模数据中心。

（2）发展历程。

贵州大数据中心的发展可以分为以下几个阶段：

2014年，贵州提出发展大数据产业，成为全国首个国家级大数据综合试验区。

2015年，贵州启动"云上贵州"项目，推动政府数据开放共享，吸引企业入驻。

2016年，苹果公司在贵州建设了中国首个数据中心iCloud，总投资达10亿美元，成为贵州大数据中心发展的里程碑。该数据中心主要用于存储中国用户的iCloud数据，确保数据安全和合规。

2017年8月，华为云贵安数据中心破土动工，作为华为全球最大的云数据中心，承载了整个华为云、华为留存IP以及消费者云的业务，通过AI云服务以及盘古大模型，助力各行各业实现智能化蜕变。华为还在此建立了大数据人才培养基地，助力贵州本地数字经济发展（见图2-2-2）。为有效减少数据中心的能源消耗和温室气体排放，华为云贵安数据中心将绿色和智能技术融入整体设计中，能源利用效率（PUE）仅1.12，处于业界领先水平。

图2-2-2　航拍贵安华为云数据中心

资料来源：天眼新闻。

2018年，腾讯在贵州贵安新区建设七星湖数据中心，总投资达100亿元，这是腾讯在西南地区最大的数据中心（见图2-2-3）。数据中心主要用于存储和处理腾讯的云计算、游戏、社交等业务数据。

图2-2-3　腾讯七星湖数据中心

资料来源：天眼新闻。

2020年以来，贵州持续吸引多家企业入驻，如中国移动贵阳数据中心。贵州成为全国重要的数据中心枢纽（见图2-2-4）。

图2-2-4　中国移动贵阳数据中心

资料来源：天眼新闻。

（2）低碳安全可持续发展。

企业采用源网荷储等技术，与风电、光伏等可再生能源融合开发、就近消纳，推动软硬件协同联动节能，建设绿色数据中心。云计算在制造业、工业等重点行业的赋能作用，支撑行业数据分析、动态监测、工艺优化等生产环节创新，促进企业经营活动数字化，助力行业节能减排，降低社会碳排放总量。

随着科技的快速发展和互联网的普及，大量的个人信息、商业机密以及敏感数据都以数字形式存储。在这样的形势下，数据安全问题显得尤为重要。严格落实网络安全法律法规，强化安全防护，加强对网络流量、行为日志、数据流转、共享接口等安全监测分析。加强数据分类分级保护，加强数据安全风险的分析、研判、预警和处置能力。

拓展阅读

什么是源网荷储

源网荷储是以"电源、电网、负荷、储能"为整体规划的新型电力运行模式，可精准控制社会电力系统中的用电负荷和储能资源，有效解决电力系统因新能源发电量占比提高而造成的系统波动，提高新能源发电量消纳能力，提高电网安全运行水平。

双碳

双碳即"碳达峰"与"碳中和"的简称。

碳达峰是指某个地区或行业年度温室气体排放量达到历史最高值，然后经历平台期进入持续下降的过程。这是温室气体排放量由增转降的历史拐点，标志着碳排放与经济发展实现脱钩。

碳中和则是指企业、团体或个人在一定时间内直接或间接产生的温室气体排放总量，通过植树造林、节能减排等形式抵消，实现二氧化碳"零排放"。

2020年9月22日，国家主席习近平在第七十五届联合国大会上宣布，中国力争2030年前二氧化碳排放达到峰值，努力争取2060年前实现碳中和目标。

2021年3月，习近平总书记在中央财经委员会第九次会议上强调，实现碳达峰、碳中和是一场广泛而深刻的经济社会系统性变革，要把碳达峰、碳中和纳入生态文明建设整体布局，拿出抓铁有痕的劲头,如期实现 2030 年前碳达峰、2060 年前碳中和的目标。10 月 24 日,中共中央、国务院印发的《关于完整准确全面贯彻新发展理念做好碳达峰碳中和工作的意见》和《2030 年前碳达峰行动方案》提出,对中国"双碳"目标进行部署。"双碳"目标是我国向世界做出的庄严承诺,彰显了中国积极应对气候变化、走绿色低碳发展道路、推动全人类共同发展的坚定决心。

(3) AI 与云计算的深度互锁。

云计算是 AI 的"算力工厂",超大规模的模型训练依赖动态扩展的云计算超算集群,云计算强大的弹性算力分配,可以优化 AI 训练成本。同时,AI 重构云服务的智能化能力、自动代码生成与优化、智能运维,自动监测云环境流量,优化云能效,推荐减排策略。未来,AI 与云计算的融合是技术和数字经济发展的必然趋势。

2.3 人工智能的核心引擎——机器学习

• 任务介绍

本任务主要介绍人工智能的算法支撑——机器学习。通过本任务的学习,读者能掌握机器学习相关概念,初步了解深度学习,为后续章节内容的学习打下基础,在学习过程中感受机器学习、深度学习赋予人工智能的强大驱动力。

• 任务实施

学习任务见表 2-3-1。

表 2-3-1 学习任务表

学习内容	人工智能的核心引擎——机器学习
任务目标	1. 掌握机器学习基本概念与核心思想 2. 正确区分监督学习、无监督学习和半监督学习 3. 理解深度学习的基本原理与技术特点
任务实施	1. 知识学习 观看微视频《什么是机器学习》,并预习本节内容 2. 案例分析 借助开源工具和数据集,实现聚类算法(K-means)、分类算法(如 K 近邻),体会监督学习和无监督学习的实现过程,并能够绘制表格,从特点、应用领域等多方面比较监督学习、无监督学习、半监督学习、强化学习、迁移学习 3. 实践巩固 通过画图、表格等多种形式,说明人工智能、机器学习、深度学习三者之间的关系

续表

任务总结	通过本节内容的学习，我学到_____
小组互评	

2.3.1 机器学习的概念

机器学习是人工智能的核心研究领域之一，是研究如何使用机器来模拟人类行为、活动的一门学科。

目前被广泛采用的机器学习的定义是"利用经验来改善计算机系统自身的性能"。主要思想是让计算机模拟或学习人类的行为，通过分析大量数据，自动发现其中的规律（模式），并对新的数据进行预测或分类，重新组织已有的知识结构，不断改善计算机系统的性能。

2.3.2 机器学习的分类

机器学习主要目的是通过算法让机器能够从数据中学习并做出预测或决策。根据学习方式的不同，机器学习可以分为以下几种类型：

监督学习（Supervised Learning）是训练一组有标签的数据学习模型，然后根据这个模型对未知样本进行预测。模型输入某一样本的特征，输出其对应的标签。监督学习的主要任务包括回归和分类，常见的监督学习算法有朴素贝叶斯、支持向量机（SVM）、决策树、K近邻（KNN）、神经网络以及逻辑回归等。

无监督学习（Unsupervised Learning）的输入样本没有标签，通过自动从样本中学习特征，构建模型实现预测。常见的无监督学习算法有聚类（如K-means、DBSCAN）、关联规则挖掘、降维（如主成分分析PCA、线性判别分析LDA）等。

半监督学习（Semi-Supervised Learning，SSL）介于有监督学习和无监督学习之间，它利用少量标注样本和大量未标注样本进行训练。在半监督学习中，模型试图利用未标注数据提高模型的泛化能力，同时又利用标注数据进行模型调整。常见的半监督学习算法包括标签传播、协同训练、最大期望算法和图算法等。

强化学习（Reinforcement Learning）与有监督学习和无监督学习不同，它通过试错的方式学习如何做出最优的决策。在强化学习中，智能体在与环境的交互中不断尝试不同的行为，并根据环境的反馈来调整其行为策略，最终目的是最大化累积奖励。常见的强化学习算法包括Q-learning、SARSA、Deep Q-network（DQN）和Policy Gradient等，应用场景有游戏AI（AlphaGo）、机器人控制、自动驾驶。

迁移学习（Transfer Learning）是将已训练好的模型（源领域）的知识应用于新任务（目标领

域）的学习方法。在迁移学习中，模型试图将从一个任务上学到的知识迁移到另一个相关任务上，以避免重新训练的需要。这种方法在处理不同但相关的任务时非常有效，可以大大节省训练时间和计算资源。

拓展阅读

监督学习　无监督学习　半监督学习

1. 监督学习

监督学习是机器学习中的一种常见类型。其基本思想是计算机在有明确标签的数据上学习，利用这些已知的信息来推导出未来未知的数据。这种学习模式就像在有老师指导的课堂上学习，有人明确告诉你问题的答案，通过反复练习，你学会了如何从相似的问题中找出正确的答案。

监督学习的过程通常涉及两个主要阶段：训练和预测。在训练阶段，提供大量的带有标签的数据，每条数据都包含特征和相应的标签。例如，特征可以是房子的面积、房间数量等，而标签则是房子的价格。模型通过分析这些特征与标签之间的关系来进行学习。在预测阶段，模型接收新的输入数据并利用之前学到的知识来做出相应的预测。

现实生活中的例子可以帮助我们理解监督学习的概念。

【举例：水果分类】

假设你是一个市场的水果销售员，每天要面对很多种类的水果。为了帮助新员工尽快学会如何识别水果，你可以采用监督学习的方式。你准备了一些水果，每个水果上面都有一个标签，比如苹果、香蕉、橙子等。新员工拿到这些水果和标签，通过不断观察水果的颜色、形状和大小等特征，逐渐学会了如何区分这些水果。

监督学习就是类似的过程，用很多已知的输入输出来训练机器，让它学会如何从输入中得出正确的输出。这样当给它一个未知的水果时，它可以用之前学到的知识来判断这是什么水果。

在机器学习中，监督学习的应用范围很广，比如电子邮件的垃圾邮件分类。系统会通过学习大量的标记为垃圾邮件和正常邮件的样本来构建一个模型，当有新的邮件到来时，它就能够预测这封邮件是否属于垃圾邮件。

2. 无监督学习

无监督学习是机器学习中另一种常见的学习方式，它与监督学习的主要区别在于数据没有标签。在无监督学习中，计算机需要自行从数据中发现规律和结构，而不是依赖于人类提供的标签。这就像在没有老师的情况下进行自学，学习者自己去探索和寻找数据之间的关联。

无监督学习通常用于数据的聚类、降维和密度估计等任务。聚类是无监督学习中最为典型的应用场景，它通过将相似的数据点分组来找出数据的内在结构。例如，我们有一组顾客的购买数据，利用无监督学习可以将这些顾客分成几个不同的群体，这样每个群体的顾客行为会比较相似。

【举例：社交聚会】

想象你参加了一场大型社交聚会，房间里有很多你不认识的人。由于没有人告诉你这些人的具体身份和关系，因此你只能通过他们的行为、着装和相互之间的互动来推测他们属于哪个群体。你可能会注意到一群人穿着相似的衣服、聊着相似的话题，于是你猜测他们可能是同一公司的同事。

通过这种方式，你可以将参与聚会的人分成多个群体，这就是无监督学习中的聚类。

在机器学习中，无监督学习常用于客户细分。例如，在电子商务网站中，企业通常希望根据顾客的购买行为将顾客分为不同的群体，以便为每个群体设计不同的营销策略。通过无监督学习，系统可以发现哪些顾客更可能购买哪些商品，这对于个性化推荐非常有帮助。

3. 半监督学习

半监督学习是一种介于监督学习和无监督学习之间的方法。它使用了一部分带标签的数据和大量未带标签的数据来进行训练。由于标注数据通常需要花费大量的人力和资源，半监督学习的目标是在尽量减少对标注数据依赖的同时，提高模型的性能。通过结合少量已知的标签数据和大量的无标签数据，计算机能够更高效地学习数据中的模式。

半监督学习的想法是通过少量的带标签数据来指导大量无标签数据的学习过程。带标签的数据提供了一些初始的分类规则，而无标签数据则通过这些规则来逐渐优化模型。通过这种方式，模型可以在相对较低的成本下得到接近监督学习的效果。

【举例：学习骑自行车】

可以用学习骑自行车来形象地描述半监督学习。想象一个小孩子学习骑自行车，一开始家长会为孩子安装辅助轮并在旁边保护（类似于带标签的数据），当孩子逐渐掌握平衡后，家长会慢慢减少帮助（类似于大量无标签的数据），直到最终孩子自己完全掌握骑车技能。

在半监督学习中，带标签的数据相当于起初的辅助轮和家长的指导，而无标签的数据相当于孩子自己摸索的过程。

在机器学习领域，半监督学习被广泛应用于图像分类、文本分类等任务。例如，在图像识别中，标注大量的图片需要花费大量的时间和精力，但我们可以利用少量标注过的图片，以及大量未标注的图片，通过半监督学习来训练一个高效的图像分类模型。

4. 三种学习方法的对比

监督学习、无监督学习和半监督学习是机器学习中三种重要的学习方法，它们各自有着独特的适用场景和优势。

监督学习的优点在于模型可以得到精确的训练，因为有大量的标签数据提供参考。缺点是标注数据非常昂贵和耗时。

无监督学习不需要标签，因此在处理无法获取标签的数据时非常有效。其缺点在于，由于缺少明确的目标和标签，模型的结果可能难以解释和验证。

半监督学习结合了监督学习和无监督学习的优点，减少了对大量标注数据的需求，同时又比无监督学习能得到更有指导性的结果。这种方法适用于数据中只有少部分有标签的情况。

这些方法帮助计算机有效地从数据中学习，并将其应用于各种实际问题。监督学习更像是有老师指导的学习，无监督学习则是自主探索，而半监督学习则结合了两者的优点，能够在较低的成本下获得较好的学习效果。这些方法的核心是通过不断地学习和探索，找到数据中的规律并加以应用，就像人类通过不断地积累经验，逐步提高自己对世界的认知一样。

2.3.3 深度学习

从20世纪50年代开始，机器学习经历了几十年的研究和实践。进入21世纪以来，云计算和大数据技术的发展，为人工智能提供了超强算力和海量数据。2006年，以深度学习模型的提出为标志，人工智能核心算法取得重大突破，算力、算法、数据和应用场景的共同作用，激发了新一轮人工智能发展浪潮。

深度学习（Deep Learning）是一个跨学科的技术领域，涉及数据科学、统计学、工程科学、人工智能和神经生物学，是机器学习的一个重要分支。

（1）深度学习的概念。

深度学习起源于人工神经网络，它通过多层神经网络模拟人脑的学习方式，能够从数据中自动提取复杂的特征表示，如完成图像识别、语音识别和自然语言处理等高阶任务。

（2）基本原理。

深度学习通过堆叠多个处理层来表示数据的高层次抽象特征。每一层都可以将前一层的输出作为输入，并通过一系列的计算操作（如加权求和、激活函数等）来生成新的特征。随着网络层数的增加，深度学习模型的表示能力越来越强，可以处理越来越复杂的数据和任务。

深度学习模型的训练通常采用反向传播算法和梯度下降法。通过监督学习的方式，模型在大量的训练数据上进行迭代优化，逐渐调整权重参数以减小预测误差。在训练过程中，深度学习模型能够自动地学习数据的内在结构和规律，从而实现对新数据的预测与推理。

（3）神经网络结构。

深度学习模型包括多种神经网络结构，其中常见的有：

卷积神经网络（CNN）：主要用于图像和视频数据的处理和分析，通过局部连接和权值共享高效处理空间数据。

循环神经网络（RNN）：主要用于处理序列数据（如文本、时间序列），以及自然语言处理中的文本生成、机器翻译等，具有短期记忆能力。

生成对抗网络（GANs）：由生成器和判别器组成，用于生成逼真的数据样本，如图像、音频等。

（4）应用领域。

深度学习在多个行业中展现出巨大的应用潜力和价值。

图像识别：深度学习在图像识别方面取得了重大突破，包括图像分类、目标检测和语义分割等任务。这些技术被广泛应用于安全监控、自动驾驶以及医疗影像分析等领域。

自然语言处理（NLP）：深度学习在自然语言处理中也取得了显著进展，包括语音识别、文本分类、情感分析、机器翻译等。这些技术被用于智能客服、虚拟助手以及内容生成等领域。

医疗领域：深度学习在医疗领域的应用逐渐增多，包括疾病诊断、医疗影像分析和药物研发等。通过分析医学影像数据，深度学习可以帮助医生更准确地诊断疾病。

电子商务与推荐系统：深度学习通过分析用户的购物历史和行为数据，能够为用户推荐更加个性化的商品。

自动驾驶：深度学习在自动驾驶技术中扮演着重要角色，通过深度神经网络处理复杂的道路环境信息，实现车辆的自主驾驶。

此外，深度学习还广泛应用于金融预测、工业控制、游戏智能等领域。

2.3.4 机器学习与深度学习的关系

深度学习是一种强大的机器学习技术，它通过构建多层神经网络模型从大量数据中学习和提取特征，实现了对复杂任务的高效处理和理解。

机器学习与深度学习是包含与发展的关系。深度学习是机器学习的一个子领域，两者在核心目标（通过数据提升模型性能）上一致，但在方法、模型结构和适用场景上有显著差异（见图2-3-1）。

图2-3-1 机器学习与深度学习之间的关系

1. 联系

继承性：深度学习基于机器学习的理论框架（如监督学习、损失函数、梯度下降），在此基础上通过多层神经网络和自动特征提取扩展了传统机器学习的能力。

目标一致：两者都旨在通过数据训练模型，完成预测、分类、回归等任务，提升模型在位置数据上的泛化能力。

2. 区别

随着技术的不断进步和应用场景的不断拓展，深度学习将在未来继续发挥重要作用并推动人工智能技术的快速发展。

（1）模型复杂度。

机器学习通常使用传统的线性模型或非线性模型，如决策树、支持向量机等。这些模型相对简单，不需要通过多层结构来学习数据的特征。深度学习构建了多层神经网络，网络中的神经元之间存在大量的连接和权重，模型的复杂度更高。深度学习模型能够自动学习数据中的特征，从而实现对数据的分类和预测等任务。

（2）数据处理能力。

机器学习主要适用于结构化数据，用小规模数据即可进行有效训练，并从中抽取规律。机器学习模型通常需要人工提取数据中的特征。深度学习擅长处理大规模的非结构化数据，如图像、音频和文本。由于深度学习网络内部的高复杂性，使其能够自动提取特征和学习表示。深度学习对数据的质量和多样性有更高的要求，通常需要更大的数据集才能获得更好的效果。

（3）训练速度和计算资源。

机器学习模型相对简单，训练速度较快，对硬件的要求不高。而深度学习模型的复杂度更高，需要更多的计算资源，如高性能的GPU、分布式训练等。同时，深度学习模型的训练速度更慢，需要更长的时间来完成训练过程。

（4）应用场景。

机器学习广泛应用于数据挖掘、推荐系统、金融分析、医疗诊断等场景。这些场景下的数据量和复杂性相对较低，机器学习模型能够很好地处理这些问题。深度学习则适用于视觉和语音识别、自然语言处理等领域。这些领域需要从海量的数据中学习复杂模式，深度学习模型能够提供更好的性能。例如，深度学习在图像识别、人脸识别、车牌识别、机器翻译等方面取得了显著的成果。

深度学习有很多优势，但并不能取代传统机器学习。在数据爆炸式增长和算力极速提升的背景下，深度学习是机器学习的延伸，二者互补共存，在不同应用场景各有优势。

想一想

机器学习与深度学习之间的关系是怎样的？

本章小结

数据、算力与算法是实现人工智能的三大核心要素。它们相互依存、相互促进，共同推动了人工智能技术的不断发展和进步。在未来，随着这三要素的不断优化和升级，人工智能有望在更多领域发挥重要作用，为人类社会带来更加便捷、高效和智能的服务。

参考文献

[1] 中国信息通信研究院. 中国算力发展指数白皮书（2021 年）[R/OL].（2021 - 09 - 18）.[2025 - 03 - 02]. https://www.caict.ac.cn/kxyj/qwfb/bps/202109/t20210918_390058.htm.

[2] 工业和信息化部电信研究院. 云计算白皮书（2012 年）[R/OL].（2012 - 04 - 13）.[2025 - 03 - 02]. https://www.caict.ac.cn/kxyj/qwfb/bps/201804/t20180426_158180.htm.

[3] 刘鹏. 云计算（第 3 版）[M]. 北京：电子工业出版社，2015.

习 题

一、选择题

1. （　　）是机器学习中"无监督学习"的典型任务。

A. 图像分类　　　　　　　　　　　　B. 文本情感分析

C. 客户分群　　　　　　　　　　　　D. 房价预测

2. 云计算中，"用户可直接使用开发平台部署应用程序"的服务模型是（　　）。

A. IaaS（基础设施即服务）　　　　　B. PaaS（平台即服务）

C. SaaS（软件即服务）　　　　　　　D. DaaS（数据即服务）

3. 大数据 4V 特征不包括（　　）。

A. Volume（大量）　　　　　　　　　B. Velocity（高速）

C. Variety（多样）　　　　　　　　　D. Value（高价值密度）

4. （　　）算法属于关联规则挖掘。

A. K - means　　　　　　　　　　　　B. Apriori

C. 决策树　　　　　　　　　　　　　D. 支持向量机

5. 深度学习中，全连接层的主要作用是（　　）。

A. 特征提取 B. 分类或回归

C. 数据降维 D. 图像分割

二、简答题

1. 简述机器学习的三大类型及其区别。

2. 列举大数据的三个典型应用场景。

03 第三章
人工智能助力产业升级（上）

本章导学

在对人工智能基础理论与技术进行深入探讨后，我们将迈入一个更具实践意义的新阶段——探索人工智能如何赋能传统产业，推动产业升级。本章作为"人工智能助力产业升级"的上篇，将聚焦于四个对国民经济和社会发展至关重要的领域：智慧农业、智慧电网、智慧旅游和智慧物流。我们将一同见证人工智能如何像"魔术师"般改变传统行业的运作模式，如何像"加速器"般提升产业效率与服务质量，又如何像"领航员"般指引产业迈向更智能、更高效、更可持续的未来。

本章内容大致分为四个主要部分：

AI + 农业（3.1）：我们将深入田间地头，探索人工智能如何为农业生产插上"智慧的翅膀"。从精准种植、智能灌溉到病虫害预警、农产品溯源，我们将了解到人工智能如何让"靠天吃饭"的传统农业转变为"靠数据说话"的现代农业，为乡村振兴和粮食安全提供有力保障。

AI + 电网（3.2）：我们将走进能源互联网的核心，揭秘人工智能如何构建更安全、更可靠、更清洁的电力系统。从新能源并网、智能调度到无人机巡检、故障自愈，我们将了解到人工智能如何让电网变得更"聪明"、更"坚韧"，为能源转型和"双碳"目标实现提供坚实支撑。

AI + 旅游（3.3）：我们将漫步于山水之间，体验人工智能如何为旅游业带来个性化、便捷化、沉浸式的全新体验。从智能客服、AR导览到行程推荐、资源调度，我们将了解到人工智能如何让旅游变得更"懂你"、更"有趣"，为文旅产业的高质量发展注入新动能。

AI + 物流（3.4）：我们将穿梭于仓储、运输、配送的各个环节，见证人工智能如何构建高效、智能、绿色的现代物流体系。从智能仓储、无人驾驶到路径优化、智能配送，我们将了解到人工智能如何让物流变得更"快"、更"准"、更"省"，为电子商务和实体经济的发展提供强大引擎。

学习目标

素质目标

◇培养创新思维：理解人工智能在不同产业中的创新应用，激发将技术与实际问题相结合的创新意识和能力。

◇树立全局观念：认识到人工智能对产业升级的整体推动作用，培养从系统层面思考问题、解决问题的能力。

◇增强社会责任感：关注人工智能在解决社会问题（如粮食安全、能源转型、文化传承、经济发展）中的作用，提升科技向善的责任意识和担当精神。

知识目标

◇掌握智慧农业的核心概念与技术体系：了解智慧农业的定义、特征、发展背景，掌握物联网、大数据、人工智能等关键技术在农业生产、管理、服务中的应用。

◇理解智慧电网的架构与运行机制：熟悉智慧电网的组成部分、核心技术，了解人工智能在发电、输电、配电、用电各环节的应用场景。

◇熟悉智慧旅游的服务模式与技术支撑：了解智慧旅游的定义、特征、发展趋势，掌握人工智能在智能客服、导览、出行、资源调度等方面的应用。

◇了解智慧物流的关键技术与应用场景：熟悉智慧物流的定义、特征，掌握人工智能在智能仓储、运输、配送等环节的应用。

能力目标

◇分析产业痛点：能够识别传统产业（如农业、电力、旅游、物流）面临的挑战与智能化需求。

◇评估技术方案：能够判断人工智能技术在特定产业场景中的适用性、潜在价值和实施难点。

◇设计应用场景：能够结合实际问题，初步设计基于人工智能的产业升级解决方案或优化方案。

◇解读行业案例：能够分析智慧农业、智慧电网、智慧旅游、智慧物流领域的典型案例，总结其成功经验、存在问题与改进方向。

3.1　AI + 农业

• **任务介绍**

本任务聚焦 AI 在农业领域的变革力量，涵盖智能灌溉、精准施肥、病虫害预警、农产品品质检测、无人机植保及自动化采摘等核心场景。依托机器学习、计算机视觉、物联网、传感器技术等，实现农业生产的精细化管理、资源的高效利用和农产品质量的提升。重点讲解 AI 在农业中的应用，如智能温室、无人农场、农产品溯源等场景及相关技术，并补充智慧农业未来发展趋势，展现 AI 与农业融合对行业创新的推动。揭示 AI 如何通过技术赋能重塑传统农业，推动农业生产方式的转型升级，助力农业可持续发展和乡村振兴。接下来，让我们一起走进这个充满生机与智慧的农业新世界，看看人工智能是如何携手农业，为我们打造更加高效、环保、安全的农业生产体系，带来更丰富、优质、健康的农产品。

• **任务实施**

学习任务见表 3-1-1。

表 3-1-1　学习任务表

学习内容	AI + 农业
任务目标	1. 掌握智慧农业的核心概念与技术体系 2. 分析 AI 在农业生产、管理、服务中的典型应用场景 3. 能结合案例分析 AI 对农业生产效率的提升路径
任务实施	1. 知识学习 阅读本节内容，梳理智慧农业定义、核心特征及技术基础，并观看视频《智慧农业：从田间到云端》 2. 案例分析 分组讨论分析："以色列智能灌溉系统"如何通过 AI 技术实现节水 50% 3. 实践巩固 （1）绘制思维导图：智慧农业技术体系与应用场景 （2）设计简易智能灌溉方案：结合土壤湿度传感器数据，用流程图描述自动灌溉逻辑
任务总结	通过本节内容的学习，我学到 _____
小组互评	

乡村振兴作为国家发展的重要战略，是实现农业农村现代化的必由之路。2024 年 5 月，中央网信办、农业农村部、国家发展改革委、工业和信息化部联合印发的《2024 年数字乡村发展工作要点》明确提出，要以信息化驱动引领农业农村现代化，促进农业高质高效、乡村宜居宜业、农民富裕富足。人工智能作为前沿科技的核心力量，正逐步渗透农业农村的各个领域。通过智能技术的深度融合与应用，不仅能够有效提升农业生产效率，实现资源的优化配置，还能促进农村经济的多元化发展，为农民增收开辟新途径。人工智能驱动的智慧农村建设，不仅关乎技术革新，更是乡村治理体系和治理能力现代化的重要体现。它以数据为基石，以智能为引擎，推动农业生产智能化、农村生活便捷化、乡村治理精细化，全面开启乡村振兴的智慧新篇章。

3.1.1　智慧农业定义与核心特征

1. 定义

想象一下，未来的农田不再是印象中挥汗如雨的场景，而是遍布着各种"高科技管家"，它们时刻监测着农作物的生长情况，自动调节着水肥供应，甚至还能提前预警病虫害的发生。这就是智慧农业，它就是一场农田里的"科技革命"，彻底颠覆了传统的耕作方式。

智慧农业（Smart Agriculture）正是这样一种现代农业模式，它以物联网（IoT）、大数据、人工智能（AI）、云计算等新一代信息技术为支撑，通过数据采集、智能分析与自动化决策，实现农业生产全链条精准化、高效化与可持续化的现代农业模式。其本质在于通过技术赋能，重构传统农业生产关系与资源利用方式，推动农业从经验驱动向数据驱动转型。

简单来说，智慧农业就是利用高科技手段，让农业生产变得更加精准、高效、环保，让农民不再"靠天吃饭"，而是"靠数据吃饭"。它的本质在于通过技术赋能，重构传统的农业生产关系和资源利用方式,推动农业从经验驱动向数据驱动转型。

想一想

1. 除了上面提到的技术,你还能想到哪些现代信息技术可以应用于智慧农业?它们分别能解决农业生产中的哪些问题?

2. 智慧农业的推广应用,可能会对农民的生产方式、生活方式带来哪些改变?

2. 核心特征

智慧农业之所以被称为"科技革命",是因为它具备以下几个核心特征:

精准化:告别"一刀切"的粗放管理,智慧农业追求的是"量体裁衣"式的精准施策。它利用传感器、遥感技术等"千里眼"和"顺风耳",实时监测土壤湿度、光照强度、作物生长状态等关键指标,就像给农作物做一次全面的"体检"。然后根据这些数据,进行精准播种、施肥、灌溉和病虫害防治,真正做到"缺什么补什么",避免资源浪费,提高生产效率。

智能化:摆脱"拍脑袋"的经验决策,智慧农业依靠的是"运筹帷幄"的智能分析。它通过机器学习模型分析历史数据和实时环境参数,就像一位"农业专家",能够预测作物生长发育、病虫害发生、市场供需等关键环节的变化趋势。在此基础上,实现生产决策的自动化和智能化,提高农业生产的风险应对能力。

数据驱动:打破"信息孤岛"的壁垒,智慧农业构建的是"互联互通"的数据网络。它通过农业大数据平台,整合农田、气象、市场等各类数据,形成"监测—分析—决策—执行"的闭环,为农业生产提供全面的数据支撑。这就像给农业生产建立了一个"信息中心",让农民能够随时掌握农田的状况,做出明智的决策。

智慧农业框架1.0如图3-1-1所示。

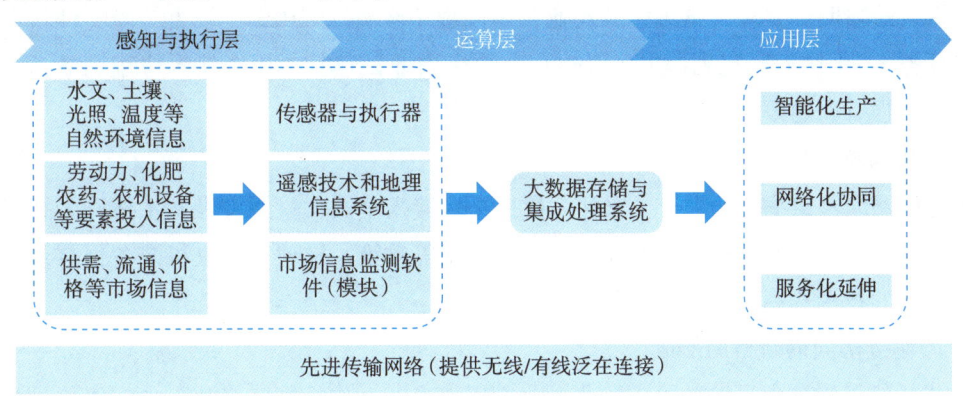

图3-1-1 智慧农业框架1.0

3.1.2 智慧农业发展的背景与必要性

1. 全球背景:全球农业变革的迫切需求

(1)粮食安全与资源矛盾的加剧。

全球人口持续增长与耕地资源退化形成尖锐矛盾。发展中国家普遍面临人均耕地不足、生产效率低下的双重困境，传统的农业生产模式难以满足未来日益增长的粮食需求。因此，通过智能化手段提高单位资源产出效率，已成为国际社会的共识。

（2）气候变化加剧农业脆弱性。

极端天气频发导致农作物减产风险上升，2022年全球因气候灾害造成的农业损失高达220亿美元。构建具备气候适应能力的智慧农业体系，是保障农业生产稳定性的关键举措。

（3）全球农业数字化转型浪潮。

发达国家已形成从田间管理到市场流通的全链条数字化体系，农业生产效率较传统模式提高3~5倍。这种技术代差倒逼发展中国家加快农业智能化升级步伐。

2. 中国农业现代化的现实挑战

（1）粮食安全与资源约束双重压力。

我国用不足世界10%的耕地养活全球近20%的人口，华北、西北等主要粮产区面临地下水超采、土壤肥力下降等生态问题。通过数字化手段实现精准资源调控，成为破解可持续发展难题的必由之路。

（2）劳动力结构转型的倒逼机制。

农村青壮年劳动力外流导致务农人口平均年龄超过55岁，传统人工劳作模式难以为继。智能化设备应用使黑龙江农垦集团等大型生产基地劳动生产率提升80%，为农业劳动力转型提供示范路径。

（3）消费升级驱动的质量革命。

消费者对农产品品质、安全、可追溯性的需求持续升级，推动全产业链建立数字化质量管控体系。2023年具备溯源功能的农产品市场溢价达15%~25%，形成显著经济效益。

3. 国家战略与产业生态的协同支撑

（1）乡村振兴战略的系统部署。

乡村振兴战略明确要求"推进智慧农业，建设数字乡村"，2023年中央一号文件将农业数字化列为重点任务。"十四五"规划提出建设100个数字农业试点县，探索技术应用场景，为智慧农业的发展提供了强有力的政策支持。

（2）基础设施与服务体系完善。

农村地区网络覆盖率持续提升，农业大数据平台接入全国大量规模经营主体，为智慧农业的发展奠定了坚实的基础。政府通过购置补贴、税收优惠等政策，推动智能农机装备保有量增长，为农民提供了更多的技术选择。

（3）产业链协同创新格局形成。

建立"科研机构技术研发—龙头企业示范应用—专业合作社推广普及"的三级传导机制，加速了技术成果的转化。企业搭建的农业服务平台连接大量农户，实现了技术成果的快速转化。

（4）人才培养与标准体系建设。

全国涉农职业院校开设智慧农业相关专业点，培养技术技能人才。制定发布行业标准，规范技术应用路径，为智慧农业的健康发展提供了保障。

（5）中国农业4.0的里程碑事件（见图3-1-2）。

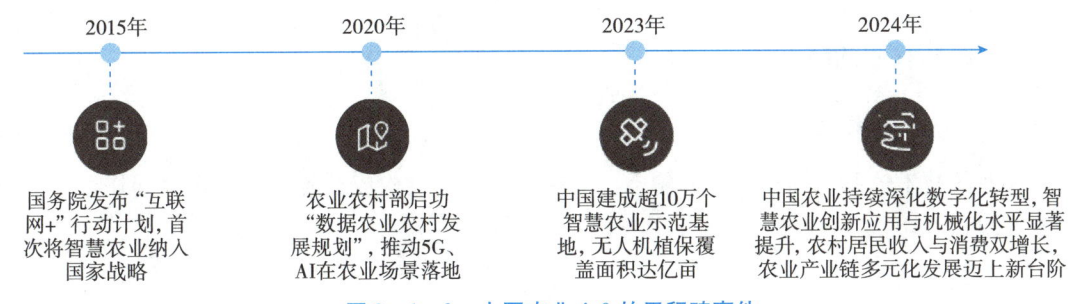

图 3-1-2 中国农业 4.0 的里程碑事件

> **想一想**

在中国农业 4.0 的发展历程中,你认为哪个里程碑事件最为关键?为什么?

3.1.3 智慧农业的社会价值与战略意义

智慧农业作为新一代信息技术与农业生产深度融合的产物,不仅具有显著的社会价值,还承载着重要的国家战略意义,更在全球治理中扮演着日益重要的角色。

从社会价值层面来看,智慧农业在保障国家粮食安全方面发挥着关键作用。通过精准的农业生产管理,可以有效提升农作物单产,降低对外部市场的依赖程度,增强粮食自给自足的能力(例如,通过智慧农业技术的应用,有望逐步降低中国大豆进口依赖度)。同时,智慧农业通过引入智能技术,降低农业生产成本,提高农产品品质,实现优质优价,从而有效促进农民增收。此外,智慧农业还积极推动农业生产方式的绿色转型,通过精准施肥、智能灌溉等技术,减少化肥农药的过量使用,降低农业生产对环境的影响,促进农业可持续发展(例如,2022 年中国智慧农业示范区碳排放强度显著下降)。

从国家战略层面来看,智慧农业是实施乡村振兴战略的重要引擎。通过吸引资本、技术和人才向农村地区流动,智慧农业能够有效激活农村经济,改善农村产业结构,促进农村一二三产业融合发展,为解决"空心村"等问题提供新的思路和途径。同时,智慧农业也是提升国家农业国际竞争力的关键。通过加强自主创新,突破智能农机芯片等"卡脖子"技术,我国能够在全球农业科技领域占据制高点,提升农业产业的国际话语权。此外,考虑到农业在全球碳排放中占有相当比重(约占 12%),发展智慧农业对于助力我国实现"双碳"目标、推动经济社会全面绿色转型具有重要支撑作用。

在全球治理层面,中国积极参与并推动智慧农业技术的国际合作与交流。通过共建"一带一路"倡议等平台,中国向发展中国家推广智慧农业技术和解决方案(例如,在非洲地区推广应用的"云耕"农业 App),提升了这些国家的农业生产水平和粮食安全保障能力,也增强了中国在国际粮食援助和全球农业治理中的影响力。

> **想一想**

1. 除了上述提到的社会价值和战略意义,你认为智慧农业还能带来哪些积极影响?
2. 智慧农业如何助力实现"碳中和"目标?

3.1.4 智慧农业的技术基础

3.1.4.1 核心技术体系

智慧农业的技术体系由感知层、传输层、平台层和应用层构成,各层级技术协同作用形成闭环管理能力(见图3-1-3)。

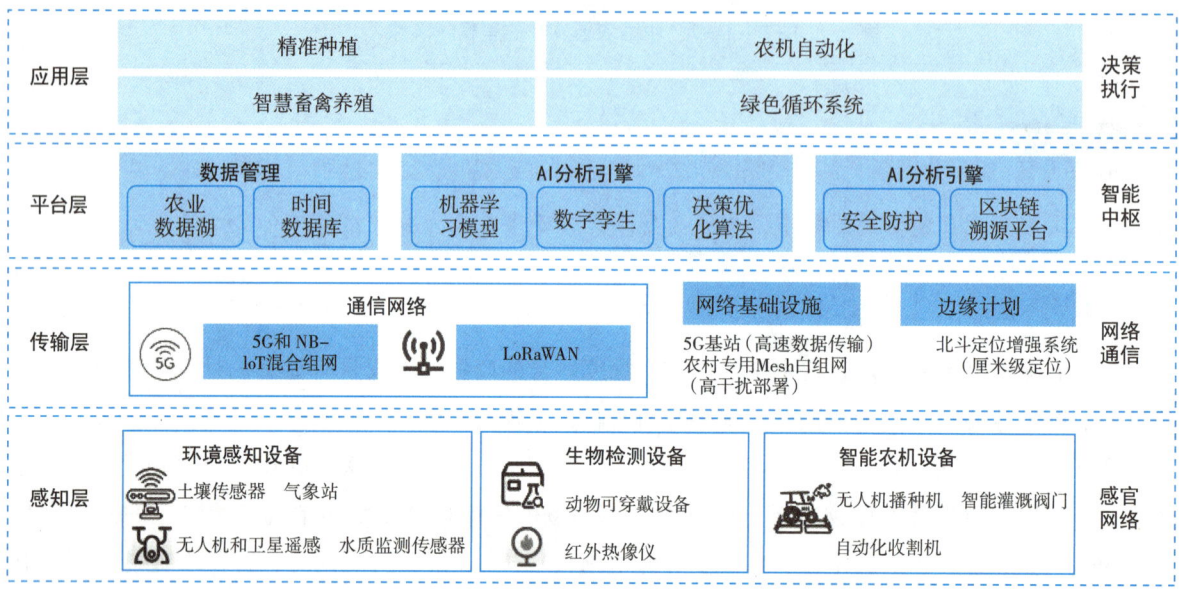

图3-1-3 智慧农业技术体系

1. 感知层:万物互联的"感官网络"

感知层是智慧农业的"感官系统",通过部署传感器与智能终端设备,实时采集农田环境、作物生长、动物行为等核心数据。其核心任务是完成物理世界到数字世界的精准映射,为后续数据分析提供原始输入。

(1)高精度传感器。

1)光谱传感器。

光谱传感器就像农业领域的"超级眼睛",它通过分光器和探测器捕捉紫外光(200~400nm)、可见光(400~700nm)、近红外光(700~1000nm)等,形成包含物体几何信息和光谱特征的图像。通过计算归一化植被指数(Normalized Difference Vegetation Index,NDVI),可以量化作物的健康状况。

$$NDVI = \frac{NIR - RED}{NIR + RED}$$

其中,NIR代表近红外波段的反射率,RED代表红光波段的反射率。$NDVI$值越高,通常表示植被越茂盛,作物健康状况越好。

核心功能:监测作物叶绿素含量,评估光合作用效率;识别病虫害特征。

案例:大疆T40无人机搭载多光谱相机,5分钟即可扫描1公顷农田并生成NDVI热力图(见图3-1-4)。农民通过热力图,能够直观地了解作物的生长状态和健康状况,从而制定更精准的农业管理措施。

图 3-1-4　大疆无人机

2）生物传感器。

生物传感器是基于纳米电极检测微生物代谢产物或水体化学成分的传感装置,可实时监测鱼塘氨氮浓度(精度 ±0.1ppm),预警水体污染;同时分析土壤微生物活性,指导有机肥施用。

传感器类型与功能如表 3-1-2 所示。

表 3-1-2　传感器类型与功能

传感器类型	类比人类感官	监测参数	应用场景
多光谱传感器	"视觉"	作物叶绿素含量、NDVI 指数	长势监测、营养缺失预警
土壤湿度传感器	"触觉"	土壤湿度、pH 值、电导率	精准灌溉与施肥
气体传感器	"嗅觉"	温度、湿度、风速、降雨量	灾害天气预警(如霜冻、干旱)
声学传感器	"听觉"	声波	识别害虫啃食作物的声波
动物可穿戴设备	"健康手环"	体温、活动量、心率	监测奶牛体温,预测发情期

想一想

1. 多光谱传感器和生物传感器在原理和应用上有什么区别?
2. 如何利用 NDVI 指数指导农业生产?

(2)智能终端设备。

1)无人机与卫星遥感。

无人机与卫星遥感是配备多光谱/热成像仪的空中监测设备,通过 NDVI 指数评估植被健康度,能够快速发现农田灌溉不均、病虫害扩散等问题。与人工巡查相比,无人机效率大幅提升,人工巡查 1 公顷需 8 小时,而无人机仅需 5 分钟。

2)动物可穿戴设备。

动物可穿戴设备集成了加速度计、温度传感器等,可实时监测奶牛的活动量(采样率高达 50Hz)和体温(精度 ±0.2℃)。通过分析这些数据,可以及时发现奶牛可能存在的健康问题,或预测发情期。

2. 传输层:低时延、广覆盖的"神经网络"

传输层是智慧农业的"神经网络",负责将感知层采集的数据高效、稳定地传输至云端或边缘节点。其核心技术通过优化通信协议与抗干扰设计,确保海量数据在复杂农业场景下的可靠传输与实时响应。

（1）通信协议。

5G 与 NB–IoT 混合组网：5G 凭借高速率（带宽＞100Mbps）和低时延（＜20ms）传输 4K 农田监控视频，而 NB–IoT 以低功耗协议（单设备续航 5 年）连接土壤温湿度传感器，二者结合实现广域覆盖与精准数据传输。

（2）边缘计算网关。

边缘计算网关是部署在农田现场的本地化数据处理节点，可实时过滤异常数据（如土壤湿度＞100% 的无效值）并计算作物需水量，减少 80% 云端负载，直接控制灌溉阀门启闭。

LoRa 技术：LoRa 自适应跳频基于长距离无线通信技术（传输距离 15km），在山区、林地等复杂环境中自动切换频段避开干扰，确保传感器数据稳定回传。

关键通信协议对比如表 3–1–3 所示。

表 3–1–3 关键通信协议对比

技术	优势	局限性	适用场景
LoRa	传输距离远（10km）、功耗低	传输速率低（＜50Kbps）	山区农田、牧场广域覆盖
NB–IoT	支持高密度连接、数据安全性高	依赖基站覆盖	温室、养殖场设备密集区域
5G	高速率（1Gbps）、低时延（1ms）	农村基站覆盖不足	无人机实时高清视频

想一想

5G 和 NB–IoT 在智慧农业中分别扮演什么角色？它们各自的优势是什么？

3. 平台层：数据驱动的"智慧大脑"

平台层是智慧农业的"决策中枢"，通过整合多源数据、构建数字孪生模型，实现农业生产全流程的模拟、分析与预测。其核心能力在于将原始数据转化为可执行的决策知识。

（1）农业大数据平台。

分布式存储与计算：基于 Hadoop 的分布式存储系统（容量达 PB 级，1PB≈100 万 GB），整合气象卫星、土壤传感器、市场行情等多源数据，支持数字孪生建模（构建农田三维虚拟模型）和虚拟农场实验。

（2）区块链供应链溯源技术。

区块链供应链溯源技术基于智能合约的不可篡改数据记录技术，记录农产品从种植到流通的全流程数据，消费者扫码即可验证有机认证真伪，解决供应链信息不透明问题。

4. 应用层：智能决策与执行的"末梢神经"

应用层是智慧农业的"执行终端"，通过 AI 算法与智能装备的协同，将数据分析结果转化为实际农事操作。其核心价值在于实现精准决策与自动化执行的闭环控制。

（1）AI 算法集群。

联邦学习：分布式机器学习框架，允许多个农场联合训练病虫害识别模型（数据加密不共享），保护数据隐私的同时提升病虫害识别泛化能力。

强化学习：温室环境调控系统通过试错优化策略，使荷兰某番茄温室能耗降低 18%。

训练过程：

1）定义状态：在温室环境中，状态可以定义为温度、湿度等关键环境参数。这些参数是温室作物生长的重要影响因素。

2）设置动作：根据温室管理的需求，动作可以设置为开窗、加湿、加热或降温等操作。这些动作旨在调整温室环境，以优化作物生长条件。

3）设计奖励函数：奖励函数是强化学习的核心，用于衡量代理（即温室管理系统）在特定状态下执行动作的好坏。奖励函数可以设计为产量提高和能耗降低的加权和。当产量提高且能耗降低时，代理将获得正奖励；反之，则获得负奖励。

（2）智能装备协同。

John Deere 智能收割机集成北斗导航（定位精度 ±2cm），通过数字孪生模型校准作业路径，避免重复收割，作业效率提高 30%，燃油消耗下降 15%。

3.1.4.2 关键支撑技术

1. 边缘计算与雾计算

边缘计算与雾计算是在设备端或近场节点进行实时数据处理的技术。例如，NVIDIA Jetson 芯片部署在农机端，1 秒内即可识别病虫害并规划施药路径；同时支持断网环境下的基础决策功能。

2. 数字孪生与仿真技术

数字孪生与仿真技术通过构建物理实体的虚拟镜像进行模拟实验。例如，通过模拟极端气候对作物生长的影响，辅助制定抗灾预案。

3. 生物信息学与基因编辑

生物信息学与基因编辑技术可用于 AI 辅助育种。例如，通过 CRISPR 技术结合机器学习筛选抗病基因，中国水稻抗稻瘟病品种研发周期缩短 40%。

通过上述技术的协同作用，智慧农业实现了从数据采集到决策执行的全链条智能化，为农业生产的精准化、高效化与可持续化提供了坚实的技术支撑（见表 3-1-4）。

表 3-1-4 技术协同效应

技术组合	协同原理	实际效益
物联网 + AI	传感器数据驱动灌溉模型动态优化	以色列滴灌系统节水 50%
区块链 + 大数据	生产数据与市场信息交叉验证	泰国榴梿出口溢价 25%
数字孪生 + 机器人	虚拟模型指导农机精准作业	美国收割效率提升 30%

3.1.5 人工智能在智慧农业中的应用场景

智慧农业就像给传统农业装上了"智慧大脑"，利用人工智能技术，对农业生产的各个环节进行升级改造，让农业生产更精准、管理更智能、服务更高效、发展更可持续。人工智能主要在以下四个方面发挥作用：

（1）精准生产：让农业生产从"靠经验"变成"靠数据"。

（2）智能管理：让农业管理从"被动应对"变成"主动干预"。

（3）高效服务：让农业服务从"单一生产"变成"全链增值"。

(4) 生态可持续：让农业发展从"资源消耗"变成"绿色循环"。

3.1.5.1 生产场景：从经验种植到数据驱动

过去，农民种地主要靠经验，比如什么时候浇水、施肥，往往凭感觉。现在，人工智能可以帮助农民更科学地种地，实现"数据驱动"。

1. 智能水肥一体化系统：给农田配备"智能管家"

在传统农业中，浇水施肥往往依赖农民的经验判断，容易出现水资源浪费和土壤板结等问题。而智能水肥一体化系统就像给农田配备了一位"智能管家"，通过多维度环境感知、AI 动态决策与精准执行，实现水肥资源的按需供给，彻底改变了传统农业"靠天吃饭"的局面。

（1）系统运作全流程解析。

1）数据感知与采集。

根系墒情监测：在农田中部署土壤湿度传感器、电导率传感器等设备，就像给土壤安装了"体温计"和"体检仪"，实时监测土壤水分、盐分等关键指标。例如，当土壤湿度低于作物需求时，系统会立即"感知"到并发出灌溉信号。

气象监测技术：利用气象站收集温度、湿度、光照强度、降雨量等气象数据，如同为农田配备了"天气预报员"，为灌溉决策提供科学依据。比如，在高温少雨的天气，系统会自动增加灌溉量。

遥感监测技术：借助无人机或卫星遥感图像，分析作物生长状况、叶绿素含量等信息，就像给作物进行"全身扫描"，辅助判断作物的水肥需求。例如，通过分析作物叶片的颜色变化，系统能精准识别出哪些区域需要施肥。

2）智能分析与决策。

土壤水分管理模型：建立基于作物种类、生长阶段及土壤类型的土壤水分管理模型，采用机器学习算法优化灌溉计划。例如，根据作物蒸腾速率及土壤保水能力，动态调整灌溉量和灌溉频率，确保作物在不同生长阶段都能获得最佳的水分供应。

肥料需求预测：结合土壤养分测试结果及作物养分吸收规律，利用 AI 算法预测作物肥料需求，实现精准施肥。例如，通过分析土壤氮磷钾含量及作物生长速度，制定个性化的肥料施用方案，避免肥料浪费。

3）精准执行与反馈。

智能灌溉控制器：根据预设的灌溉计划或 AI 算法生成的灌溉指令，自动控制灌溉阀门的开启与关闭，实现定时定量灌溉。就像一个"智能水龙头"，无须人工操作，就能精准地为作物浇水。

水肥一体化设备：将灌溉与施肥相结合，通过智能配比器将肥料与水混合后均匀施入土壤，提高肥料利用率。例如，在灌溉的同时，系统会根据作物需求自动添加适量的肥料，让作物"喝得饱、吃得好"。

远程监控系统：通过云平台或手机 App 远程监控灌溉设备运行状态、土壤环境参数及作物生长状况，实现远程管理与故障预警。农民即使不在田间，也能随时掌握农田的情况，一旦设备出现故障，系统会立即发出警报。

智能灌溉系统组件如表 3-1-5 所示。

表 3-1-5 智能灌溉系统组件

组件	功能	关键技术
感知层	采集土壤、气象、作物数据	电容式土壤传感器（精度±3%）
传输层	数据传输至云端/边缘端	LoRaWAN（传输距离10km，低功耗）
决策层	AI模型生成灌溉策略	随机森林算法（预测需水量误差<8%）
执行层	控制灌溉设备开关	电磁阀（响应时间<1s）

（2）典型案例。

以色列Netafim智能滴灌系统：该系统实现了每株作物独立滴头控制，精准输送水肥，且采用太阳能供电，特别适合干旱地区。在内盖夫沙漠，这套系统让水资源利用率大幅提升，节水50%，番茄产量也增长了35%，成为干旱地区农业的典范。

中国华北平原小麦智能灌溉：在中国华北平原，智能灌溉系统通过土壤传感器网格化部署监测土壤湿度，边缘计算网关实时分析数据生成灌溉热力图，中心支轴式喷灌机夜间自动灌溉。这一系统使每亩农田节水80吨，小麦亩产提升18%，为华北地区的粮食生产提供了有力保障。

2. 智能农机协同作业：打造"智能农机军团"

传统农机依赖人工操作，效率低且损伤率高。而智能农机协同作业就像一支"智能农机军团"，通过先进的技术实现精准作业，大幅提升农业生产效率。

（1）精准播种。

北斗RTK定位：北斗RTK定位技术通过基准站接收卫星信号，并通过5G网络发送差分校正数据，使移动端接收机实现厘米级定位（水平精度±2cm），与机器视觉融合，玉米播种深度误差±0.3cm，出苗率98%。这就好比给播种机安装了一个"超级导航"，确保种子被精准地播撒在合适的位置，提高出苗率。

气吸式排种器：气吸式排种器通过AI动态调整间距（误差<1cm），效率较传统机械提高3倍。它就像一个"智能播种手"，能根据作物的品种和生长需求，精准调整种子间距，确保作物生长空间合理（见图3-1-5）。

图 3-1-5 气吸式排种器

（2）植保无人机集群。

多光谱相机：多光谱相机实现病虫害识别、精准施药与生长监测的闭环管理，农药利用率较传统方式提升40%以上。大疆T40无人机雾滴沉积均匀性≥85%，每小时作业320亩。这些无人机就像"空中卫士"，能够快速识别病虫害，并精准喷洒农药，减少农药浪费，保护作物健康（见图3-1-6）。

图3-1-6 植保无人机

（3）果蔬采收机器人。

3D视觉定位与仿生夹爪：果蔬采收机器人采用3D视觉定位与仿生夹爪等先进技术，精准地识别并定位果蔬的位置（误差≤3mm），确保采摘的准确性。仿生夹爪则通过压力传感技术（精度0.1N），能够轻柔地夹取果蔬，避免对果蔬造成损伤。它是一个"灵巧助手"，能够高效、精准地完成果蔬采摘工作，减少人工损伤（见图3-1-7）。

图3-1-7 果蔬采收机器人

自动驾驶收割机：自动驾驶收割机集成了高精度定位、实时产量监测与含水率检测等多项先进技术。通过生成谷物产量图（精度达到$1m^2$），农民可以直观地了解农田的产量分布情况。同时，在线含水率检测技术（精度±0.3%）能够实时监测谷物的含水率，确保收割的谷物质量。

智慧农业对比传统农业的变革性提升见表3-1-6。

表3-1-6 智慧农业对比传统农业的变革性提升

作业环节	传统方式	农业机器人解决方案	效率提升
播种	人工目测株距	北斗导航精量播种	均匀度+200%
病虫害防治	全田均匀喷洒	靶向变量施药	农药用量-45%
果实采收	人工分拣损伤率8%~15%	机器视觉分级系统	商品率+25%

想一想

1. 智能农机协同作业如何提高农业生产效率?
2. 除了上述提到的智能农机,还有哪些智能农机可以应用于农业生产?

3. 垂直农场智能调控:建造"农业摩天大楼"

垂直农场是一种颠覆性的农业生产模式,就像一座"农业摩天大楼",通过多层立体种植架构、全闭环环境控制与工业化生产模式,在有限空间内实现作物周年高效生产(见图3-1-8)。

图 3-1-8 垂直农场

(1)核心突破。

空间效率:垂直农场采用多层立体种植,单位面积产量可达传统农田的 50~100 倍(如 17 层种植架)。这意味着在同样的土地面积上,可以产出更多的农产品,有效缓解了土地资源紧张的问题。

资源节约:无土栽培技术节水 95%,LED 补光能耗降低 40%。无土栽培让作物摆脱了对土壤的依赖,而 LED 补光技术则比传统照明更节能,大大降低了农业生产的资源消耗。

稳定供给:垂直农场通过全闭环环境控制,打破季节限制,全年均衡供应(如生菜生长周期缩短至 25 天)。无论天气如何变化,都能稳定地为市场提供新鲜的农产品。

(2)典型案例。

日本 Spread 植物工厂 17 层种植架日产 3 万棵生菜,劳动力成本降低 80%。在这里,生菜从播种到收获只需要 25 天,而且全程自动化管理,大幅减少了人工成本,展现了垂直农场的巨大潜力。

通过这些智能技术的应用,智慧农业正从根本上改变传统农业的生产方式,实现了从经验种植到数据驱动的跨越,为农业的可持续发展注入了新的动力。

想一想

1. 垂直农场适合种植哪些作物？
2. 垂直农场在城市农业发展中有哪些优势？

3.1.5.2 管理场景：从被动应对到主动干预

1. 畜禽健康监测系统：给养殖场配备"智能医生"

（1）系统定义与核心功能。

在传统养殖中，动物健康管理一般依赖人工观察，等到发现疾病症状时，往往已经错过了最佳治疗时机。畜禽健康监测系统就像给养殖场配备了一位"智能医生"，它通过多种先进技术，全方位、实时地监测动物的健康状况，将疾病防控的关口前移，大大提升了养殖效率和动物福利。

该系统借助多模态数据采集技术，就像给动物进行"全方位体检"，不仅能监测动物的生理指标，还能分析它们的行为特征以及所处的环境影响。通过 AI 智能分析，系统能够在疾病潜伏期发出预警，改变了过去只能在症状显现后才进行干预的被动局面。

（2）系统运作全流程。

1）全维度数据感知。

行为动态捕捉：在养殖场部署行为追踪摄像头和红外热像仪，就像给动物安装了"电子眼"，可以实时捕捉动物的步态、活动频率以及群体分布情况。比如，通过分析奶牛的行走姿态和活动量，能及时发现它们是否处于发情期或健康状态异常。

生理指标监测：智能耳标和项圈内置的传感器，如同动物的"健康手环"，可以持续监测体温（精度误差仅 ±0.2℃）、心率以及反刍数据等。例如，奶牛发情期时，反刍时长会下降约 30%，系统能及时捕捉到这一变化。

环境参数联动：集成氨气、温湿度传感器，建立环境舒适度指数（ECI），就像给养殖场的环境安装了"健康监测仪"。当牛舍温度超过 28℃时，系统会自动启动水帘降温，保障动物生长环境舒适。

2）智能分析与决策。

异常行为预警：AI 模型会将实时采集到的动物行为数据与正常行为数据库进行比对。比如，健康猪只的步态具有一定的对称性，当 AI 模型发现某头猪的步态偏离正常阈值时，就会发出预警，准确率超过 85%。

疾病风险预测：基于时序数据分析，系统能够提前预测疾病的暴发风险。例如，当监测到鱼类游速连续下降时，系统会预判可能有寄生虫病暴发，并提前 3~5 天发出预警，以便及时采取防治措施。

3）精准干预执行。

个体化健康管理：一旦系统检测到患病个体，如通过热成像识别出发热的猪只，会自动将其隔离，并定向投放药物或调整饲喂方案，实现精准治疗。

环境自适应调控：系统会根据监测到的环境参数，自动联动通风、喷淋等设备调节温湿度，确保动物始终处于最佳的生长环境中。

（3）典型应用案例。

案例1：丹麦DLG集团利用红外热成像与步态分析模型，对生猪健康进行实时监测。这一技术使疾病检出率大幅提升了90%，同时抗生素的使用量减少了35%，既提高了养殖效益，又减少了药物残留。

案例2：荷兰Nedap公司研发的智能项圈，通过监测奶牛的反刍数据，能够精准预测奶牛的发情期。使用该技术后，奶牛的受胎率提升了9%，每头牛年均产奶量增加了1.5吨，显著提高了养殖的经济效益。

案例3：挪威的AquaCloud平台结合水下声呐与ResNet模型，实现了深海鱼类寄生虫感染的早期预警。这一技术使养殖死亡率下降了22%，为深海养殖业的健康发展提供了有力保障。

2. 灾害智能预警网络：安装"天气预报"系统

传统的灾害响应往往是在灾害发生后才采取措施，导致损失巨大。而AI技术的应用，为农业灾害防控带来了革命性的变化。通过卫星遥感与LSTM时序预测模型，系统能够提前72小时对洪涝等灾害发出预警，让农民有足够的时间采取应对措施，将灾害损失降到最低。

例如，在四川柑橘种植区，应用该技术后，灾害损失降低了40%，应急响应速度也提升至30分钟内。这就好比给农业生产安装了一个"天气预报"系统，让农民能够提前做好防灾准备，保障了农作物的安全生产。

3.1.5.3 服务场景：从单一生产到全链增值

1. 农产品智能处理

（1）AI视觉分级。

在农产品加工领域，AI视觉分级技术就像给农产品配备了一位"火眼金睛"的质检员。以山东寿光的黄瓜分拣线为例，通过机器视觉能够精准识别黄瓜表面的瑕疵和弯曲度，分拣准确率高达98%，每天可处理50吨黄瓜。经过分级后的黄瓜，商品溢价提升了25%，为农民带来了更高的经济收益。

（2）冷链智能调度。

生鲜产品的运输一直是个难题，尤其是在长距离运输中，腐损率高是一个常见问题。基于强化学习算法的冷链智能调度系统，就像一位"智能管家"，能够根据实时路况、天气等因素，优化生鲜运输路径，将拼多多平台的生鲜腐损率从15%大幅降至3%，滞销率也下降了25%，既保证了生鲜产品的质量，又减少了资源浪费。

2. 供应链优化

传统的农产品流通过程中，信息不透明是一个突出问题，消费者很难了解农产品的来源和质量。AI通过区块链技术，为农产品打造了一个"透明供应链"。例如，生猪养殖场应用耳标传感器与区块链存证技术，将检疫信息等数据上链，消费者只需扫码，就能查看生猪的生长周期、检疫记录等详细信息，使消费者对农产品的信任度提升了40%。

3.1.5.4 可持续场景：从资源消耗到绿色循环

1. 碳中和实践

农业是碳排放的重要领域之一，而智慧农业的应用为实现碳中和目标提供了有力支持。通过无人机多光谱遥感与土壤碳汇模型，能够精准测算农田的碳排放情况。中国智慧农业示范区应用该技术后，碳排放强度下降了18%。此外，秸秆AI发酵制生物燃料技术的应用，更是让德国农场每年减排甲烷1.5万吨，为全球碳中和贡献了农业的力量。

2. 循环农业创新

传统农业中，大量的废弃物没有得到有效利用，造成了资源的浪费。而AI调控的沼气发电系统，就像一位"变废为宝"的魔术师，通过优化厌氧发酵参数（如pH值、搅拌频率），将秸秆等农业废弃物的能源转化效率提升了40%，使农场的能源自给率突破了60%。这不仅减少了环境污染，还为农场提供了清洁的能源，实现了农业的可持续发展。

想一想

1. 未来智慧农业的发展还会面临哪些挑战？
2. 你认为智慧农业会如何改变我们的生活？

3.2　AI + 电网

· 任务介绍

本任务聚焦AI在电网领域的变革力量，涵盖智能调度、故障诊断、负荷预测、设备状态监测、需求响应、分布式能源管理及虚拟电厂等核心场景。依托机器学习、深度学习、大数据分析、物联网、边缘计算等技术，实现电网运行的精细化管理、资源的高效配置和供电可靠性的提升。重点讲解AI在电网中的应用，如智能变电站、智能配电网、能源互联网等场景及相关技术，并补充智慧电网未来发展趋势，展现AI与电网融合对行业创新的推动。揭示AI如何通过技术赋能重塑传统电网，推动电网运营模式的转型升级，助力能源结构优化和可持续发展。接下来，让我们一起走进这个充满活力与智慧的电网新世界，看看人工智能如何携手电网，为我们打造更加可靠、高效、清洁、经济的电力供应体系，带来更便捷、智能、绿色的用电体验。

· 任务实施

学习任务见表3-2-1。

表3-2-1　学习任务表

学习内容	AI + 电网
任务目标	1. 掌握智慧电网的定义、架构及核心技术 2. 分析AI在发电、输电、配电环节的典型应用场景 3. 理解智慧电网对能源转型与"双碳"目标的支撑作用

续表

任务实施	1. 知识学习 阅读本节内容，梳理智慧电网的四层架构及 AI 技术支撑并观看视频《智能电网：电力系统的 AI 革命》 2. 案例分析 分组讨论： （1）特斯拉上海工厂如何通过数字孪生技术提升产线效率30% （2）金风科技 AI 预测系统如何降低风机运维成本40%，并完成案例分析报告 3. 实践巩固 （1）绘制思维导图：智慧电网技术体系与应用场景 （2）设计简易故障诊断方案：结合传感器数据，用流程图描述 AI 如何定位输电线路故障
任务总结	通过本节内容的学习，我学到_____
小组互评	

电力是现代社会运行的血液，是经济发展和社会进步的重要保障。随着全球能源转型的加速和可持续发展理念的深入，构建安全、可靠、高效、清洁的现代电网体系，已成为国家能源战略的关键环节。2024 年，《新型电力系统建设行动方案》明确提出，要以数字技术与能源技术深度融合为主线，加快构建安全高效、绿色低碳、柔性开放的现代化电网体系。作为实现"双碳"目标的核心基础设施，智慧电网依托人工智能、物联网、数字孪生等前沿技术，推动电力生产、传输、消费全环节的智能化重构。人工智能作为支撑能源革命的重要技术力量，正逐步渗透到电网的各个环节。通过智能技术的深度融合与应用，不仅能够有效提升电网运行的安全性、可靠性和经济性，实现能源的优化配置和高效利用，还能促进清洁能源的消纳和分布式能源的接入，为构建清洁低碳、安全高效的能源体系提供有力支撑。人工智能驱动的智慧电网建设，不仅关乎技术革新，更是能源结构转型和电力体制改革的重要支撑。它以数据为基石，以智能为引擎，推动电网运行智能化、调度控制精细化、用户服务个性化，从而全面开启能源可持续发展的新篇章。

3.2.1 智慧电网概述

1. 定义与核心理念：从传统电网到智慧电网的演进

智慧电网（SmartGrid）是以传统电力系统为基础，深度融合人工智能、大数据、物联网等新一代信息技术的新型电力网络。其核心目标是通过数据驱动的智能决策，实现电力系统的安全、高效、低碳、灵活运行。与传统电网相比，智慧电网遵循以下核心理念：

（1）自动化：通过传感器、智能终端与算法实时监控电网状态，减少人工干预。

（2）信息化：实现发、输、变、配、用电全环节数据的互联互通与深度分析。

（3）互动化：支持用户与电网的双向互动（如动态电价响应、分布式能源接入）。

（4）清洁化：高效整合风电、光伏等波动性可再生能源，推动能源结构低碳转型。

智慧电网与传统电网对比如表 3-2-2 所示。

表 3-2-2 智慧电网与传统电网对比

对比维度	智慧电网（智能电网）	传统电网
结构设计	分布式能源网络，支持多节点互联（如太阳能、风能等可再生能源接入）	集中式发电（火电、水电为主），单向电力传输，层级化结构
能源类型	整合可再生能源（风能、太阳能）、储能系统，支持能源多元化	以化石能源（煤、天然气）和水电为主，依赖传统发电方式
数据传输	双向实时通信（IoT 传感器、智能电表），数据透明共享	单向传输，依赖人工抄表，数据更新滞后
自动化程度	高度自动化（自动故障检测、负荷均衡、远程控制）	依赖人工操作和调度，自动化程度低
用户互动	用户参与度高（实时电价反馈、需求响应、家庭能源管理）	用户被动用电，无实时交互机制
故障处理	快速定位故障（AI 预测、自愈系统），缩短停电时间	故障排查依赖人工巡检，停电时间长
效率	动态优化能源分配，减少传输损耗，提升整体能效	传输损耗较高，能源分配灵活性低
环境影响	低碳环保，支持可再生能源消纳，减少碳排放	依赖化石能源，碳排放高，环境污染大
安全性	抗攻击性强（加密通信），实时监测电网异常（如黑客攻击、设备故障）	物理防护为主，网络安全薄弱，易受人为或自然灾害影响
成本	初期投资高（智能设备、通信网络），但长期降低运维成本，提高经济效益	初期投资低，但长期运维成本高（燃料、人力）
维护需求	远程监控与预测性维护，减少人工干预	依赖定期人工巡检，维护效率低
扩展性	模块化设计，灵活扩展（支持微网、电动汽车充电桩等新型负荷接入）	扩展性差，改造难度大，难以适应新技术需求
政策与法规	符合全球减碳趋势，受政策鼓励（如补贴、绿色能源标准）	受环保法规限制（如碳排放税），政策支持减少

想一想

1. 传统电网调度方式存在哪些问题？
2. 智慧电网如何解决这些问题？

拓展阅读

智能电网与能源互联网的关系：能源互联网是一个更广阔的概念，它不仅包括智能电网，还包括能源生产、存储、交易等多个环节。智能电网是能源互联网的重要组成部分，为能源互联网提供基础设施支撑。

2. 智慧电网的组成架构

智慧电网的架构覆盖电力系统的全生命周期，可分为五大核心环节（见图 3-2-1）。

（1）发电环节：利用 AI 优化发电计划，实现火电、水电与新能源发电的协同调度。例如，通过气象数据预测光伏发电量，减少弃光弃风现象。

（2）输电环节：部署智能巡检系统（如无人机、机器人）实时监测输电线路状态，结合图像识别技术快速定位设备缺陷（如绝缘子破损、导线覆冰）。

（3）变电环节：在变电站引入智能传感器与边缘计算设备，实时分析变压器温度、油位等参数，预测设备故障风险。

（4）配电环节：基于负荷预测动态优化配电网络，减少停电时间。例如，通过AI算法在故障发生时自动切换供电路径。

（5）用电环节：通过智能电表采集用户用电数据，结合机器学习分析用户行为，提供错峰用电建议或个性化节能方案。

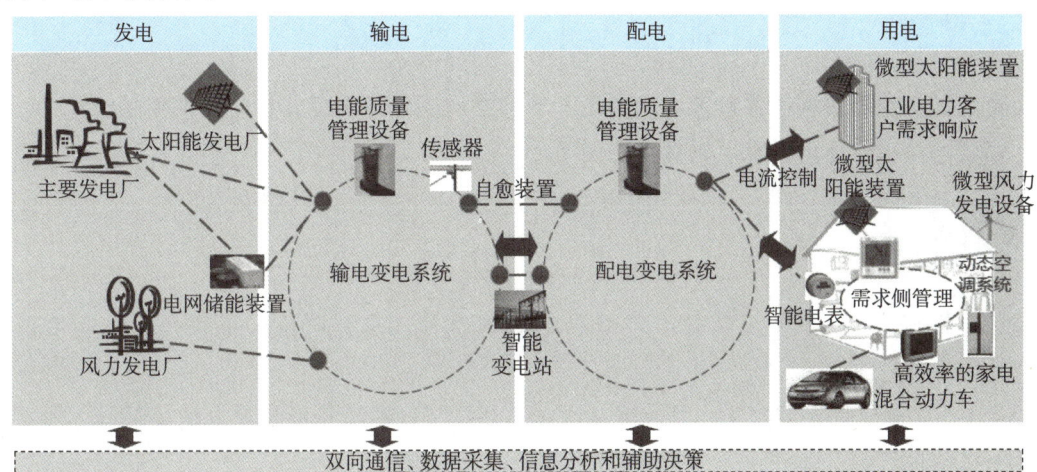

图 3-2-1　智慧电网架构

想一想

智慧电网的五大核心环节是如何协同工作的？

拓展阅读

微电网：微电网是智慧电网的"细胞"，它可以在局部区域实现能源的自给自足，提高供电可靠性。

虚拟电厂：虚拟电厂通过聚合分布式能源，参与电力市场交易，提高新能源的消纳能力。

3. 智慧电网对能源效率与可持续发展的意义

智慧电网作为新一代电力系统，通过信息技术与电力技术的深度融合，不仅显著提升了能源效率，还有力地推动了能源系统的可持续发展，并增强了社会经济的整体韧性。

在提升能源效率方面，智慧电网通过实时数据采集、分析与优化，实现了电力的精细化调度，大幅降低了输电线路的损耗（例如，传统电网的线损率通常在6%左右，而智慧电网可以将这一数字降低至3%以下）。此外，智慧电网采用预测性维护技术，能够提前发现并解决潜在的设备故障，延长设备使用寿命，降低运维成本，从而实现电力系统全生命周期的效率提升。

在推动可持续发展方面，智慧电网为高比例可再生能源的并网提供了关键技术支撑，有效缓解了对传统化石能源的依赖。例如，丹麦通过建设智慧电网，成功整合了超过50%的风力发电，成为全球可再生能源利用的典范。同时，智慧电网通过实施需求侧管理，如推行峰谷电价等政策，引导用户合理用电、节约用电，从而减少整体电力需求和碳排放，促进能源消费结构的优化。

在增强社会经济韧性方面，智慧电网通过采用先进的传感、通信和控制技术，显著提高了电网应对自然灾害（如台风、冰雪灾害等）的能力，实现了故障的快速定位与隔离，缩短了停电时间，保障了电力供应的可靠性。此外，智慧电网还促进了电动汽车、虚拟电厂等新兴产业的发展，创造了大量的绿色就业机会，为经济社会的可持续发展注入了新的活力。

想一想

1. 除了提高能源效率和推动可持续发展，智慧电网还能带来哪些社会经济效益？
2. 智慧电网如何助力实现"双碳"目标？

拓展阅读

需求侧响应：需求侧响应是指用户根据电网的信号，主动调整用电行为，参与电网的平衡调节。

储能技术：储能技术是智慧电网的重要组成部分，可以平滑新能源发电的波动性，提高电网的稳定性。

3.2.2 智慧电网的核心技术支撑

3.2.2.1 核心技术体系

智慧电网通过"感知层—传输层—平台层—控制层"四层架构实现全链路智能化，形成从数据采集到自主决策的闭环管理（见图3-2-2）。

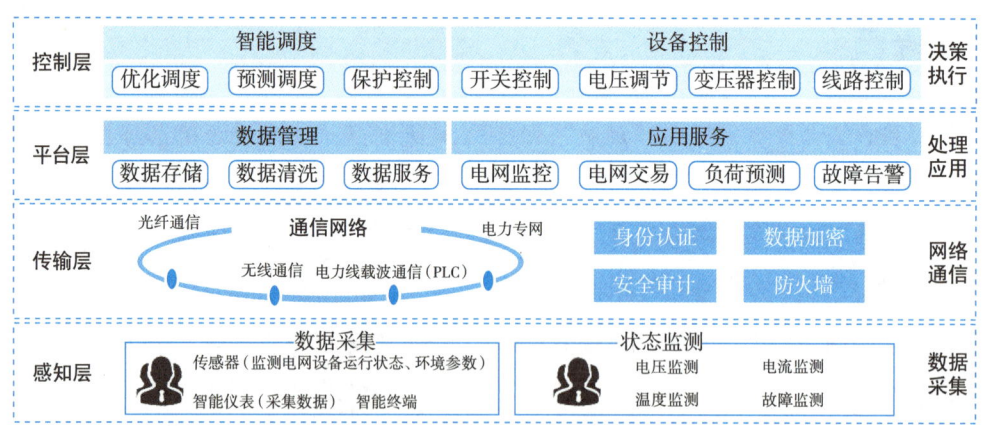

图3-2-2 智慧电网核心技术体系

1. 感知层：电网的"神经末梢"

感知层通过各类传感器与监测设备实时采集电网设备状态、环境参数及用户用电数据，构建全域感知网络，为上层决策提供数据基础。

（1）智能电表。

智能电表如同安装在用户端的"电力医生"，通过每秒 800 次高频采样实时捕捉电流波动，精准识别窃电等异常用电行为。它支持分钟级数据上报，为负荷预测与峰谷电价优化提供依据。广东某小区部署 2000 台智能电表后，成功检测到 3 起窃电事件，并将用电量预测误差率降至 3%。

（2）无人机巡检。

无人机搭载红外热像仪与 AI 视觉识别模块，如同"空中哨兵"自主巡航输电线路，当检测到覆冰区域温差大于 5℃ 时，能自动预警，识别绝缘子破损等隐患的准确率超 92%。东北电网采用无人机巡检后，覆冰预警效率提升 10 倍，年运维成本下降 18%。

（3）光纤测温传感器。

沿电缆部署的光纤传感器如同"体温监测仪"，通过拉曼散射效应实时监测温度变化（精度 ±0.5℃），每 10 米一个监测点。当温度超阈值时，可联动断路器实现毫秒级故障隔离。某城市地下电缆因温度异常触发隔离机制，避免了大规模停电事故，减少经济损失 2000 万元。

2. 传输层：电网的"信息高速公路"

传输层通过高速通信技术，保障数据低时延、高可靠传输，破解偏远地区设备接入难题，支撑实时控制指令下达。

（1）5G 切片网络。

5G 切片网络为电网关键业务分配独立网络通道，如同"专属高速公路"，保障变电站与控制中心通信延迟小于 10ms，支持实时调度指令传输。江苏某变电站通过 5G 切片网络实现远程故障处理，响应时间缩短 85%。

（2）电力线载波通信（PLC）。

PLC 利用现有电力线路传输数据，无须额外布线，如同"电力线搭便车"，将山区输电塔监测数据端到端延迟从 8s 缩短至 1.2s。西藏某山区输电塔采用 PLC 技术后，运维效率提升 40%。

（3）量子加密技术。

量子加密技术采用量子密钥分发（QKD）加密用户用电数据，防破解能力较传统加密提升 1000 倍，如同为数据传输加上"量子锁"。浙江电网用户数据加密升级后，实现全年信息零泄露。

3. 平台层：电网的"智慧中枢"

平台层整合数据存储、分析与智能决策功能，通过算法模型动态优化电网运行策略。

（1）时序数据库（InfluxDB）。

InfluxDB 专为海量时序数据设计，如同"超级收纳盒"，支持每秒百万级传感器数据写入，查询效率较传统数据库提升 50 倍，实现设备状态实时监控。上海电网通过时序数据库存储 10 万+ 传感器数据，故障诊断速度提升 60%。

（2）LSTM 负荷预测模型。

LSTM 模型融合气象数据与历史负荷信息，如同"电力天气预报员"，将预测误差从 8% 降至 3%，支撑发电计划动态调整。深圳电网台风季负荷预测准确率达 97%，减少备用电源浪费约 1200 万元。

(3) 知识图谱故障诊断。

知识图谱关联设备参数、维修记录与气象数据，如同"电网医生的诊断手册"，实现故障定位准确率大于99%。某省电网雷击故障诊断响应时间从30分钟缩短至5分钟，停电范围缩小70%。

4. 控制层：电网的"自主执行者"

控制层通过智能设备与算法执行调度指令，保障电网安全稳定运行，实现能源资源高效调配。

(1) 智能断路器：电网的"免疫系统"。

智能断路器集成传感、通信与快速断路功能，如同"电力保镖"，能在2ms内切断故障电流，通过5G联动相邻断路器自动隔离故障区域。浙江某工业园区因雷击引发短路，智能断路器在1.8ms内动作，配合拓扑重构算法，仅隔离故障支路，保障主网正常运行，减少经济损失500万元。

(2) 虚拟电厂（VPP）：电网的"柔性调度中心"。

VPP聚合分布式能源，如同"能源聚宝盆"，通过边缘计算本地优化，采用深度强化学习制定充放电策略，参与电网调峰与市场交易。江苏某示范区接入2.3万套分布式设备，总调节容量达150MW，等效于一座中型燃气电站。

(3) 区块链绿电溯源。

区块链绿电溯源通过分布式账本记录可再生能源全流程数据，如同"绿电身份证"，确保碳足迹可追溯至具体电站。青海某风电场每台机组生成唯一数字证书，包含叶轮转速、发电效率等120项参数。

智慧电网的高效运行依赖于清晰分层的技术体系架构。为清晰呈现智慧电网核心技术体系架构，现将感知层、传输层、平台层与控制层的核心功能及关键技术整理如表3-2-3所示。

表3-2-3 智慧电网技术体系

层级	核心功能	关键技术
感知层	实时采集设备状态、环境与用户数据	智能电表、PMU（同步相量测量单元）、无人机红外热成像、光纤测温传感器
传输层	低时延、高速率的数据传输与通信	5G切片网络、电力线载波通信（PLC）、北斗定位、量子加密技术
平台层	数据存储、分析与智能决策	分布式存储（Hadoop）、时序数据库（InfluxDB）、AI算法引擎（LSTM、强化学习）
控制层	执行电网调度指令与自动化控制	智能断路器、虚拟电厂（VPP）区块链合约

想一想

智慧电网的四层架构是如何协同工作的？每一层中人工智能技术分别发挥了什么作用？

3.2.2.2 关键支撑技术

1. 物联网（IoT）：电网的"神经系统"

物联网通过全域感知网络实现电力设备、环境与用户数据的实时互联，构建"感知—连接—响应"闭环，支撑电网动态优化与安全控制。

（1）设备互联与数据采集。

部署智能电表、环境传感器、设备状态监测终端等，实现对电网运行状态（如电流、电压、温度）和环境参数（如风速、光照、湿度）的实时感知。例如，分布式光伏电站通过IoT设备采集发电效率数据，为能源调度提供依据。

（2）低时延通信网络。

采用5G切片网络（时延<10ms）、NB-IoT（山区设备接入）和电力线载波通信（PLC），保障偏远地区数据传输效率。西藏山区输电塔监测数据时延从8s缩短至1.2s，运维效率提升40%。

（3）智能终端响应。

智能终端具备"条件反射"式响应能力，智能断路器实现2ms级故障隔离，AI摄像头边缘识别安全违规行为并实时告警。江苏某配电房AI摄像头实时监测安全规范，违规事件处理效率提升90%。

想一想

物联网技术如何实现电力设备、环境与用户数据的实时互联？

拓展阅读

窄带物联网（NB-IoT）的概念：NB-IoT是一种低功耗、广覆盖的物联网通信技术，适用于连接大量的、分散的传感器和设备。

2. 边缘计算：电网的"本地大脑"

传统云端处理存在传输延迟、带宽压力大及隐私泄露风险等弊端，边缘计算通过本地化决策与数据降维，实现毫秒级安全响应。就像在小区门口设置快递驿站（边缘节点），不必所有包裹都送到城市总仓（云端）。

（1）本地化实时决策与数据过滤。

在输电线路监测中，边缘计算节点通过本地AI分析图像数据，并预处理海量IoT数据，实现了毫秒级响应，有效避免了云端回传延迟，同时滤除无效数据、提取关键特征并压缩数据，显著降低上传带宽需求。

（2）隐私保护与能效优化。

通过本地处理用户用电模式分析，不仅避免了敏感数据的上传，还实现了动态调整光伏逆变器输出功率以提升发电效率。浙江居民用电数据分析本地化，隐私泄露风险降低95%。

想一想

边缘计算与云计算相比有哪些优势？

拓展阅读

雾计算的概念：雾计算是边缘计算的一种扩展，它将计算和存储资源部署在离数据源更近的地方,形成一个分布式的计算网络。

3. 大数据与 AI:电网的"决策中枢"

大数据与人工智能技术已深度融入电力数据的全生命周期管理,从多源异构数据的实时采集、高效分布式存储到精准动态分析,为电网运行提供高时效性、高精度的决策依据,堪称电网的"智能决策中枢"。

(1) 电力数据全息采集与融合。

通过部署广泛的智能电表(支持 15 分钟级甚至更高频率的数据回传)、输电线路传感器(实时监测温度、电流、振动等关键参数)以及无人机巡检影像(提供分辨率高达 4K 的可见光及红外热成像,红外热成像精度达到 ±2℃),实现对发电、输电、用电全环节数据的实时、全息采集。这些海量数据日均处理量超过 10TB,为电网的智能化运行奠定坚实的数据基础。例如,山东电网已部署 50 万只智能电表,覆盖全省 90% 以上的工商业用户,实现了用电负荷的秒级精准监测。

(2) 分布式数据湖存储与智能管理。

采用 Hadoop 分布式架构与电力专用云平台,构建 EB 级(1EB≈10 亿 GB)"数据湖"存储体系,支持结构化数据(如电压、电流值等)与非结构化数据(如设备巡检视频、图像等)的统一存储与管理。该体系具备强大的数据处理能力,数据查询响应时间小于 1 秒,确保了电网运行所需数据的快速访问。国家电网云平台实现了全国 30 个省级电网数据的跨区域安全共享,日均处理工单数据高达 200 万条,极大地提升了电网的协同运行效率。

(3) 实时智能分析与精准决策。

基于 SparkStreaming 流处理框架与 LSTM(长短期记忆网络)等先进的时序分析模型,对电力数据进行毫秒级响应的实时分析,实现从负荷预测、故障诊断到动态调度的全链条智能决策,有力支撑电网安全与经济性双重目标的实现。

1)精准负荷预测与智能故障诊断。

利用 LSTM 模型,融合气象数据(如温度、湿度、风速等)、用户用电习惯(日/周/季度模式)以及电价波动规律等多维信息,实现 72 小时负荷预测误差率≤3%。例如,深圳电网在台风季通过 AI 预测模型提前调配应急电源,每年减少经济损失高达 1200 万元。

2)设备智能故障诊断与自愈控制。

构建包含 10 万 + 设备参数与历史故障数据的电力设备知识图谱,结合实时传感器数据(如局部放电、温度异常等),实现故障定位准确率大于 99%,自愈控制响应时间小于 200ms。上海浦东配电网通过 AI 诊断系统成功识别电缆老化隐患,故障抢修效率提升 60%,显著提升了电网的运行可靠性(见图 3-2-3)。

3)动态优化调度。

虚拟电厂(Virtual Power Plant,VPP)通过先进的通信和控制技术,将分布式电源(如分布式光伏)、储能系统(如储能电站)和可调节负荷(如电动汽车充电桩、工业可中断负荷等)聚合起来,形成一个可统一调度和控制的虚拟电厂。利用强化学习等人工智能算法,虚拟电厂可以参与电力市场竞价,优化电力资源的配置,提高新能源的消纳比例(通常可提升 20%~30%)。浙江省的虚拟电厂集群在夏季用电高峰时段,通过优化调度,成功削减了 150MW 的尖峰负荷。这相当于减

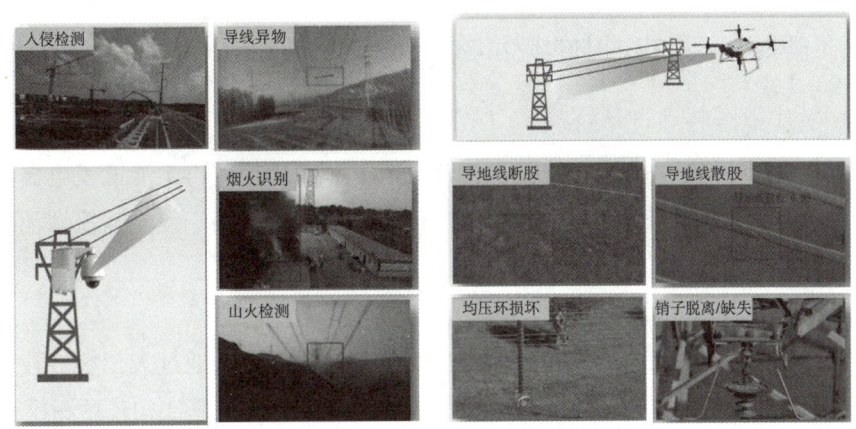

图 3-2-3 设备智能故障诊断

少了一座小型火力发电厂的建设需求,不仅节约了建设成本,还减少了碳排放,具有显著的经济效益和环境效益。

想一想

除了负荷预测、故障诊断和动态调度,大数据与 AI 还能在智慧电网中发挥哪些作用?

4. 区块链技术:电网的"信任基石"

区块链技术以其去中心化、不可篡改、公开透明的特性,为构建可信赖的能源交易体系提供了新的解决方案,成为电网的"信任基石"。

在绿电溯源与碳足迹追踪方面,区块链技术能够为每一度绿色电力生成唯一的数字证书,该证书详细记录了电力的生产时间、地点、发电机组编号等关键信息。通过智能合约,这些数字证书可以在电力交易过程中自动记录流转路径,确保每一度绿电的来源和碳足迹都可以追溯到具体的风电场或光伏电站,实现了绿电生产、交易和消费全过程的透明化和可信化。例如,青海—河南特高压输电工程通过应用区块链技术,实现了100%绿电的溯源,使得年度碳减排量认证效率提升了50%。

在点对点能源交易方面,区块链技术使得微电网用户之间的电力交易更加便捷和高效。用户可以通过区块链平台直接交易富余的光伏电力,交易的最小单位可以精确到 0.1kWh。智能合约能够根据预先设定的规则(如实时电价或固定协议价)自动完成费用的结算,无须人工干预,降低了交易成本(通常可降低 30%)。例如,苏州工业园区的屋顶光伏业主通过点对点能源交易,年均增收可达 1.2 万元,购电企业的用电成本降低了 8%。

想一想

区块链技术如何保证绿电溯源和碳足迹追踪的真实性和可信性?

拓展阅读

智能合约的概念:智能合约是区块链上自动执行的程序,可以实现能源交易的自动化和透明化。

3.2.3 人工智能在智慧电网中的应用场景

1. 发电侧：新能源并网与智能调度

新能源并网与智能调度通过人工智能技术，解决风电、光伏等可再生能源发电波动性强、预测精度低的问题，实现多能源协同优化与电网稳定运行。其核心价值在于提升新能源消纳能力、降低弃电率，并通过动态调度缓解电网调峰压力。

（1）分钟级功率预测。

传统预测方法对风电、光伏的发电功率预测精度低且时效性差。通过人工智能技术，系统能够实时采集气象卫星云图、地面测风塔数据及历史发电曲线，结合先进算法构建预测模型，提前15～30分钟精准预测发电量。这一技术帮助电网调度中心动态调整机组出力计划，减少能源浪费。例如，西北某500mW风光基地应用后，2023年减少弃电1.8亿kWh，相当于种植了数百万棵树，显著提升了清洁能源消纳能力。

（2）虚拟电厂（VPP）协同控制。

虚拟电厂通过AI算法将分布式光伏、储能、可调负荷等资源聚合为一个"虚拟发电单元"，灵活参与电网调峰与市场交易。例如，江苏某虚拟电厂整合200mW资源，2023年参与调峰交易128次，创收5600万元。这种模式不仅提升了电网灵活性，还为分布式能源业主创造了新的收益渠道。

在新能源富集的云南大理，南方电网通过"源网荷储充"智能调控平台，将AI技术融入新型电力系统调度。该平台能实时处理潮流断面动态控制、风险自动识别等复杂任务，仅需20秒即可完成新能源发电的潮流计算与校核，较传统方式提升效率近百倍。这一突破有效解决了新能源"白天送不出、晚上不够用"的难题，助力大理将超过1835万kW的清洁能源稳定输送至粤港澳大湾区，年新能源发电量占比达60%以上。

拓展阅读

储能技术的作用：储能技术可以平滑新能源发电的波动性，提高电网的稳定性。

多能互补的概念：多能互补是指将不同类型的能源（如风能、太阳能、水能等）进行组合，实现能源的互补利用。

2. 输电侧：无人机巡检与线路安全预警

传统人工巡检输电线路效率低、风险高，而AI驱动的无人机与灾害预警系统正在改变这一现状（见表3-2-4）。

表3-2-4 技术赋能价值矩阵

维度	传统模式	智能模式	提升幅度
巡检效率	5千米/人日	50千米/机日	10倍
缺陷识别率	可见光目测65%	多光谱AI分析95%	46%
响应速度	人工复核4~6小时	边缘计算实时预警	分钟级
成本构成	人力占比60%	自动化设备摊销占比80%	年降成本40%

(1)智能缺陷识别。

无人机搭载高精度传感器和 AI 视觉模块,能够自主巡航输电线路,实时检测绝缘子破损、导线断股等隐患,其与传统电力巡检的对比见表 3-2-5。南方电网的无人机自主巡检系统搭载 AI 视觉分析技术,可精准识别杆塔鸟巢、绝缘子破损等 20 类缺陷,每分钟处理 100 张巡检图片,效率是传统人工的 80 倍(见图 3-2-4)。在冀北电网,"柔直换流站 AI 智检管家"通过三维视觉与边缘计算,实现作业风险的立体防护,成功入选 2024 年世界人工智能大会参展项目。此外,安徽电网的"玄视"电力视觉大模型能全息识别 26 类缺陷隐患,准确率超过 94%,累计分析 1300 万张巡检照片,消除 7 万处安全隐患,助力配网用户平均停电时长同比下降 32.7%。

表 3-2-5 无人机电力巡检系统与传统电力巡检对比表

对比维度	传统电力巡检	无人机电力巡检系统
巡检方式	人工攀爬、望远镜观测、手持仪器测量	无人机搭载高清摄像头、红外热像仪、激光雷达等设备自动巡检
覆盖范围	受地形限制,难以覆盖高山、密林等复杂区域	可快速覆盖输电线路、铁塔、变电站等全区域
巡检效率	低(日均巡检 5~10 千米)	高(日均巡检可达 50~100 千米,效率提升 5~10 倍)
数据精度	依赖人工经验,易遗漏细节,数据主观性强	高清影像+红外热成像,支持毫米级缺陷识别,数据客观性强
安全性	高空作业风险高,易发生坠落、触电等事故	人员无须靠近高危区域,降低人身安全事故风险
环境适应性	受恶劣天气(如暴雨、冰雪)影响大	部分机型支持风雨环境作业,适应性更强
缺陷识别能力	肉眼识别能力有限,难以发现隐蔽缺陷(如微小裂纹)	AI 算法自动分析图像,可识别绝缘子破损、导线断股等细微缺陷
数据管理	纸质记录为主,数据归档与共享困难	数据实时上传云端,支持 AI 自动生成报告与历史数据追溯
成本构成	人力成本高(长期雇用专业巡检团队)	初期设备投入高,但长期运维成本降低(减少人力依赖)
典型应用场景	低电压等级线路、短距离定期检查	高压/特高压线路、灾后快速评估、大规模电网普查

图 3-2-4 无人机电力巡检

(2)灾害主动预警。

借助 AI 技术融合气象数据、地理信息及历史故障库,系统可提前 72 小时预测山火、覆冰等灾害对输电线路的影响,并自动触发预防性运维指令。例如,某沿海电网提前加固铁塔,成功抵御台风"梅花",避免了大面积停电,减少损失1.2亿元。

3. 配电侧:自动化控制与故障自愈

通过AI实现配电网故障秒级定位、毫秒级隔离与分钟级复电,解决传统人工排查效率低、恢复供电慢的问题,提升供电可靠性与电能质量。

在湖南长沙,国网自主研发的人工智能"配网调度员"——"光明"正式上岗。它基于"数学机理+"人工智能模型,能提前发现线路重过载风险,单次负荷转供决策时间从30分钟缩短至1分钟,大型保供电方案编制时间从10小时压缩至10分钟。2024年迎峰度冬期间,"光明"已完成14条线路运行方式调整,保障了电网安全。

深圳电网的创新同样引人注目。110千伏未来输变电工程配备全国首套主网自愈系统,基于AI自愈分析计算模型,可在17秒内自动完成故障线路的供电恢复,较人工操作快95%。此外,深圳宝安供电局引入配网带电作业机器人,通过5G远程操控与毫米级精度控制,将单次作业效率提升40%,彻底解决了传统高空带电作业的高风险问题。

想一想

除了自动化控制和故障自愈,还有哪些人工智能技术可以应用于配电侧?

拓展阅读

微电网的作用:微电网可以在局部区域实现能源的自给自足,提高供电可靠性。

4. 用电侧:智能电表与需求响应

人工智能技术正在深刻改变传统的用电侧管理模式,推动电力系统从传统的"单向供电"模式向更加灵活、高效的"双向互动"模式转型。

(1)用户画像与动态电价。

智能电表作为电力数据采集的关键设备,能够以分钟级的频率采集用户的用电数据。结合人工智能算法,可以对这些海量数据进行深度分析,构建精细化的用户用电画像,从而为电力公司制定个性化的分时电价策略提供数据支撑。例如,某市通过实施动态电价政策,有效引导居民用户错峰用电,使得高峰时段的用电负荷降低了12%,居民用户平均每年节省电费200元;同时,钢铁厂等工业用户通过参与可中断负荷协议,每年可获得80万元的补贴。这种模式既优化了电网的负荷曲线,降低了电网运行成本,又为用户带来了实实在在的经济效益。

(2)电动汽车智能调度。

随着电动汽车的普及,其充电需求对电网的负荷管理提出了新的挑战。利用人工智能算法,可以根据实时电价和电网负荷状态,优化充电桩的启停时序,实现电动汽车的"低谷充电、高峰放电"(即车网互动,V2G)。例如,深圳市某充电站在应用了这项技术后,峰谷差缩小了25%,充电站的年运营成本降低了25万元。这种智能调度技术不仅有效缓解了电网在高峰时段的供电压力,还为电动汽车用户提供了参与电网调峰的经济激励,实现了电网、用户和环境的多方共赢。

人工智能正成为智慧电网发展的核心驱动力,从发电到用电的全链条赋能,不仅提升了电网的安全性与可靠性，更加速了清洁能源的消纳与高效利用。随着技术的不断创新，AI 与电力行业的深度融合将持续推动能源革命，为构建更绿色、更智能的未来电网奠定坚实基础。

3.3　AI＋旅游

• 任务介绍

本任务聚焦 AI 在旅游领域的变革力量，涵盖个性化推荐、智能行程规划、虚拟导游、智能客服、客流预测与管理、旅游资源优化配置及旅游安全保障等核心场景。依托机器学习、自然语言处理、计算机视觉、大数据分析、增强现实（AR）/虚拟现实（VR）等技术，实现旅游服务的个性化定制、体验的智能化升级和旅游管理的精细化提升。重点讲解 AI 在旅游中的应用，如智能景区、智慧酒店、旅游 App、旅游数据平台等场景及相关技术，并补充智慧旅游未来发展趋势，展现 AI 与旅游融合对行业创新的推动。揭示 AI 如何通过技术赋能重塑传统旅游，推动旅游服务模式的转型升级，助力旅游业可持续发展和游客体验提升。接下来，让我们一起走进这个充满乐趣与智慧的旅游新世界，看看人工智能如何携手旅游，为我们打造更加个性化、便捷、安全、舒适的旅游体验，带来更丰富、精彩、难忘的旅程。

• 任务实施

学习任务见表 3－3－1。

表 3－3－1　学习任务表

学习内容	AI＋旅游
任务目标	1. 掌握智慧旅游的概念及技术体系 2. 分析 AI 在旅游服务中的典型应用场景 3. 设计基于 AI 的个性化旅游解决方案 4. 理解技术伦理对智慧旅游发展的影响
任务实施	1. 知识学习 阅读本节内容，标注智慧旅游的定义、技术特征及应用案例并观看视频《智慧旅游创新实践》 2. 案例分析 分组讨论：分析某景区智能客服系统的技术架构 对比分析：传统旅游服务与智慧旅游服务的用户体验差异（如人工导览 vs. AR 导览） 3. 实践巩固 （1）绘制思维导图：智慧旅游技术体系与应用场景 （2）撰写分析报告：智慧旅游如何助力文化遗产保护与传播（以敦煌 VR 项目为例）
任务总结	通过本节内容的学习，我学到＿＿＿＿＿＿＿＿＿＿
小组互评	

旅游业作为国民经济的支柱产业，紧密联结文化与经济的各个层面，促进社会的繁荣与进步。随着旅游市场的日益扩大和消费者需求的不断升级，旅游业正面临着前所未有的变革与挑战，也孕育着前所未有的发展机遇。传统的旅游模式已难以满足现代游客对个性化、高品质、便捷化旅游体验的迫切需求。正是在这样的背景下，智能技术应运而生，为旅游业的转型升级注入了新的活力。

为深入贯彻《中华人民共和国国民经济和社会发展第十四个五年规划和2035年远景目标纲要》中提出的"深入发展大众旅游、智慧旅游，创新旅游产品体系，改善旅游消费体验"的总体要求，国务院随后印发了《"十四五"旅游业发展规划》，进一步明确了智慧旅游的发展目标和路径，强调要推动旅游业态、服务方式、消费模式和管理手段的创新提升。在此背景下，习近平总书记深刻指出，"要着力完善现代旅游业体系，加快建设旅游强国，推动旅游业高质量发展行稳致远"。文化和旅游部积极响应这一战略部署，出台了一系列相关政策文件，旨在通过人工智能技术的广泛应用，全面提升旅游业的服务质量，优化游客的旅游体验，增强旅游产业的竞争力，推动旅游业迈向高质量发展新阶段。智能技术作为新时代旅游业转型升级的核心驱动力，正以迅猛之势推动着旅游业的智能化和数字化转型。它不仅在智能导游、虚拟现实旅游体验、智能预订系统等智慧旅游服务中广泛渗透，还助力旅游规划、市场营销、客户服务等旅游业务实现全面智能化和精细化管理，为旅游业提升服务品质、优化游客体验、增强产业竞争力、推动高质量发展提供了有力支撑。

3.3.1 智慧旅游概述

1. 定义与核心目标

（1）定义。

智慧旅游是以人工智能、大数据、云计算、物联网等新一代信息技术为支撑，通过数据驱动和智能化服务，实现旅游资源高效整合、游客体验优化、行业管理升级的新型旅游模式。其本质在于将技术深度融入旅游产业链的各个环节，从信息获取、行程规划到服务交付，形成全流程的智能化闭环。智慧旅游作为智慧地球和智慧城市的重要组成部分，其核心在于解决旅游发展中涌现的新问题，满足旅游发展的新需求，践行旅游发展的新思路及新理念。

（2）核心目标。

1）全面提升游客体验：通过个性化推荐（如基于AI的景点智能推荐）、智能导游服务（如AR增强现实导航）、实时信息服务（如人流预警系统），满足游客日益多元化的需求，构建"以游客为本"的智能化服务体系，提升游客的满意度和忠诚度。

2）优化旅游资源配置：利用大数据分析游客行为模式与景区承载能力，实现客流、交通及设施的动态调度（例如自动调整景区接驳车频次、优化停车场管理），从而提高旅游资源的利用效率，减少资源浪费。

3）增强旅游行业效能：借助智能化管理平台（如景区"智慧大脑"），降低运营成本，提升景区、酒店、交通等旅游服务提供商的协同效率，实现旅游行业的降本增效。

4）推动旅游可持续发展：通过环境监测（如利用温湿度传感器监测景区环境）与能耗管理，建立资源环境智能监测体系，平衡旅游开发与生态环境保护之间的关系，实现旅游业的可持续发展。

智慧旅游业的核心框架如表3-3-2所示。

表 3-3-2 核心框架

维度	技术支撑	应用案例
服务智能化	用户画像+推荐算法	携程智能行程规划
管理数字化	旅游大数据平台	杭州城市大脑文旅系统
体验沉浸化	AR/VR+空间定位技术	故宫 AR 文物复原
运营绿色化	环境传感器+AI 预测模型	黄山生态监测预警系统

想一想

传统旅游模式存在哪些问题？智慧旅游如何解决这些问题？

拓展阅读

智慧旅游与智慧城市的关系：智慧旅游是智慧城市的重要组成部分，它依托于智慧城市的基础设施和服务，同时也为智慧城市提供数据和应用场景。

2. 智慧旅游的发展动因与演进阶段

（1）发展动因。

技术驱动：人工智能技术的快速发展，特别是计算机视觉、自然语言处理等领域的突破，以及 5G 通信、边缘计算等新一代信息技术的成熟与应用，为智慧旅游提供了强大的技术支撑。这些技术使得实时、海量的数据处理和智能、个性化的人机交互成为可能，为智慧旅游的各项应用奠定了基础。

需求升级：随着社会经济的发展和人们生活水平的提高，游客对旅游体验的要求也日益提升。他们不仅追求便捷性，如移动支付、在线预订、电子导览等，还更加注重个性化体验，如定制化行程、个性化推荐、沉浸式体验等。这些需求的升级推动了智慧旅游的发展。

政策引导：各国政府和国际组织都高度重视智慧旅游的发展，并出台了一系列政策措施加以引导和支持。例如，中国"十四五"文化和旅游发展规划明确提出要建设智慧景区，推动旅游业的数字化转型；欧盟也提出了"数字旅游战略"，鼓励利用数字技术赋能旅游业，提升欧洲旅游业的竞争力。这些政策的出台为智慧旅游的发展提供了良好的政策环境。

（2）演进阶段。

智慧旅游的演进阶段及发展脉络分别见表 3-3-3、图 3-3-1。

表 3-3-3 智慧旅游的演进阶段

阶段	时间范围	技术特征	典型应用
信息化	1995—2010 年	电子票务系统、景区门户网站	黄山景区电子门票、九寨沟官网
数字化	2010—2017 年	移动互联网、云计算	携程在线预订、高德地图实时导航
智能化	2017 年至今	深度学习、物联网与虚实交互技术	故宫 AR 导览、乌镇智慧景区管理平台

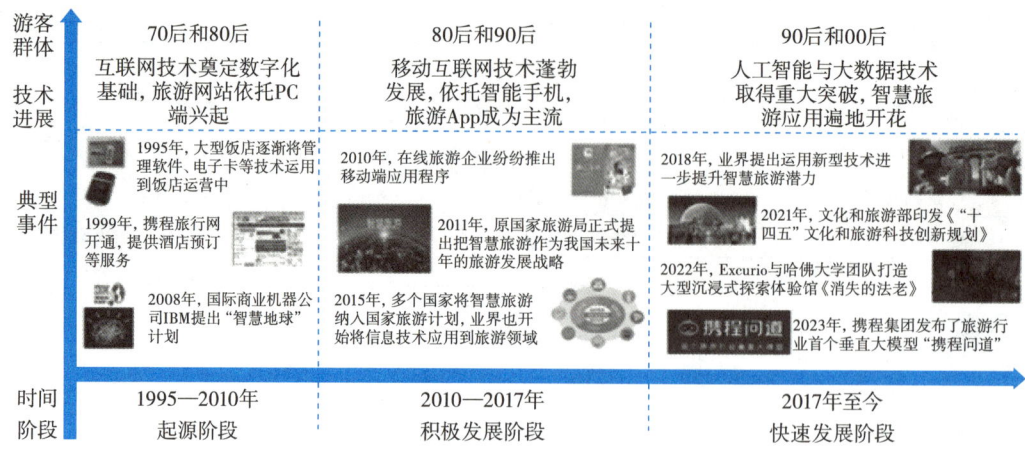

图 3-3-1 智慧旅游的发展脉络

资料来源：中国信通院。

想一想

智慧旅游的未来发展趋势是什么？

3. 智慧旅游的核心特征

智慧旅游具备以下四个核心特征：

（1）数据驱动的资源整合。

技术实现：智慧旅游通过广泛部署物联网传感器（如环境监测传感器、客流监测传感器等）、移动终端应用（如游客 App、导览小程序等）以及视频监控系统等，实时采集景区环境数据、游客行为数据、设施运行数据等，构建起覆盖旅游全域的海量数据池。

行业价值：基于对这些海量数据的分析，旅游管理部门和企业可以实时掌握景区运行状态，动态调整服务策略，实现资源的优化配置。例如，根据实时客流数据发布分流提示、根据设备运行数据进行预防性维护等，提升资源利用效率和游客体验。

（2）智能化的服务交付。

技术实现：智慧旅游利用人工智能技术，如基于协同过滤算法的个性化推荐系统、基于自然语言处理（NLP）的智能客服系统、基于增强现实（AR）的智能导览系统等，为游客提供更加智能、便捷、个性化的服务。

行业价值：这些智能化服务能够有效减少信息不对称，提升游客的满意度和旅游体验。例如，飞猪旅行等平台提供的智能行程规划服务，可以根据用户的偏好和需求，自动生成个性化的旅游行程，省去了用户大量的信息收集和筛选时间。

（3）系统化的协同管理。

技术实现：智慧旅游通过采用跨平台 API 接口和微服务架构等技术，实现了不同旅游服务系统之间的数据互联互通，打破了信息孤岛。例如，景区票务系统、交通管理系统、酒店预订系统等可以实现数据的实时共享和交换。

行业价值：这种系统化的协同管理模式，能够优化旅游资源的配置，提升旅游行业的整体运营效率。例如，西湖景区与杭州公交系统实现了联动调度，可以根据景区客流情况实时调整公交班次，缓解交通拥堵，提升游客的出行体验。

（4）可持续的生态保护。

技术实现：智慧旅游通过部署环境传感器（如空气质量监测仪、噪声检测仪等），实时监测景区的环境质量，并结合人工智能技术对生态风险进行预测和评估。

行业价值：这些技术手段的应用，有助于推动绿色旅游的实践，实现旅游开发与生态环境保护的平衡。例如，张家界景区通过建立生态承载力动态评估系统，可以实时监测景区的环境压力，并采取相应的管理措施，保护景区的生态环境。

智慧旅游与传统旅游的区别见表3-3-4。

表3-3-4 智慧旅游与传统旅游的区别

维度	传统旅游	智慧旅游
信息获取	依赖人工导览、纸质资料	实时数据推送（如小程序、智能终端）
服务模式	标准化服务，缺乏灵活性	场景化服务，支持动态定制（如AI行程规划）
管理方式	经验驱动，人工巡检与统计	数据驱动，自动化预警与决策支持
资源利用	粗放式开发，易导致资源浪费	精细化调控，实现资源集约化与可持续利用

想一想

智能化的服务交付有哪些具体表现？

拓展阅读

旅游大数据平台的作用：旅游大数据平台可以整合各类旅游数据，为政府、企业和游客提供决策支持。

旅游信息共享平台的作用：旅游信息共享平台可以实现旅游信息的互联互通，提高旅游服务的协同效率。

智慧旅游技术模块的应用场景见表3-3-5。

表3-3-5 智慧旅游技术模块的应用场景

技术模块	典型应用场景	行业价值
智能预约与分流	分时预约系统（如故宫门票预约）	优化客流分布，降低拥堵风险
AR/VR导览	虚拟文物互动（如秦陵兵马俑AR讲解）	增强文化传播力，提升游客停留时长
智慧交通调度	景区接驳车动态调度（如丽江古城）	减少能源浪费，提升通行效率
沉浸式营销	文旅直播带货（如抖音"云游中国"）	拓展客源市场，实现精准获客

3.3.2 智慧旅游的关键技术支撑

智慧旅游通过"感知层—分析层—服务层"三层架构实现全域智能化，形成从数据采集到服务落地的闭环链路（见表3-3-6）。

表3-3-6 智慧旅游核心技术体系

层级	功能定义	核心组件与实现
感知层	旅游场景的"感官神经"	部署物联网设备(如景区人流计数器、环境传感器)、移动终端(游客手机GPS/App)、社交媒体数据接口,实时采集游客行为、环境状态、舆情数据
分析层	旅游数据的"决策大脑"	基于大数据平台整合多源异构数据,利用机器学习模型(如LSTM预测客流、CNN分析景区图像)挖掘游客偏好、资源调度规律,消除安全隐患
服务层	旅游服务的"交互窗口"	通过API接口向游客端(如App、小程序)、管理端(景区指挥中心)输出智能推荐、预警信息、动态路线规划等服务

1. 全域感知:让景区拥有"千里眼,顺风耳"

物联网设备:在景区内部署的各类物联网传感器,如红外热成像传感器、温湿度监测设备、环境质量监测仪、客流计数器等,如同人体的"感官神经",能够实时感知景区的各项物理参数和运行状态。例如,西湖断桥通过安装人流计数器,能够实时监测桥面上的游客密度。当节假日期间游客密度达到峰值(如8人/m^2)时,系统会自动启动限流措施,保障游客安全和游览秩序。黄山风景区布设了2000多个传感器,构建起覆盖全山区的监测网络,能够对山体滑坡等地质灾害进行实时监测和预警,将预警响应时间缩短至10s以内,有效保障了游客的生命财产安全。

移动终端与社交媒体:通过游客的手机定位信息、旅游App的点击行为、社交媒体上的打卡分享(如小红书、微博等)等数据,可以动态描绘游客的画像,了解游客的兴趣偏好、行为轨迹和消费习惯。西安大唐不夜城利用Wi-Fi探针技术分析游客在景区内的停留热点,据此优化了夜间灯光秀的路线和表演内容,使得游客的满意度提升了35%。

2. 智能分析:用数据驱动决策

智慧旅游通过构建智能分析平台,对全域感知体系采集到的多源异构数据进行整合、处理和分析,利用机器学习、时空建模等先进技术挖掘数据背后的规律和价值,为景区的资源调度、风险预警和精细化管理提供科学的决策依据。

大数据平台:整合景区门票销售数据、酒店预订数据、游客评论数据、交通流量数据等,构建景区的"数字孪生"模型,实现对景区运行状态的全方位、可视化呈现。某省级文化和旅游大数据平台通过对10万多条民宿评论数据进行情感分析和主题挖掘,精准定位了民宿服务中存在的短板和问题,并据此提出了改进建议,使得民宿的差评率下降了22%。

智能算法模型:

(1) LSTM时序预测模型。

利用长短期记忆网络(LSTM)模型,可以对景区未来的客流量、门票预约量等进行精准预测。例如,故宫博物院利用LSTM模型预测每日的预约量,预测误差控制在5%以内,从而实现了票务配额的动态调整,提高了资源利用效率。

(2) CNN图像识别模型。

利用卷积神经网络(CNN)模型,可以对景区监控视频进行实时分析,自动识别游客的异常行为(如拥挤、跌倒、攀爬等),提高安全管理的效率和准确性。例如,某景区利用CNN模型进行视频监控分析,识别游客异常行为的准确率达到了98%以上。

3. 智能服务：构建"游客友好型"生态

智慧旅游通过构建智能服务体系，将智能分析的结果以多种形式输出给游客和管理部门，实现游客体验的升级和管理效率的提升。

（1）游客端应用。

开发集成增强现实（AR）实景导航、多语种语音解说、智能问答等功能的智能导览App，为游客提供更加便捷、个性化的游览体验。苏州拙政园推出了AR导览应用，游客可以通过手机摄像头扫描实景，在屏幕上看到叠加的虚拟信息，如历史场景还原、建筑结构解析等。AR导览上线后，游客的平均停留时间从1.2小时增加到2.5小时，文创产品的消费额也提升了60%。颐和园也推出了类似的AR导览，还原历史场景。

（2）管理端系统。

搭建智慧指挥中心大屏，实时显示景区的客流热力图、环境监测数据、设备运行状态等关键信息，并与公安、交通等部门实现数据共享和联动调度，提高应急响应和协同管理的能力。重庆洪崖洞景区通过建设智慧指挥中心，实现了对景区客流的实时监控和动态调控，在2023年国庆假期实现了安全事故"零发生"，应急响应效率提升了50%。上海外滩等也在节假日期间使用类似系统进行人流密度分级预警。

4. 关键技术融合应用

智慧旅游的实现依赖于多种关键技术的融合应用，下面列举几种典型的技术融合模式及其应用场景：

（1）大数据+云计算：挖掘数据价值，优化旅游运营。

在智慧旅游的大背景下，大数据与云计算的融合应用为旅游行业带来了全新的发展机遇，能够深度挖掘数据价值，实现旅游运营的精准化和高效化。

精准勾勒游客画像：通过大数据技术对海量游客数据进行采集、清洗和分析，利用聚类分析等方法挖掘游客的消费习惯、兴趣偏好等特征，形成精细化的游客画像（如亲子游群体、文化旅游爱好者等），为精准营销和个性化服务提供数据支撑。

实现动态灵活定价：基于大数据分析和云计算的强大计算能力，可以建立动态定价模型，根据实时供需关系、天气状况、节假日等因素动态调整旅游产品（如门票、酒店房间等）的价格。例如，迪士尼乐园采用"高峰定价"模型，在需求旺盛的时段提高门票价格，以平衡客流，提升运营收益。

高效进行资源调度：通过云计算平台，可以实现不同旅游服务系统之间的数据互联互通，为旅游资源的统一调度和管理提供支持。例如，"一部手机游云南"平台整合了云南省内的交通、酒店、景区等各类旅游资源数据，实现了跨平台的数据共享和协同服务，达到有效应对节假日期间的高并发访问需求。

（2）机器学习+NLP：提升服务质量，洞察游客心声。

机器学习与自然语言处理（NLP）的结合，为旅游行业的服务质量提升和舆情监测提供了有力支持。

提供个性化推荐服务：利用机器学习算法，分析用户的历史行为数据（如浏览记录、预订记录、评价记录等），构建用户兴趣模型，为用户推荐个性化的旅游产品和服务。例如，携程旅行的"猜你喜欢"功能，可以根据用户的历史行为和偏好，推荐符合其需求的旅游线路、酒店和景点。

打造智能客服体系：基于自然语言处理技术，构建智能客服系统，可以 24 小时自动处理游客关于门票政策、交通路线、景区信息等方面的咨询，降低人工客服成本，提升服务效率和响应速度。

实时进行舆情监控：利用自然语言处理技术，可以实时分析社交媒体、旅游论坛等平台上的舆情信息，及时发现和预警与景区相关的负面舆情或安全事件，为景区管理部门提供决策支持。

（3）计算机视觉＋边缘计算：增强游客体验，保障旅游安全。

计算机视觉与边缘计算的融合应用，为旅游行业带来了更加智能化、便捷化的服务体验，同时也为旅游安全提供了有力保障。

实现人脸识别快速通行：利用计算机视觉技术，实现基于人脸识别的快速入园、无感支付等功能，提升游客的通行效率和便捷性。例如，上海迪士尼乐园采用"刷脸通行"技术，游客无须出示门票或身份证，即可快速通过闸机入园。

打造沉浸式 AR 导览体验：将计算机视觉技术与增强现实（AR）技术相结合，可以为游客提供更加生动、有趣的导览体验。例如，故宫博物院推出的"全景故宫"AR 应用，可以让游客通过手机摄像头扫描实景，在屏幕上看到叠加的虚拟文物、历史场景等信息，增强了游览的互动性和趣味性。

强化旅游安全保障：利用计算机视觉技术和边缘计算设备，可以对景区内的危险区域（如悬崖、深水区等）进行实时监控，自动识别游客的越界行为，并及时发出警报，保障游客安全。同时，在发生紧急情况时，可以利用计算机视觉技术分析现场情况，生成最优的应急疏散路径，引导游客安全撤离。

想一想

1. 除了本节提到的技术融合应用，还有哪些技术可以进行融合，以实现更强大的智慧旅游功能？

2. 如何选择合适的技术组合，以满足不同的智慧旅游应用需求？

拓展阅读

人工智能＋区块链的作用：可以实现旅游信息的安全共享和可信追溯。

5G＋VR/AR 的作用：可以提供更流畅、更逼真的虚拟旅游体验。

3.3.3 智能服务系统：客服、导览与出行

1. 智能服务系统的定义与核心组成

（1）定义。

智能服务系统是基于人工智能（AI）、物联网（IoT）、大数据等新一代信息技术构建的综合性

服务平台,旨在通过自动化、数据驱动和智能交互技术,为旅游场景中的行前规划、行中服务、行后反馈提供全周期支持。其核心是通过技术手段优化资源配置、提升服务效率并实现个性化体验。

智能服务系统是旅游领域的"数字助手",通过人工智能和大数据技术,为游客提供从行前规划到行后反馈的全流程服务。它的核心目标是让旅游更便捷、更安全、更有趣。

(2)核心组成。

智能服务系统的核心组成(见表3-3-7)。

表3-3-7 智能服务系统的核心组成

模块	功能定位	关键技术	典型应用场景
智能客服系统	提供咨询解答、多语言支持与投诉处理	自然语言处理(NLP)、情感分析	景区在线客服、酒店预订助手
智能导览系统	文化讲解、导航指引与沉浸式体验	增强现实(AR)、虚拟现实(VR)	博物馆AR导览、景区VR全景游览
智能出行系统	整合交通与住宿资源、优化动态出行方案	路径规划算法、无接触服务技术	实时避堵导航、刷脸入园
资源调度系统	人流管理、动态定价与应急响应	强化学习、LSTM时序预测模型	分时段预约限流、酒店动态定价

想一想

1. 智能服务系统与传统旅游服务相比,有哪些优势?
2. 如何保障智能服务系统的稳定性和可靠性?

2. 核心应用和案例

(1)智能客服系统:24小时在线的"旅行顾问"。

在当今旅游行业,智能客服系统正发挥着越来越重要的作用,为游客提供高效、便捷的服务。下面介绍两个典型案例。

1)杭州西湖智能客服系统。

该系统基于自然语言处理(NLP)技术构建,支持语音/文字交互和多语种实时翻译。通过语义分析,系统能自动理解游客的复杂需求(例如"从火车站到西湖怎么去?最晚一班船几点?"),结合实时交通数据,提供最佳路线方案并标注拥堵情况。此外,系统还创新性地引入了情感识别功能,针对游客的负面评论自动触发补偿机制(例如推送快速通道券或优惠券),有效提升了游客满意度。系统上线后,日均处理咨询量超过5000次,人工客服压力降低了60%,游客满意度提升至92%。

2)上海迪士尼无接触服务体系。

上海迪士尼乐园部署了基于深度学习的人脸识别系统,实现"刷脸入园",识别准确率超过99%,即使在游客佩戴口罩的情况下也能准确识别。系统通过动态学习不断优化算法,适应复杂的光照和环境变化,并与公安系统对接,实现安全预警。该系统的应用使入园效率提升了40%,高峰期排队时间缩短至3分钟,每年节省人力成本超过2000万元。

(2) 智能导览系统：虚实结合的"随身导游"。

智能导览系统利用增强现实（AR）、虚拟现实（VR）等技术，结合多语言实时翻译和语音交互助手，为游客提供沉浸式、个性化的导览服务，其核心价值见表 3-3-8。其核心目标是"让历史活起来，让交流无边界"，通过科技手段突破时间、空间和语言的限制，让旅游体验更加生动、便捷。

表 3-3-8 智能导览系统核心价值

受益主体	核心价值维度	具体实现形式
游客群体	沉浸式文化体验	"故宫 AR 场景还原" 敦煌 VR 壁画互动
	无障碍旅行服务	实时 AI 翻译覆盖 127 种语言 跨国票务系统互通
旅游景区	文化传播创新	数字孪生景区建设 全息投影演艺
	消费动能提升	智能导购系统 动态定价模型
社会效益	文化遗产保护	圆明园数字重建 非遗技艺 AI 传承
	产业升级推动	国际旅游标准互认 无障碍设施智能改造

1）故宫 AR 导览应用。

故宫博物院的 AR 导览应用采用了 SLAM（即时定位与地图构建）技术。游客通过手机摄像头扫描真实的宫殿、庭院等场景，系统能够实时感知周围环境，并在手机屏幕上叠加 3D 虚拟文物模型、历史场景复原等数字内容。游客可以触摸虚拟展品，触发语音讲解、动画演示等互动效果，并支持多人同步体验。该应用上线后，游客的平均停留时间延长至 3 小时，文创产品消费额增长了 80%，并被评为"全国智慧旅游示范项目"。

2）敦煌 VR 数字藏经洞。

敦煌莫高窟的"数字藏经洞"项目运用了 360°全景拍摄和六自由度追踪技术，构建了沉浸式的虚拟游览场景。游客可以通过 VR 头显设备"走进"虚拟的藏经洞，并通过手柄等交互设备触摸虚拟的壁画、经卷等，触发相关的历史故事、文化解读等内容。这种虚拟游览方式有效缓解了实体洞窟的参观压力，保护了珍贵的文化遗产。该项目上线首月访问量就突破了 500 万人次，其中海外用户占比达到 30%，有力地推动了中国文化遗产的数字化传播。

(3) 智能出行系统：一键规划省心路线。

1）丽江古城 AI 接驳车调度。

丽江古城引入了基于人工智能的接驳车调度系统。该系统采用遗传算法构建动态调度模型，实时分析客流数据和路况信息，优化接驳车的行驶路线和发车频次。系统支持人机协同模式，司机可以根据实际情况手动修正路线，并向系统反馈优化建议。应用该系统后，平均调度时间从 20 分钟缩短至 2 分钟，游客投诉率下降了 70%，车辆空载率降低了 15%，显著提升了古城内的交通效率和游客体验。

2）深圳欢乐谷应急疏散系统。

深圳欢乐谷部署了基于计算机视觉和边缘计算技术的应急疏散系统。该系统能够实时监测园区内的游客密度和异常行为，并在本地进行数据处理，实现毫秒级的快速响应。当发生突发事件时，系统会自动生成最优的疏散路径，并通过广播、手机App等方式推送给游客，引导游客安全、有序地撤离。在2023年国庆期间，该系统成功应对了突发客流高峰，应急响应效率提升了90%，实现了安全事故"零发生"。

（4）资源调度系统：景区的"智慧大脑"。

资源调度系统是智慧旅游体系的核心组成部分，可以被视为景区的"智慧大脑"。该系统集成人工智能（AI）、物联网（IoT）、大数据分析等先进技术，能够实时感知景区内的人流、交通、设施、环境等动态数据，并基于预先构建的算法模型，实现对景区资源的优化配置和对应急事件的快速响应（见表3-3-9）。其核心价值在于，以数据驱动的智能决策取代传统的经验管理模式，从而在保障游客体验的同时，提升景区的运营效率和管理水平。

表3-3-9 资源调度系统核心功能

功能模块	作用	关键技术
人流预测与分流	预测客流高峰，动态调整入园人数与路线	LSTM时序预测、热力成像技术
动态定价与收益管理	根据供需关系调整门票、酒店价格	强化学习（RL）、博弈论模型
交通与设施调度	优化接驳车班次、停车场使用率	路径规划算法（A*、遗传算法）
应急响应与安全防控	实时监测突发事故，触发应急预案	无人机巡检、AI视频分析（目标检测）

1）九寨沟生态保护系统。

九寨沟景区构建了一套基于物联网和人工智能的生态保护系统。该系统通过部署覆盖全景区的物联网传感器网络，实时监测水质、水位、空气质量、土壤湿度等关键生态指标。结合人工智能预测模型，系统能够提前3天对游客超载风险进行预警，为景区管理部门采取限流措施提供决策支持。此外，系统还利用数字孪生技术构建了三维虚拟景区模型，可以动态模拟不同客流量对景区生态环境的影响，为制定科学的游客管理方案提供参考。该系统的应用使得九寨沟湖泊的氮磷含量下降了18%，生态恢复速度提升了3倍，同时游客接待量也增长了25%，实现了生态保护和旅游发展的双赢。

2）上海迪士尼动态定价模型。

上海迪士尼乐园采用基于强化学习算法的动态定价模型，实现了门票价格的智能优化。该模型通过分析历史订单数据、天气数据、节假日信息等内外部数据，构建收益管理模型。系统通过"试错"学习，不断优化定价策略，例如，系统发现当门票价格上涨15%时，订单减少量仍在可控范围内，从而实现了收益的最大化。2023年，上海迪士尼乐园的营收增长了12%，游客投诉率下降35%，高峰日的游客体验评分提升至4.8分（满分5分），充分证明了该模型的有效性。

3.3.4 个性化行程推荐：基于用户画像与协同过滤的智能推荐系统

个性化行程推荐是通过分析用户的历史行为、偏好特征及相似用户群体的行为数据，利用算法模型自动生成符合用户需求的旅游路线与活动方案。其核心价值见表3-3-10，核心目标是精准匹配用户兴趣，解决"信息过载"问题，提升游客的旅游体验满意度。

表 3-3-10 个性化行程推荐核心价值

用户价值	企业价值	行业价值
节省行程规划时间（平均减少 70%）	提升用户黏性（留存率提高 30%）	推动旅游资源精准匹配
发现小众景点、避开人潮	增加二次消费（如推荐周边餐饮、门票）	减少热门景区过度拥挤情况

对游客：节省行程规划时间，获得更符合个人兴趣的定制化旅行体验。

对企业：提升用户黏性，精准营销，增加二次消费机会（如推荐高相关度景点、酒店、文创产品等）。

对行业：优化旅游资源配置，推动旅游服务从"标准化"向"个性化""定制化"升级。

1. 携程 AI 行程助手

基于协同过滤算法，整合用户行为数据，构建多维度兴趣标签体系（如自然风光、历史文化、亲子游、美食探险等）。为了解决冷启动问题，系统采用混合推荐策略：对于新用户，首推热门景点和经典路线；随着用户数据的积累，系统逐渐切换至个性化推荐模式。该系统的应用使用户行程规划时间平均减少了 60%，订单转化率提升了 18%。

2. 故宫文化关联推荐

依托知识图谱技术，将文物、展览、历史事件等信息关联起来，构建深度文化体验路线。例如，系统可以根据用户正在观看的文物，推荐相关的历史背景资料、其他类似的文物展品，或者与该文物相关的历史人物故事。此外，系统还会结合实时天气和客流数据提供场景推荐，例如，在雨天推荐室内展馆，在客流高峰期推荐较为冷门的景点。该系统的应用使得文化类体验项目的参与率提升了 65%，二次消费增长了 40%。

3. 技术模块应用场景

个性化行程推荐技术模块应用场景见表 3-3-11。

表 3-3-11 个性化行程推荐技术模块应用场景

技术模块	应用场景	典型案例
智能客服	语音问答、多语言翻译	杭州西湖智能客服、腾讯 AI 同传
AR/VR 导览	历史还原、虚拟旅游	故宫 AR 应用、敦煌 VR 壁画互动
动态路径规划	实时避堵、智能调度	丽江古城接驳车 AI 调度
资源调度系统	客流预测、生态保护	九寨沟限流、迪士尼高峰定价
个性化推荐	行程定制、兴趣匹配	携程 AI 行程助手、故宫文化关联推荐

3.4 AI + 物流

· 任务介绍

本任务聚焦 AI 在物流领域的变革力量，涵盖智能仓储、路径优化、无人配送、需求预测、智能分拣、运力调度及供应链协同等核心场景。依托机器学习、运筹优化、计算机视觉、机器人技术、物联网、大数据分析等技术，实现物流运作的降本增效、服务的精准可靠和资源的优化配置。

第三章 人工智能助力产业升级（上）

重点讲解 AI 在物流中的应用，如无人仓、无人车、智能快递柜、物流大脑等场景及相关技术，并补充智慧物流未来发展趋势，展现 AI 与物流融合对行业创新的推动。揭示 AI 如何通过技术赋能重塑传统物流，推动物流运营模式的转型升级，助力商贸流通效率提升和可持续发展。接下来，让我们一起走进这个充满速度与智慧的物流新世界，看看人工智能是如何携手物流，为我们打造更加快速、便捷、透明、经济的物流服务体系，带来更高效、智能、绿色的物流体验。

· 任务实施

学习任务见表 3－4－1。

表 3－4－1　学习任务表

学习内容	AI＋物流
任务目标	1. 能准确阐述智慧物流的"降本、增效、提质"三大价值 2. 理解智能仓储中 AGV 与分拣机器人的协同原理 3. 掌握路径优化算法在智能运输中的应用逻辑
任务实施	1. 知识学习 阅读本节内容，标注智慧物流定义、三层技术架构及关键案例并观看视频《AI 如何重构物流行业》 2. 案例分析 分组讨论：京东亚洲一号仓库如何通过 AI 实现分拣效率提升 200% 3. 实践巩固 （1）绘制思维导图：智慧物流技术体系与应用场景 （2）设计简易路径优化方案：结合实时路况数据，用流程图描述 AI 调度逻辑（起点→障碍检测→动态路径规划→终点）
任务总结	通过本节内容的学习，我学到_____
小组互评	

在这个日新月异的时代，物流行业作为国民经济的血脉，紧密连接着生产与消费的各个环节，推动着经济的蓬勃发展。随着电子商务的迅猛崛起和消费者需求的日益多元化，物流行业正面临着前所未有的变革与挑战，也孕育着前所未有的发展机遇。传统的物流模式已难以满足现代社会对高效、精准、低成本配送的迫切需求。正是在这样的背景下，人工智能技术应运而生，为物流行业的转型升级注入了强劲的动力。

智慧物流作为物流行业未来发展的必然方向，不仅是人工智能技术深度融入实体经济的生动实践，更是国家推动产业升级、建设现代化经济体系的重要战略选择。党的二十届三中全会明确提出"健全提升产业链供应链韧性和安全水平制度"。习近平总书记在中央财经委员会第四次会议上也强调："物流是实体经济的'筋络'，必须有效降低全社会物流成本，增强产业核心竞争力，提高经济运行效率。"这些重大决策和部署，充分彰显了国家对智慧物流建设的高度重视和深远谋划。

在这一战略指引下，人工智能作为新质生产力发展的重要引擎，正以前所未有的速度推动着物流业的智能化和数字化转型。它不仅在智能货架、自动化拣货系统、智能运输等智能物流设备中得到了广泛应用,更实现了采购、仓储、运输、配送等物流业务的全面数智化和精细化管理。这种深度融合和应用,不仅极大地提升了物流行业的运作效率和服务质量,更为物流业实现降本增效、增强产业链韧性和安全水平、推动高质量发展提供了强有力的支撑。

3.4.1 智慧物流概述

1. 物流行业的传统痛点与智能化需求

在全球化和电子商务迅猛发展的背景下,传统物流行业长期面临着一系列核心痛点。

(1)效率瓶颈。

传统物流高度依赖人工操作,分拣、装卸、运输等环节效率低下,差错率较高,难以应对订单量激增(如"双十一""618"等电商大促)带来的巨大压力。

(2)高成本压力。

仓储空间利用率低、运输路线规划不合理导致燃油浪费、人力成本和设备维护成本居高不下,这些都给物流企业带来了沉重的成本负担。

(3)信息孤岛问题。

供应链上下游企业(如供应商、制造商、运输商、零售商、消费者等)之间的数据割裂,信息传递不畅、滞后,难以实现全流程的透明化管理和协同运作。

(4)用户体验不佳。

消费者对物流服务的时效性、可追踪性、个性化定制等方面的需求日益增长,传统物流模式难以满足这些不断提升的服务期望。

面对这些挑战,物流行业迫切需要通过智能化转型,实现数据驱动的决策、资源的动态优化和服务的精准触达,以适应复杂多变的市场环境,提升整体竞争力。

2. 智慧物流的定义与核心目标

(1)定义。

智慧物流是指以物联网(IoT)、大数据分析、人工智能(AI)、云计算、区块链、自动化设备等新一代信息技术为支撑,对物流系统的仓储、运输、配送、信息服务等环节进行全链路、端到端的智能化改造,实现物流资源的高效配置、运营决策的实时优化、用户体验的全面提升以及环境影响的最小化,从而构建的现代化、智能化、可持续的物流服务体系。

(2)核心目标。

1)效率驱动。

通过自动化设备和智能算法优化作业流程,缩短作业周期,提升单位时间内的货物吞吐量。

2)成本可控。

降低对人力的依赖,优化能源消耗,提高库存周转率,实现降本增效。

3)服务升级。

提供实时物流追踪、智能客服、定制化配送等增值服务,增强用户黏性,提升用户满意度。

4)可持续发展。

通过路径优化、资源共享、新能源利用等方式减少碳排放,推动绿色物流发展。

3. 人工智能在物流领域的价值体现

人工智能技术通过以下方式重塑物流行业价值链：

（1）效率提升。

智能路径规划：基于实时交通数据、历史订单数据、天气数据等，利用人工智能算法（如强化学习、遗传算法等）动态生成最优配送路线，减少车辆空驶率，提高配送效率。

自动化仓储管理：采用 AGV（自动导引车）、智能分拣机器人、自动化立体仓库等设备，实现 24 小时无人化作业，大幅提升仓储作业效率（通常可提升 30% 以上）。

需求预测：利用机器学习算法分析历史销售数据、市场趋势、促销活动等因素，精准预测未来的物流需求，提前调配库存和运力资源，降低缺货风险和库存积压风险。

（2）成本优化。

动态定价模型：利用人工智能算法，结合市场供需关系、天气因素、竞争对手定价等，优化运输服务的定价策略，实现收益最大化。

设备能耗管理：通过传感器实时监测物流设备的运行状态和能耗数据，利用人工智能算法进行预测性维护，减少设备故障和停机时间，降低维护成本和能耗。

共享物流网络：利用人工智能驱动的资源共享平台，整合社会闲置运力资源，提高资源利用率，降低物流成本。

（3）用户体验改善。

实时可视化追踪：结合区块链技术和人工智能技术，确保物流数据的安全性和不可篡改性，为用户提供实时、准确的包裹位置和预计送达时间信息。

智能客服系统：利用自然语言处理（NLP）技术构建智能客服系统，实现 7×24 小时自动应答，快速解决用户的咨询和投诉，提升客户服务水平。

个性化服务：基于用户历史行为数据和偏好数据，利用推荐算法为用户提供定制化的配送时间、包装方案、增值服务等，提升用户满意度。

案例延伸：京东"亚洲一号"智能物流中心通过人工智能技术调度数千台机器人协同作业，将订单处理速度提升至传统仓库的 5 倍，同时将人力成本降低了 50%，充分展示了人工智能技术对物流行业的颠覆性价值。

智慧物流不仅仅是技术层面的升级，更是物流行业从"劳动密集型"向"技术密集型"转变的必然趋势。智慧物流的发展将持续推动全球供应链体系的智能化、柔性化和可持续化升级，为经济社会发展提供更高效、更可靠、更环保的物流服务。

传统物流与智慧物流的区别见表 3-4-2。

表 3-4-2 传统物流与智慧物流的区别

对比维度	传统物流	智慧物流
技术手段	依赖人工操作、纸质单据； 简单信息系统（如基础 ERP、条形码）	物联网（IoT）实时监控设备状态； 大数据分析需求波动； 云计算支持弹性资源调度； AI 算法优化全流程（如路径规划、库存预测）

续表

对比维度	传统物流	智慧物流
决策方式	依赖人工经验与直觉； 缺乏实时数据支持，决策滞后	数据驱动决策（如 AI 预测供应链风险）； 自动化算法生成最优方案（如动态定价、智能分仓）
运营效率	人工分拣，调度效率低； 信息孤岛导致协同困难（如仓储与运输脱节）	全链条协同（如"端到端"可视化）； 自动化设备提升吞吐量（如 AGV 搬运、无人机配送）
成本控制	粗放式管理，资源浪费（如空载运输）； 纠错成本高（如人工录入错误）	精细化管理降低能耗（如路径优化减少燃油成本）； 预测性维护减少设备故障损失
客户服务	服务标准化程度低，反馈滞后； 无法满足个性化需求（如特殊配送时间）	实时追踪与透明化（如 GPS 定位+区块链溯源）； 个性化服务（如智能客服、灵活配送选项）

想一想

传统物流面临哪些挑战？智慧物流与传统物流的本质区别是什么？

3.4.2　智慧物流的技术体系

1. 感知层技术：物流的"眼睛和耳朵"

感知层技术是构建智慧物流体系的基础，如同为物流系统配备了敏锐的"感官"。这些"感官"能够实时、准确地捕捉物流过程中的各种关键信息，为后续的决策和执行提供数据支撑。

（1）RFID 与 UWB 定位。

RFID（射频识别技术）：每个货物贴附"电子身份证"（RFID 标签），读写器像"扫描仪"，通过无线电波批量读取货物上的电子标签信息，实现非接触式识别。可同时读取多件商品信息，无需人工干预。RFID 批量识别速度达 2000 件/分钟，识别准确率达 99.9%。

UWB（超宽带定位）：通过在仓库安装定位基站，计算标签与基站之间的信号传输时间差，实现厘米级精度的三维空间定位，如同在仓库里安装了非常精准的 GPS 系统，这对于需要高精度管理的仓储场景来说至关重要。UWB 定位精度 ±10cm，适用于高精度仓储场景。

（2）多模态传感器网络：构建全方位监控网络。

多模态传感器网络是指在物流环境中部署多种类型的传感器，如温湿度传感器、振动传感器、烟雾传感器、气体传感器、压力传感器等，形成一个全方位、多维度的感知网络。这些传感器如同物流系统的"触觉""嗅觉"和"味觉"，能够实时感知环境参数、设备状态和货物状况的变化。例如，温湿度传感器可以监测仓库或运输车辆内的温湿度，确保货物处于适宜的环境中；振动传感器可以监测设备的运行状态，提前预警潜在故障；烟雾传感器可以及时发现火灾隐患，保障物流安全。这些传感器的数据通过无线或有线网络实时传输到数据中心，为后续的分析和决策提供依据。

（3）视觉识别与 3D 建模：让机器拥有"视觉"，看懂世界。

视觉识别与 3D 建模技术赋予了物流设备"看"的能力。通过摄像头、激光雷达等设备采集图像和点云数据，利用计算机视觉和深度学习算法进行处理，可以实现对货物、设备、人员和环境的自动识别、分析和三维重建。例如，在快递分拣中心，分拣机器人可以利用 3D 视觉技术识别包裹的形状、大小、条码等信息，并进行精准抓取和分拣；在仓库管理中，视觉识别技术可以动态监测货位占用情况、货物堆叠状态等，优化仓库布局和作业流程。这些技术的应用大大提高了物流作业的自动化和智能化水平。

（4）物联网通信技术。

物联网通信技术是连接感知层设备和上层应用的关键。通过 LoRa（远距离无线电）、5G、NB－IoT 等无线通信技术，可以将分散在各处的传感器、设备和系统连接起来，实现数据的实时传输和共享。LoRa 技术适用于大范围、低功耗的场景，如物流园区、城市配送等；5G 技术具有高速率、低时延等的特点，适用于高密度、高带宽的场景，如自动驾驶、远程控制等；NB－IoT 技术则适用于低功耗、广覆盖、深穿透的场景，如地下仓库、偏远地区等。这些通信技术的应用，为智慧物流构建了一条信息高速公路，实现了物流全流程的互联互通。

（5）环境感知与预警系统。

环境感知与预警系统集成了多种传感器和人工智能算法，能够实时监测物流环境中的各种潜在风险，并及时发出预警。例如，温湿度传感器可以监测冷链物流中的温度波动，一旦超出设定范围，系统会自动报警；加速度传感器可以监测运输过程中的急刹车、侧翻、碰撞等异常情况，及时向驾驶员发出预警，降低事故风险；气体传感器可以监测危险品泄漏情况，保障物流安全。这些系统的应用，为智慧物流构建了一道安全防线，有效降低了物流过程中的风险。

2. 决策层技术：物流的"智慧大脑"

决策层技术是智慧物流的"大脑"，负责对感知层采集的海量数据进行处理、分析和挖掘，为物流运营提供智能化的决策支持。

（1）大数据分析：从海量数据中挖掘价值，驱动智能决策。

大数据分析技术通过对物流全过程产生的海量数据进行采集、清洗、整合和分析，发现数据背后的规律和价值，为物流决策提供科学依据。例如，通过对历史订单数据的分析，可以预测未来的物流需求，从而提前调配运力和仓储资源；通过对运输数据的分析，可以优化运输路线，降低运输成本；通过对客户数据的分析，可以了解客户的需求和偏好，提供个性化的物流服务。大数据分析的应用，使得物流决策更加精准、高效和智能。

（2）机器学习算法：让机器像人一样思考，实现智能决策。

机器学习算法是实现物流智能化的核心技术之一。通过对大量的物流数据进行学习和训练，可以构建预测模型、优化模型、分类模型等，实现物流过程的智能化决策。例如，利用强化学习算法可以优化 AGV 的路径规划，提高搬运效率；利用图神经网络可以优化运力调度，提高资源利用率；利用异常检测算法可以及时发现物流过程中的异常情况，降低风险。机器学习算法的应用，使得物流系统具备了自主学习、自主决策和持续优化的能力。

（3）动态定价与资源优化。

动态定价与资源优化技术利用人工智能算法，根据市场供需关系、竞争态势、天气、交通等内外部因素，实时调整物流服务的价格和资源配置。例如，在需求旺盛的时段，可以适当提高运输价格，以平衡供需关系；在运力过剩的时段，可以适当降低价格，以吸引更多的订单。通过动态定价和资源优化，可以实现物流收益的最大化和资源利用率的最大化。

（4）数字孪生与仿真优化：构建虚拟世界，提前预演和优化。

数字孪生与仿真优化技术通过构建物流系统的数字孪生模型，在虚拟环境中对物流运营过程进行模拟和仿真，从而提前发现问题、评估方案、优化流程。例如，可以在数字孪生模型中模拟仓库的布局、设备的运行、人员的作业等，评估不同方案的优劣，选择最优的方案；可以在数字孪生模型中模拟不同的运输路线和交通状况，选择最优的运输方案。数字孪生与仿真优化技术的应用，降低了现实世界中的试错成本和风险，提高了物流决策的科学性和有效性。

（5）联邦学习与隐私保护：安全共享数据，实现协同优化。

联邦学习与隐私保护技术旨在解决数据共享和隐私保护之间的矛盾。通过联邦学习，多个参与方可以在不共享原始数据的情况下，共同训练一个机器学习模型，从而实现协同优化。例如，多个物流企业可以联合起来，利用各自的运输数据训练一个路径优化模型，从而提高整体的运输效率，同时保护各自的数据隐私。联邦学习与隐私保护技术的应用，为智慧物流构建了一个安全、可信的数据共享环境，促进了物流行业的协同发展。

3. 执行层技术：物流的"高效行动"

执行层是智慧物流的"手和脚"，负责将决策层的指令转化为实际动作，实现物流作业的高效执行。它通过自动化设备和智能控制系统，实现物流作业的精准化、柔性化和无人化。执行层技术是智慧物流从数字化到智能化的关键环节，直接决定了物流系统的运行效率和服务质量。

（1）自动化设备。

自动化设备是执行层的重要组成部分，它们替代了传统的人工操作，实现了物流作业的自动化和智能化。

1）AGV（自动导引车）。

技术原理：通过激光雷达、视觉摄像头等多传感器融合技术实现自主导航与避障（见图3-4-1）。它能够实时构建环境地图，精确感知周围环境，并根据环境数据进行路径规划和避障操作。定位精度高达±10mm，确保AGV在复杂环境中稳定运行。

图3-4-1 AGV

核心参数：

载重：1.5t，适用于多种物料搬运需求。

续航：8小时（磷酸铁锂电池），能够满足长时间、高强度的作业需求。

导航方式：激光 SLAM + 惯性导航，提高了导航的准确性和稳定性。

应用场景：

仓储搬运：AGV 能够在仓库中实现货物的自动搬运、分拣和堆垛，提高仓库的存储密度和作业效率。

产线配送：AGV 能够将物料从仓库准时、准确地配送到生产线，确保生产线的连续运行。

2）无人叉车。

技术原理： 无人叉车结合了视觉导航和惯性导航技术，实现了重型托盘的自动化搬运（见图 3-4-2）。它能够实时感知托盘的位置和姿态，并根据任务需求进行精确搬运。

核心参数：

载重：2t，适用于重型物料的搬运需求。

定位精度：±5mm，确保了搬运过程中托盘的精确放置。

适用环境：-18℃冷链仓，展现了无人叉车在恶劣环境下的适应能力。

应用场景：

重型物料搬运：无人叉车能够轻松搬运重型物料，减轻人工劳动强度。

冷链仓储：在冷链仓库中，无人叉车能够保持稳定的运行状态，确保货物的安全存储和搬运。

图 3-4-2　无人叉车

3）RGV（轨道导引车）。

技术原理： RGV 沿固定轨道高速运行，适用于批量货物的搬运（见图 3-4-3）。它通过精确的控制系统和导引装置，实现了在轨道上的稳定运行和精确定位。

图 3-4-3　RGV

核心参数：

速度：2m/s，确保了 RGV 在轨道上的高效运行。

载重：5t，适用于大量货物的搬运需求。

适用环境：医药冷链仓（-18℃），证明了 RGV 在特殊环境下的可靠性和稳定性。

应用场景：

高密度仓储：RGV 能够在高密度仓储环境中实现货物的快速搬运和存取，提高仓库的存储效率。

批量运输：在需要批量运输货物的场合，RGV 能够迅速完成任务，降低运输成本。

(2) 智能分拣设备。

1) Delta 并联机械臂。

技术原理： Delta 并联机械臂通过 3D 视觉定位技术，能够精确感知物体的位置和姿态。同时，其高速并联结构使得机械臂能够快速、准确地抓取物体。这种技术原理使得 Delta 并联机械臂在分拣过程中具有高精度和高效率。

核心参数：

抓取速度：1200 次/小时，表明 Delta 并联机械臂在分拣过程中的高效率。

定位误差：<0.1mm，确保了抓取物体的准确性。

能耗：较传统分拣降低 22%，体现了 Delta 并联机械臂在节能方面的优势。

应用场景：

电商分拣：Delta 并联机械臂能够高效、准确地分拣电商仓库中的各类商品，提高分拣效率和准确性。

食品包装：在食品包装行业中，Delta 并联机械臂能够用于包装、码垛等工序，确保食品的安全和卫生。

2) 分拣机器人。

技术原理： 分拣机器人结合了 AI 算法和多传感器融合技术，实现了"货到人"的分拣模式。AI 算法能够优化分拣路径和策略，提高分拣效率。同时，多传感器融合技术使得机器人能够实时感知周围环境，确保分拣过程的安全性和准确性。

核心参数：

分拣效率：20 万件/小时（以极智嘉 Geek+ 系统为例），表明分拣机器人在高并发订单处理中的高效率。

错误率：<0.01%，确保了分拣过程的准确性。

应用场景：

高并发订单处理：在如"双十一"大促等高峰期，分拣机器人能够迅速处理大量订单，提高分拣效率和准确性。

快递分拣中心：分拣机器人能够用于快递包裹的快速分拣、搬运和分类，提高物流处理效率。

(3) 无人运输设备。

1) 自动驾驶卡车。

技术原理： 自动驾驶卡车基于多传感器融合（包括激光雷达、毫米波雷达、摄像头等）与高精地图，实现 L4 级自动驾驶（见图 3-4-4）。这些传感器能够实时感知周围环境，包括车辆、行人、道路标志等，而高精度地图则提供了详细的道路信息和障碍物位置。通过算法处理，自动驾驶卡车能够自主规划行驶路线、避让障碍物、控制车速等，实现安全、高效的自动驾驶。

核心参数：

编队间距：15m，这是自动驾驶卡车在编队行驶时保持的安全距离。

燃油效率：提升10%（以图森未来编队测试为例），表明自动驾驶卡车在节能方面的优势。

适用场景：

干线运输：自动驾驶卡车能够长距离、连续行驶，适用于干线物流运输。

港口集装箱转运：在港口等复杂环境中，自动驾驶卡车能够准确、高效地转运集装箱。

图3-4-4　自动驾驶卡车

2）无人机配送。

技术原理： 通过北斗高精定位与抗风设计，实现复杂环境下的精准投递。北斗高精定位提供了高精度的位置信息，而抗风设计则确保了无人机在恶劣天气条件下的稳定性。此外，无人机还配备了先进的自动驾驶算法和传感器，能够自主规划飞行路线、避让障碍物、实时调整飞行状态等（见图3-4-5）。

图3-4-5　无人机配送

核心参数：

载重：30kg，这是无人机能够承载的最大重量。

航程：18km，表明无人机在一次充电或加油后能够飞行的最大距离。

抗风等级：7级（以大疆 FlyCart30 为例），表明无人机在强风条件下的稳定性和安全性。

应用场景：

偏远地区配送：无人机能够突破地形限制，将物资快速送到传统交通工具难以到达的地区。

紧急物资投送：在自然灾害、突发事件等紧急情况下，无人机能够迅速将救援物资送达灾区。

3）无人船运输。

技术原理： 无人船运输配备自动避障系统和高精度导航，实现内河运输自动化。自动避障系统能够实时感知周围环境中的障碍物并采取相应的避让措施，而高精度导航则确保了无人船能够按照预定的航线行驶。此外，无人船还配备了先进的传感器和算法，能够实时监测船体状态、调整航行参数等。

核心参数：

载重：5t，这是无人船能够承载的最大重量。

航速：25km/h，表明无人船在内河等水域中的行驶速度。

定位精度：±0.1m，体现了无人船在高精度导航方面的优势。

应用场景：

长江干线集装箱驳运：无人船能够高效、安全地驳运集装箱，提高内河运输效率。

内河物流：在内河等水域中，无人船能够自主行驶、避让障碍物、装卸货物等，实现内河物流的自动化和智能化。

3.4.3 人工智能在智慧物流中的应用场景

人工智能技术正全面赋能物流行业的各个环节，通过与具体业务场景的深度融合，创造出全新的物流服务模式，提升效率、降低成本、优化体验（见图3-4-6）。

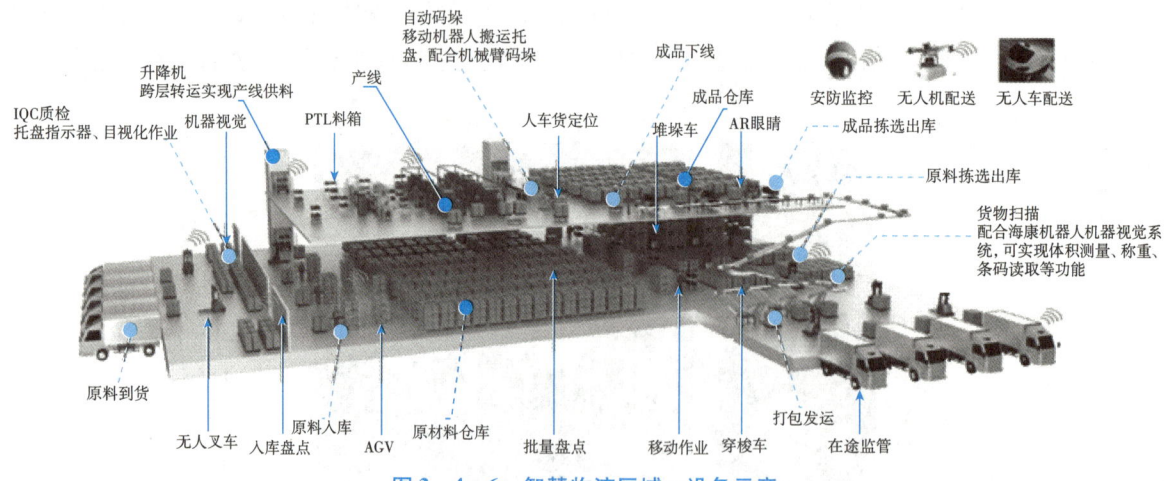

图3-4-6 智慧物流区域、设备示意

资料来源：5G智慧物流应用场景与解决方案白皮书。

1. 智能仓储：实现"货到人"与精细化管理

传统仓库像"迷宫"，工人需要记住货物位置，效率低且易出错；智慧仓库通过"智能感官—超级大脑—自动化手脚"的配合，让货物自己"走到"需要的地方。智慧仓储不再仅仅是存储货物的场所，而是通过人工智能技术，转变为高效、智能的物流枢纽（见图3-4-7）。

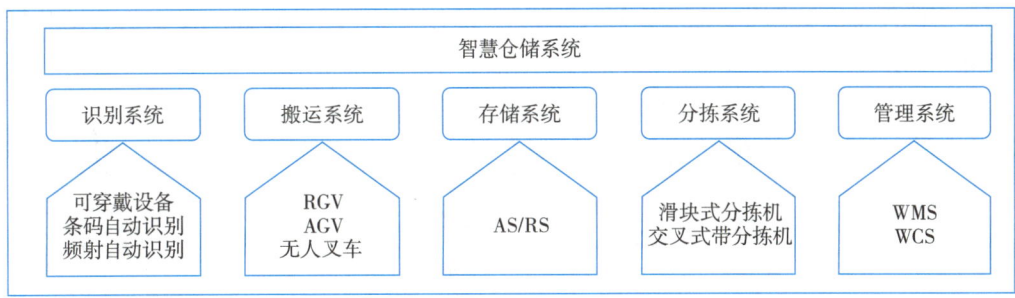

图 3-4-7　智能仓储系统

（1）识别与追踪系统：仓储的"智能感官"。

识别与追踪系统是智慧仓储的感知基础，通过物联网技术赋予货物"数字身份"，实时掌握其位置与状态，解决传统仓储"找货难、盘点慢"的痛点。核心技术包括 RFID 批量识别、UWB 高精度定位及 AI 视觉质检，实现从入库到出库的全流程透明化管理。例如 ZARA 服装仓库给每件衣服配备电子标签，如同"数字身份证"。系统通过扫描标签，10 分钟就能完成原本 3 小时的库存盘点，准确率高达 99.9%。

（2）存储系统：从平面堆放到立体智能。

存储系统通过空间重构与动态优化，将仓库从"二维平面"升级为"三维智能空间"。自动化立体库（AS/RS）利用堆垛机、穿梭车等设备实现高密度存储，AI 算法则根据商品特性动态分配货位，最大化提升空间利用率和存取效率（见图 3-4-8）。

图 3-4-8　立体库堆垛机和多层穿梭车

1）自动化立体库（AS/RS）核心设备。

堆垛机：垂直方向搬运货物，类似"智能电梯"，载重可达 2t。

穿梭车：水平方向在货架轨道上移动，类似"轨道列车"，速度达 2m/s。

2）动态货位分配。

AI 算法根据商品销量、体积和保质期自动优化存储位置。系统根据商品销量自动分配货架位置，卖得快的商品放在离出口近的"黄金楼层"。京东亚洲一号仓库将热销商品存储在离分拣区最近的货架，出库效率提升 50%。

（3）搬运系统：多机协同的"仓储搬运工"。

搬运系统以 AGV、无人叉车等设备为核心，通过多传感器融合导航与集群调度算法，替代传统人力搬运。不同设备根据载重、速度、环境适应性分工协作，形成高效、安全的自动化搬运网络（见表 3-4-3）。

表 3-4-3　智能仓储搬运系统设备

设备类型	导航方式	适用场景	典型案例
AGV	激光 SLAM/二维码	轻型包裹搬运	苏宁仓 500 台 AGV 协同避障
无人叉车	视觉 + 惯性导航	重型托盘搬运	比亚迪汽车配件仓（2t 载重）
RGV	轨道磁条	高速批量运输	医药冷链仓（-18℃环境作业）

（4）分拣系统：从人工分拨到机器人抓取。

分拣系统依托高速机器人（如 Delta 并联机械臂）和智能算法，实现"货到人"的精准分拣。通过 3D 视觉定位与订单聚合优化，大幅降低人工分拣的错漏率，满足电商大促等高并发场景需求。

（5）智能管理系统：仓储的"超级大脑"。

智能管理系统是仓储的"大脑"，通过整合物流数据、优化作业策略并实时调度资源，驱动仓储各环节高效协同（见图 3-4-9）。其核心价值在于将经验驱动升级为数据驱动，实现仓储运营的全局最优。管理系统主要包括仓库管理系统（WMS）和仓库控制系统（WCS）。

图 3-4-9　智能管理系统

1）WMS（仓库管理系统）。

动态库存管理：基于历史销售数据，运用先进的预测算法，能够准确预测未来的商品需求。这一功能使得仓库能够自动生成合理的补货计划，避免库存积压或缺货现象的发生，基于历史销售数据预测需求，自动生成补货计划。例如永辉超市生鲜仓通过 AI 预测模型，将商品损耗率从 15% 降至 5%。

效期预警机制：系统自动标记临期商品，优先分配至就近门店。

WMS 库存管理如图 3-4-10 所示。

2）WCS（仓库控制系统）设备调度逻辑。

优先级规则：紧急订单（如医药冷链）优先分配 AGV 资源，确保"零等待"响应。

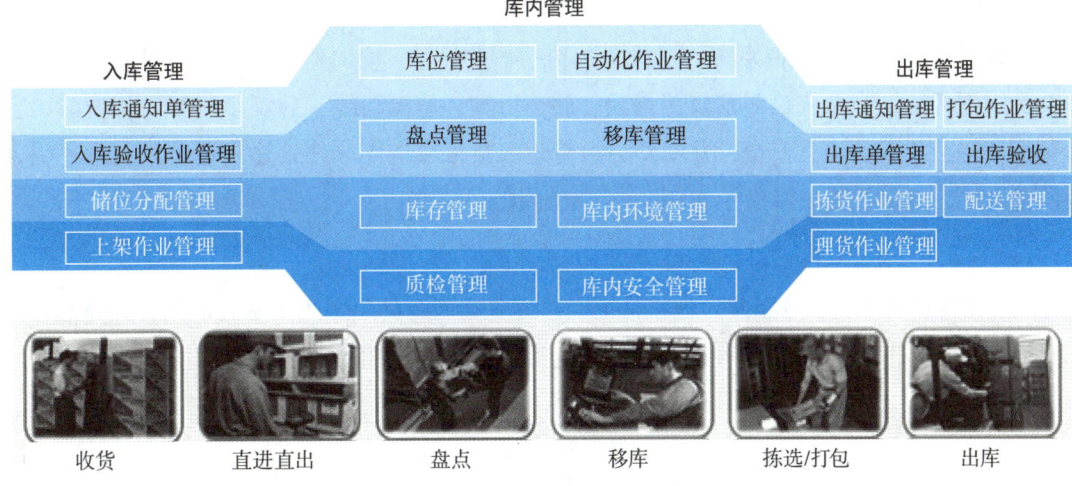

图 3-4-10 WMS 库存管理

节能策略：根据仓库内的光照强度自动调节设备的运行速度，以降低能耗。

想一想

智能仓储系统中的数据安全和隐私保护至关重要，你认为应该采取哪些措施来保障数据的安全？

2. 智能运输：实现"全局优化"与"实时响应"

智慧运输不再仅仅是简单的货物运输，而是通过人工智能技术，实现运输过程的全局优化和实时响应，提高运输效率，降低运输成本，其与传统运输相比具有显著优势（见表3-4-4）。

表 3-4-4 物流运输的智能化跃迁

对比维度	传统运输体系	智能运输体系	提升效果
人力依赖	每辆车配备1~2名驾驶员	1人监控10+辆无人车	人力成本降低70%
异常响应	人工巡检发现故障	系统自动预警并调度救援	故障处理效率提升400%
运输时效	固定线路刚性规划	动态规避拥堵与突发情况	准点率提升至97%以上
能源消耗	车队独立运行高能耗模式	编队行驶降低风阻与油耗	单位油耗下降18%

（1）智能路径规划。

货车司机在出发前，通过手机 App 输入目的地和货物信息，系统会自动规划出最优的行驶路线，避开拥堵路段，选择最省时、省油的路线。在行驶过程中，系统还会根据实时路况信息，动态调整行驶路线，确保货物准时送达。某物流公司，通过引入智能路径规划系统，平均每辆货车的行驶里程减少了10%，燃油消耗降低了8%。

（2）智能车货匹配。

货主在平台上发布运输需求，平台会自动匹配合适的车辆和司机，并根据货物的类型、数量、目的地等因素，智能推荐最优的运输方案。同时，平台还会对司机和车辆进行资质审核，确保运输安全。例如某车货匹配平台，通过人工智能算法，将货主的运输需求与司机的运力资源进行智能匹配，车辆空驶率降低了20%，货主的运输成本降低了15%。

（3）智能风险预警。

通过在货车上安装 GPS 定位系统、摄像头、传感器等设备，实时监控车辆的行驶状态、驾驶员的行为以及周围环境。当系统检测到疲劳驾驶、超速行驶、偏离路线、急刹车等异常情况时，会自动发出警报，提醒驾驶员注意安全，并通知后台管理人员采取措施。某长途货运公司，通过引入智能风险预警系统，事故发生率降低了 30%，货损率降低了 20%。

3. 智能配送系统：实现"个性化服务"与"高效交付"

智能配送系统以无人化、分布式为核心特征，通过多类型载具与生产技术的协同，构建起覆盖城市、乡村及特殊场景的弹性配送网络，显著提升供应链响应速度与资源利用率（见图 3-4-11）。

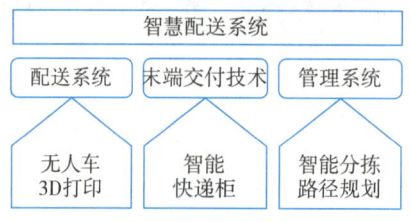

图 3-4-11　智能配送系统

（1）智能配送系统。

在城市物流领域，智能配送系统正引领一场深刻的变革。无人配送车作为其中的明星产品，凭借先进的自动规划路线技术，能够迅速找到最优配送路径，避开拥堵路段，实现快速、准确的货物配送。同时，它们不受天气影响，风雨无阻地穿梭在城市的大街小巷，确保了货物的及时送达。此外，无人配送车还支持冰激凌、药品等特殊货物的恒温配送，满足了消费者对高品质服务的需求。3D 打印配送模式的探索，更是将制造业与物流业紧密结合，实现了即时制造与个性化定制的结合，为消费者提供了前所未有的便捷购物体验。这一模式的出现，不仅大幅降低了库存成本，还推动了城市物流行业的创新发展。美团、京东等公司在多个城市试点无人配送车和无人机配送，实现了常态化运营，配送效率是传统人工配送的 2~3 倍。

（2）末端交付技术。

在配送的"最后一米"，智能快递柜以其独特的优势成了消费者的新宠。它们提供 24 小时不间断的服务，让消费者可以根据自己的时间安排随时取件，极大地提升了便利性。同时，智能快递柜还配备了生鲜冷藏柜等特殊功能柜，满足了消费者的多样化存储需求。丰巢、菜鸟驿站等智能快递柜已在全国范围内广泛部署，成为解决"最后一公里"配送问题的重要手段，提高了配送效率，方便了用户。

（3）智能管理系统。

作为物流行业的"超级大脑"，智能管理系统正发挥着越来越重要的作用。它通过集成智能分拣系统和动态路径规划技术，实现了包裹处理的高效化和配送路线的实时优化。智能分拣系统能够迅速识别并分类包裹，大幅提高处理速度，同时降低错分率，确保包裹能够准确无误地送达消费者手中。而动态路径规划技术则能够根据实时交通信息和配送需求，动态调整配送路线，避免拥堵路段，缩短配送时间。这些技术的集成应用，不仅大幅提升了物流效率，降低了运营成本，还增强了应对突发事件的能力，为消费者提供了更加准时、可靠的物流服务。这些变革标志着物流行业正逐步迈向智能化、高效化的新阶段，为消费者带来更加便捷、高效的物流体验（见图 3-4-12）。

RFID+电子标签拣选设备

智能仓储机器人

自动化流水线

快递包裹自动分拣机

称重扫码一体机

图 3－4－12　智能管理设备系统

想一想

除了无人机和无人车，未来智能配送还能应用哪些新型的配送工具或模式？

综上所述，基于人工智能技术的智能仓储与物流体系革新正在深入推进。从智能仓储系统的构建到智慧运输与无人驾驶技术的融合，再到智能配送与无人技术的结合以及物流信息可视化与计算机视觉的应用，人工智能技术正以其独特的优势与强大的智能化能力，不断推动着物流行业的创新与发展。展望未来，随着技术的持续进步与应用场景的不断拓展，人工智能将在物流领域发挥更加举足轻重的作用。我们期待见证更多智能化、高效化的物流解决方案的涌现，为物流行业的持续发展注入新的活力与动能。

习 题

一、选择题

1. 智慧农业的核心技术不包括（　　）。

A. 物联网（IoT）　　　　　　　　　B. 区块链技术

C. 人工智能（AI）　　　　　　　　 D. 云计算

2. 根据《2024 年数字乡村发展工作要点》，智慧农业的主要目标是（　　）。

A. 完全取代传统农业　　　　　　　B. 实现农业生产全链条精准化与高效化

C. 优先发展城市周边农村　　　　　D. 减少农业数据采集

3. 智能物流中"雁阵模式"的主要优势是（　　）。

A. 提高运输编队的燃油效率与安全性　　B. 完全依赖人工驾驶

C. 降低车辆维护成本　　　　　　　D. 减少物流数据采集

4. 中国农业现代化面临的关键挑战是（　　）。

A. 劳动力过剩　　　　　　　　　　B. 粮食安全与资源约束的双重压力

C. 传统农机设备普及率过高　　　　D. 农村网络覆盖率不足

5. 智能配送系统的核心特征不包括（　　）。

A. 依赖人工分拣　　　　　　　　　B. 动态路径规划

C. 多载体协同网络　　　　　　　　D. 无人机末端交付

二、填空题

1. 智慧农业的本质是通过技术赋能，重构传统农业的_____与_____方式。
2. 智能运输体系的"数字中枢"是_____，其核心技术包括物联网、_____与边缘计算。
3. 无人配送车支持_____、药品等特殊货物的恒温配送，满足消费者_____需求。

三、简答题

1. 简述智慧农业的三大核心特征，并各举一例说明。
2. 分析中国农业劳动力结构转型对智慧农业发展的推动作用。
3. 为什么说智能管理系统是物流行业的"超级大脑"？请结合关键技术说明。

四、论述题

1. 结合全球背景与中国国情，论述发展智慧农业的必要性及其对国家粮食安全的战略意义。
2. 以"无人驾驶货车编队行驶"为例，说明人工智能如何通过技术融合提升物流运输效率，并讨论其可能面临的技术与伦理挑战。

五、应用题

1. 场景设计：某农业大省计划推广智慧农业，但面临农民接受度低、基础设施薄弱等问题。请设计一套实施方案，涵盖技术应用、政策支持与培训推广三方面。
2. 案例分析：某电商企业计划在偏远山区推广无人机配送服务，但遭遇地形复杂、通信信号弱等困难。请基于智能物流技术提出解决方案，并说明如何保障配送安全与时效性。

六、拓展思考题

1. 党的二十大报告强调"加快建设数字中国"，请结合智慧农业与智能物流的实践，分析人工智能技术如何助力乡村振兴与共同富裕目标的实现，并阐述青年学生在此过程中的责任担当。
2. 以"人工智能+产业升级"为主题，设计一个面向农村地区的创新创业项目（如智能病虫害监测系统、冷链物流无人机等），要求说明技术原理、应用场景及社会价值。

第四章
人工智能助力产业升级（下）

本章导学

欢迎来到第四章的学习之旅，这一章我们将共同探索人工智能如何成为产业升级的强大推动力。在 AI + 制造、AI + 建筑、AI + 金融、AI + 财税这四个关键领域，人工智能正以其独特的方式，引领着行业的变革。

一家现代化的工厂没有嘈杂的机器声和忙碌的工人，取而代之的是高效运转的机器人和智能化的生产线，人工智能技术的应用让生产变得更加精准、高效。它不仅提高了生产效率，还降低了成本，为企业的转型升级注入了新的活力。人工智能建筑已经成为现实。通过智能化的管理系统，建筑可以实现能耗的降低、环境的优化以及安全性的提升。这不仅提高了人们的生活质量，还为城市的可持续发展贡献了一份力量。智慧金融更是让人眼前一亮。在金融领域，人工智能的应用已经渗透到各个环节。从风险评估到客户服务，从投资决策到市场预测，人工智能都在发挥着不可替代的作用。它不仅提升了金融服务的智能化水平，还为金融行业的创新发展提供了有力支撑。而在财税领域，人工智能同样发挥着重要作用。智慧财税系统的出现，让烦琐的财税工作变得轻松简单。通过智能化的数据处理和分析，企业可以更加准确地掌握财务状况，为决策提供有力支持。这不仅提高了工作效率，还有效降低了财税风险。

在接下来的学习中，我们将详细探讨这四个领域中人工智能的具体应用和发展情况。相信通过本章的学习，你会对人工智能在产业升级中的作用有更加深刻的认识和理解。让我们一起踏上这场探索之旅吧！

学习目标

素质目标

◇树立科技报国的理想信念，认识到人工智能技术对国家产业升级和经济社会发展的重要意义。

◇培养跨学科协作思维，理解 AI 与制造、建筑、金融等行业融合所需的复合型知识结构。

◇培养严谨的科学态度与团队协作精神，在案例分析中体会跨学科融合对解决实际问题的价值。

知识目标

◇掌握 AI 在制造、建筑、金融、财税四个领域的发展现状与核心应用场景。

◇理解人工智能在智能制造升级、建筑数字化设计、金融智能风控决策、财税自动化中的关键作用。

◇熟悉各领域人工智能发展的政策背景、技术瓶颈及未来趋势，形成系统性知识框架。

能力目标

◇能结合行业痛点，设计 AI 技术赋能制造、建筑、金融和财税领域的初步解决方案。

◇能针对 AI 在智能制造、建筑 BIM、金融风控、财税自动化中的典型应用，评估其效果并预判未来技术突破对行业效率提升的方向。

◇具备技术趋势预判能力，能通过行业动态分析 AI 在特定领域的潜在创新方向及落地场景。

4.1 AI + 制造

• 任务介绍

智能制造作为新一代信息技术与制造业深度融合的产物，正在引发全球制造业的深刻变革。本任务介绍 AI 在制造业中的核心应用框架，围绕智能制造的定义与内涵解析其技术本质，梳理智能制造的演进历程；通过工业物联网（IIoT）与智能传感技术揭示设备互联与数据感知基础，结合数字孪生与虚拟仿真技术展示生产系统的虚实映射能力；依托工业大数据分析与预测性维护探索数据驱动的决策优化路径，并聚焦智能质量检测与缺陷识别技术说明 AI 在品控环节的革新作用，形成对 AI 赋能制造全流程的系统性认知。

• 任务实施

学习任务见表 4-1-1。

表 4-1-1 学习任务表

学习内容	AI + 制造
任务目标	1. 能准确阐述智能制造的定义 2. 能掌握制造领域发展的几个阶段 3. 掌握 AI 在制造领域的关键技术
任务实施	1. 知识学习 阅读本节内容，标注关键概念（如智能制造、关键技术、AI 在制造领域的应用场景） 2. 案例分析 举例说明生活中的智能制造产品 3. 实践巩固 简述 AI 在制造领域的关键技术有哪些

	续表
任务总结	通过本节内容的学习，我学到_____ _____ _____
小组互评	

制造业是国民经济的顶梁柱，是衡量一个国家综合国力的重要标志。在新的科技革命和产业变革的大潮中，推动制造业实现高质量发展，完成工业转型升级，已经成为国家发展战略中至关重要的组成部分。《"十四五"智能制造发展规划》明确指出，要加快发展智能制造，推动制造业的数字化转型、网络化协同和智能化变革。人工智能作为新一代信息技术的关键驱动力量，正在深刻地改变着制造业的生产模式、组织方式和价值链。人工智能与制造技术的深度融合，不仅能够显著提高生产效率和产品质量，降低生产成本和资源消耗，还能催生出新的商业模式和产业形态，为制造业的创新发展注入强大的动力。人工智能驱动的智能制造，不仅仅是一场技术革新，更是制造业供给侧结构性改革和产业结构优化的重要抓手。它以数据为基础，以智能为引擎，推动生产过程智能化、运营管理精益化、产品服务个性化，从而全面开启制造业高质量发展的新篇章。

4.1.1 智能制造的概述

通俗来说，智能制造就是用人工智能技术让工厂"聪明起来"，让机器能自己"学习"、优化生产。想象一下，如果我们的工厂拥有了像人类大脑一样的智能，机器不再只是按照预先设定的程序进行重复劳动，而是能够根据实际情况自主地进行学习、判断和决策，那将会是怎样一番景象？这就是智能制造的核心理念。

就像给工厂装一个"超级大脑"，能自动调整生产线、预测故障，甚至设计新产品。我们可以把传统的工厂比作一个只会按照菜谱做菜的厨师，而智能制造则相当于给这位厨师配备了一个人工智能助手。这个助手不仅能够帮助厨师更快、更准确地完成菜肴，还能根据顾客的口味和食材的特点，自动调整菜谱，甚至创造出新的菜品。在智能工厂里，机器能够自动调整生产线，以适应不同的产品需求；能够预测设备故障，提前进行维护，避免生产中断；甚至能够根据市场反馈和客户需求，辅助工程师设计出更符合市场需求的新产品。

根据《国家智能制造标准体系建设指南》，智能制造（Smart Manufacturing）是基于新一代信息技术（如物联网、大数据、人工智能），贯穿设计、生产、管理、服务等制造活动各环节，具有信息深度自感知、智慧优化自决策、精准控制自执行等功能的先进制造过程、系统与模式。

智能制造的内涵非常丰富，它不是简单地将机器自动化，而是涉及整个制造过程的智能化。具体来说，它包括以下几个方面的内容：

（1）技术融合性。

智能制造融合工业互联网、数字孪生、5G等新一代信息技术，离不开各种先进技术的支持。工业互联网就像工厂的"神经系统"，将各种设备、传感器和系统连接起来，实现数据的实时传输和共享；数字孪生技术则是在虚拟世界中创建一个与真实工厂完全一样的"数字双胞胎"，用于模拟和优化生产过程；5G技术则为工厂提供了高速、稳定的无线通信网络，支持各种智能设备的互联互通。

（2）全流程覆盖。

智能制造不仅关注生产环节，而且覆盖了产品从设计、生产、销售到售后服务的整个生命周期。通过对各个环节的数据进行整合和分析，可以实现全流程的优化和协同，提高整体效率和效益。

（3）自主决策能力。

智能制造的核心在于机器的自主决策能力。通过机器学习等人工智能技术，机器可以从大量的数据中学习规律，实现设备自诊断、工艺参数自优化等智能行为，从而提高生产效率和产品质量。例如，机器可以根据历史数据预测设备的故障，提前进行维护，避免生产中断；可以根据产品质量数据自动调整工艺参数，提高产品的一致性和稳定性。

（4）人机协同模式。

智能制造并不是要完全取代人类，而是要构建一种"人类专家决策+机器智能执行"的新型生产关系。人类专家可以利用自己的经验和知识，对机器的决策进行指导和监督；机器则可以利用自己的计算能力和数据分析能力，辅助人类专家进行决策，从而实现人机协同，共同提高生产效率和产品质量。

智能制造的本质是利用数据驱动的智能决策，实现柔性化生产和全生命周期管理。它不仅仅是一场技术革命，更是一场管理革命和组织变革。

想一想

智能制造与传统自动化生产有什么本质区别？

4.1.2 全球发展路径与国家战略

智能制造的发展历程既是技术迭代的体现，也是全球工业强国战略博弈的缩影。本节从全球工业革命演进路径与中国制造业转型升级实践双重视角展开分析，系统梳理智能制造如何从概念萌芽发展为国家级战略核心。

1. 全球视角：工业革命的四次浪潮

智能制造的发展并非一蹴而就，而是经历了漫长的演进过程。我们可以将其划分为四个阶段，分别对应四次工业革命，其发展脉络可概括为"机械化→电气化→自动化→智能化"四大阶段（见表4-1-2）。

工业1.0：机械化时代。18世纪末，蒸汽机的发明和应用，标志着第一次工业革命的到来。机器开始取代手工劳动，生产效率得到了极大的提高。

工业2.0：电气化时代。20世纪初，电力的广泛应用，标志着第二次工业革命的到来。流水线生产模式的出现，使得大规模生产成为可能，生产成本大幅降低。

工业3.0：自动化时代。20世纪70年代，计算机和自动化技术的应用，标志着第三次工业革命的到来。PLC（可编程逻辑控制器）和机器人的广泛应用，使得生产过程更加自动化，人工干预减少，生产效率和产品质量得到了进一步提高。

工业 4.0：智能化时代。2011 年，德国提出了"工业 4.0"战略，标志着第四次工业革命的到来。物联网、大数据、人工智能等新一代信息技术的应用，使得生产过程更加智能化，柔性制造能力得到了突破。

表 4-1-2 四次工业革命

工业版本	时间	特点	变革
工业 1.0	18 世纪末	机械化生产，以蒸汽机为动力源	手工生产→机械化，效率飞跃
工业 2.0	20 世纪初	电气化大规模生产，引入流水线作业	流水线推动大规模生产，成本骤降
工业 3.0	20 世纪 70 年代	自动化生产，使用 PLC 和机器人等技术	自动化控制→人工干预减少，精度 + 效率双提升
工业 4.0	2011 年（德国提出）	智能化生产，基于 CPS 和虚实融合技术	物联网 + 大数据驱动智能生产，柔性制造能力得到突破

2. 国家战略对比

不同国家和地区，由于其工业基础、技术优势和发展战略不同，在智能制造的发展路径上也存在着差异。我们可以对比一下几个主要工业强国的战略，如表 4-1-3 所示。

表 4-1-3 不同国家的智能制造战略

国家	战略核心	优势领域	代表企业
德国	工业 4.0（硬制造 + 标准）	高端装备、精密仪器	西门子、博世
美国	工业互联网（软件 + 生态）	云计算、AI 算法	通用电气、微软
中国	中国制造 2025（规模 + 速度）	新能源、消费电子	华为、海尔

德国工业 4.0：精密制造。德国是制造业强国，其"工业 4.0"战略强调的是精密制造和标准化。德国企业在高端装备、精密仪器等领域具有优势，其目标是通过智能制造进一步提高生产效率和产品质量，巩固其在全球制造业中的领先地位。例如，西门子的安贝格电子制造工厂就是一个典型的"无人工厂"，几乎所有的生产环节都实现了自动化和智能化。

美国工业互联网：软件驱动。美国在软件和互联网领域具有优势，其"工业互联网"战略强调的是软件驱动和生态建设。美国企业希望通过构建工业互联网平台，将各种设备、系统和应用连接起来，实现数据的共享和分析，从而提高生产效率和优化资源配置。例如，通用电气（GE）的 Predix 平台就是一个典型的工业互联网平台，它可以对飞机引擎进行远程监控和故障预测，从而提高航空公司的运营效率。

中国制造 2025：速度与规模。中国是制造业大国，但长期面临"大而不强"的困境。中国政府提出了"中国制造 2025"战略，旨在通过智能制造实现制造业的转型升级，从"制造大国"向"智造强国"迈进。中国的智能制造发展强调的是速度和规模，希望通过快速推广智能制造技术，提高整体制造业的竞争力。例如，海尔的智慧工厂就是一个典型的案例，其"黑灯车间"实现了高度自动化和智能化，大大提高了生产效率。

3. 中国：从"制造大国"到"智造强国"

（1）战略目标（《中国制造 2025》）。

2025 年：智能制造装备国内市场占有率达 70%，关键工序数控化率超 50%；

2035 年：制造业全员劳动生产率年均增长 6%，进入全球价值链中高端；

2049年：全面建成世界领先的智能制造体系。

《中国制造2025》的主要内容如图4-1-1所示。

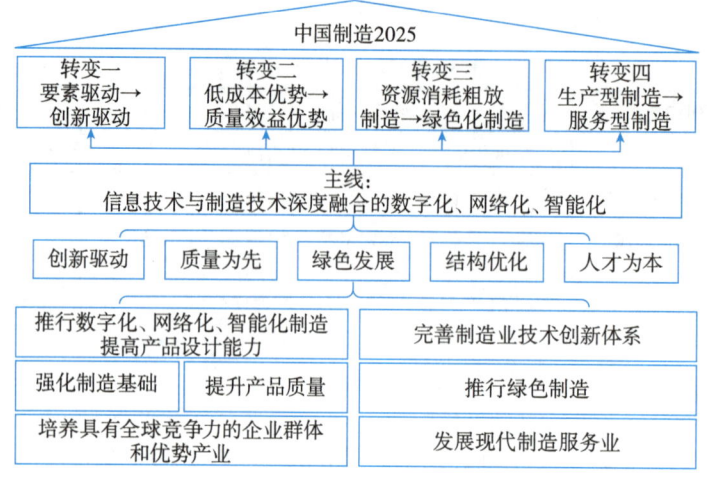

图4-1-1 《中国制造2025》的主要内容

（2）智能制造的三阶段跃迁。

智能制造的三次跃迁见表4-1-4。

表4-1-4 智能制造的三次跃迁

阶段	时间规划	重点任务
数字化	2015—2020年	设备上云、ERP普及率超80%
网络化	2021—2025年	5G+工业互联网、产业链协同
智能化	2026—2035年	AI深度赋能

《中国制造2025》明确的重点领域见表4-1-5。

表4-1-5 《中国制造2025》明确的重点领域

领域	突破方向	典型案例
新一代信息技术	5G+工业互联网	华为5G智能工厂
高端数控机床	精密加工与智能化	沈阳机床I5智能机床
新能源汽车	电池与智能驾驶	比亚迪刀片电池生产线
生物医药	智能制造与个性化医疗	药明生物AI驱动的抗体生产

（3）中国智能制造的机遇与挑战。

中国在智能制造领域涌现出了一批优秀的案例。例如，比亚迪新能源汽车工厂通过"机器换人"，实现了生产线的自动化和智能化，生产效率提升了50%。这充分说明了智能制造对于提高生产效率和降低生产成本的巨大潜力。

尽管中国在智能制造领域取得了显著的进展，但仍然面临着一些挑战：

1）技术卡脖子。

在高端芯片、工业软件等关键技术领域，中国仍然依赖进口，存在着"卡脖子"的风险。

2）产业不平衡。

沿海地区和内陆地区、国有企业和民营企业在数字化水平上存在着显著的差异，产业发展不平衡。

3）人才缺口。

智能制造需要大量的复合型人才，既要懂制造技术，又要懂数据分析和人工智能技术。目前，中国在这些方面的人才缺口仍然很大。

智能制造是制造业发展的必然趋势，它将深刻地改变制造业的生产模式、组织方式和价值链。中国在智能制造领域既面临着机遇，也面临着挑战。只有克服这些挑战，才能抓住机遇，实现制造业的转型升级，从"制造大国"迈向"智造强国"。

想一想

1. 对比德国、美国和中国的智能制造战略，各自的优势和劣势是什么？
2. 《中国制造2025》战略的提出，对中国制造业的发展具有哪些重要意义？

4.1.3 智能制造的关键技术支撑

1. 工业物联网（IIoT）：工厂的"神经系统"

通俗解释：传感器像人的眼睛、耳朵，5G网络像高速路，云端大脑指挥机器行动。

想象一下，如果我们的身体没有神经系统，就无法感知外界的信息，也无法控制自己的行动。同样的道理，智能工厂也需要一个"神经系统"来感知、传输和处理各种信息，这就是工业物联网（IIoT）。

IIoT通过在各种设备、机器和传感器上安装"眼睛、耳朵"（传感器），实时采集生产过程中的各种数据，例如温度、湿度、压力、振动等。这些数据就像是工厂的"体检报告"，能够反映设备的运行状态和生产过程的健康状况。

有了"眼睛、耳朵"还不够，还需要一条"高速公路"（5G网络）来将这些数据快速、稳定地传输到"云端大脑"（云计算平台）。"云端大脑"会对这些数据进行分析和处理，然后发出指令，指挥机器进行相应的行动，例如调整生产参数、进行设备维护等。

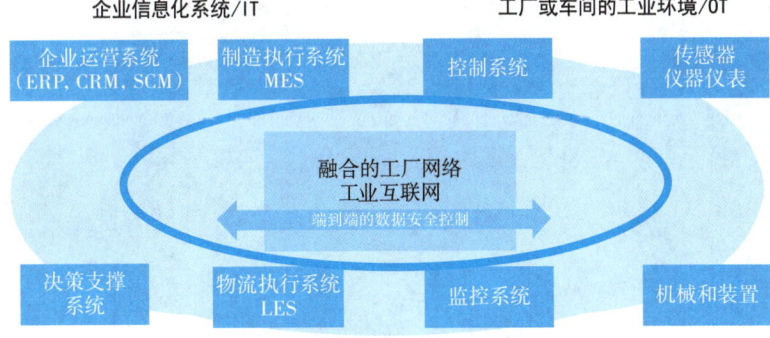

图4-1-2　工业物联网实现OT与IT融合

实际价值：实时监控、预测维护、优化生产。

IIoT的应用，能够让工厂实现实时监控、预测维护和优化生产。通过实时监控，我们可以随时了解设备的运行状态和生产的进展情况；通过预测维护，我们可以提前发现设备的故障隐患，避免生产中断；通过优化生产，我们可以提高生产效率和产品质量，降低生产成本。

应用案例:

三一重工:用 IIoT 监测挖掘机运行状态,故障率降低30%。三一重工通过在挖掘机上安装传感器,实时监测其运行状态,例如发动机温度、液压压力等。通过对这些数据进行分析,可以预测挖掘机的故障,提前进行维护,从而降低故障率,提高设备的利用率。

京东物流:京东物流的智能仓库中,AGV(自动导引车)通过 IIoT 技术,能够自动识别包裹,并将其分拣到正确的货位。这大大提高了分拣效率(效率提升200%),降低了人工成本。

想一想

工业物联网与我们平时所说的物联网有什么区别?

2. 数字孪生:工厂的"虚拟双胞胎"

通俗解释: 在计算机里建一个和真实工厂一模一样的"虚拟工厂",提前模拟问题。

我们都知道,在进行一些重要的实验或者手术之前,医生或者科学家通常会先进行模拟,以确保万无一失。同样的道理,在对工厂进行改造或者升级之前,我们也可以先在计算机里建一个和真实工厂一模一样的"虚拟工厂",这个"虚拟工厂"不仅在外观上与真实工厂毫无二致,而且能模拟真实工厂的各种生产过程和运行情况。这就是数字孪生。

数字孪生技术通过对真实工厂的各种数据进行建模,在虚拟世界中创建一个与真实工厂完全一样的"数字双胞胎"。我们可以在这个"数字双胞胎"中进行各种模拟和实验,例如模拟新的生产流程、测试新的设备等。通过这些模拟和实验,我们可以提前发现问题,并找到解决方案,从而避免在真实工厂中出现问题,降低风险。

图4-1-3展示的工地挖掘设备实时监测可视化场景,是工业数字孪生技术的典型应用案例。该案例直观地展现了数字孪生技术在工程领域的核心价值——实时监控设备运行状态,并模拟优化作业流程。

图4-1-3 工业数字孪生案例

实际价值: 优化设计、降低成本、提高效率。

数字孪生的应用,能够让工厂实现优化设计、降低成本和提高效率。通过优化设计,我们可以设计出更合理、更高效的生产流程;通过降低成本,我们可以减少实体测试的次数,降低研发成本;通过提高效率,我们可以缩短产品上市时间,提高市场竞争力。

应用案例：

波音公司：用数字孪生设计飞机，减少50%实体测试成本。波音公司通过使用数字孪生技术，在虚拟世界中模拟飞机的各种飞行状态，从而减少了实体测试的次数，降低了研发成本。

3. 预测性维护：机器的"健康管理师"

通俗解释： 给机器做"体检"，通过振动、温度数据预测故障，避免停工。

就像我们需要定期体检，了解自己的身体状况一样，机器也需要定期"体检"，了解其运行状态。预测性维护就是给机器做"体检"，通过采集机器的振动、温度、电流等数据，分析其运行状态，预测其故障，从而提前进行维护，避免停工（见图4-1-4）。

预测性维护就像是给机器配备了一个"健康管理师"，能够随时监测机器的"健康状况"，并在出现问题之前发出预警。通过预测性维护，我们可以避免因设备故障导致的生产中断，提高设备的利用率，降低维护成本。

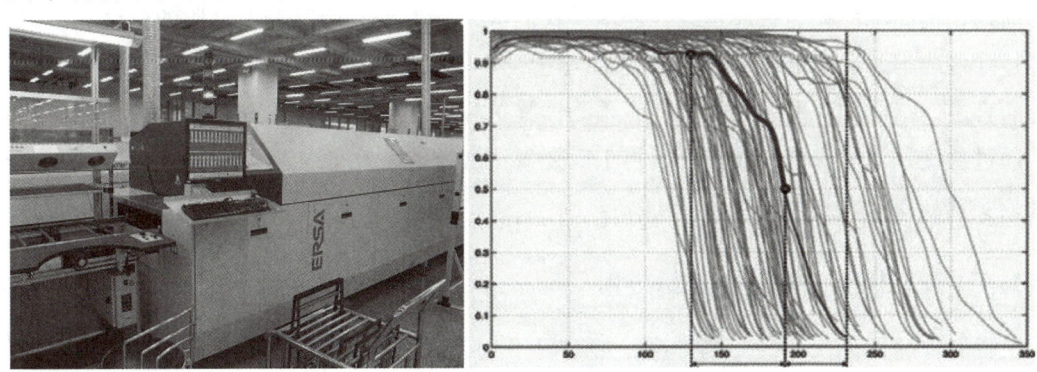

图4-1-4　回流炉热风马达寿命预测分析

实际价值： 减少停机、降低成本、提高效率。

预测性维护的应用，能够让工厂减少停机、降低成本和提高效率。通过减少停机，我们可以避免因设备故障导致的生产中断，提高设备的利用率；通过降低成本，我们可以减少维修次数，降低维护成本；通过提高效率，我们可以提高生产效率和产品质量。

应用案例：

风力发电：AI预测叶片裂纹，提前维修减少80%停机损失。风力发电企业通过使用人工智能技术，分析风力发电机叶片的振动数据，预测叶片的裂纹，从而提前进行维修，减少因叶片断裂导致的停机损失。

富士康：数控机床刀具磨损预测，维修成本降低40%。富士康通过使用传感器监测数控机床刀具的磨损情况，预测刀具的寿命，从而提前更换刀具，避免因刀具磨损导致的加工质量下降，降低了维修成本。

> **想一想**
>
> 预测性维护与传统的预防性维护有什么区别？

4. 智能机器人：人类的"好帮手"

通俗解释： 代替人类完成重复、危险、繁重的工作。

在智能工厂里，我们经常可以看到各种各样的机器人，它们代替人类完成重复、危险、繁重的工作，提高了生产效率，改善了工作环境。智能机器人就像是人类的"好帮手"，能够帮助我们完成各种任务。

智能机器人可以分为多种类型，其中最常见的是协作机器人和工业机械臂。

协作机器人是一种可以与人类协同工作的机器人。它们通常具有安全、灵活的特点，可以在人类身边工作，完成一些精细的、灵活性的任务。例如，在手机组装线上，协作机器人可以帮助工人拧螺丝，提高组装效率。

工业机械臂是一种用于工业生产的机器人。它们通常具有力大、精准的特点，可以完成一些需要力量和精度的任务。例如，在汽车厂，工业机械臂可以帮助工人焊接车身，提高焊接质量。

实际价值：提高效率、改善环境、降低成本。

智能机器人的应用，能够让工厂提高效率、改善环境和降低成本。通过提高效率，我们可以缩短生产周期，提高生产能力；通过改善环境，我们可以减少工人接触有害物质的机会，改善工作环境；通过降低成本，我们可以减少人工成本，提高企业的竞争力。

总而言之，工业物联网、数字孪生、预测性维护和智能机器人等关键技术，是智能制造的重要支撑。通过这些技术的应用，我们可以将工厂变得更加智能、高效和可持续，从而推动制造业的转型升级，实现高质量发展。

4.1.4 人工智能在制造领域的应用

人工智能曾经只存在于科幻电影中，如今已真切地踏入工厂大门，全方位重塑着制造业的格局。从汽车、电子到新能源，再延伸至物流与医疗领域，人工智能正以其独特的魅力和强大的功能，为传统制造业注入源源不断的新活力。接下来，我们将通过一系列生动鲜活的案例，深入了解人工智能在不同制造场景中的卓越表现。

1. 汽车制造：从"钢铁巨人"到"智能工厂"

汽车制造业向来被誉为"工业皇冠上的明珠"，是一个国家制造业水平的重要象征。当下，人工智能正助力汽车制造企业实现从传统"钢铁巨人"向"智能工厂"的华丽蜕变。

案例1：特斯拉上海超级工厂——机器人军团与数字孪生的完美结合

数字孪生技术让生产线的效率大幅提升，特斯拉上海超级工厂里机器人"军团"日夜无休地工作。

特斯拉上海超级工厂是一座高度智能化的未来工厂（见图4-1-5）。当你走进这座工厂，定会被眼前壮观的景象所震撼。在冲压、焊接、涂装、总装这四大工艺车间里，几乎看不到工人的身影，取而代之的是数百台如灵动舞者般挥舞着手臂的工业机器人。它们不知疲倦地24小时连轴运转，精准无误地完成各种复杂任务。

在焊接车间，机器人如同技艺精湛的工匠，运用先进的激光焊接技术将车身部件完美焊接在一起，有力地保障了车身的强度与安全性。在涂装车间，机器人借助静电喷涂技术，均匀地将油漆喷涂在车身上，使车身不仅美观大方，而且经久耐用。

此外，特斯拉还巧妙运用数字孪生技术，在计算机中精心构建了一个与真实工厂毫无二致的"虚拟工厂"。这个"虚拟工厂"绝非简单的三维模型，它蕴含着真实工厂的各类数据，涵盖设备运行状态、生产流程、物料流动等方方面面。特斯拉的工程师们能够在这个"虚拟工厂"中开展各种模拟与优化工作，比如模拟全新的生产流程、测试新的设备布局等。通过这些模拟和优化举措，特斯拉成功对生产线的布局和流程进行持续改进，单线产能一举提升30%。这意味着在相同的场地和设备条件下，特斯拉能够生产出更多的汽车，极大地提高了生产效率。

图 4-1-5 特斯拉工厂

案例 2：吉利汽车 AI 质检——AI"火眼金睛"守护车身安全

AI 凭借其"火眼金睛"，精准揪出车身焊点瑕疵，为企业每年节省数百万成本。

汽车车身的焊接质量直接关乎车辆的安全性能。一旦焊点出现瑕疵，如虚焊、漏焊等情况，极有可能导致车身强度降低，甚至在发生碰撞时引发严重的安全事故。

传统的质检方式主要依赖人工，质检员需凭借肉眼仔细检查每一个焊点，判断其是否存在问题。然而，人工质检极易受到疲劳、情绪等因素的干扰，导致漏检率居高不下。据统计，人工质检的漏检率通常在5%左右。

吉利汽车引入先进的 AI 质检系统，借助机器视觉技术对车身焊点进行自动检测。该系统由高清摄像头和人工智能算法构成。高清摄像头负责捕捉焊点的清晰图像，人工智能算法则对图像进行深度分析，精准判断焊点是否存在瑕疵。AI 就像拥有一双"火眼金睛"，能够迅速、准确地识别出焊点的各类瑕疵，如虚焊、漏焊、气孔等。经过 AI 质检的严格把关，吉利汽车的焊点漏检率从5%大幅降低至0.1%，显著提高了车辆的安全性能。同时，AI 质检还极大地提升了质检效率，降低了人工成本，为吉利汽车每年节省超过500万元的开支。

> **想一想**
>
> 除了焊点质检，AI 视觉技术还可以应用在汽车制造的哪些环节？举例说明。

2. 3C 电子：小零件的大智慧

3C 电子产品（如计算机、通信和消费电子）的制造过程极为复杂，需要对大量微小零件进行精细处理。这些零件的精度要求极高，任何细微的偏差都可能导致产品性能下降，甚至无法正常使用。人工智能正助力 3C 电子企业提升生产效率、降低生产成本，实现"小零件里的大智慧"。

案例：富士康手机屏幕检测——AI 视觉"快准狠"守护完美视界

手机屏幕是手机的重要组成部分，其质量直接影响用户体验。如果屏幕存在瑕疵，例如划痕、亮点、暗点等，会影响屏幕的显示效果，降低用户体验。

传统的手机屏幕检测主要依靠人工，质检员需要用肉眼仔细观察每一块屏幕，判断其是否存在瑕疵。然而，人工检测效率低、容易出错。据统计，人工检测一块手机屏幕需要 30 秒左右的时间，而且容易受到疲劳、情绪等因素的影响，导致漏检率较高。

富士康引入了 AI 视觉检测系统，利用人工智能技术，对手机屏幕进行自动检测。这套系统由高清摄像头和人工智能算法组成。高清摄像头负责拍摄屏幕的图像，人工智能算法负责分析图像，判断屏幕是否存在瑕疵。AI 就像拥有了"快准狠"的眼睛，能够每秒检测 10 块屏幕，准确率高达 99.9%。这意味着，AI 检测的效率是人工检测的 300 倍，而且准确率更高。通过引入 AI 视觉检测系统，富士康大大提高了检测效率，减少了人工成本，为企业每年节省了超过亿元的人力成本。

想一想

1. 为什么 3C 电子制造对精度要求如此之高？这种高精度对生产设备和技术提出了哪些挑战？
2. 如果 AI 视觉检测系统出现故障，导致大量不合格手机屏幕被使用，会对消费者造成什么影响？企业应该如何避免这种情况发生？

3. 新能源：绿色制造的 AI 力量

随着全球对环境保护的日益重视，新能源产业迎来了快速发展。人工智能正在帮助新能源企业实现绿色制造，提高生产效率，降低生产成本。

案例 1：宁德时代锂电池生产——数字孪生"未卜先知"提升电池性能

锂电池是新能源汽车的核心部件，其性能直接决定了新能源汽车的续航里程和安全性。锂电池的生产过程十分复杂，需要严格把控各种参数，如电极涂布的厚度、均匀性等。电极涂布是锂电池生产的关键环节，若涂布厚度不均匀，或存在气泡、杂质等缺陷，可能会导致电池性能下降，甚至引发安全事故。

传统的电极涂布工艺主要依赖工程师的经验，他们需要根据经验调整涂布参数，但这种方式效率低且容易出错。

宁德时代运用数字孪生技术，在虚拟世界中对电极涂布工艺进行模拟，从而优化涂布参数。宁德时代首先构建了电极涂布工艺的数学模型，其次将真实生产过程中的各类数据，如涂布速度、涂布压力、浆料黏度等输入模型。通过模拟，宁德时代能够预测不同涂布参数对涂布效果的影响，进而找到最佳的涂布参数。通过这种方式，宁德时代将锂电池的不良率从 0.5% 大幅降低至 0.02%，显著提高了电池的质量和稳定性，同时为企业每年节约了超过千万元的成本。

案例 2：金风科技风力发电——AI"顺风耳"守护绿色能源

风力发电是清洁能源的重要来源，但风力发电机长期在野外环境中运行，容易受到风雨、雷电等自然因素的影响，导致设备损坏，甚至引发安全事故。

传统的风机维护方式主要依靠定期巡检，维护人员需要定期前往风场检查风机的运行状态，判断是否存在故障隐患。然而，风场通常位于偏远地区，巡检效率低且成本高。

金风科技引入了 AI 预测系统，利用人工智能技术对风机的运行数据进行分析，预测风机的故障。金风科技在风机上安装了大量的传感器，用于采集风机的运行数据，如振动、温度、油压等。这些数据被实时传输到云端，由人工智能算法进行深度分析，判断风机是否存在故障隐患。AI 就像拥有"顺风耳"，能够提前发现风机的故障隐患，如齿轮箱磨损、轴承损坏等。通过提前发现故障隐患，金风科技可以提前安排维护，避免风机发生故障，提高了风机的可靠性，同时将运维效率提升了 70%。

4. 医疗：跨界赋能

人工智能不仅在传统制造领域大放异彩，还在医疗等领域发挥着重要作用，实现了跨界赋能。

案例：达芬奇手术机器人——协作机器人"妙手仁心"守护生命健康

医疗领域关乎人们的生命健康。传统的手术方式通常需要切开较大的切口，导致患者创伤大、恢复时间长。

达芬奇手术机器人利用协作机器人技术，辅助医生进行微创手术。该机器人由一个控制台和一个机械臂组成。医生坐在控制台前，通过操作手柄控制机械臂，机械臂则通过微小的切口进入患者体内，进行手术操作。

协作机器人"妙手仁心"，能够精确地控制手术器械，进行精细的操作，精度高达 0.1 毫米。这大大减小了患者的创伤，缩短了康复时间。此外，达芬奇手术机器人还具备放大视野、过滤震颤等功能，能够帮助医生更清晰地观察手术部位，更稳定地进行手术操作。协作机器人如同医生的得力助手，以其"妙手仁心"辅助微创手术，让患者创伤更小。

人工智能正在深刻地改变着制造业的各个领域，为传统制造业注入新的活力。随着人工智能技术的不断发展，我们有理由相信，未来的制造业将会更加智能、高效和可持续。

想一想

1. 智能机器人的应用会取代人类工作吗？我们应该如何看待人机协作？
2. 未来智能机器人的发展趋势是什么？它们将具备哪些新的能力？

4.2 AI + 建筑

• 任务介绍

人工智能正加速融入建筑行业，在政策扶持与市场需求双轮驱动下，实现建筑科技的全面智能化，智能建筑正朝着更加高效、便捷、舒适的方向发展。本任务主要介绍 AI 在建筑领域的发展现状、应用实践、典型案例及未来趋势。当前，AI 建筑在设计优化、施工自动化、运维智能化等环节的应用日益广泛，北京大兴国际机场等标杆项目彰显了技术落地成效，未来生成式设计、自主建造机器人及数字孪生城市等将引领行业发展新路径。

• 任务实施

学习任务见表 4-2-1。

表 4-2-1 学习任务表

学习内容	AI + 建筑
任务目标	1. 能理解智慧建筑的定义 2. 能掌握 AI 在建筑中的关键技术 3. 能掌握智能建筑的应用案例
任务实施	1. 知识学习 阅读本节内容，了解 AI 在建筑领域的发展现状、应用场景 2. 案例分析 举例说明生活中的智能建筑用到了哪些 AI 技术 3. 实践巩固 查找本书外的智能建筑还有哪些
任务总结	通过对本节内容的学习，我学到_____
小组互评	

人工智能技术在建筑领域的应用，不仅能够提高建筑效率，降低成本，还能增强建筑的安全性、舒适性和可持续性。智能建筑（或者说智慧建筑）就是将建筑、通信、计算机、控制和人工智能等各方面的先进科技相互融合，合理集成为最优化的整体，具有工程投资合理、设备高度自动化、信息管理科学、服务高效优质、使用灵活方便和环境安全舒适等特点，是能够适应信息化社会发展需求的现代化新型建筑，是智慧城市行业最重要的应用领域，是物联网、云计算、大数据、人工智能、BIM 等新一代信息技术和各类新型智能化设备在建筑中的综合运用。智慧建筑应用场景见图 4-2-1 和图 4-2-2。

图 4-2-1 智能建筑应用场景（一）

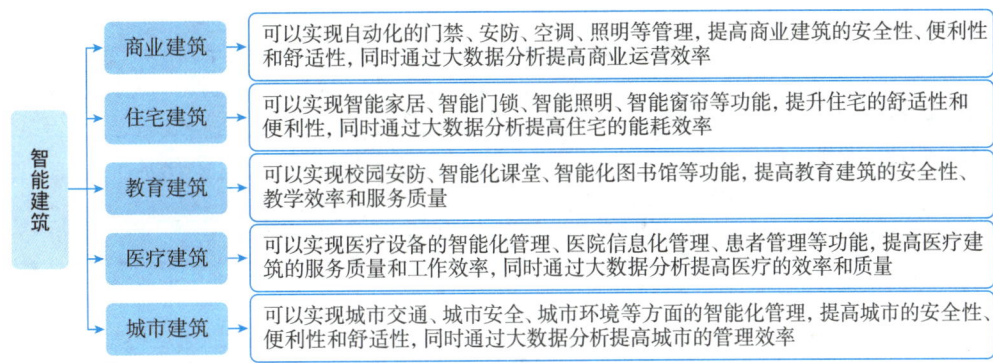

图 4-2-2　智能建筑应用场景（二）

资料来源：公开资料，华经产业研究院整理。

拓展阅读

建筑是什么？建筑业包含哪几个大类？

建筑是建筑物与构筑物的总称。是人们为了满足社会生活需要，利用所掌握的物质技术手段，并运用一定的科学规律和美学法则创造的人工环境。建筑物是指有基础、墙、顶、门、窗，能够遮风避雨，供人在内居住、工作、学习、娱乐、储藏物品或进行其他活动的空间场所。构筑物则没有可供人们使用的内部空间，人们一般不直接在内进行生产和生活活动，如烟囱、水塔、桥梁、水坝、雕塑等。

建筑业指国民经济中从事建筑安装工程的勘察、设计、施工以及对原有建筑物进行维修活动的物质生产部门。按照国民经济行业分类目录，作为国民经济二十个分类行业的建筑业，由以下四个大类组成：房屋建筑业，建筑安装业，土木工程建筑业，建筑装饰、装修和其他建筑业。

建筑业	本门类包括 47～50 大类
房屋建筑业	指房屋主体工程的施工活动；不包括主体工程施工前的工程准备活动
住宅房屋建筑	
体育场馆建筑	指体育馆工程服务、体育及休闲健身用房屋建设活动
其他房屋建筑	
建筑安装业	指建筑主体工程竣工后，建筑物内各种设备的安装活动，以及施工中的线路敷设和管道安装活动；不包括工程收尾的装饰，如对墙面、地板、天花板、门窗等处理活动
电气安装	指建筑物及土木工程构筑物内电气系统（含电力线路）的安装活动
管道和设备安装	指管道、取暖及空调系统等安装活动
体育场地设施安装	指运动地面（如足球场、篮球场、网球场等）、滑冰、游泳设施（含可拼装设施、健身步道）的安装等
其他建筑安装	包括智能化安装、救援逃生设备安装及其他未列明的安装活动
土木工程建筑业	指土木工程主体的施工活动；不包括施工前的工程准备活动
铁路、道路、隧道和桥梁工程建筑	
铁路工程建筑	
公路工程建筑	

续表

市政道路工程建筑	
城市轨道交通工程建筑	
其他道路、隧道和桥梁工程建筑	
水利和水运工程建筑	
水源及供水设施工程建筑	
河湖治理及防洪设施工程建筑	
港口及航运设施工程建筑	
海洋工程建筑	指海上工程、海底工程、近海工程建筑活动；不含港口工程建筑活动
海洋油气资源开发利用工程建筑	
海洋能源开发利用工程建筑	
海底隧道工程建筑	
海底设施铺设工程建筑	
其他海洋工程建筑	指除厂房、电力工程外的非节能环保型矿山和工厂生产设施、设备的施工和安装
架线和管道工程建筑	指建筑物外的架线、管道和设备的施工活动
架线及设备工程建筑	指敷设于地面以上的电力、通信、广播电视等线缆、杆塔的施工和安装
管道工程建筑	指供水、排水、燃气、集中供热、线缆排管、工业和长输等管道工程建筑
建筑装饰、装修和其他建筑业	
建筑装饰和装修	指对建筑工程后期的装饰、装修、维护和清理活动，以及对居室的装修活动
公共建筑装饰和装修	
住宅装饰和装修	
建筑幕墙装饰和装修	
建筑物拆除和场地准备活动	指房屋、土木工程建筑施工前的准备活动
建筑物拆除活动	
场地准备活动	
提供施工设备服务	指为建筑工程提供配有操作人员的施工设备

4.2.1　人工智能在建筑领域的发展现状

建筑智能化行业是随着智能化技术的发展而产生的。在国际上，"智慧建筑"是20世纪80年代随着计算机技术、信息技术、电子技术、控制技术、通信技术等在建筑领域中的应用而兴起的；在我国，智慧建筑产生于20世纪90年代，起步较晚，但发展迅速。我国在2021年发布的《"十四五"规划和2035年远景目标纲要》中表明，要积极发展数字技术提升建筑节能降碳能力，加强智慧城市发展。此外，2023年发布的《数字中国建设整体布局规划》也明确要加强传统基础设施数字化、智能化改造。内外政策的一致性提高了智慧建筑发展空间预测的确定性。

随着社会、经济和信息技术的发展，人们对各类建筑和基础设施的业务支持功能、环境功能和服务功能的迫切需求，推动了以建筑为业务载体的智能化工程市场。在国家对智能城市的建设工程逐步推进和市场的驱动下，全球智慧城市整体市场规模不断增长，2023年增长至969.6亿美元，2018—2023年复合年均增长率约为21.35%（见图4-2-3）。我国建筑智能化的市场需求主要由两部分组成：一是新建建筑的智能化技术应用，二是既有建筑的智能化改造。新增建筑面积对建筑智能化行业的市场需求影响较大，占据了市场的主要需求。我国正处在大规模城市化建设阶段，作为国家主要的经济支柱产业，建筑业在国家拉动内需政策的持续实施、中心城市的建设和城镇化战略的推进过程中发挥着重要作用，有力地带动了建筑智能化行业向前发展。

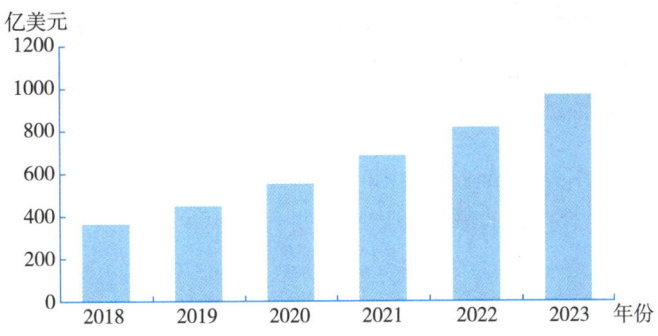

图 4-2-3　2018—2023 年全球智慧建筑市场规模情况

资料来源：公开资料，华经产业研究院整理。

4.2.2　人工智能在建筑领域的应用

1. 在建筑设计中的应用

智能化设计：AI 技术可以通过算法和数据分析，帮助设计师优化建筑设计。分析建筑材料的性能和成本，对建筑结构进行优化设计，或者通过机器学习算法分析用户需求和使用行为，优化建筑功能和空间布局。

自主设计：未来，AI 技术有望实现自主设计。通过深度学习和强化学习技术，AI 可以逐渐掌握建筑设计的知识和技能，从而在没有人工干预的情况下完成设计任务。这种自主设计能力将极大地提高建筑设计的效率和创新性。

2. 在建筑施工中的应用

建筑机器人：建筑机器人是 AI 技术在建筑施工中的重要应用之一（见图 4-2-4）。这些机器人可以执行各种施工任务，如砌砖、焊接、钻孔等，从而提高施工效率和质量。例如，利用 AI 算法，建筑机器人可以自主规划施工路径，避免碰撞和干扰，同时实时监测施工质量和进度。

图 4-2-4　建筑机器人

施工管理：AI 技术可以通过监测建筑施工现场，识别和预测潜在的施工问题，提高施工效率和质量。例如，利用机器视觉技术对施工进度进行监测和控制，或者通过传感器监测建筑材料和设备的使用情况，及时发现和解决施工中的问题。

质量控制：AI 技术可以通过对建筑材料和设备的质量进行实时监测和分析，确保施工质量。例如，利用 AI 算法对混凝土强度、钢筋质量等进行检测，及时发现不合格材料并采取措施处理。

3. 在建筑运营和维护中的应用

智能化管理系统：AI 技术可以通过智能化的建筑管理系统，实现建筑设备和系统的自动化控制和优化。例如，利用 AI 算法对建筑的能源使用情况进行监测和分析，优化能源系统的调度和控制，降低能源消耗和成本。

预测性维护：AI 技术可以通过监测建筑设备和系统的运行状况，预测和诊断潜在的故障问题，提高建筑的维护效率和质量。例如，利用机器学习算法对建筑设备的运行数据进行分析和预测，提前发现并解决潜在的故障问题，降低设备维护成本和停机时间。

安全性管理：AI 技术可以通过监测建筑设备和系统的运行状况，及时发现和处理安全隐患，提高建筑的安全性。例如，利用 AI 算法对建筑消防系统、安防系统等进行实时监测和分析，确保建筑的安全运行。

4.2.3 国内外智能建筑的应用案例

（1）北京大兴国际机场。

北京大兴国际机场位于中国北京大兴区，是全球最大的单体航站楼，设计年旅客吞吐量为 4500 万人次（见图 4-2-5）。机场采用智能系统，包括航班协同决策系统、自助设备及基于 RFID 的行李追踪技术，极大优化了旅客体验。大兴机场的数字化建设以机场核心业务为出发点，实现了数字技术与民航业务深度融合，通过自动分配机位等核心保障资源与智能分析优化滑行线路，提升运行效率。在旅客服务业务中，广泛应用自助设备及基于 RFID 的行李追踪技术，成为全国首家实现 17 个出行节点无纸化与全流程行李追踪的机场，极大优化了旅客体验。

图 4-2-5 北京大兴国际机场

（2）腾讯滨海大厦。

腾讯滨海大厦位于中国深圳，是腾讯的总部大楼，总投资 18 亿元，建筑面积约 35 万平方米

(见图4-2-6)。大厦采用了物联网平台,实现了建筑设备的智能化管理和控制,获得了LEED NC金级认证。腾讯滨海大厦的科技运用包括门禁系统的人脸识别、加入物联网系统的电梯、室内精准定位技术、访客互动体验、设备节能措施以及个性化体验等。

图4-2-6　腾讯滨海大厦

(3) 深圳宝安3D打印公园。

深圳宝安3D打印公园位于中国深圳宝安会展中心17号馆前,用地面积5523.3平方米(见图4-2-7)。公园使用了4套机器人打印设备,从设计到建成用时共计3个月,展示了3D打印技术在建筑领域的应用。

图4-2-7　深圳宝安3D打印公园

(4) 中国建研院光电建筑。

中国建研院光电建筑位于中国北京,是中国建研院环能院的办公楼,进行了一体化改造,旨在实现建筑的节能和低碳目标(见图4-2-8)。建筑安装了碲化镉薄膜光伏幕墙,实现了能源自平衡,多余发电供给园区。示范建筑光伏系统总装机容量235kW,设置不同朝向、不同立面光伏发电系统,开展晶硅与薄膜组件发电性能对比实验等研究。建成后示范建筑可实现单位建筑面积年产能量67kWh,净产能量可达20%,在同类建筑中达到国际领先水平,实现净零能耗和净零碳排放。

图 4-2-8 中国建研院光电建筑

（5）美的楼宇科技 08 空间。

美的楼宇科技 08 空间位于中国广东，是一个智能建筑技术和解决方案的展示中心（见图 4-2-9）。其展示了包括智能照明、智能安防、智能能源管理等在内的多种智能建筑技术，为用户提供了一个全面的智能建筑体验。美的 08 空间的智慧办公便捷性无处不在，员工通过美信应用轻松预约会议室，人脸识别系统自动记录楼层信息并派发电梯，全程无须手动操作。会议室内的空调、照明和会议平板等设备已根据预约自动调整到最佳状态，极大地提升了会议效率。在节能方面，美的高效机房解决方案的应用使得能效全年预测均值大于 6.0，相比传统设计方案节能率提升 28%，年节约电量超过 100 万 kWh。同时，基于云端的智慧运维平台实时监控设备状态，降低了维护成本。

图 4-2-9 美的楼宇科技 08 空间

（6）迪拜太平洋控制大楼。

迪拜太平洋控制大楼位于阿联酋迪拜，是中东首个白金级 LEED 项目（见图 4-2-10）。该建筑拥有集成的楼宇自动化系统，使用有线和无线传感器控制和 M2M 通信。该建筑负责公司的研发活动，并远程监控该地区公共和私人物业的设施服务。

图 4-2-10　迪拜太平洋控制大楼

(7) 英国曼彻斯特天使一号广场。

英国曼彻斯特天使一号广场是 Co-operative 集团的新总部,是一座零碳排放的写字楼(见图 4-2-11)。建筑采用了生物质锅炉、太阳能电池板和雨水收集系统,能源消耗量比旧总部减少 50%,二氧化碳排放量减少 80%。该项目获得了 BREE-AM 标准"杰出"等级的全英国最高分,并且在商业领域的可持续设计中制定了全新的国家级标准。

图 4-2-11　英国曼彻斯特天使一号广场

(8) 新加坡星狮大厦。

新加坡星狮大厦是新加坡一座 38 层的办公大楼,也是 IT 巨头微软的总部所在地(见图 4-2-12)。

这座大楼是互联建筑的典范,利用 Outlook 和 Office365 等微软应用集成的智能建筑系统,确保建筑和其使用者的有效运作。星狮大厦还利用智能传感器来监测温度、空气质量和照明。此外,通过使用数字孪生技术,星狮大厦正在为未来同类建筑铺平道路。

图 4-2-12 新加坡星狮大厦

(9) 美国纽约帝国大厦。

美国纽约帝国大厦是有史以来最具标志性和最受认可的摩天大楼之一,尽管被视为历史地标,但它已成为如何使现有建筑变得智能的绝佳研究案例(见图 4-2-13)。这座拥有百年历史、高 102 层的摩天大楼采用先进技术进行改造,目标是减少 38% 的能源消耗,每年节省 440 万美元的能源成本。通过引入楼宇管理系统和智能传感器,帝国大厦在过去十年中一直超额完成其能效目标,证明了并非所有智能建筑都必须是新建的建筑。

图 4-2-13 美国纽约帝国大厦

(10) 阿联酋迪拜哈利法塔。

无须多言,哈利法塔是世界上最高的建筑,高达 829 米。这座非凡的建筑也被认为是阿拉伯联合酋长国"最智能"的建筑之一,是迪拜打造智慧城市使命的核心。通过霍尼韦尔的基于成果的服务系统,收集实时分析并创建性能仪表板和报告,哈利法塔可以准确连续地跟踪其供暖、通风和空调(HVAC)系统。这有助于将机械资产的总维护时间减少 40%,并将可用性提高近 100%。

4.2.4 智能建筑的未来发展趋势

在未来，智能建筑领域会发生翻天覆地的变化。其技术层面将迈向深度融合，建筑信息模型（BIM）与物联网、大数据、人工智能等技术深度交织，实现建筑全生命周期的智能化管理。从设计阶段利用 AI 优化空间布局与节能方案，到施工阶段借助智能机器人精准作业，再到运营阶段依据大数据分析优化设备维护与能源调配，都将变得更加智能高效。

我国智能建筑行业发展前景如下：

1. 市场需求持续增长推动行业发展

城市化进程的加速：随着城市化进程的加速和人口密度的增加，智能建筑的需求将持续增长。

消费升级带动高端需求：随着人们生活水平的提高和消费观念的转变，对高品质智能建筑的需求将不断增加。

2. 政府政策支持促进行业发展

智慧城市建设的推动：政府正在积极推动智慧城市建设，智能建筑作为智慧城市的重要组成部分，将得到政策的大力支持。

节能减排政策的实施：政府为了实现碳减排目标，将出台更多节能减排政策，智能建筑在节能减排方面具有显著优势，将迎来更多发展机遇。

3. 产业升级与转型带动行业发展

新技术的不断涌现：随着 5G、物联网、大数据等新技术的不断发展和应用，智能建筑行业将实现产业升级和转型。

跨界融合的机遇：智能建筑行业将与其他行业进行跨界融合，如与智能家居、智慧医疗等领域的结合，拓展更广阔的市场空间。

想一想

智能建筑如何自动调节室内温度和照明，以提高舒适度并节省能源？

拓展阅读

国家战略视角下的智能建筑发展
——《关于推进新型城市基础设施建设打造韧性城市的意见》解读

一、政策核心定位

2024 年中共中央办公厅、国务院办公厅发布的《关于推进新型城市基础设施建设打造韧性城市的意见》，将智能建筑纳入新型城市基础设施体系，明确其作为提升城市韧性、推动绿色低碳发展的重要抓手。政策提出通过数字化、智能化手段，构建安全、高效、可持续的城市建筑生态，为智能建筑行业发展提供了国家级战略指引。

二、智能建筑相关政策要点

1. 智能建造全产业链升级

（1）技术融合：推动 BIM（建筑信息模型）与 AI、物联网、大数据等技术深度融合，实现建筑设计、生产、施工、运维全流程数字化。

（2）产业协同：培育智能建造产业集群，支持建筑机器人、3D 打印等智能装备研发，推广"建筑机器人 + 产业工人"协同作业模式。

2. 智慧社区与房屋管理智能化

（1）智慧社区：推进老旧小区数字化改造，建设智能安防、智慧物业系统，提升居民生活便利性与安全性。

（2）房屋全生命周期管理：建立房屋安全隐患数字档案，利用 AI 技术动态监测结构安全与设备运行状态，降低维护成本。

3. 数字家庭与智能家居

（1）设施升级：新建住宅需预留智能家居接口，支持电动化、数字化设备接入；鼓励既有住宅加装智能水表、电表，以及燃气泄漏监测等终端设备。

（2）隐私保护：强化数据安全管理，确保居民个人信息在智能建筑系统中的合规使用。

4. 智慧城市协同与绿色转型

（1）CIM 平台：依托城市信息模型（CIM）平台，整合建筑、交通、能源等数据，实现城市级智能决策。

（2）低碳目标：推动智能建筑与可再生能源系统集成（如光伏幕墙、地源热泵），助力"双碳"战略目标。

三、政策实施路径与目标

1. 阶段目标

2027 年，形成智能建造技术标准体系，培育一批示范项目与骨干企业；2030 年，建成 50 个以上韧性城市，智能建筑覆盖率显著提升。

2. 保障措施

设立专项基金支持技术研发，鼓励社会资本参与智能建筑项目；推动多学科交叉人才培养，强化校企合作与国际技术交流。

四、政策意义与行业启示

该政策标志着我国智能建筑发展进入"国家战略驱动"新阶段，其核心启示包括：①技术导向。AI、物联网等技术将从"局部应用"转向"全场景渗透"。②价值升级。智能建筑不再局限于效率提升，而是成为城市韧性与可持续发展的核心支撑。③生态构建。跨行业协作（如建筑、能源、通信）将成为智能建筑创新的关键路径。

4.3　AI + 金融

· 任务介绍

AI 在金融场景的应用日益广泛，成为银行等金融机构推动数字化转型的"新基建"。本任务聚焦 AI 在金融领域的关键作用，涵盖智能风控、量化交易、个性化推荐及自动化客服等核心场景，依托机器学习、自然语言处理等技术实现风险精准识别、投资策略优化及客户服务升级。接下来，让我们一起走进这个充满智慧与创新的金融新世界，看看人工智能是如何携手金融，为我们打造更加贴心、更加智能的金融服务体验。

• 任务实施

学习任务见表 4 - 3 - 1。

表 4 - 3 - 1　学习任务表

学习内容	AI + 金融
任务目标	1. 准确理解金融活动的过程 2. 掌握 AI 在金融领域的应用场景 3. 知晓 AI 在金融领域的关键技术
任务实施	1. 知识学习 阅读本节内容，理解金融的定义、智慧金融的发展现状、智慧金融的关键技术 2. 案例分析 举例说明生活中的智慧金融场景 3. 实践巩固 体验常用的智能支付手段，简述 AI 在支付领域的关键技术
任务总结	通过对本节内容的学习，我学到
小组互评	

4.3.1　人工智能在金融领域的发展现状

智慧金融（AI Finance）是指借助互联网技术，运用金融科技手段，如大数据、云计算以及机器学习算法等，全面促进金融行业在业务流程、业务扩展以及客户服务等领域的智能化升级，从而实现金融产品、风险管理、客户获取及服务的全面智慧化。

概括而言，金融是指资金的融通和管理。它主要涉及资金的筹集、运用、增值以及风险的管理。人们通过金融机构（如银行、保险公司、证券公司等）进行储蓄、投资、借贷、保险等活动，以实现资金的流动、增值和风险保障。金融在经济发展中起着非常重要的作用，它帮助资金从盈余者流向需求者，促进了资源的有效配置和经济的增长。

接下来，举一个简单的金融活动的例子，如图 4 - 3 - 1 所示。假设张三拥有现金 100 万元，将其存入银行。依据银行的存款政策，一年后，他将获得利息收益 2 万元。李四计划开设一家商店，但面临资金短缺的问题。为此，李四向银行申请贷款 100 万元。根据贷款协议，一年后李四需向银行偿还本金 100 万元及支付利息 5 万元。经过一年的经营，李四的商店运营成功，总收入达到 120 万元。在偿还银行贷款本息共计 105 万元后，李四净收益为 15 万元。与此同时，张三从银行取回本金 100 万元及所获利息 2 万元。银行则通过此次存贷款业务，实现了人民币 3 万元的利润。智慧金融应用先进技术，可更有效解决张三存款、李四贷款及银行运营过程中的效率、风险管理等问题，使得整个金融活动更加高效、安全和个性化。

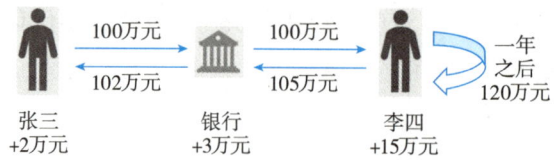

图 4-3-1 简单的金融活动案例

在这个例子中，李四按时向银行还款的行为，体现了诚信意识的重要性。他严格遵守了与银行的贷款协议，按时偿还本金及利息，这不仅展示了他个人的诚信品质，也维护了金融市场的稳定和秩序。李四的按时还款行为，彰显了"诚信为本"的价值观在金融活动中的实践意义，为金融活动的合作共赢提供了有力保障。

目前金融领域主要存在以下几方面的问题：

1. 服务效率低下，客户体验欠佳

传统的金融业务操作流程较为烦琐，客户需亲临金融机构办理业务，涉及大量的纸质文件与复杂的审核签字环节，延长了业务处理时间，降低了服务效率，客户体验感较差。传统金融服务模式往往缺乏个性与灵活性，难以满足不同客户群体的多样化需求。客户在享受金融服务时，可能会遇到服务不够贴心、便捷或缺乏针对性的情况，这在一定程度上影响了客户的满意度。

2. 运营成本高昂

在金融行业当前的运营状态下，运营成本成为一个不容忽视的问题。传统金融业务高度依赖人工操作，无论是文档管理、客户咨询应答，还是业务审核等环节，均需投入大量的人力资源，这无疑增加了金融机构的运营成本负担。同时，为了维持广泛的实体网点布局，金融机构还需承担高额的租赁费用、装修开支以及设施维护与更新成本。这些实体网点的运营维护，不仅占据了金融机构大量的资金资源，也在一定程度上限制了其向数字化、智能化转型的步伐，亟须通过管理创新与技术革新等手段加以优化。

3. 风险管理挑战严峻

在金融领域当前的运营环境中，风险管理面临着前所未有的挑战。随着金融市场的日益复杂和多元化，各种金融风险问题层出不穷，其中不良贷款等信用风险问题尤为突出。不良贷款作为金融风险的重要组成部分，对金融机构的稳健运营构成了严重威胁。其产生的主要原因包括银行经营管理水平不高、风险防范能力不强，以及借款人的信用状况不佳等。不良贷款不仅会导致金融机构的资产质量下降，盈利能力受损，还会给金融机构的风险管理带来巨大挑战。为了处置不良贷款，金融机构需要耗费大量的人力和物力，这进一步压缩了其盈利空间，并可能引发连锁反应，影响整个金融体系的稳定。

除了不良贷款问题外，金融机构面临着多种风险，如市场风险、流动性风险、操作风险等，不仅种类繁多，而且往往相互交织，使得风险识别与评估变得异常困难。风险预警机制的不完善也是一大难题，部分金融机构由于技术或人员限制，难以及时捕捉到风险信号，导致风险防控措施滞后，给机构运营带来潜在威胁。在执行风险应对措施时，金融机构还可能面临跨部门协作不畅、资源调配困难等问题，使得措施执行效果大打折扣。与此同时，信息不对称问题可能导致金融机构对

借款人的信用状况判断失误,进而引发信贷风险。法律法规与监管环境的变化也给风险管理带来挑战,金融机构需要不断适应新的监管要求,确保业务合规。

4. 金融产品数据管理复杂

数据孤岛与碎片化是金融产品数据管理面临的首要难题。由于金融机构内部不同部门或系统间数据流通不畅,导致大量数据被孤立,难以形成统一的数据视图。同时,外部数据源众多且格式各异,进一步加剧了数据的碎片化,使得金融机构在整合数据时面临巨大困难。数据质量问题也是不可忽视的一环。由于数据采集标准不统一,以及不同业务部门对数据的理解和定义存在差异,金融产品数据在准确性、完整性、时效性等方面存在诸多问题。这些问题不仅影响了数据的可用性,还可能误导决策,给金融机构带来不必要的损失。

数据安全与隐私保护是金融产品数据管理中最为敏感和关键的部分。金融产品数据往往包含大量敏感信息,如客户身份信息、交易记录等。一旦这些数据被泄露或滥用,将对金融机构的声誉、客户的隐私权益以及整个金融体系的稳定构成严重威胁。因此,如何在保障数据安全的同时,实现数据的合规使用和共享,成为金融机构亟须解决的问题。数据治理体系的不完善也是金融产品数据管理面临的一大挑战。部分金融机构在数据治理方面缺乏清晰的顶层设计和规划,导致数据标准管理、数据质量管理、数据架构与共享以及数据安全等方面的建设无法得到有效推进。这不仅影响了金融机构的数据管理能力,也制约了其数字化转型的进程。

4.3.2 人工智能在金融领域的应用

在金融领域,人工智能(AI)正在掀起一场轰轰烈烈的变革。AI 在金融领域的应用,带来了前所未有的便捷与高效。从守护资金安全的智能风控到精准捕捉市场动态的自动化交易,从洞悉客户需求的个性化推荐到贴心陪伴的智能投顾,AI 以其卓越的数据处理能力和精准的学习算法,正在金融领域大放异彩。

表 4-3-2 是人工智能在金融领域的一些主要应用实例及其相关技术。

表 4-3-2 人工智能在金融领域的应用实例及其相关技术

序号	应用	具体应用	相关技术
1	智能支付身份验证	采用生物识别技术(如指纹、面部识别)确保用户身份真实性	图像识别技术、生物识别技术
2	信用评估	分析非传统数据(如社交媒体活动、购物习惯等),全面评估个人或企业信用状况	机器学习算法、深度学习技术、大数据分析
3	贷款审批	自动化处理贷款申请,快速决策	自然语言处理技术、大数据分析、机器学习算法
4	虚拟助手/智能客服	提供全天候客户服务,解答问题,指导账户操作	自然语言处理技术、机器学习算法
5	智能投顾	基于用户风险偏好、资产分配及市场趋势提供投资建议	机器学习算法、深度学习技术、大数据分析
6	风险管理	分析市场数据,预测市场波动和风险因素,生成风险控制和应对方案	机器学习算法、大数据分析、风险评估技术

续表

序号	应用	具体应用	相关技术
7	精准定价	根据个体风险因素制定差异化保费标准	机器学习算法、大数据分析
8	理赔处理	加速索赔过程,通过图像识别技术快速审核损害情况	图像识别技术、大数据分析

1. 智能支付

AI 在支付领域的应用正深刻改变着我们的支付习惯,引领支付行业迈向更加便捷、安全的新时代(见图 4-3-2)。指纹支付作为智能支付的早期代表,利用生物识别技术,通过比对用户指纹信息实现快速身份验证,其便捷性与安全性仍得到广泛认可。刷脸支付在此基础上更进一步,利用先进的人脸识别技术,结合深度学习算法,能够精准识别用户面部特征,即便在复杂光照、多角度等条件下也能准确验证身份,为用户带来前所未有的支付体验。掌纹支付作为新兴支付方式,凭借掌纹的唯一性和复杂性,提供了更高级别的安全保障。同时,"碰一碰"支付作为 NFC(近场通信)技术的典型应用,让支付变得更加直观与简单。用户只需将手机或其他智能设备靠近支持 NFC 的终端设备,即可瞬间完成支付,无须解锁屏幕、输入密码或扫描二维码,极大地提升了支付效率。AI 在智能支付领域的应用不仅丰富了支付方式,提升了支付便捷性,更通过高级别的生物识别技术和智能风控手段,为用户资金安全筑起了一道坚实的防线,推动着智能支付行业的持续创新与发展。

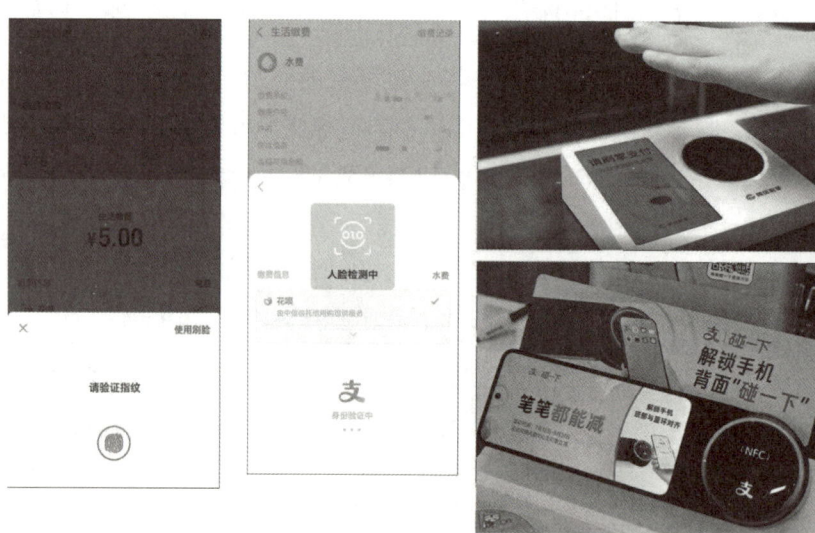

图 4-3-2 各种智能支付方式

2. 智能客服

智能客服系统借助自然语言处理、语音识别与合成等先进技术,能够理解并回应客户的语音或文本咨询,实现 24 小时全天候、高效率的客户服务。基于 AI 的智能客服不仅能够迅速解答常见问题,还能通过机器学习不断优化对话逻辑,提供更加个性化、精准的服务方案。智能客服能够实时监测客户情绪,及时调整沟通策略,有效缓解客户焦虑,提升满意度与忠诚度。此外,智能客服还能辅助人工客服,减轻其工作压力,提高工作效率,使金融机构能够更加专注于核心业务的发展。总之,AI 在客服方面的应用,不仅提升了客户服务的智能化水平,还促进了金融机构与客户之间的良好互动，为金融行业的数字化转型注入了新的活力。

3. 智能营销

在金融领域，营销是金融机构吸引客户、推广金融产品和服务、提升品牌影响力的重要手段。但是传统的金融营销方式面临着诸多挑战，比如营销渠道相对单一，难以覆盖所有潜在客户；客户画像不够精准，导致营销信息推送不够个性化；营销决策过于依赖经验，缺乏数据支持等。这些问题限制了传统金融营销的效果，也促使金融机构探索更加高效、智能的营销方式。

智能营销在金融领域的应用，借助了大数据、机器学习、自然语言处理等先进的 AI 技术，有效解决了传统金融营销方式存在的问题。通过大数据分析，金融机构能够深入挖掘客户行为和偏好，构建精准的客户画像，为个性化营销提供有力支持。例如，一些银行利用智能营销系统，根据客户的历史交易记录和风险偏好，推送个性化的理财产品和投资建议。机器学习算法则能够实时监测市场动态和客户反馈，自动调整营销策略，确保营销活动始终保持在最佳状态。自然语言处理技术则使得金融机构能够与客户进行更加自然、流畅的交互，提升客户体验。一些金融机构还利用智能营销技术进行风险评估和信贷审批，提高了业务处理效率和风险管理能力。智能营销在金融领域的应用，不仅提升了营销效率和个性化程度，还优化了客户体验，推动了金融机构的数字化转型和业务发展。

4. 智能风控

智能风控是金融机构保障资产安全、防范金融风险、提升业务运营效率的关键环节。传统风控手段往往依赖于人工审核和经验判断，存在响应速度慢、覆盖面有限、误报率高等问题，难以适应快速变化的金融市场环境和日益复杂的欺诈手段。智能风控的引入，通过大数据、机器学习、人工智能模型等先进的 AI 技术，有效解决了传统风控手段面临的挑战。大数据分析能力使金融机构能够整合并分析海量交易数据、用户行为数据以及外部数据源，揭示潜在的欺诈模式和风险特征。机器学习算法则能自动学习并识别异常交易模式，实现风险的实时监测和预警，大大提升了风控的准确性和时效性。同时，人工智能模型的应用，如深度学习网络，能够持续自我优化，适应新的欺诈手段，保持风控系统的先进性。

在金融领域，智能风控的应用案例不胜枚举。例如，多家银行采用智能风控系统，对信用卡交易进行实时监测，有效拦截欺诈交易，保护持卡人资金安全。同时，智能风控也被应用于信贷审批流程，通过分析申请人的信用记录、社交网络信息等多维度数据，快速准确地评估信贷风险，提高审批效率。此外，智能风控在反洗钱、保险欺诈检测等领域也展现出巨大潜力，有效提升了金融机构的整体风险管理水平。

5. 智能投顾

智能投顾是一项创新性的服务，它利用人工智能、大数据等先进技术，为个人投资者及企业提供个性化的投资建议和资产管理解决方案。传统投资顾问服务受限于人力资源和专业水平，难以满足所有投资者的个性化需求，且服务成本较高。智能投顾通过一系列智能算法、投资组合优化理论模型以及大数据分析技术，有效解决了传统投资顾问服务存在的问题。它能够根据投资者的风险承受能力、收益目标、投资风格偏好等因素，自动生成个性化的投资组合建议，实现资产的优化配置。同时，智能投顾还能实时监控市场动态，自动调整投资组合，以应对市场变化，降低投资风险。

智能投顾的应用案例广泛。一些金融机构推出的智能投顾平台，能够根据投资者的风险偏好和财务状况，提供定制化的投资方案，并通过算法自动调整投资组合，实现资产的保值增值。此外，智能投顾还被应用于企业资金管理，帮助企业实现资产的优化配置和风险控制。

4.3.3 智慧金融的未来

智慧金融的未来充满无限可能。随着人工智能、大数据、区块链等前沿技术的不断发展和融合，智慧金融将迈向一个更加高效、便捷、安全和普惠的新时代。未来，智慧金融将实现更深层次的个性化服务。通过大数据分析和人工智能技术，金融机构能够更精准地理解客户需求，提供定制化的金融产品和服务，满足客户的多元化需求。同时，智慧金融将推动金融服务的普惠化，降低金融服务的门槛，使更多人能够享受到便捷、高效的金融服务。此外，智慧金融将在风险管理方面发挥重要作用。借助先进的算法和模型，金融机构能够更准确地评估风险，提前采取防控措施，降低不良贷款率，保障金融市场稳定。同时，智慧金融还将推动金融行业的数字化转型，提升金融服务的智能化水平，提高金融机构的运营效率。

总之，智慧金融的未来是充满希望和机遇的。随着技术的不断进步和应用场景的不断拓展，智慧金融将在金融领域发挥越来越重要的作用，为经济社会发展注入新的活力和动力。

想一想

智慧金融如何利用大数据和人工智能技术，实现对客户需求的精准预测和个性化服务，同时提高风险管理的效率和准确性？

拓展阅读

2024年11月，中国人民银行、国家发展改革委、工业和信息化部、金融监管总局、中国证监会、国家数据局、国家外汇局七部门联合印发《推动数字金融高质量发展行动方案》（以下简称《行动方案》）。

《行动方案》以数据要素和数字技术为关键驱动，加快推进金融机构数字化转型，夯实数字金融发展基础，完善数字金融治理体系，支持金融机构以数字技术赋能提升金融"五篇大文章"服务质效，推动我国数字经济高质量发展。

《行动方案》提出，系统推进金融机构数字化转型，加强战略规划和组织管理，强化数字技术支撑能力，夯实数据治理与融合应用能力基础，建设数字金融服务生态，提升数字化经营管理能力。推动数字技术在科技金融、绿色金融、普惠金融、养老金融、数实融合等"五篇大文章"服务领域的应用，创新金融产品和服务模式，提升重点领域金融服务质效。夯实数字金融发展基础，营造高效安全的支付环境，培育高质量金融数据市场，加强数字金融相关新兴基础设施建设。完善数字金融治理体系，强化数字金融风险防范，加强数据和网络安全防护，加强数字金融业务监管，提升金融监管数字化水平，健全金融消费者保护机制。

下一步，中国人民银行将与有关部门建立工作联动机制，加强政策协同和信息共享，建立健全数字金融统计和监测评估制度，总结推广有益经验和典型模式，推动《行动方案》各项举措落到实处，全力做好数字金融大文章，加快建设金融强国，巩固和拓展我国数字经济优势。

4.4　AI + 财税

• 任务介绍

传统的信息化财税软件已难以满足企业对数据处理和决策支持的需求。人工智能技术的应用，为企业财税管理带来了全新的可能性。通过 AI 大模型，企业可以智能化地处理财税工作，挖掘数据价值，辅助管理决策，实现自动化和智能化的财务运营。本节我们将一起探索 AI 与财税是如何融合驱动行业转型升级与价值创造的。

• 任务实施

学习任务见表 4－4－1。

表 4－4－1　学习任务表

学习内容	AI + 财税
任务目标	1. 能准确阐述财税领域的发展过程 2. 能掌握 AI 在财税领域的关键技术 3. 知晓 AI 在财税领域的应用场景
任务实施	1. 知识学习 阅读本节内容，了解智慧财税的定义、财税信息化的发展过程、智慧财税的关键技术 2. 案例分析 借助一个案例说明 AI 在财税领域的具体应用 3. 实践巩固 对比传统纳税和智能纳税，谈谈你对 RPA 技术的理解
任务总结	通过对本节内容的学习，我学到＿＿＿＿＿＿＿＿＿＿＿＿＿＿＿＿＿＿＿＿＿＿＿＿＿＿＿＿＿
小组互评	

4.4.1　人工智能在财税领域的发展现状

AI + 财税是利用大数据、云计算、人工智能等现代信息技术手段，实现财税数据的智能化采集、处理、分析和应用，具有智能记账、智能分析、智能安全等优势特点，广泛应用于各类企业财务管理和税务申报，以提高财税管理效率、降低成本、确保税务合规，为企业决策提供有力支持的一种新型财税管理模式。

财税即财政和税务的统称，是政府进行资源配置、收入分配、经济调控和监督管理的重要手段。财政方面，政府通过预算收支管理，确保国家机器的正常运转和各项社会事业的健康发展；税务方面，政府通过税收征收，为国家提供必要的财政收入，同时调节社会经济活动，促进公平与效率。财税政策不仅影响国家的宏观经济运行，也直接关系到企业和个人的经济利益。

近年来，财税信息化发展显著。我国财税信息化建设从20世纪90年代初期起步，经历了从无到有、从小到大、从处理简单业务到功能全面强大的发展过程（见图4-4-1）。财税信息化的发展从传统手工操作向高度数字化、自动化管理深刻转变。起初，财税工作依赖于纸质文档和人工计算，效率低下且易出错。随着信息技术的进步，特别是计算机和互联网的普及，财税数据处理逐渐转向电子化，实现了数据的快速录入、存储与检索。通过引入专业的财税管理软件及系统，如ERP（企业资源规划）系统，实现了业务流程的标准化、集成化，显著提升了工作效率和准确性。随着云计算、大数据、人工智能等新一代信息技术的兴起，更是推动了财税信息化的飞跃，使得财税预测、风险管理、合规性审查等高级功能得以实现，工作方式从被动应对转向主动优化，为企业决策提供了强有力的数据支持，开启了智能化财税管理的新篇章。

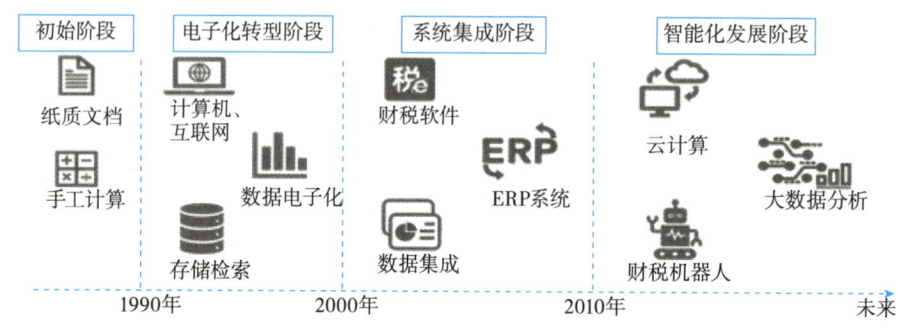

图4-4-1 财税信息化的发展过程

传统财税实践中，仍存在一些亟待解决的问题。以某建筑类商贸企业为例，该企业因应收应付账款混乱、股东个人借款金额巨大且时间长、印花税等小税种长期未缴纳等问题，导致账目混乱，最终被收购后才发现设备残旧无法使用、债务和税务问题杂乱不清。这一案例反映了传统财税管理中存在的信息不透明、管理不规范等问题，不仅增加了企业的运营成本，也影响了企业的信誉和长远发展。

针对这些问题，智慧财税应运而生。智慧财税利用大数据、云计算、人工智能等先进技术，实现了财税管理的智能化、自动化和精细化。通过智能记账、智能分析、智能预警等功能，智慧财税能够为企业提供更加准确、高效的财税服务，降低运营成本，提高决策质量。同时，智慧财税还能帮助政府实现更加精准、高效的税收征管，提高财政资源的配置效率和使用效益。

4.4.2 人工智能在财税领域的应用

人工智能（AI）在财税领域的应用，不仅极大提升了工作效率，更为企业带来了前所未有的精准管理与决策支持。从高效处理财税数据的智能自动化到严密监控财税风险的智能风控，从精准解读税法政策的智能顾问到量身定制财税策略的智能规划，AI凭借其强大的数据处理能力和深度学习能力，在财税领域展现了非凡的价值。接下来，让我们一同探索这个融合了智慧与创新的财税新世界，见证人工智能如何与财税携手，为我们塑造更加高效、更加智能的财税管理体验。表4-4-2是人工智能在财税领域的一些应用实例及其相关技术。

表4-4-2 人工智能在财税领域的应用实例及其相关技术

序号	应用实例	相关技术
1	智能自动化处理	机器人流程自动化（RPA）：用于处理重复性任务，如数据录入、发票处理和账单支付，提升效率并减少错误
		光学字符识别（OCR）：用于自动识别和处理发票、合同等财务文档中的文字信息
		自然语言处理（NLP）：用于理解和解释财务文档中的自然语言内容，提高自动化处理的准确性
2	智能财务分析	机器学习算法：用于对海量财务数据进行深度挖掘和分析，发现数据背后的趋势和模式
		数据可视化：将复杂的财务数据以图表、报告等形式直观呈现，帮助管理层更好地理解财务状况
3	智能税务管理	自动税务申报：利用AI技术自动计算税款并生成申报表，减少人工操作的错误和时间消耗
		税务筹划：通过分析税务数据，优化税务策略，降低税负
4	智能风控与合规	风险预测模型：利用历史数据训练模型，预测潜在的财税风险，并提前采取措施进行防范
		合规性检查：自动跟踪财税法规变化，确保企业财税处理的合规性
5	智能顾问与推荐	虚拟财务助手：通过NLP技术，回答财务问题、提供报告并协助预算管理
		个性化推荐：根据企业的财税数据和需求，提供个性化的财税策略和建议
6	智能规划与优化	预算管理：利用AI技术进行预算的自动化编制、审核和调整，提高预算管理的效率和准确性
		成本控制：实时监控成本，识别超支并提供优化建议，帮助企业实现成本控制目标

1. 机器人流程自动化（RPA）

机器人流程自动化（RPA）在财税领域的应用极大地提升了工作效率。通过模拟人类操作，RPA能够自动化处理重复性、高频率的财税任务，如数据录入、发票处理和账单支付等。这种技术不仅减少了人工操作的错误率，还显著缩短了处理时间，使财税部门能够更专注于高价值的分析和决策工作。RPA的灵活性使得它可以根据企业的具体需求进行定制，从而满足各种财税处理场景的需求。

RPA主要有5个功能模块，即数据检索与记录、图像识别与处理、平台上传与下载、数据加工与分析、信息监控与产出，如图4-4-2所示。在实际应用中，RPA往往承载以上多种功能的组合，从而实现某一流程节点的自动化。

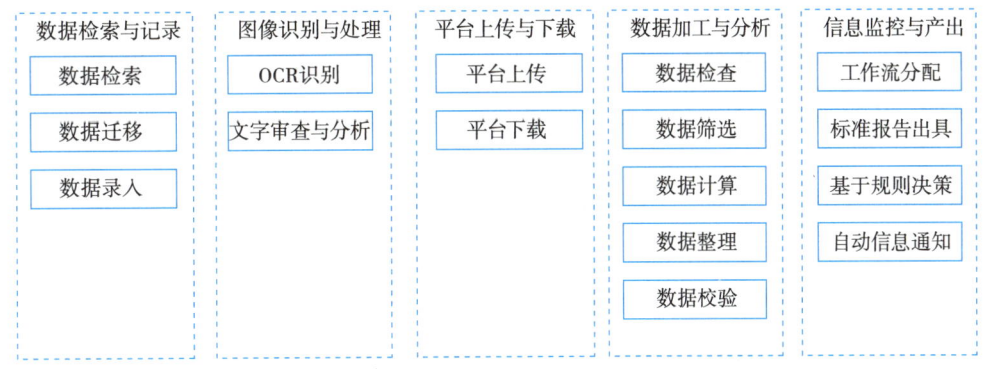

图4-4-2 RPA的功能模块

接下来，通过RPA纳税申报机器人的案例来深入了解RPA：

企业纳税是指企业根据国家税收法律法规的规定，按照其经营所得和其他应税项目向国家缴纳税款的行为。它是企业履行社会责任、支持国家财政建设和公共服务的重要体现。在传统模式下，纳税申报过程通常包括以下几个步骤：

（1）收集资料。纳税人需要手动收集并整理所有与纳税相关的资料，如财务报表、发票、凭证等。

（2）登录电子税务局。纳税人通过电子税务局的官方网站或相关应用程序进行登录，输入纳税人识别号、密码等必要信息。

（3）选择申报税种。根据纳税人的类型和所得类型，选择需要申报的税种，如增值税、企业所得税、个人所得税等。

（4）填写申报表。在电子税务局系统中选择对应的申报表模块，按照系统提示和要求，逐项填写申报表。申报表的内容通常包括纳税人基本信息、所得情况、扣除项目、应纳税额等。

（5）检查与提交。纳税人需要仔细检查申报表的内容，确保所有信息填写正确、完整，并且符合法律法规的规定，然后通过电子税务局系统提交填写好的申报表。

（6）缴纳税款。申报成功后，纳税人可以在电子税务局系统中查看应缴纳的税款信息，并选择合适的缴款方式进行税款缴纳。

然而，传统模式下的纳税申报过程存在以下问题：

（1）效率低下。由于需要手动收集资料、填写申报表并检查，整个过程耗时较长。

（2）易出错。人为操作容易出错，如填写错误、遗漏信息等，可能导致申报失败或产生不必要的麻烦。

（3）成本高。企业需要投入大量的人力、物力和时间进行纳税申报，增加了企业的运营成本。

为了解决传统纳税申报过程中的问题，越来越多的企业开始采用RPA（机器人流程自动化）纳税申报机器人。以下是RPA纳税申报机器人的功能：

（1）数据采集与处理。RPA机器人可以从其他系统自动获取企业基础信息，用以生成纳税申报表底稿。同时，RPA机器人还可以根据脚本的预定义自动登录账务系统，对需要调整的税务、会计差异、进项税数据差异以及固定资产进项税抵扣差异按照相应的规则进行调整。

（2）填写申报表。RPA机器人可以自动填写税务申报表，包括个人所得税申报表、企业所得税申报表等。在填写过程中，RPA机器人会根据预设的规则和逻辑对数据进行处理，确保填写的准确性和完整性。

（3）提交申报表。RPA机器人可以自动登录税务申报系统，执行纳税申报底稿的读取并导入底稿相关数据。在确认数据无误后，RPA机器人会自动提交纳税申报表，完成相应的纳税申报作业。

（4）跟踪申请状态。RPA机器人还可以自动跟踪申请状态，确保申报表已经成功提交并处理完毕。

可以看出，RPA纳税申报对比传统纳税申报具有提高效率、减少错误、降低成本和快速响应等优点。RPA机器人可以自动完成报税过程中的重复性任务，如数据采集、处理、填写申报表等，大大提高了报税效率；可以避免人为操作的错误，提高报税的准确性，通过预设的规则和逻辑，确保数据的准确性和完整性，减少因填写错误或遗漏信息而导致的申报失败；使用RPA机器人可以减少人工成本，降低报税成本，企业可以将更多的时间和精力投入到其他更具价值的工作中，提高整体运营效率；RPA机器人可以快速响应税务政策的变化，提高报税的适应性。随着税务政策的不断变化，RPA机器人可以根据最新的政策要求进行调整和优化，确保报税的准确性和合规性。传统纳税和 RPA 纳税处理过程对比如图 4-4-3 所示。

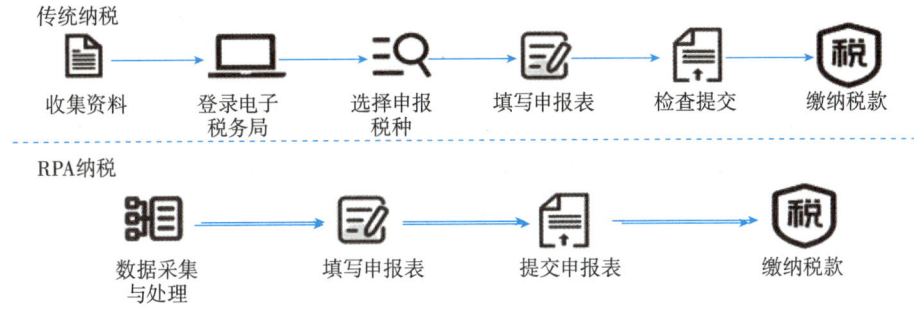

图 4-4-3　传统纳税和 RPA 纳税处理过程对比

综上所述，RPA 纳税申报机器人的应用为企业带来了诸多优势，不仅提高了报税效率和准确性，还降低了报税成本。随着技术的不断发展，RPA 将在更多领域发挥重要作用，为企业创造更大的价值。

2. 光学字符识别（OCR）

光学字符识别（OCR）技术在财税领域的应用使得文档处理更加高效和准确。OCR 技术能够自动识别和处理发票、合同等财务文档中的文字信息，将其转换为可编辑和搜索的数字格式（见图 4-4-4）。这不仅减少了人工录入的工作量，还提高了数据的准确性和一致性。在财税领域，OCR 技术常用于自动化发票处理、合同审核等场景，显著提升了处理速度和准确性。

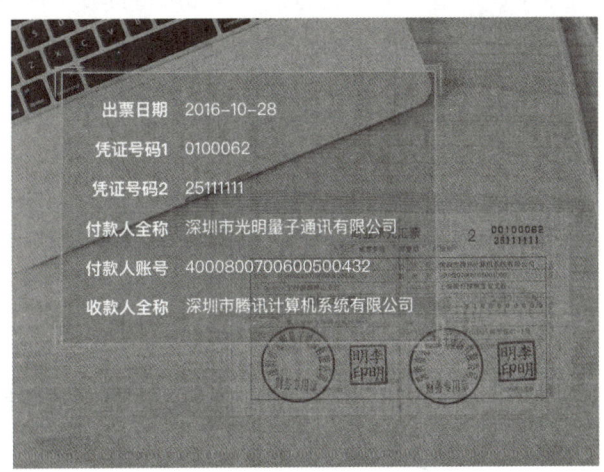

图 4-4-4　OCR 技术识别发票

3. 自然语言处理（NLP）

自然语言处理（NLP）技术在财税领域的应用使得财务信息的理解和解释更加智能。通过 NLP 技术，财税系统能够理解和分析财务文档中的自然语言内容，如财务报表、税务报告等。这使得系统能够自动提取关键信息、识别潜在风险，并提供有针对性的建议。NLP 技术的应用不仅提高了财税处理的自动化程度，还提升了系统的智能化水平，为企业提供了更加精准的财税支持。

4. 机器学习算法

机器学习算法在财税领域的应用为数据分析和预测提供了强大的支持。通过训练机器学习模型，企业可以利用历史财税数据发现数据背后的趋势和模式。这有助于企业更好地理解财务状况、预测未来趋势，并据此制定更加科学的财税策略。机器学习算法的应用不仅提高了数据分析的准确性和效率，还为企业提供了更加智能化的决策支持。

5. 数据可视化

数据可视化技术在财税领域的应用使得复杂的财务数据以直观、易懂的方式呈现。通过图表、报告等形式，数据可视化技术能够将海量财务数据转化为可视化的图像和动画，帮助管理层更好地理解财务状况、发现潜在问题，并采取相应的措施。这种技术的应用不仅提高了数据的可读性和可理解性，还增强了管理层对财务状况的掌控能力，为企业的发展提供了有力的支持。

6. 风险预测模型

风险预测模型在财税领域的应用为企业提供了有效的风险管理工具。通过对历史财税数据的分析，风险预测模型能够识别潜在的财税风险，并预测其发生的可能性和影响程度。这有助于企业提前采取措施进行防范，降低风险带来的损失。风险预测模型的应用不仅提高了风险管理的精准性和及时性，还为企业提供了更加科学的决策依据。

7. 合规性检查

合规性检查技术利用 AI 的自动化和智能化特点，对企业的财税处理进行实时监控和检查。该技术能够自动跟踪财税法规的变化，确保企业的财税处理符合相关法规要求。通过合规性检查，企业可以及时发现并纠正潜在的合规问题，避免因此带来的法律风险和声誉损失。合规性检查技术的应用不仅提高了企业的合规水平，还增强了企业的竞争力和可持续发展能力。

8. 虚拟财务助手

虚拟财务助手是利用人工智能技术开发的智能助手，能够为企业提供个性化的财税支持。通过自然语言处理（NLP）等技术，虚拟财务助手能够理解并回答财务问题，提供财务报告和预算管理等协助。这种技术的应用不仅提高了财税处理的便捷性和效率，还为企业提供了更加贴心和个性化的服务体验。虚拟财务助手的出现，使得企业可以更加专注于核心业务的发展，提高整体运营效率。

9. 成本控制

在财税领域，成本控制技术的应用可以帮助企业实现成本的有效管理和优化。通过实时监控和分析成本数据，该技术能够识别超支和浪费现象，并提供优化建议。成本控制技术的应用不仅有助于企业降低成本、提高盈利能力，还为企业提供了更加科学的成本管理和决策支持。通过结合其他人工智能技术，如机器学习算法和数据可视化等，成本控制技术可以进一步提升企业的成本管理和控制能力。

4.4.3 智慧财税的未来

智慧财税的未来将是一个数字化转型深化、专业化与精细化服务提升、技术创新与持续优化以及市场拓展与品牌建设并进的发展过程。在这个过程中，智慧财税将不断满足企业和政府的需求，推动财税行业的持续健康发展。

1. 数字化转型深化

随着大数据、云计算、人工智能等技术的持续成熟，智慧财税领域正深度融合并创新应用这些技术，旨在深度优化税务管理流程，显著提升服务效率与质量。具体而言，智慧财税将借助智能数据分析工具，实现对企业税务风险的精准评估，并提供量身定制的税务策略服务；同时，财税机构正积极构建或升级财税服务平台，推动业务流程的数字化、在线化转型，旨在为客户提供更加便捷、高效的服务体验，并通过数据积累与分析，赋能客户以更精准的决策支持。

2. 专业化与精细化服务提升

随着税收制度的日益完善和数字税务监管的强化，企业对财税服务的需求正从基础的记账、报税向更专业化、精细化的方向转变。智慧财税正深入探索市场需求，专注于发展潜力大的细分领域，如高新技术企业的研发费用规划、知识产权转让税收服务，以及高净值人群的个人所得税、遗产税等财富管理服务，并更加注重提供税务筹划和财务咨询服务，旨在帮助企业合理减税增效，同时通过专业风险评估服务，帮助其有效识别并规避潜在的税务风险。

3. 技术创新与持续优化

未来的智慧财税将朝着更加智能化和个性化的方向发展，能够利用数据分析和机器学习技术自动识别不同行业和地区企业的税务状况与需求，提供量身定制的解决方案。同时，在数字化转型的浪潮中，数据安全与隐私保护将成为其发展的重大挑战，加强技术研发和数据安全管理，确保信息的安全和隐私，将是智慧财税未来发展中不可或缺的关键环节。

4. 市场拓展与品牌建设

智慧财税将积极拓展市场，不仅致力于服务大型企业，还将通过云化财税产品等灵活便捷的服务模式深入中小型企业市场，满足其多样化的财税需求。同时，加强品牌建设，提升知名度和美誉度，以在激烈的市场竞争中形成差异化优势，赢得更多客户的信任与支持。

想一想

智慧财税如何利用人工智能和区块链技术，实现税务申报的自动化和合规性检查的智能化，同时提高财务管理的效率和准确性？

本章小结

本章主要学习了人工智能在四个关键领域——智能制造、智能建筑、智慧金融、智慧财税中的发展情况，揭示 AI 如何助力产业升级，推动社会进步。系统展现人工智能如何驱动传统产业向数字化、网络化、智能化方向跃迁。

在学习过程中，深入理解 AI 技术驱动产业升级的内在逻辑，掌握跨行业场景的共性技术框架与差异化实施路径，同时也能认识到人工智能在产业应用中面临的挑战和机遇。在"十四五"产业数字化战略背景下，本章内容将助力读者把握 AI 赋能千行百业的历史机遇，成长为懂技术、通业务、善创新的复合型产业人才。

参考文献

[1] GB/T 4754—2017 国民经济行业分类[S]. 2017-10-01.

［2］白茜.商业银行的风控模式转型——以工商银行的智能风控为例［J］.区域治理,2020(21):258-258.

［3］张岩,刘黎明.智慧金融发展现状及对策建议［J］.智慧中国,2024(9):64-65.

［4］田斌.智慧金融在金融行业中的应用现状分析［J］.科技经济市场,2024(3):19-21.

［5］郭奕,赵旖旎.财税RPA:财税智能化转型实战［M］.北京:机械工业出版社,2020.

［6］周俊亭,席彦群,周媛媛,等.大数据、人工智能与财税服务创新［J］.中国软科学,2020(8):69-77.

［7］廖莎莎.智能财税在企业数字化转型中的关键作用及应用［J］.中国电子商情,2025(1):103-105.

［8］李玛莉.基于智能财税的企业业财税一体化建设路径探究［J］.中国农业会计,2024,34(18):54-56.

［9］孙甜甜.大数据技术、人工智能与财税服务创新［J］.内蒙古财经大学学报,2024,22(4):104-108.

习 题

1. 智能制造关键技术有哪些?
2. 简述工业物联网（IIoT）在智能制造中的应用。
3. 智能建筑的主要特点是什么？
4. 列举三种智慧金融中常用的AI技术。
5. 简述RPA（机器人流程自动化）在财务流程中的应用场景。

第五章

人工智能的关键技术

本章导学

本章以"人工智能的关键技术"为主线，系统地阐述了知识表示与推理、搜索技术、知识图谱、自然语言处理（NLP）、计算机视觉（CV）及生成式人工智能（AIGC）六大核心领域的技术原理、发展脉络与应用实践。内容遵循"理论—技术—场景"的逻辑链条，旨在构建学习者对人工智能技术体系的全局认知与深度理解。

第一部分（5.1～5.2节）聚焦知识处理与问题求解。从知识的概念与表示方法（逻辑表示法、语义网络）出发，解析知识推理的类型（演绎推理、归纳推理）及推理系统架构设计；进一步探讨搜索技术的分类（盲目搜索与启发式搜索），以 A* 算法在无人车路径规划中的应用为例，揭示搜索策略在复杂问题求解中的核心作用。

第二部分（5.3～5.5节）深入知识图谱与感知智能。知识图谱通过结构化语义网络整合多源数据，在金融风控、医疗诊断中实现精准推理与决策支持；自然语言处理（NLP）从规则驱动到深度学习，赋能机器翻译、智能问答等场景；计算机视觉（CV）则以图像分类、目标检测为核心技术，推动自动驾驶、工业质检等领域的智能化转型。

第三部分（5.6节）前瞻介绍生成式人工智能（AIGC）。AIGC通过深度学习与生成对抗网络（GAN），实现跨模态内容生成（文本、图像、音频、视频），革新媒体、教育、医疗等行业的内容生产方式。

本章通过技术原理的深度剖析与行业案例的具象呈现，构建"知识基础—技术实现—产业应用"的完整框架，为读者奠定人工智能技术体系的核心认知，同时启发其探索技术创新的跨界融合路径。

学习目标

素质目标

◇批判性思维：能够辨析不同知识表示方法（如逻辑表示法与语义网络）的适用场景，理解技术演进的底层逻辑。

◇创新意识：通过 AIGC 案例，培养"技术突破源于多模态融合"的跨学科思维。

◇伦理责任感：在知识图谱构建、AI 内容生成中关注数据隐私、算法偏见等伦理问题。

知识目标

◇掌握知识表示的核心方法（逻辑表示法、规则表示法）与推理类型（演绎推理、不确定性推理）。

◇理解搜索算法的分类（广度优先搜索、A*算法）及其在路径规划中的优化逻辑。

◇熟悉知识图谱的构建流程（数据采集、知识融合）与 NLP 工作过程（语料预处理、特征工程）。

◇掌握计算机视觉关键技术（图像分类、目标检测）及 AIGC 的跨模态生成原理（文本到图像、视频合成）。

能力目标

◇技术应用能力：能根据任务需求选择合适的技术方案，如使用语义网络构建领域知识库，或采用 A*算法设计路径规划系统。

◇场景设计能力：结合行业痛点（如金融风控、医疗影像分析），设计包含知识推理、数据整合的 AI 解决方案。

◇跨模态整合能力：通过 AIGC 技术实现文本、图像、音频的协同生成，满足多模态内容创作需求。

◇问题诊断能力：识别 AI 模型在推理、搜索或生成中的技术瓶颈（如过拟合、启发函数设计偏差），并提出优化策略。

5.1 知识表示与推理技术

· 任务介绍

本任务围绕人工智能中的知识处理展开，系统探讨了知识的本质、表示方法、推理机制及推理系统设计，旨在揭示机器模拟人类智能的核心逻辑。通过理论阐述与实例结合，构建了从知识获取到推理应用的完整框架，为理解人工智能的认知模拟机制提供了系统性视角。知识表示与推理技术的结合，不仅是机器智能化的基石，也是推动 AI 变革现实世界的核心驱动力。

· 任务实施

学习任务见表 5-1-1。

第五章 人工智能的关键技术 05

表 5-1-1 学习任务表

学习内容	知识表示与推理技术
任务目标	1. 理解知识的定义、表示形式与分类及其在人工智能中的重要作用 2. 掌握逻辑表示法、规则表示法、语义网络与知识图谱的原理 3. 理解演绎推理、归纳推理、不确定性推理的逻辑基础 4. 了解知识推理系统的架构设计与优化方法
任务实施	1. 知识学习 阅读资料：阅读本节内容和相关文献，总结知识表示方法和知识推理系统的基本概念和理论 课堂讨论：参与课堂讨论，分享对理论知识的理解，提出疑问和见解 2. 案例分析 分析案例：选取典型的知识推理系统案例，分析其架构和优化策略 撰写报告：撰写案例分析报告，总结案例中的关键技术和经验 3. 实践巩固 项目选题：选择一个领域（如医疗诊断、金融分析），设计并实现一个简单的知识推理系统 系统实现：利用所学知识，选择合适的知识表示方法和优化策略，实现系统的知识库、推理引擎和接口层
任务总结	通过本节内容的学习，我学到
小组互评	

5.1.1 知识的概念

知识是人类在实践中认识客观世界的成果，是人类智力功能的直接体现。人工智能主要研究用机器来模仿和执行人类的一些智力功能。为了让机器具有智力，需要解决三个方面的问题：一是机器如何理解世界并获取知识，二是如何将已获得的知识以"机器懂得"的方式存储在机器里，三是如何利用这些知识进行推理来解决实际问题并变革世界。这三个问题可以概括为知识的获取、知识的表示和知识的运用，这三个方面的内容便成为人工智能研究的核心内容，其中知识的表示是人工智能研究首要解决的问题。

5.1.2 知识的表示方法

知识表示（Knowledge Representation，KR）是人工智能领域的一个关键分支，它关注于如何将人类的知识以计算机能够理解和处理的方式描述出来。知识表示的目标是将人类丰富而复杂的认知过程转化为计算机能够处理的形式，从而支持计算机进行推理、学习和决策（见图 5-1-1）。

图 5-1-1　机器理解世界、获取知识

知识的表示形式多种多样,包括但不限于(见表5-1-2):

自然语言:人类日常使用的语言,是知识传播和交流的主要方式。

数学公式:用于精确描述数学关系、物理现象和化学变化等。

物理模型:通过物理手段模拟实际现象或系统,以揭示其内在规律和机制。

语义网络:通过图结构表示概念及其关系,适用于表示复杂的关系网络。

框架:类似于对象类,是对描述事物、问题和潜在解决方案的类别的抽象描述。

表 5-1-2　知识的表示形式

形式	精确性	结构化程度	适用场景
自然语言	低	低	人类沟通、非正式知识传递
数学公式	高	中	科学规律、定量分析
语义网络	中	高	关系推理、知识图谱构建
框架	高	高	系统化建模、专家系统

实例1:在自动驾驶系统中,自然语言描述交通规则,数学公式建模车辆动力学,语义网络关联道路实体,框架定义"车辆""行人"等对象的属性和行为。

在计算机科学中,知识表示通常涉及表示学习、构建三元组等基本单元,以支持计算机进行推理。离散符号表示和连续向量表示是两种常见的知识表示方法。离散符号表示采用一阶谓词逻辑、语义网络等形式,能够形式化地描述事物之间的关系和属性。连续向量表示则通过将知识映射到连续向量空间,支持向量计算,从而实现对复杂关系和抽象概念的更为准确的表示。

(1)逻辑表示法。

逻辑表示法使用逻辑公式来描述知识,如命题逻辑、一阶逻辑等。命题逻辑是最基本的逻辑系统,仅涉及真值函数和逻辑联结词(如与、或、非等)。一阶逻辑则在此基础上引入了量词(如存在、所有)和个体变量,能够表示更复杂的关系。

逻辑表示法使用逻辑语言来表示知识,它有两个相互关联的组成部分:

公理系统。公理系统是逻辑推理系统中的一组合式公式,这组公式在推理系统中被认为是真的,并且推理系统能够通过这些公式演绎出另一些真的公式。

推理规则集合。推理规则集合是一组能进行演绎推理和归纳推理的规则。在一阶谓词演算中,通常使用一种称为 Horn 子句的规范化形式来表示推理规则。

逻辑表示法在自动定理证明、知识库系统、专家系统等领域有广泛应用。例如，在知识库系统中，逻辑表示法可以用于表示和存储知识，以及实现知识的推理和检索。

表 5-1-3 为一阶逻辑表示功能示例。

表 5-1-3　一阶逻辑表示功能示例

符号	名称	功能示例
¬	非	否定命题。如：¬ Rainy 表示"不下雨"
∧	与	同时成立。如：Hungry（x）∧ Thirsty（x）（x 是既饿又渴）
∨	或	至少一个成立。如：Cat（x）∨ Dog（x）（x 是猫或狗）
→	蕴含	如果前件为真，则后件为真。如：Rainy→WetGround（如果下雨，则地面湿）
↔	等价	双向蕴含。如：Alive（x）↔¬ Dead（x）（x 活着当且仅当 x 没有死亡）

实例 2：使用一阶逻辑表示"所有学生都选课"的知识。

$$\forall x (Student(x) \rightarrow \exists y (Course(y) \land Enrolled(x, y)))$$

在一阶逻辑表示法中"∀"符号为全称量词，表示对所有对象成立。"∃"符号为存在量词，表示"至少存在一个对象满足"。

（2）规则表示法。

规则表示法又称产生式规则表示法，通过产生式规则来表示知识，是一种前因后果式的知识表示模型。它由两部分构成：前一部分称为条件（或前提），用来表示状况、前提、原因等；后一部分称为结果（或动作、结论），用来表示结论、后果等。其基本形式是"IF condition THEN conclusion/action"，即"如果条件满足，则得出结论或执行动作"。在专家系统中，规则表示法得到了广泛应用。

实例 3：一个简单的故障诊断规则。

如果（发动机温度过高且冷却液不足），那么（故障为冷却液泄漏）。

（3）语义网络表示法。

语义网络（Semantic Network）是一种带标识的有向图，用于表示人类知识。其中，节点表示问题领域中的物体、概念、事件、动作或者态势，而节点之间带有标识的有向弧则表示节点之间的语义联系。

语义网络最早由奎利恩（J. R. Quillian）在 1968 年的博士论文中提出，作为人类联想记忆的一个显式心理学模型。后来，西蒙（Simon）在 1972 年正式提出了语义网络的概念，并将其用于自然语言理解系统。

在语义网络知识表示中，节点一般划分为实例节点和类节点两种类型。实例节点表示具体的个体或对象，而类节点则表示具有共同属性的个体集合。有向弧表示节点之间的语义联系，是语义网络组织知识的关键。有向弧通常带有标识，以明确表示节点之间的语义关系。语义网络中常用的语义联系包括：

1）实例联系：用于表示类节点与所属实例节点之间的联系，通常标识为 ISA。例如，"张三是一名教师"可以通过实例联系来表示。

2）泛化联系：用于表示一种类节点（如鸟）与更抽象的类节点（如动物）之间的联系，通常用 AKO（A Kind Of）表示。通过 AKO 可以将问题领域中的所有类节点组织成一个 AKO 层次网络。

3）聚集联系：用于表示某一个体与其组成成分之间的联系，通常用 part of 表示。聚集联系基于概念的分解性，将高层概念分解为若干低层概念的集合。

4）属性联系：用于表示个体、属性及其取值之间的联系。通常用有向弧表示属性，用这些弧指向的节点表示各自的值。

实例 4：使用语义网络表示法将下列命题用一个语义网络表示出来（见图 5-1-2）。

1）树和草都是植物；

2）树和草都有叶和根；

3）水草是草，且生长在水中；

4）果树是树，且会结果；

5）梨树是果树中的一种，它会结梨。

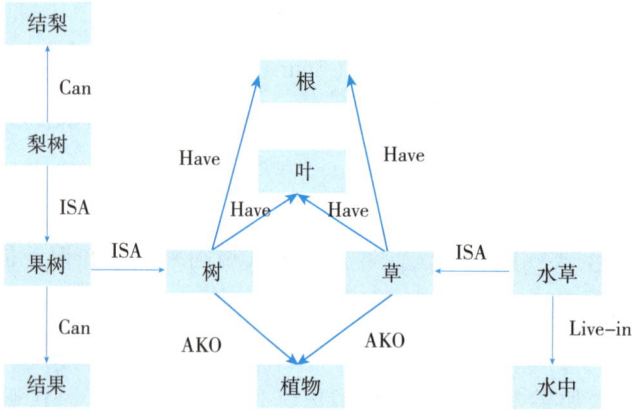

图 5-1-2　知识的语义表示法

想一想

逻辑表示法、规则表示法和语义网络表示法各自的特点是什么？在什么情况下你会选择其中一种表示法？

（4）知识图谱。

知识图谱是语义网络的一种扩展，它使用图结构来表示知识，包括实体、属性和关系。知识图谱在搜索引擎、智能问答等领域有广泛应用。

实例 5：一个简单的知识图谱片段。

实体：苹果。

属性：颜色（红色）、形状（圆形）、口感（脆）。

关系：苹果→水果（属于关系）。

想一想

知识处理在人工智能中的作用是什么？你能举出生活中知识处理的例子吗？

5.1.3 知识推理

人类的任何具体思维都有它的内容，以及其相应的形式。任何具体思维，都涉及一些特定的对象。例如，数学中的具体思维，涉及数量与图形等特定对象；物理学中的具体思维，涉及声、光、电、力等特定的对象。不同领域中的具体思维所涉及的对象是不相同的。但是，在不同领域的具体思维中，又存在一些共同的因素。例如，在不同领域的具体思维中，都会应用到"所有……都是……""如果……那么……"等思维因素。不同领域的具体思维都需要应用的共同思维因素，就是具体思维的形式。不同领域的具体思维所涉及的特定对象，就是具体思维的内容。从人类思维的模拟来看，机器所完成的一些工作，可以说是对人的逻辑思维的模拟与复制，其中最具有代表性的是"一般问题求解"，推理在问题求解中起到核心作用，而推理中采用的搜索过程一般是启发式的。

1. 命题与推理

逻辑推理论证广泛地渗透在人们的认知思维活动之中。逻辑学是研究人类内在逻辑推理能力的学科，其中数理逻辑将人类逻辑推理形式化，使人们可以借助计算机模拟人类的逻辑推理过程，这就是初级机器认知智能的基本原理。

在逻辑学中，描述逻辑推理的一个基本概念是命题。命题是描述事件的陈述句，只有陈述句才能表达命题，一个推理就是一个陈述句集合。对命题内容的判断分为真、假两种。一个命题所描述的事件如果符合事实，它就是真的；如果不符合事实，它就是假的。无所谓真假的语句不表达命题。

如果用一个陈述句集合来表达推理，那么可以把作为该集合元素的语句区分为两部分，即前提和结论。凡是不能做出这种区分的陈述句集合就不是推理。以下是两个不同的陈述句集合：

（1）张珊是中国公民，张珊已年满18周岁，凡是年满18周岁的中国公民都有选举权，所以，张珊有选举权。

（2）张珊是中国公民，张珊已年满18周岁，张珊有选举权。

这里的（1）表达一个推理，它的前3个语句是前提，因为它们都出现在词语"所以"前面；最后一个语句则是结论，因为它出现在词语"所以"后面。也就是说，凡是表达推理的陈述句集合中一定包含特殊的词语，如"所以""因为""因此"等。根据这些词语可以区分前提与结论。而（2）中没有这样的词语，它仅是一个陈述句集合，而不是一个推理。因此，推理实际上描述的是作为前提的命题同作为结论的命题之间的一种逻辑关联性。

从表达形式上看，命题和推理是具有特定结构的语言形态的东西，但是从所表述的内容来看，它们是完全不同于语言甚至也不依赖于主体的东西。因此，我们对命题和推理的分析研究，既可以从内容的角度进行，也可以从形式的角度进行。

内容是指命题和推理所具体表述的东西，形式则是指命题和推理表达所具有的特定语言结构。以下是两个推理：

（1）所有金属都是导电的，所有橡胶不是金属，所以，所有橡胶不是导电的。

（2）所有鸟类都有翅膀，所有蝙蝠不是鸟类，所以，所有蝙蝠没有翅膀。

从表达的内容看，（1）和（2）是两个完全不同的推理，因为它们的前提和结论描述的是完全不同的事件，（1）是关于物理现象的，（2）是关于自然常识的。但是这两个推理具有完全相同的

形式。两个推理中，结论的主项（设为 S）都是第二个前提的主项，结论的谓项（设为 P）都是第一个前提的谓项，并且在相同位置出现的前提以及作为结论出现的命题都具有相同的表达形式：第一个前提的表达形式是"所有……是……"，第二个前提的表达形式是"所有……不是……"，结论的表述形式则都是"所有……不是……"。

设在两个前提中都出现的主项为 M，那么（1）和（2）具有的形式如下：所有 M 是 P，所有 S 不是 M，所以，所有 S 不是 P。在具体的推理或命题中形式与内容是有机联系在一起的，但形式与内容又是不同的。以上是对人的思维规律从逻辑概念的角度进行的概括。

2. 推理类型

从不同角度来看，推理的类型有很多。例如，按照逻辑基础分类，推理可分为演绎推理、归纳推理和默认推理；按照所用知识的确定性分类，推理可分为确定性推理和不确定性推理；按照所推出的结论是否单调地递增，或者说所得到的结论是否越来越接近最终目标，推理可分为单调推理和非单调推理。下面主要介绍前两种分类。

（1）按照逻辑基础分类。

1）演绎推理。

演绎推理是从已知的一般性知识出发，推理出适合于某种个别情况的结论的过程。它是一种由一般到个别的推理方法。最常用的演绎推理形式是三段论，包括大前提、小前提和结论三个部分。其中，大前提是已知的一般性知识或推理过程得到的判断，小前提是关于某种具体情况或某个具体实例的判断，结论是由大前提推出的、适合小前提的判断。下面给出一个三段论推理的例子：

①计算机系的学生都会编程序（一般性知识）；

②程强是计算机系的一名学生（具体实例的判断）；

③程强会编程序（结论）。

这就是一个典型的三段论推理。利用大前提（一般性知识）和小前提（具体实例的判断）经过推理得到结论。从这个例子可以看出，"程强会编程序"这一结论是蕴含在"计算机系的学生都会编程序"这个大前提中的。

在任何情况下，由演绎推理所得出的结论总是蕴含在大前提所给出的一般性知识之中。只要大前提和小前提是正确的，那么由它们推出的结论也必然是正确的。

2）归纳推理。

归纳推理是从大量特殊事例出发，归纳出一般性结论的推理过程。它是一种由个别到一般的推理方法。其基本思想：首先从已知事实中猜测出一个结论，其次对这个结论的正确性加以证明确认。数学归纳法就是归纳推理的一种典型例子。归纳推理从特殊事例考察范围来看，又可分为完全归纳推理、不完全归纳推理；从使用的方法来看，又可分为枚举归纳推理、类比归纳推理等。

完全归纳推理是指在进行归纳时需要考察相应事物的全部对象，并根据这些对象是否都具有某种属性来推出该类事物是否具有此种属性。例如，某公司购进一批计算机，如果对每台机器都进行了质量检验，并且都合格，则可得出结论：这批计算机的质量是合格的。

不完全归纳推理是指在进行归纳时只考察相应事物的部分对象，即可得出关于该事物的结论。例如，某公司购进一批机器，如果只是随机地抽查了其中的部分机器，则也可根据这些被抽查机器的质量推出整批机器的质量。

3）默认推理。

默认推理又称缺省推理，是一种在知识不完全或信息不确定时，基于常识或默认假设进行推断的逻辑方法。其核心思想是：在缺乏明确反证的情况下，暂时接受某个命题为真，并据此展开推理；若后续出现矛盾信息，则撤销原有结论并重新推导。例如，已知"鸟会飞"，若初始信息仅表明"企鹅是鸟"，默认推理会假设企鹅会飞；但当补充"企鹅不会飞"时，系统需撤销原结论并修正推理链。这种动态性使其能模拟人类处理例外情况的能力。

（2）按照所用知识的确定性分类。

1）确定性推理。

确定性推理是指推理所用的知识是精确的，推出的结论也是精确的，其真值要么为真，要么为假，不会有第三种情况出现。演绎推理和归纳推理是两种经典的确定性推理，它们以数理逻辑的有关理论、方法和技术为理论基础，是可在计算机上加以实现的一种机械化推理方法。

2）不确定性推理。

在现实世界中，人类所遇到的问题往往信息不够完善、不够精确，客观上存在随机性、模糊性，即具有一定程度的不确定性。同时，在人类的知识和思维行为中，精确性是相对的，不精确性才是绝对的，因而相对于确定性推理，不确定性推理的应用更为广泛、研究更为深入。不确定性推理是指推理时所用的知识不都是精确的，推出的结论也不完全是肯定的，其真值会位于真与假之间。由于现实世界中的大多数事物都是不精确的，并且这些不精确的事物很难用精确的数学模型来进行表示与处理，因此不确定性推理也就成了人工智能的一个重要研究课题。

不确定性推理方法的分类见图 5-1-3。

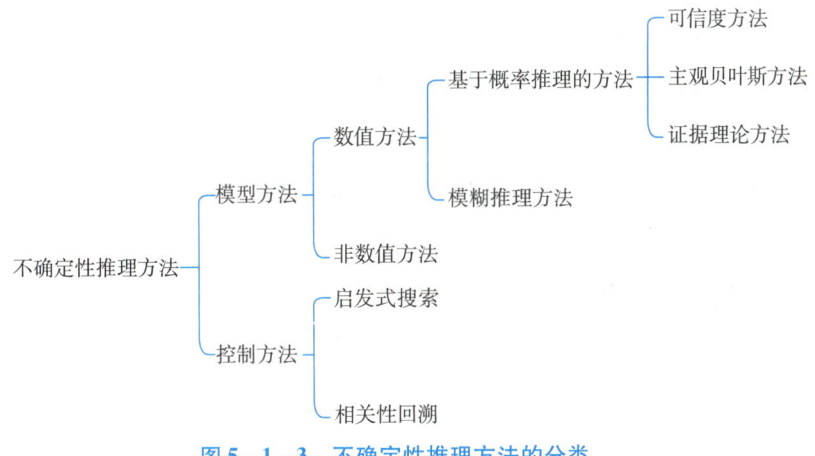

图 5-1-3　不确定性推理方法的分类

5.1.4　知识推理系统设计

知识推理系统是实现知识推理功能的关键，其设计需要考虑系统的架构、知识表示与存储以及推理过程与优化。知识推理系统的架构设计是系统设计的第一步，它需要明确系统的各个组件以及它们之间的关系。

1. 系统架构设计

知识库：知识库是存储所有知识的组件，它可以是静态的，也可以是动态的。静态知识库通常包含固定的知识，而动态知识库则能够根据实际情况更新知识。

推理引擎：推理引擎是负责执行推理过程的组件，它根据给定的知识库和推理规则，推导出新的结论。

接口层：接口层是用户与知识推理系统交互的界面，它提供了一系列的 API 或界面供用户使用。

知识推理系统架构如图 5-1-4 所示。

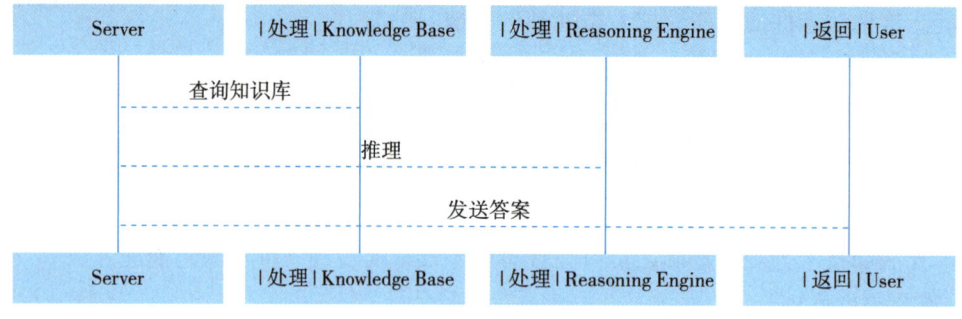

图 5-1-4　知识推理系统架构

2. 知识表示与存储

知识表示与存储是知识推理系统的核心，它决定了系统如何存储和管理知识。

符号表示：符号表示是一种常见的知识表示形式，它使用符号和规则来表示知识。符号表示通常使用数据库或关系型数据结构来存储。

语义网络表示：语义网络表示使用节点和边来表示实体和实体之间的关系。语义网络表示通常使用图数据库来存储。

本体表示：本体表示是一种用于描述知识领域的理论框架，它规定了领域中各类实体、属性和关系的定义。本体表示通常使用本体语言（如 OWL）来表示。

3. 推理过程与优化

推理过程与优化是知识推理系统的关键环节，它决定了系统如何高效地执行推理。

推理过程包括以下几个步骤：

（1）初始化：加载知识库和推理规则。

（2）匹配：根据输入条件，在知识库中查找匹配的规则。

（3）推理：根据匹配的规则，推导出结论。

（4）输出：将推理结果输出给用户。

优化方法：

（1）并行化：通过并行计算，提高推理速度。

（2）缓存：使用缓存技术，减少重复的推理操作。

（3）知识压缩：通过压缩知识库，减少存储空间。

（4）动态更新：根据实际需求，动态更新知识库。

5.2 搜索技术与问题求解

• 任务介绍

本任务主要介绍了人工智能中的搜索技术，这是解决复杂问题的重要工具之一，特别是在规划、决策和优化问题中扮演着核心角色。搜索技术通过在状态空间中寻找从初始状态到目标状态的路径，来找到满足特定条件的解。本任务详细阐述了搜索策略的分类，包括盲目搜索（如无信息搜索）和启发式搜索（如有信息搜索），并对比了各类搜索算法的优缺点，如广度优先搜索、深度优先搜索、A^*算法等。此外，本章还通过无人车中的路径规划问题这一具体应用场景，展示了搜索技术的实际应用和操作流程。通过问题建模、搜索算法选择和具体步骤的描述，读者可以更加深入地理解搜索技术在解决实际问题中的重要作用。

• 任务实施

学习任务见表5-2-1。

表5-2-1 学习任务表

学习内容	搜索技术与问题求解
任务目标	1. 能够理解并描述搜索技术的基本原理和分类，掌握常见搜索算法的应用场景和优缺点 2. 通过案例分析，能够运用搜索技术解决实际问题，提高问题解决能力和创新思维
任务实施	1. 知识学习 阅读资料：阅读本节内容和相关文献，了解搜索技术在人工智能领域的应用、搜索策略的分类以及问题求解的关键步骤 课堂讨论：参与课堂讨论，分享对理论知识的理解，提出疑问和见解，与老师和同学共同探讨搜索技术的原理和应用。 2. 案例分析 分析案例：选取无人车路径规划等实际问题，分析其建模为搜索空间的方法，理解状态空间、初始状态、目标状态和操作等概念在实际问题中的应用 撰写报告：撰写案例分析报告，总结案例中的关键技术和经验，提出自己的思考和见解 3. 实践巩固 项目选题：选择一个实际问题（如旅行商问题、"八皇后问题"等），将其建模为搜索空间 算法实现：选择合适的搜索策略进行求解，并编写相应的算法代码，实现问题的求解过程 实验评估：通过实验评估不同搜索策略在求解问题中的效率和质量，分析各搜索策略的优缺点和适用场景 项目报告：提交项目报告，包括问题建模、搜索策略选择、算法实现和实验结果分析等内容
任务总结	通过本节内容的学习，我学到

小组互评	

人们平常所说的"搜索"是"寻找隐藏的东西",与此相比,人工智能中所谓的搜索也没有本质上的不同。在人工智能中,这种被寻找的东西常常被称为"目标"或者"解"。

搜索技术是人工智能领域解决复杂问题的重要工具之一,是解决规划、决策和优化问题的核心技术。从简单的迷宫导航到复杂的规划问题,搜索算法都扮演着关键角色。在人工智能领域,搜索指通过系统化的方法在状态空间中寻找从初始状态到目标状态的路径,在给定的状态空间中寻找满足特定条件的解的过程。状态空间是指所有可能状态的集合,而搜索过程则是从这个集合中逐步探索,直到找到目标状态或确定无解。

5.2.1 搜索策略的分类

搜索策略主要分为两大类:盲目搜索(无信息搜索)和启发式搜索(有信息搜索)(见图5-2-1)。

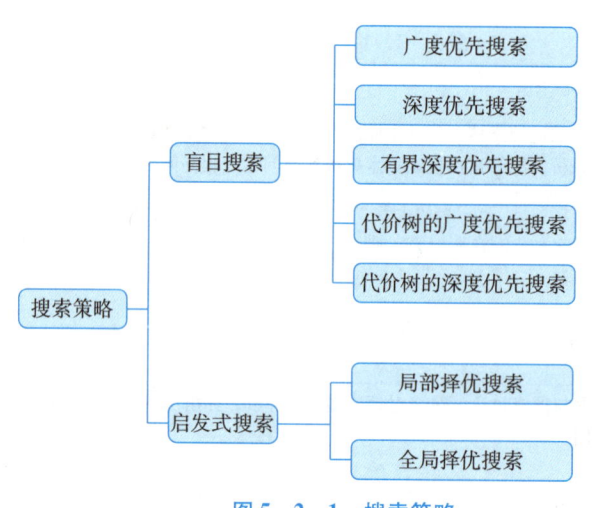

图5-2-1 搜索策略

盲目搜索是指在搜索过程中,只按预先规定的搜索控制策略进行搜索,而没有任何中间信息改变这些控制策略。这种搜索策略没有超出问题定义提供的状态之外的附加信息,因此搜索过程可能带有一定的盲目性,效率相对较低。

盲目搜索的主要策略包括:

广度优先搜索:按照层级逐层扩展节点,先扩展完当前层的所有节点,再扩展到下一层节点。这种策略可以确保找到最短路径(如果目标节点存在的话),但可能需要访问大量节点。

深度优先搜索:沿着树的深度遍历树的节点,尽可能深地搜索树的分支。这种策略在找到目标节点或到达叶子节点时回溯,可能较快地找到解,但也可能陷入死胡同(见图5-2-2)。

有界深度优先搜索:对深度优先搜索进行限制,设置一个最大深度界限。当搜索达到这个界限时,如果还没有找到目标节点,就回溯并尝试其他路径。

启发式搜索利用额外的信息(启发式函数)来指导搜索方向,通常能更快找到解。良好的启发

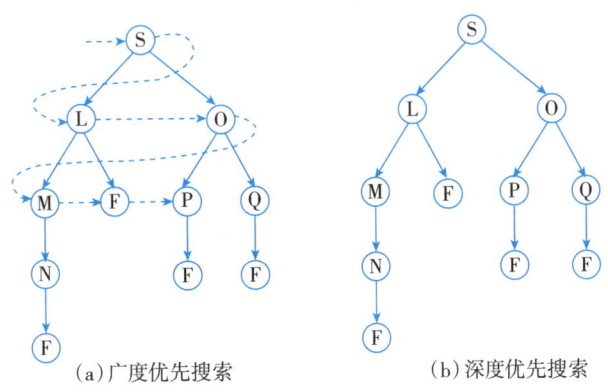

(a) 广度优先搜索　　　　(b) 深度优先搜索

图 5-2-2　广度优先搜索和深度优先搜索

式函数能显著提高搜索效率，但设计不当可能导致搜索偏离最优路径。

最佳优先搜索：根据启发式函数值选择最有希望的节点进行扩展。

Dijkstra 算法：用于加权图中的最短路径搜索，启发式函数为当前路径长度。

A^* 算法：结合了最佳优先搜索和代价—收益分析，使用启发式函数 $f(n)=g(n)+h(n)$，其中 $g(n)$ 是从初始状态到当前状态的实际代价，$h(n)$ 是从当前状态到目标状态的估计代价（启发式信息）。

想一想

搜索技术中的盲目搜索和启发式搜索有什么区别？在解决一个具体问题时，你会如何选择搜索策略？

5.2.2　搜索技术的应用

（1）应用场景——无人驾驶的路径规划问题。

一辆自动驾驶汽车需要从起点 A（如停车场）行驶到终点 B（如商场入口），需避开障碍物（如行人、其他车辆）、遵守交通规则，并选择最短或最快路径。如何用搜索技术解决？

（2）问题建模。

状态空间：将城市地图抽象为网格或图结构，每个路口/路段为节点，道路连接为边。

初始状态：起点 A 的坐标。

目标状态：终点 B 的坐标。

操作：车辆可移动的方向（直行、左转、右变道等）。

（3）搜索算法选择——A^* 算法。

启发函数 $h(n)$：当前点到终点的直线距离。

实际代价 $g(n)$：已行驶的实际距离或时间（考虑拥堵）。

（4）具体步骤。

步骤 1：从起点 A 出发，计算所有相邻道路节点（如前方路口、左侧车道）的 $f(n)=g(n)+h(n)$。

步骤 2：优先探索 $f(n)$ 最小的节点（即"综合距离最短"的方向）。

步骤 3：遇到动态障碍（如突然出现的行人），实时更新地图并重新搜索路径。

步骤 4：到达终点 B 后，回溯路径生成导航指令（如"前方 100 米右转"）。

5.2.3 问题求解的关键步骤

1. 问题的定义与理解

(1) 明确问题：需要清晰地定义和理解问题。包括确定问题的范围、目标、约束条件和限制。

(2) 问题建模：将实际问题抽象化为计算机可以处理的模型。这可能涉及数学方程、逻辑公式或图形表示等。

2. 问题的分析

(1) 问题分解：将复杂问题分解为更小的、更易于处理的子问题。这有助于降低问题的复杂性，并使其更易于理解和解决。

(2) 识别关键信息：从问题定义中提取关键信息，如输入数据、输出要求、约束条件等。这些信息将用于构建解决方案。

3. 确定搜索策略

(1) 选择搜索空间：确定可能的解决方案的集合，即搜索空间。这取决于问题的类型和复杂性。

(2) 确定搜索策略：选择一种有效的搜索策略来遍历搜索空间。常见的搜索策略包括深度优先搜索、广度优先搜索、启发式搜索等。

(3) 评估候选解决方案：对于每个候选解决方案，评估其是否满足问题的要求。这可能涉及计算成本、比较性能或验证正确性等方面。

4. 解决方案构建与验证

(1) 构建解决方案：根据搜索策略找到最佳候选解决方案，构建具体的解决方案。这可能涉及编写代码、设计算法或配置系统等方面。

(2) 验证解决方案：对构建的解决方案进行验证，确保其满足问题的所有要求和约束条件。这可能涉及测试、模拟或实验等方法。

5. 优化与改进

(1) 评估解决方案：对验证通过的解决方案进行评估，确定其性能、效率和可靠性等方面是否满足期望。

(2) 优化与改进：根据评估结果，对解决方案进行优化和改进。这可能涉及调整参数、改进算法或引入新技术等方面。

(3) 迭代与反馈：将优化后的解决方案重新放入问题求解过程中进行迭代，并根据反馈进行进一步的调整和改进。

拓展阅读

八皇后问题：经典的人工智能挑战

在国际象棋的棋盘上，如何巧妙地放置八个皇后，使它们互不攻击，这一难题被称为"八皇后问题"（见图5-2-3）。这个问题不仅是人工智能领域的一个经典挑战，也是计算机科学中用于研究搜索算法和逻辑推理的重要课题。

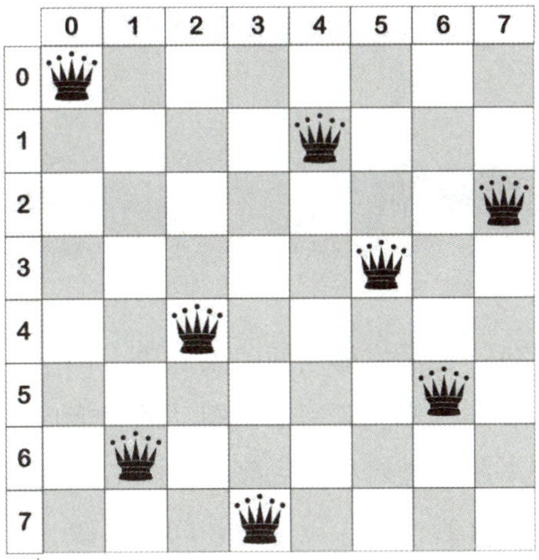

图 5-2-3　八皇后问题

一、问题的起源与定义

八皇后问题的起源可以追溯到19世纪的国际象棋谜题。问题的目标清晰而简洁：在一个 8×8 的棋盘上，放置八个皇后，使得任何一个皇后都无法直接攻击到另一个。这意味着，任何两个皇后都不能位于同一行、同一列或同一对角线上。

二、搜索技术的巧妙应用

解决八皇后问题的过程，实质上是在一个庞大的状态空间中寻找满足特定条件的解。这个状态空间包括了所有可能的皇后放置方式。为了高效地找到解，我们可以利用搜索技术，特别是回溯算法。

回溯算法是一种通过试错来寻找问题解的算法。在解决八皇后问题时，算法会尝试在棋盘的每一行放置一个皇后，并检查是否与之前放置的皇后冲突。如果发生冲突，算法会回溯到上一个决策点，尝试其他的放置方式。

三、盲目搜索与启发式搜索的对比

在解决八皇后问题时，我们可以选择盲目搜索策略，如宽度优先搜索或深度优先搜索。这些策略会系统地探索所有可能的皇后放置位置，直到找到解。虽然这种方法能够确保找到解，但在面对复杂问题时，可能会耗费大量的时间和计算资源。

为了提高搜索效率，我们可以采用启发式搜索策略，如 A* 算法。启发式搜索利用额外的信息来指导搜索方向，从而更快地找到解。在八皇后问题中，我们可以设计一个启发式函数，用于评估当前棋盘状态与目标状态之间的距离或差异。这个启发式函数可以引导搜索算法朝着更有希望的方向进行，从而显著减少搜索的时间和空间复杂度。

四、八皇后问题的现实意义

八皇后问题不仅仅是一个理论上的挑战，它在实际应用中也有着广泛的价值。例如，在物流规划中，如何合理安排货物的存放位置，以避免相互干扰；在任务调度中，如何分配资源，以确保各个任务能够顺利进行。这些问题都可以转化为类似八皇后问题的模型，利用搜索算法来寻找最优解。

八皇后问题作为人工智能领域的一个经典难题，不仅考验了我们的逻辑思维和算法设计能力，

也为我们提供了一个研究搜索算法和逻辑推理的重要平台。通过深入研究和解决八皇后问题，我们可以更好地理解和应用搜索技术，为实际生活中的各种问题提供更加高效和智能的解决方案。

5.3 知识图谱与专家系统

·任务介绍

本任务将深入探讨知识图谱这一揭示实体之间关系的语义网络。知识图谱不仅优化了搜索引擎的结果，增强了用户的搜索体验，还成为互联网知识驱动的智能应用的基础设施。从知识图谱的原理、发展历程到构建过程，本任务将全面解析这一领域的核心概念和技术。通过学习，我们将了解知识图谱如何以结构化的形式描述客观世界，以及它在问答系统、信息检索和智能决策等方面的广泛应用。

·任务实施

学习任务见表 5-3-1。

表 5-3-1 学习任务表

学习内容	1. 知识图谱的基本原理和架构 2. 知识图谱的发展历程和构建过程 3. 知识图谱在各个领域的应用场景
任务目标	1. 掌握知识图谱：全面掌握知识图谱的概念、原理、发展历程和构建过程 2. 理解应用场景：深入理解知识图谱在不同领域的应用场景和价值 3. 培养应用能力：能够根据具体场景选择合适的知识图谱构建方法和应用策略，培养创新思维和解决问题的能力 4. 实践项目经验：通过实践项目，加深对知识图谱的理解和应用，积累项目经验
任务实施	1. 知识学习 阅读资料：阅读本节内容和相关文献，了解知识图谱的概念、原理、发展历程和构建过程 课堂讨论：参与课堂讨论，分享对理论知识的理解，提出疑问和见解，与老师和同学共同探讨知识图谱的原理和应用 2. 案例分析 选取知识图谱在金融、医疗、工业等领域的应用案例，分析其构建过程和应用方式 撰写案例分析报告，总结案例中的关键技术和经验，提出自己的思考和见解 3. 实践巩固 项目选题：选择一个领域（如电商、医疗等），设计并实现一个简单的知识图谱构建项目 项目实现：完成数据采集、信息抽取、知识融合和知识加工等步骤，构建领域知识图谱。实现知识图谱在领域中的具体应用，如商品推荐、疾病诊断等 实验评估：通过实验评估知识图谱在领域中的应用效果，分析构建过程和应用方式的优缺点 项目报告：提交项目报告，包括构建过程、应用方式和实验结果分析等内容

任务总结	通过本节内容的学习，我学到 _____ _____ _____ _____
小组互评	

知识图谱（Knowledge Graph）是一种揭示实体之间关系的语义网络。2012年5月17日，谷歌正式提出了知识图谱的概念，其初衷是优化搜索引擎返回的结果，提升用户搜索质量及体验。

5.3.1 知识图谱的原理

知识图谱以结构化的形式描述客观世界中的概念、实体及其关系，将互联网的信息表达成更接近人类认知世界的形式，提供了一种更好地组织、管理和理解互联网海量信息的能力。知识图谱给互联网语义搜索带来了活力，同时在问答系统中显示出了强大作用，已经成为互联网知识驱动的智能应用的基础设施。知识图谱与大数据和深度学习一起，成为推动互联网和人工智能发展的核心驱动力之一。

知识图谱不是一种新的知识表示方法，而是知识表示在工业界的大规模应用，它对互联网中可以识别的客观对象进行关联，以形成客观世界实体和实体关系的知识库，其本质上是一种语义网络，其中的节点代表实体或者概念，边代表实体/概念之间的各种语义关系。知识图谱的架构包括知识图谱自身的逻辑结构，以及构建知识图谱所采用的技术（体系）架构。

知识图谱的逻辑结构可分为模式层与数据层。模式层在数据层之上，是知识图谱的核心，存储的是经过提炼的知识，通常采用本体库来管理知识图谱的模式层，借助本体库对公理、规则和约束条件的支持能力，规范实体、关系以及实体的类型和属性等对象之间的联系。数据层主要由一系列的事实组成，而知识以事实为单位存储在数据库中。如果以"实体—关系—实体"或者"实体—属性—性值"三元组作为事实的基本表达方式，则存储在数据库中的所有数据将构成庞大的实体关系网络，形成知识图谱。图5-3-1为知识图谱的表示。

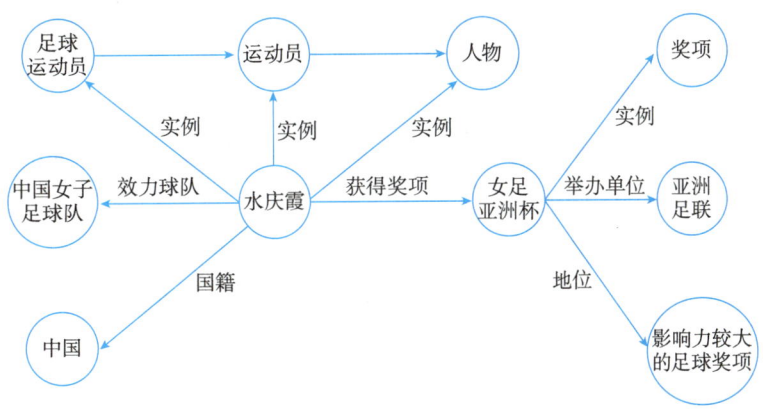

图5-3-1　知识图谱的表示

想一想

在知识图谱中，实体、属性和关系是如何相互作用的？这种相互作用有什么意义？

5.3.2 知识图谱的发展历程

1. 起源阶段（1955—1977 年）

背景：在这一阶段，引文网络分析开始成为一种研究当代科学发展脉络的常用方法。

关键事件：

1955 年，加菲尔德提出了将引文索引应用于检索文献的思想。

1965 年，普赖斯在 Networks of Scientific Papers 一文中指出，引证网络（科学文献之间的引证关系）类似于当代科学发展的"地形图"。

1968 年，奎林（J. R. Quillian）提出语义网络，最初作为人类联想记忆的一个明显公理模型提出，随后在 AI 中用于自然语言理解，表示命题信息。语义网络是一种以网络格式表达人类知识构造的形式，是人工智能程序运用的表示方式之一。

2. 发展阶段（1977—2012 年）

背景：随着计算机科学的不断发展，语义网和本体论的研究逐渐兴起。

关键事件：

1977 年，在第五届国际人工智能会议上，美国计算机科学家 B. A. Feigenbaum 首次提出知识工程的概念。知识工程是通过存储现存的知识来实现对用户的提问进行求解的系统，其中最典型和成功的知识工程的应用是基于规则的专家系统。此后，以专家系统为代表的知识库系统开始被广泛研究和应用。

1998 年，万维网之父 Tim Berners–Lee 提出语义网。同时，随着链接开放数据（Linked Open Data）的规模激增，互联网上散落了越来越多的知识元数据。

2002 年，机构知识库的概念被提出，知识表示和知识组织开始被深入研究，并广泛应用到各机构单位的资料整理工作中。

在这一阶段，知识图谱吸收了语义网、本体在知识组织和表达方面的理念，使得知识更易于在计算机之间和计算机与人之间交换、流通和加工。

3. 繁荣阶段（2012 年至今）

背景：21 世纪，随着互联网的蓬勃发展，信息量呈爆炸式增长，搜索引擎的出现使人们开始渴望更加快速、准确地获取所需的信息。

关键事件：

2012 年，谷歌提出 Google Knowledge Graph（谷歌知识图谱），知识图谱正式得名。谷歌通过知识图谱技术改善了搜索引擎性能。

在人工智能的蓬勃发展下，知识图谱涉及的知识抽取、表示、融合、推理、问答等关键问题得到一定程度的解决和突破，知识图谱成为知识服务领域的一个新热点，受到国内外学者和工业界广泛关注。

目前，知识图谱技术正逐渐改变现有的信息检索方式。如谷歌、百度等主流搜索引擎都在采用知识图谱技术提供信息检索，一方面通过推理实现概念检索（相对于现有的字符串模糊匹配方式而言）；另一方面，以图形化方式向用户展示经过分类整理的结构化知识，从而使人们从人工过滤网页寻找答案的模式中解脱出来。

传统专家系统到知识图谱的转变见图 5-3-2。

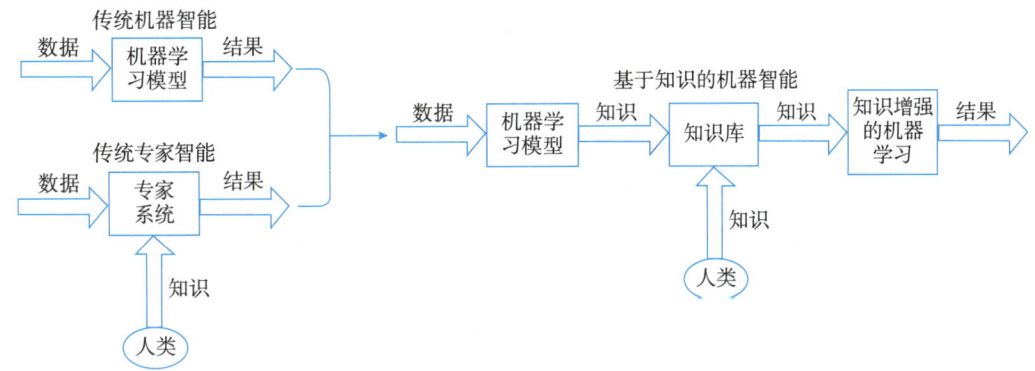

图 5-3-2 传统专家系统到知识图谱的转变

5.3.3 知识图谱的构建

知识图谱的构建过程包含 4 个步骤，即数据获取（或采集）、信息（或知识）抽取、知识融合、知识加工，如图 5-3-3 所示。

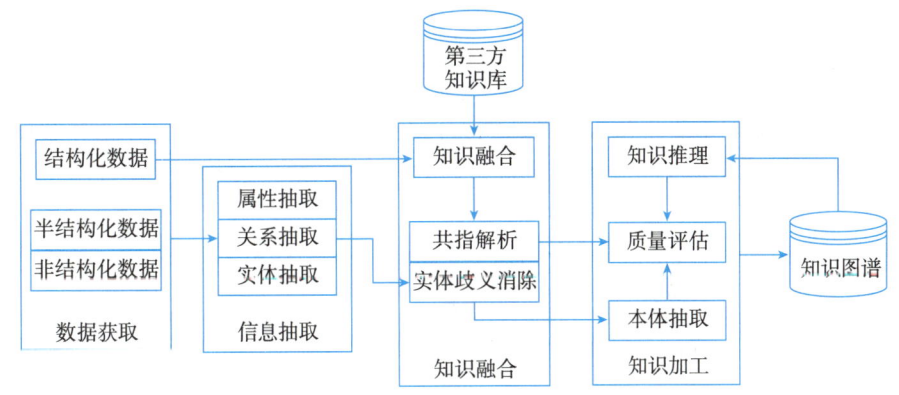

图 5-3-3 知识图谱的构建过程

1. 数据获取

构建知识图谱是以大量的数据为基础的，需要进行大规模的数据采集。采集的数据来源一般是网络上的公开数据、学术领域已整理的开放数据、商业领域的共享与合作数据等，这些数据可能是结构化的、半结构化的或者非结构化的，数据采集器要适应不同类型的数据。

2. 信息抽取

信息抽取是指对数据进行粗加工，将数据提取成"实体—关系—实体"三元组。根据数据所在的领域，抽取方法可分为开放支持抽取和专有领域知识抽取。通过从各种类型的数据源中提取出实体、属性及实体间的相互关系，就可以在此基础上形成本体化的知识表达。

3. 知识融合

由于表征知识的"实体—关系—实体"三元组抽取自不同来源的数据，不同的实体也可以进一步通过共指解析、歧义消除融合成新的实体，实现抽象层面的融合；利用融合之后的新实体，三元组集合可以进一步学习和推理，将表达相同或相似含义的不同关系合并成相同关系，检测相同实体对之间的关系冲突等。在获得新知识之后，需要对其进行整合，以消除矛盾和歧义，例如，某些实体可能有多种表达，某个特定称谓也许对应于多个不同的实体等。

4. 知识加工

对于经过融合的新知识，需要经过质量评估（部分需要人工参与甄别）之后才能将其合格的部分加入知识库，以确保知识库的质量。知识图谱构建完成之后，即可形成一个无向图网络，可以运用一些图论方法进行网络关联分析，将其用于文档检索及智能决策等领域。例如，一般电子商务公司的知识图谱以商品、标准产品、标准品牌、标准条码、标准分类为核心，利用实体识别、实体链接和语义分析技术，整合关联如舆情、百科、国家行业标准等9大类一级本体，包含百亿级别数量的三元组，形成巨大的知识网，然后将商品知识图谱广泛地应用于搜索、前端导购、平台治理、智能问答、品牌商运营等核心与创新业务。

在实际应用中，知识图谱的构建有两种方法：如果知识领域比较贴近开放领域，则可以先从网络上找一个开放知识图谱，然后以此为基础进行扩充；如果知识领域属于某个专有行业，如信息安全领域，则开放知识图谱中可直接使用的知识表示相对较少，这时需要花更多的精力去构建专业的知识图谱。

5.3.4 知识图谱的应用场景

知识图谱通过结构化数据关联和语义推理能力，在金融、医疗、工业等多个领域展现了强大的应用潜力。基于知识图谱构建的语义搜索和问答系统是应用场景的典型代表（见图5-3-4）。

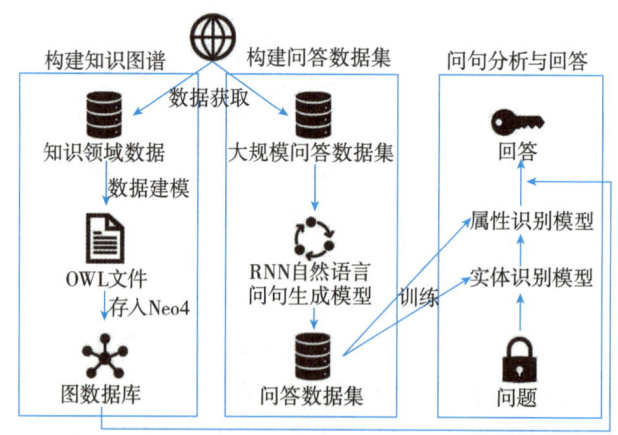

图5-3-4 知识图谱构建问答系统

1. 金融行业

在金融行业，知识图谱被广泛应用于风险防控、客户画像、智能投顾等方面。

（1）风险防控。金融机构可以利用知识图谱构建客户风险画像，通过挖掘和分析客户之间的关联关系，识别潜在的风险点和欺诈行为。同时，知识图谱还可以帮助金融机构实时监测交易数据，发现异常交易行为并采取相应的风险控制措施。

（2）客户画像。金融机构可以利用知识图谱整合客户的个人信息、交易记录、信用记录等多维度数据，形成全面的客户画像。这有助于金融机构更深入地了解客户需求，提供个性化的金融产品和服务。

（3）智能投顾。知识图谱可以应用于智能投顾系统中，通过分析市场数据、客户风险偏好等因素，为客户提供个性化的投资建议和资产配置方案。

2. 医疗领域

在医疗领域，知识图谱被用于构建医学知识库、辅助诊疗、药物研发等方面。

（1）构建医学知识库。医学知识图谱可以整合医学领域的海量数据，包括疾病、药物、手术等方面的知识，形成系统的医学知识库。这有助于医生快速获取相关信息，提高诊疗效率和准确性。

（2）辅助诊疗。基于知识图谱的辅助诊疗系统可以根据患者的症状、病史等信息，自动推荐可能的疾病诊断和治疗方案。这有助于医生做出更准确的诊断，并为患者提供个性化的治疗方案。

（3）药物研发。知识图谱可以应用于药物研发过程中，通过分析药物与靶点的相互作用、药物的代谢途径等信息，为药物研发提供新的思路和方法。

3. 公共安全与政务

在公共安全与政务领域，知识图谱被用于处理海量数据、挖掘有价值的信息等方面。

（1）公安知识图谱。公安部门可以利用知识图谱技术构建公安知识图谱，通过整合和分析案件数据、人员信息、地理位置等多维度数据，形成全面的案件画像和人员画像。这有助于公安部门快速锁定犯罪嫌疑人，提高办案效率。

（2）政务数据整合。政府部门可以利用知识图谱整合不同来源、不同格式的政务数据，形成统一的数据视图。这有助于政府部门更好地了解社会经济发展情况，制定更加科学的政策。

4. 消费商业

在消费商业领域，知识图谱被广泛应用于电商平台的搜索、推荐、治理等方面。

（1）个性化推荐。电商平台可以利用知识图谱分析用户的浏览历史、购买记录等信息，为用户提供个性化的商品推荐。这有助于提高用户的购物体验和满意度。

（2）平台治理。电商平台可以利用知识图谱发现潜在的违规商品和卖家，及时采取相应的治理措施。这有助于维护平台的良好秩序和消费者的合法权益。

5. 能源与工业领域

在能源与工业领域，知识图谱被用于工业产品研发、生产、运行等方面的知识管理和优化。

（1）工业知识图谱。工业知识图谱可以整合工业产品研发、生产、运行等方面的数据，形成系统的知识库。这有助于工程师更好地理解产品的设计、生产和运行过程，提高产品的质量和生产效率。

（2）故障诊断与预测。基于知识图谱的故障诊断与预测系统可以实时监测设备的运行状态，发现潜在的故障点并预测故障发生的时间。这有助于企业及时采取相应的维护措施，避免设备故障对生产造成影响。

拓展阅读

在医疗领域，知识图谱与专家系统的结合为智能问诊提供了全新的解决方案，极大地提升了医疗服务的效率和准确性。这种技术的结合不仅能够帮助患者快速找到适合自己的医疗资源，还能辅助医生进行更精准的诊断和治疗决策。

基于知识图谱的智能导诊系统能够根据患者的症状描述，自动推荐合适的科室和医生。例如，当患者输入"头晕手麻"等症状时，系统可以通过知识图谱的推理能力，快速定位到可能与这些症状相关的疾病，如颈椎病、高血压等，并推荐患者去相应的科室就诊。这不仅解决了患者"知症不知病，知病不知科"的困扰，还提高了就诊效率，减少了医疗资源的浪费。

在基于知识图谱的智能导诊系统中，可以融入专家系统的问诊功能。患者在使用系统时，可以通过对话的方式输入自己的症状信息。系统会根据患者的回答，自动在知识图谱中搜索相关的疾病和科室信息，并推荐就诊科室和医生。同时，系统还可以根据患者的具体情况，给出初步的诊断建议和治疗方案。这样，患者不仅可以快速地找到适合自己的医疗资源，还能在就诊前对病情有一个大致的了解，从而更好地配合医生的治疗。

知识图谱与专家系统在智能问诊方面的应用具有广阔的前景和深远的意义。它们不仅提高了医疗服务的效率和准确性，还为患者提供了更加便捷、个性化的就医体验。随着技术的不断进步和应用场景的不断拓展，相信未来会有更多的创新应用涌现出来，为医疗领域的发展注入新的活力。

5.4 自然语言处理系统

·任务介绍

本任务主要介绍了自然语言处理（NLP）的基本概念、发展历程、典型应用以及工作过程。NLP作为计算机科学与人工智能领域的重要研究方向，旨在实现人与计算机之间用自然语言进行有效通信。从早期的规则驱动到数据驱动，再到如今的预训练模型主导，NLP技术不断演进，为各行各业带来了深刻的变革。在金融、医疗、教育等领域，NLP技术均展现出广泛的应用前景和巨大的商业价值。本任务通过详细阐述NLP的定义、发展历程和典型应用，以及介绍其工作过程中的语料预处理、特征工程、模型训练和指标评价等环节，为读者提供了全面而深入的理解。

·任务实施

学习任务见表5-4-1。

表5-4-1 学习任务表

学习内容	自然语言处理系统
任务目标	1. 掌握知识概念：全面掌自然语言处理的概念、作用和应用领域 2. 理解技术方法：理解自然语言处理的技术与方法，并能够根据具体场景选择合适的技术与方法 3. 培养应用能力：培养创新思维和解决问题的能力，通过实践项目加深对自然语言处理的理解和应用 4. 了解挑战未来：了解自然语言处理面临的挑战与未来发展方向，培养持续学习的意识

任务实施	1. 知识学习 阅读资料：阅读本节内容和相关文献，了解自然语言处理的概念、作用和应用领域，总结相关知识点 课堂讨论：参与课堂讨论，分享对理论知识的理解，提出疑问和见解，与老师和同学共同探讨自然语言处理的原理和应用 2. 案例分析 分析案例：选取自然语言处理在文字识别、语音识别、机器翻译等领域的应用案例，分析其基本原理和实施效果 撰写报告：撰写案例分析报告，总结案例中的关键技术和经验，提出自己的思考和见解 3. 实践巩固 项目选题：选择一个领域（如机器翻译、语音识别等），设计并实现一个简单的自然语言处理项目 项目实现：完成数据采集、预处理、模型训练和评估等步骤，构建自然语言处理模型。实现自然语言处理模型在领域中的具体应用，如文本翻译、语音转文字等 实验评估：通过实验评估自然语言处理模型在领域中的应用效果，分析构建过程和应用方式的优缺点 项目报告：提交项目报告，包括构建过程、应用方式和实验结果分析等内容
任务总结	通过本节内容的学习，我学到
小组互评	

语言是人类智慧的结晶，它经历了漫长而缓慢的发展过程，是人类交际、思维和传递信息的重要工具。在人类进入信息化社会的今天，计算机自动处理语言文字信息水平已成为衡量一个国家是否步入信息社会的重要标准之一。20 世纪 80 年代至今，中文语言处理技术在字处理、词处理等领域均取得了重大进展，不仅使中文这一世界古老的语言顺利地搭上了信息时代的火车，还使中文在文字识别、语音识别、机器翻译等语言处理技术方面与其他语言相比毫不逊色，在排版印刷等应用方面也达到了世界领先水平（见图 5-4-1）。

5.4.1 自然语言处理的定义

人工智能领域中研究历史最长、研究数量最多、要求最高的领域之一是语音和语言处理。开发智能系统的任何尝试，最终似乎都必须解决一个问题，即使用何种形式的标准进行交流，比起使用图形系统或基于数据系统的交流，语言交流通常是首选。语言是人类区别于其他动物的本质特性。在所有生物中，只有人类才具有语言能力，人类的多种智能都与语言有着密切的关系。人类的逻辑思维以语言为形式，人类的绝大部分知识也是以语言文字的形式记载和流传下来的。

自然语言处理（Natural Language Processing，NLP）是计算机科学与人工智能领域的一个重要的研究与应用方向，是一门融语言学、计算机科学、数学于一体的科学，它研究能实现人与计算机之间用自然语言进行有效通信的各种理论和方法。因此，这一领域的研究涉及自然语言，与语言学的

图 5-4-1 机器"善解人意"

研究有密切联系又有重要区别。自然语言处理研究能有效地实现自然语言通信的计算机系统，特别是其中的软件系统。

使用自然语言与计算机进行通信，是人们长期以来所追求的。因为它既有明显的实际意义，同时也有重要的理论意义：人们可以用自己最习惯的语言来使用计算机，而无须再花大量的时间和精力去学习不自然和不习惯的各种计算机语言；人们也可通过它进一步了解人类的语言能力和智能机制。

实现人机间自然语言通信意味着要使计算机既能理解自然语言文本的意义，也能以自然语言文本来表达给定的意图、思想等。前者称为自然语言理解，后者称为自然语言生成，因此，自然语言处理大体包括了这两个部分。

5.4.2 自然语言处理的发展历程

从"规则驱动"到"数据驱动"，再到"预训练模型"主导，NLP 的发展可分为 4 个阶段（见图 5-4-2）。

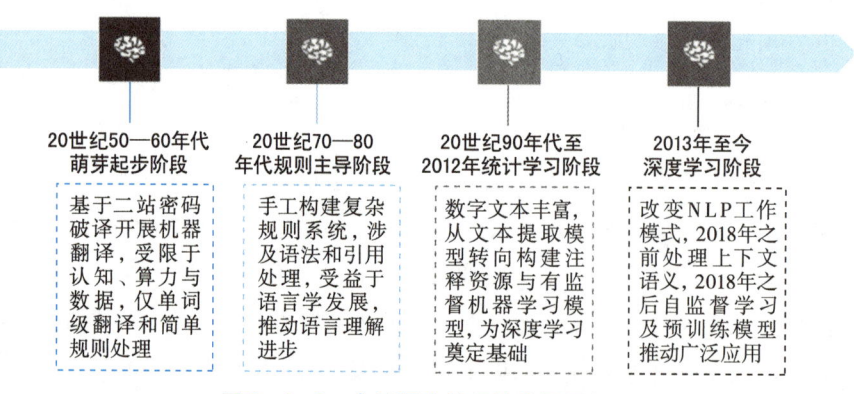

图 5-4-2 自然语言处理的发展历程

1. 萌芽起步阶段（20世纪50—60年代）

特点：语言学驱动，主要依赖于语言学理论，研究集中在规则和语法的设计上。

研究内容：如何将语法规则编写成计算机程序，以便计算机能够理解和生成自然语言。

重要事件：

(1) 1954年，IBM的研究人员成功实现了基于规则的机器翻译系统，将俄文翻译成英文，尽管翻译质量有限，但这一成果被认为是NLP的开端。

(2) 机器翻译成为NLP的主要研究方向，NLP主要基于规则，如句法分析和词汇对齐，使用基于规则的机器翻译（例如"符号主义"方法）。

2. 统计方法的兴起（20世纪70—90年代）

特点：随着统计学方法的引入，NLP的研究逐渐转向数据驱动的统计模型。

研究内容：侧重于使用大规模语料库分析语言的规律，而不是依赖传统的规则系统。

重要事件：

(1) 20世纪90年代，统计方法开始进入机器翻译领域，IBM的研究人员开发了基于统计的翻译模型，采用大规模语料库进行概率计算，大幅改进了翻译效果。

(2) 隐马尔可夫模型（HMM）在序列标注任务中被广泛应用，如词性标注、语音识别等，通过引入概率模型，能够较好地处理语言中的不确定性。

(3) N-gram模型成为语言模型的重要工具，在拼写纠错、语音识别等领域得到了广泛应用。

3. 深度学习阶段（21世纪至今）

特点：随着机器学习和数据科学的快速发展，NLP研究逐步从传统的统计方法过渡到机器学习方法，深度学习技术逐渐崭露头角并彻底改变了NLP的研究方向。

研究内容：

(1) 支持向量机（SVM）、决策树、随机森林等算法开始被广泛应用于文本分类、情感分析、命名实体识别等任务。

(2) 监督学习和无监督学习被广泛应用，LDA（Latent Dirichlet Allocation）是其中一个典型的无监督学习算法，广泛应用于文本主题分析。

> **想一想**
>
> 自然语言处理的发展历程是怎样的？这个历程反映了技术进步的哪些趋势？

5.4.3 自然语言处理的典型应用

1. 文字识别

文字识别借助计算机系统自动识别印刷体或者手写体文字，将其转换为可供计算机处理的电子文本（见图5-4-3）。对于普通的文字识别系统，主要研究字符的图像识别；而对于高性能的文字识别系统，往往需要同时研究语言理解技术。

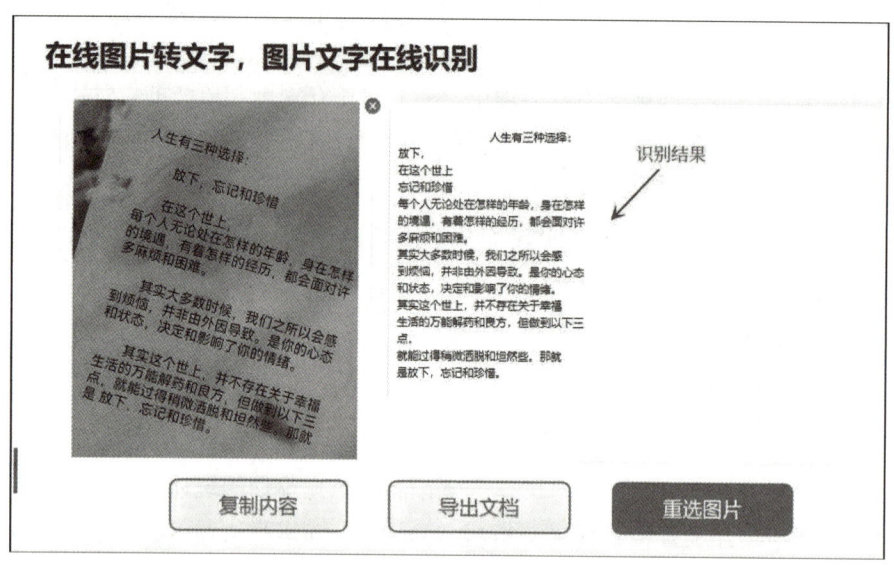

图 5-4-3　在线图片转文字

2. 语音识别

语音识别又称自动语音识别，目标是将人类语音中的词汇内容转换为计算机可读的输入（见图 5-4-4）。语音识别技术的应用包括语音拨号、语音导航、室内设备控制、语音文档检索、简单的听写数据录入等。

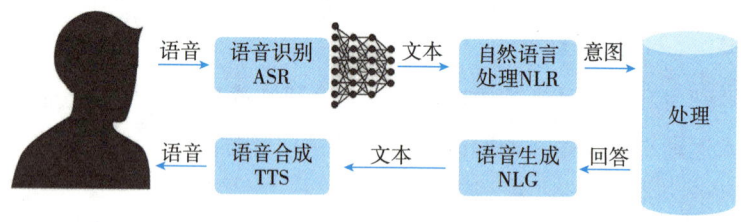

图 5-4-4　语音识别

3. 机器翻译

机器翻译研究借助计算机程序把文字或演讲从一种自然语言自动翻译成另一种自然语言，即把一种自然语言的输入转换为另一种自然语言的输出，使用语料库技术可实现更加复杂的自动翻译（见图 5-4-5）。

4. 自动文摘

自动文摘是应用计算机对指定的文章做摘要的过程，即把原文档的主要内容和含义自动归纳、提炼并形成摘要或缩写。常用的自动文摘是机械文摘，根据文章的外在特征提取能够表达其中心思想的部分原文句子，并把它们组成连贯的摘要。

5. 文本分类

文本分类又称文档分类，是在给定的分类系统和分类标准下，根据文本内容利用计算机自动判别文本类别，并实现文本自动归类的过程，它包括学习和分类两个过程。

6. 问答系统

问答系统是指借助计算机系统对人提出问题的理解，通过自动推理等方法，在相关知识库中自

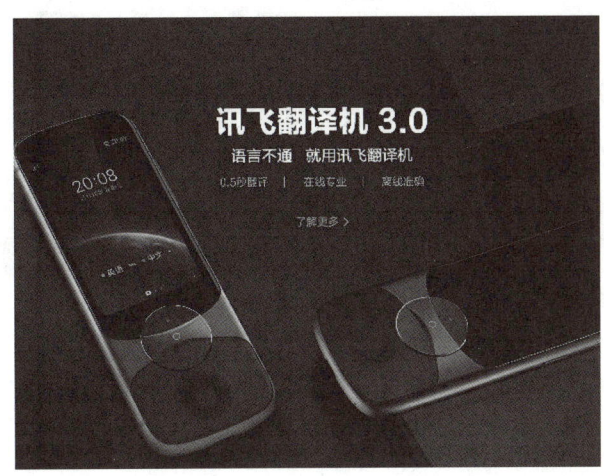

图 5-4-5 科大讯飞"翻译机"

动寻找答案,并对问题做出相应的回答。回答技术与语音技术、多模态输入输出技术、人机交互技术相结合,构成问答系统。

5.4.4 自然语言处理的工作过程

计算机处理自然语言的整个过程一般可以概括为 4 部分:语料预处理、特征工程、模型训练和指标评价。

1. 语料预处理

语料预处理即对输入的数据进行预处理,主要包括 4 个步骤(见图 5-4-6)。

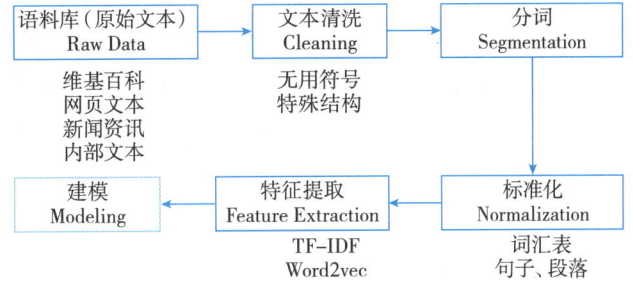

图 5-4-6 语料预处理过程

(1)语料清洗。

保留有用的数据,删除噪声数据,常见的清洗方式有人工去重、对齐、删除、标注等。

(2)分词。

将文本分成词语,如通过基于规则的、基于统计的分词方法进行分词。

(3)词性标注。

给词语标上词类标签,如名词、动词、形容词等。常用的词性标注方法有基于规则的、基于统计的算法,如最大熵词性标注、HMM 词性标注等。

(4)去停用词。

去掉对文本特征没有任何贡献作用的字词,如标点符号、语气词、助词等。

2. 特征工程

这一步的主要工作是将分词表示成计算机可识别的计算类型，一般为向量，常用的表示模型有词袋模型、词向量等。

3. 模型训练

选择好特征后，就要训练使用的模型，包括参数的微调等。在模型训练的过程中要注意，有可能出现模型在训练集中表现很好，但在测试集中表现很差的问题。

4. 指标评价

常用的模型评价指标有错误率、精准度、准确率、召回率等，利用这些指标来评价模型的优劣程度，以选择最佳的模型，进而输出最终的自然语言处理的结果。

拓展阅读

在金融领域，自然语言处理（NLP）技术正逐渐展现出强大的应用潜力和价值。NLP技术通过理解和分析自然语言文本，为金融机构提供了更为精准、高效的风险评估、智能投顾和客户服务等解决方案。下面详细介绍NLP技术在这些领域的应用案例。

1. 风险评估

在风险评估方面，NLP技术能够助力金融机构更加准确地识别和分析潜在的风险。通过对大量的金融文本数据（如新闻报道、社交媒体评论、财经公告等）进行自然语言处理，金融机构可以快速捕捉到与市场动态、企业运营、政策变化等相关的信息。这些信息经过NLP技术的分析和挖掘，可以被转化为对风险的量化评估，从而帮助金融机构及时做出风险预警和防控措施。

例如，某金融机构利用NLP技术对社交媒体上的大量评论进行情感分析，以监测市场对某家上市公司的情绪变化。当发现负面评论数量激增时，该机构立即对该公司的风险状况进行重新评估，并采取相应的风险管理措施，有效避免了潜在的投资损失。

2. 智能投顾

智能投顾是NLP技术在金融领域的另一个重要应用。通过NLP技术，智能投顾系统可以理解和分析客户的投资需求、风险偏好等信息，并基于这些信息为客户提供个性化的投资建议和资产配置方案。

在具体操作中，首先，智能投顾系统会通过NLP技术对客户的对话或文本输入进行解析和理解，提取出客户的投资需求、目标、风险承受能力等关键信息。其次，系统会根据这些信息在庞大的金融数据中寻找合适的投资机会和资产配置方案。最后，智能投顾系统会将这些建议以自然语言的形式呈现给客户，使客户能够轻松理解并做出决策。

3. 客户服务

在客户服务方面，NLP技术同样发挥着重要作用。通过NLP技术，金融机构可以实现对客户问题的自动理解和回答，从而提高客户服务的效率和满意度。

例如，某银行的客服系统采用了NLP技术，能够自动识别并理解客户的语音或文本输入问题。然后，系统会根据问题类型在知识库中查找相应的答案，并以自然语言的形式回复客户。这种智能化的客服系统不仅提高了客户服务的响应速度和质量，还降低了金融机构的人力成本。

此外，NLP技术还可以用于金融机构的内部培训和管理。通过对员工的对话或文本输入进行NLP分析，金融机构可以了解员工在业务处理、客户服务等方面的表现和问题，从而制定针对性的培训计划和改进措施。

5.5 计算机视觉处理技术

· 任务介绍

本任务将深入探讨计算机视觉这一前沿技术。计算机视觉技术作为机器认知世界的基础，旨在使计算机能够像人类一样"看懂世界"。我们将从计算机视觉的概念、特点、发展历程以及典型应用等多个维度进行全面剖析。通过学习，读者将了解计算机视觉的基本原理和工作方式，掌握其在图像识别、目标检测、图像分割等领域的应用，并深刻认识到计算机视觉处理技术在推动人工智能技术发展中的重要作用。

· 任务实施

学习任务见表5-5-1。

表5-5-1 学习任务表

学习内容	计算机视觉处理技术
任务目标	1. 掌握知识概念：全面掌握计算机视觉的概念、发展历史和应用领域 2. 理解挑战方法：理解计算机视觉面临的挑战和可能的解决方法 3. 培养应用能力：培养创新思维和解决问题的能力，通过实践项目加深对计算机视觉的理解和应用 4. 了解研究动态：了解计算机视觉的最新研究动态和未来发展方向，培养持续学习的意识
任务实施	1. 知识学习 阅读资料：阅读本节内容和相关文献，了解计算机视觉的概念、发展历史和应用领域，总结相关知识点 课堂讨论：参与课堂讨论，分享对理论知识的理解，提出疑问和见解，与老师和同学共同探讨计算机视觉的原理和应用 2. 案例分析 分析案例：选取计算机视觉在无人机与自动驾驶、工业制造等领域的应用案例，分析其基本原理和实施效果 撰写报告：撰写案例分析报告，总结案例中的关键技术和经验，提出自己的思考和见解 3. 实践巩固 项目选题：选择一个领域（如无人机与自动驾驶、工业制造等），设计并实现一个简单的计算机视觉项目 项目实现：完成数据采集、预处理、模型训练和评估等步骤，构建计算机视觉模型。实现计算机视觉模型在领域中的具体应用，如障碍物检测、缺陷检测等 实验评估：通过实验评估计算机视觉模型在领域中的应用效果，分析构建过程和应用方式的优缺点 项目报告：提交项目报告，包括构建过程、应用方式和实验结果分析等内容

续表

任务总结	通过本节内容的学习，我学到_____ _____ _____ _____ _____
小组互评	

人类认识、了解世界的信息中有 80% 以上来自视觉，同样，计算机视觉（Computer Vision, CV）是机器认知世界的基础，最终的目的是使得计算机能够像人类一样"看懂世界"。计算机视觉是从图像或视频中提取符号或数值信息，分析计算该信息以进行目标的识别、检测和跟踪等。更形象地说，计算机视觉就是让计算机像人类一样能看到并理解图像。

5.5.1 计算机视觉概述

计算机视觉是一门涉及图像处理、图像分析、模式识别和人工智能等多种技术的新兴交叉学科，具有快速、实时、经济、一致、客观、无损等特点。

1. 计算机视觉的概念

计算机视觉是研究如何让机器"看"的科学，其可以模拟、扩展和延伸人类智能，从而帮助人类解决大规模的复杂问题。因此，计算机视觉是人工智能主要应用领域之一，它通过使用光学系统和图像处理工具等来模拟人的视觉捕捉能力及处理场景的三维信息，理解并通过指挥特定的装置执行决策。目前，计算机视觉技术应用相当广泛，如人脸识别、车辆或行人检测、目标跟踪、图像生成等，其在科学、工业、农业、医疗、交通、军事等领域都有着广泛的应用前景。

计算机视觉技术的基本原理是利用图像传感器获得目标对象的图像信号，并传输给专用的图像处理系统，将像素分布、颜色、亮度等图像信息转换成数字信号，并对这些信号进行多种运算与处理，提取出目标的特征信息进行分析和理解，最终实现对目标的识别、检测和控制等。

2. 计算机视觉的特点

计算机视觉与其他人工智能技术有所不同。首先，计算机视觉是一个全新的应用方向，而非像预测分析那样只是对原有解决方案的一种改进。其次，计算机视觉能够以无障碍的方式改善人类的感知能力。当算法从图像当中推断出信息时，它并不像其他人工智能方案那样对本质上充满不确定性的未来做出预测；相反，它们只是判断关于图像或图像集中当前内容的分类。这意味着计算机视觉将随着时间推移而变得越发准确，直到其达到甚至超越人类的图像识别能力。最后，计算机视觉能够以远超其他人工智能工具的速度收集训练数据。大数据集的主要成本体现在训练数据的收集层面，但计算机视觉只需要由人类对图片及视频内容进行准确标记，这项工作的难度明显很低，正因如此，近年来计算机视觉技术的采用率迅猛提升。

5.5.2 计算机视觉的发展历史

1. 早期阶段（20 世纪 60—80 年代）

20 世纪 60 年代：计算机视觉的概念开始形成，研究者尝试让计算机识别和理解图像。早期的研究主要集中为基本的图像处理，如边缘检测和特征提取。1966 年，贝尔实验室的 Moravec 进行了机器人视觉导航实验，这一工作标志着计算机视觉的初步探索。

20 世纪 70 年代：研究人员开始使用几何形状模型和模板匹配方法，尝试进行目标识别。此阶段的技术大多依赖于手工设计的特征和规则。

20 世纪 80 年代：随着数字图像处理技术的发展，计算机视觉开始逐步建立起自己的理论基础。1984 年，David Marr 提出的计算机视觉理论框架为后续的研究奠定了重要的理论基础。此外，机器视觉逐渐被应用于工业自动化，尽管当时的成果有限，但这一时期的研究为后来的发展奠定了重要基础。

2. 系统开发期（20 世纪 90 年代）

20 世纪 90 年代：随着计算能力的提升和数据集的逐渐积累，计算机视觉研究逐渐关注于特征提取与匹配。传统算法如 Harris 角点检测和 SIFT 特征描述符等被提出。此阶段，计算机视觉技术开始向实际应用迈进，出现了许多商业化的图像处理软件和硬件设备。

国际交流与合作：国际计算机视觉大会（ICCV）和国际模式识别会议（IJCNN）等学术会议的举办，促进了国际交流与合作。

3. 深度学习兴起期（21 世纪初至 21 世纪 10 年代）

2006 年：深度学习开始兴起并获得关注。深度信念网络（DBN）等新模型被提出，用于自动特征提取。

2009 年：ImageNet 项目启动，大规模图像数据集促进了计算机视觉的发展。

2012 年：AlexNet 在 ImageNet 竞赛中获胜，深度卷积神经网络（CNN）应用于图像分类，显著降低了错误率。这一突破使得深度学习在计算机视觉中得到了广泛应用。

2014 年：生成对抗网络（GAN）被提出，开创了图像生成和合成的新方法。

2015 年：出现了多种新的架构，如 VGGNet、GoogLeNet 和 ResNet（残差网络）等，它们进一步提升了图像分类、对象检测和图像分割等任务的性能。

4. 跨学科融合期（21 世纪 20 年代至今）

深度学习广泛应用：深度学习在计算机视觉应用中无处不在，包括自动驾驶、医疗影像分析、智能监控等领域的实际应用。

新兴技术：如 Transformer 架构的引入（如 Vision Transformer），使得计算机视觉任务不仅仅依赖卷积神经网络，还开始接受基于序列的模型。

多模态学习：结合图像与文本、音频等多种数据类型的研究不断深化，带来更智能的应用。

高性能模型：研究者正致力于设计更高效、更轻量的模型，以在资源有限的设备上运行。

小样本学习：减少对大规模标注数据的依赖，提升模型对新任务的适应能力。

可解释性：提升深度学习模型的透明度，以便用户能够理解和信任计算机视觉系统的决策过程。

5.5.3 计算机视觉的应用

人工智能是现今的一大研究热点，而机器要想变得更加智能，必然少不了对外界环境的感知。有研究表明，人类对外界环境的感知 80% 以上来自视觉系统，机器也是如此，大多数的信息包含在图像中，人工智能的发展少不了计算机视觉。目前，计算机视觉在以下领域得到了广泛应用，但也面临着一些挑战：

1. 无人机与自动驾驶

无人机与自动驾驶行业的兴起，让计算机视觉在这些领域的应用成为近年来的研究热点（见图 5-5-1）。在自动驾驶领域，计算机视觉技术发挥着至关重要的作用。它能够帮助自动驾驶汽车实现行驶路线规划、障碍物检测和避让、交通信号识别等功能。具体而言，计算机视觉技术可以：实现对道路上的车辆、行人、交通标志等物体的准确检测和识别；检测道路上的车道线，并跟踪车辆的运动轨迹；对前方的障碍物进行检测和跟踪，及时预警并采取相应措施；实现对交通信号灯的检测和识别，以便自动驾驶车辆做出相应的反应；通过分析和理解车辆周围的场景信息，进行智能规划和预测，提高自动驾驶车辆的安全性和性能。

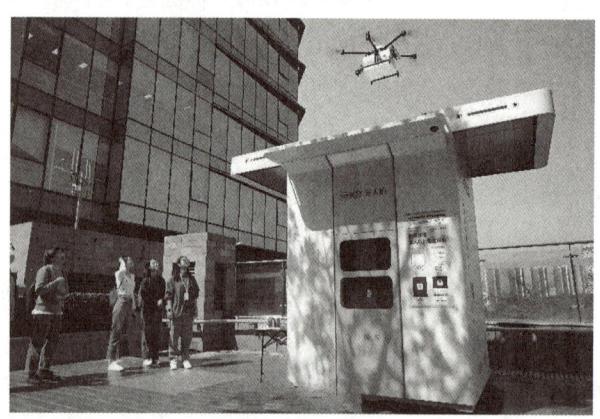

图 5-5-1 美团无人机送外卖

2. 工业制造领域

计算机视觉技术被广泛应用于工业制造领域，为制造业带来了智能化和自动化的变革（见图 5-5-2）。其应用场景包括：

机器人视觉系统：通过计算机视觉技术，机器人能够更准确地执行各种任务，如装配、焊接、搬运等。

缺陷检测：利用计算机视觉技术，可以实现对生产线上的产品进行快速、准确的缺陷检测，提高产品质量和生产效率。

质量控制：通过实时图像分析，计算机视觉技术可以监控生产过程中的各种参数，确保产品质量符合标准。

零件识别和装配：计算机视觉技术可以帮助机器人准确地识别和装配各种零件，提高装配效率和准确性。

此外，计算机视觉技术还可以应用于工人安全防护、环境监测、设备故障预警等方面，为制造业的智能化发展提供有力支持。

图 5-5-2 焊接机器人

3. 智慧医疗领域

随着近几年来计算机视觉技术的进步，智慧医疗领域受到了学术界和产业界的持续关注，其应用越来越广泛和深入。面向智慧医疗，计算机视觉技术将从两个层面产生深刻的影响：第一，对于临床医生，计算机视觉技术能帮助其更快速、更准确地进行诊断分析工作；第二，对于卫生系统，计算机视觉技术通过人工智能的方式能改善工作流程、减少医疗差错，也可用于医生的辅助训练。目前，医学上采用的图像处理技术大致包括压缩、存储、传输和自动/辅助分类判读。与计算机视觉相关的工作包括分类、判读和快速三维结构的重建等。具体应用包括：

（1）医学影像分析。通过对大量医学影像数据进行学习，计算机视觉技术能够自动识别X光、CT、MRI等影像中的微小病变和异常，如自动识别肺部结节并判断其良恶性（见图5-5-3）。

（2）个性化治疗建议。通过分析患者的病历信息、遗传数据等，计算机视觉技术可以为医生提供个性化的治疗建议，帮助医生做出更明智的决策。

（3）手术辅助。利用计算机视觉技术驱动的手术机器人可以实现高精度的手术操作，减少手术风险和恢复时间，提升手术的成功率和患者的安全性。

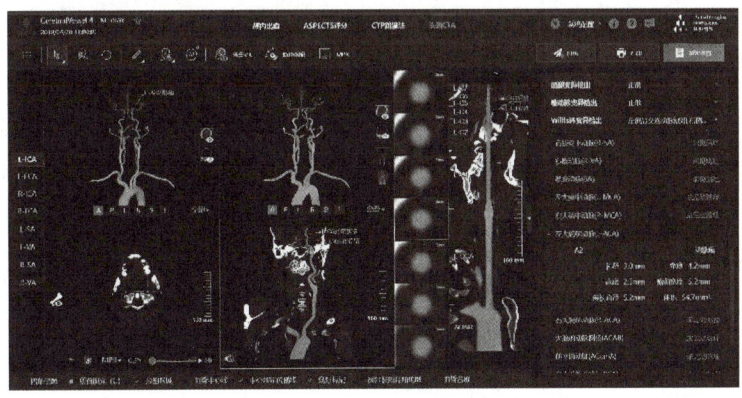

图 5-5-3 AI医学影像分析报告

4. 公共安全领域

公共安全领域是计算机视觉技术的重要应用场景，尤其是人脸识别技术，作为构建立体化、现代化社会治安防控体系的重要抓手和技术突破点，在当前的安防领域具有重要应用价值。近十年来，街道摄像头等视觉传感器的普及为智能安防提供了硬件基础与数据基础，为深度学习算法提供了大量的训练数据，从而大幅提升了人脸识别技术水平。

国内多种人脸识别产品已经被公安部门用于安防领域。完整的人脸识别系统包括人脸检测、人脸配准、人脸匹配、人脸属性分析等模块，其主要应用包括静态人脸识别、动态人脸识别、视频结构化等。例如，1∶1 比对的身份认证，相当于静态环境下的人脸验证，用于对输入图像与指定图像进行匹配，已经成熟应用于人脸解锁、身份验证等场景。早在 2008 年北京奥运会期间，人脸识别技术就作为国家级项目投入使用，在奥运会历史上第一次使用该项技术保障了开、闭幕式安检的安全通畅（见图 5–5–4）。

图 5–5–4　北京奥运会人脸识别仪器

5.5.4　图像分类技术

图像分类是根据不同类别的目标在图像信息中所反映的不同特征将它们区分开来的图像处理方法。它利用计算机对图像进行定量分析，把图像或其中的每个像素或区域划分为若干个类别中的某一种，以代替人的视觉判断。

图像分类的任务就是输入一张图像，正确输出该图像所属的类别。对于人类来说，判断一张图像的类别是一件很容易的事情，但是计算机并不能像人类那样获得图像的语义信息。计算机能看到的只是一个个像素的数值，对于一张 RGB 图像，假设其尺寸是 32×32，那么计算机看到的就是一个 $3 \times 32 \times 32$ 的矩阵，或者更正式地称其为张量（可以简单理解为高维的矩阵）。图像分类就是寻找一个函数关系，这个函数关系能够将这些像素的数值映射为一个具体的类别（类别可以用某个数值表示）。

图像分类的核心任务是分析一张输入的图像，并得到一个给图像分类的标签，标签来自预定义的可能类别集。例如，假定一个可能的类别集 categories = {dog, cat, eagle}，向分类系统中输入一张图片，如图 5–5–5 所示。图像分类系统的目标是根据输入图像，从类别集中分配一个类别，这里为 dog 类别。分类系统也可以根据概率给图像分配多个标签，如 dog：90%，cat：6%，eagle：4%。

图 5-5-5 向分类系统中输入一张图片

5.5.5 目标检测技术

目标检测需要定位出图像目标的位置和相应的类别。由于各类物体有不同的外观、形状、姿态，加上成像时光照、遮挡等因素的干扰，目标检测一直是计算机视觉领域最具有挑战性的问题。

目标检测的任务是在图像中找出所有感兴趣的目标（物体），并确定它们的位置和大小，是计算机视觉领域的核心问题之一。图像分类任务关心整体，给出的是整张图像的内容描述；而目标检测关注特定的物体目标，要求同时获得该目标的类别信息和位置信息。相比于图像分类，目标检测给出的是对图像前景和背景的理解，算法需要从背景中分离出感兴趣的目标，并确定这一目标的描述（类别和位置）。因此，目标检测模型的输出是一个列表，列表的每一项使用一个数据组给出目标的类别和位置（常用矩形检测）。

目标检测需要解决目标可能出现在图像的任何位置、目标有不同的大小以及目标可能有不同的形状这 3 个核心问题。目标检测示意图如图 5-5-6 所示。

图 5-5-6 目标检测示意图

5.5.6 图像分割技术

图像分割是图像分析的第一步，是计算机视觉的基础，是图像理解的重要组成部分，也是图像处理中最困难的问题之一。图像分割指利用图像的灰度、颜色、纹理、形状等特征，把图像分成若干个互不重叠的区域，并使这些特征在同一区域内呈现相似性，在不同的区域之间存在明显的差异性。此后，可以将分割的图像中具有独特性质的区域提取出来用于不同的研究。简单地说，图像分割就是在一幅图像中，把目标从背景中分离出来。对于灰度图像来说，区域内部的像素一般具有灰度相似性，而在区域的边界上一般具有灰度不连续性。

图像分割其实可以看作把图像分成若干个无重叠的子区域的过程，即假设 R 是整个要分割的图像区域，将此区域分成 n 个区域 R1，R2，R3，…，Rn 的过程就是图像分割。其中，R1，R2，R3，…，Rn 这些子区域需满足 5 个要求，即图像中任意一部分都要分割到某个子区域中、任意两个子区域不会重叠、子区域中的任意两个像素点能连通、所有子区域中的像素点都符合一种特点、任意相邻子区域中没有相同之处。图像分割示意图如图 5-5-7 所示。

图 5-5-7　图像分割示意图

拓展阅读

随着人工智能技术的迅猛发展，计算机视觉技术正逐渐成为推动智能交通、自动驾驶等领域进步的关键力量。作为这一领域的杰出代表，武汉萝卜快跑无人驾驶出租车项目为我们提供了一个生动的案例，展示了计算机视觉技术在实际应用中的巨大潜力和价值（见图 5-5-8）。

萝卜快跑作为百度旗下无人驾驶出租车的品牌，自落地武汉以来，便以其尖端的自动驾驶技术吸引了广泛关注。这一技术的核心，正是计算机视觉。通过高精度的雷达和激光雷达（LiDAR）传感器，萝卜快跑的车辆能够360°无死角地捕捉周围环境的三维信息，包括其他车辆、行人、障碍物以及道路标志等。同时，高清晰度摄像头捕捉的实时视频流与这些三维数据相融合，形成了对周围环境的全方位理解。正是借助先进的计算机视觉技术，萝卜快跑的自动驾驶系统才能够识别并理解复杂的交通场景，如交通信号灯、行人手势等，从而做出精准的驾驶决策。

环境感知与理解：计算机视觉技术使萝卜快跑的车辆能够实时感知并理解复杂的城市交通环

境。无论是繁忙的街道、狭窄的小巷还是复杂的交叉路口，车辆都能通过摄像头和传感器捕捉到数据，并进行快速、准确的分析和处理，从而做出正确的驾驶决策。

障碍物检测与避让：在行驶过程中，萝卜快跑的车辆能够利用计算机视觉技术及时检测到前方的障碍物，如突然闯入道路的行人、故障车辆或施工区域等。系统会迅速评估障碍物的位置和速度，并规划出安全的避让路径，确保行驶的安全。

交通信号识别与响应：计算机视觉技术还使萝卜快跑的车辆能够准确识别并响应交通信号灯。无论是红灯停、绿灯行还是黄灯减速，车辆都能根据信号灯的指示做出相应的驾驶动作，遵守交通规则，确保行驶的有序和安全。

图 5-5-8 武汉"萝卜快跑"无人驾驶出租车

5.6　AIGC 技术

· 任务介绍

AIGC 被认为是继专业生成内容（Professional Generated Content，PGC）、用户生成内容（User Generated Content，UGC）之后的新型内容创作方式。AIGC 让内容创作者由人变成了人工智能，是人工智能从 1.0 时代进入 2.0 时代的重要标志，其核心思想是利用人工智能模型，根据给定的主题、关键词、格式、风格等条件，自动生成各种类型的文本、图像、音频、视频等内容。本节从 AIGC 技术的发展和应用以及关键技术几个方面进行论述，使读者能够对 AIGC 技术有一个初步的认识。

· 任务实施

学习任务见表 5-6-1。

表 5-6-1 学习任务表

学习内容	1. AIGC 的概念、特点和分类 2. AIGC 的关键技术 3. AIGC 的应用场景
任务目标	1. 掌握知识概念：全面掌握 AIGC 的概念、特点和分类 2. 理解关键技术：理解 AIGC 的关键技术，并能够根据具体场景选择合适的技术 3. 培养应用能力：培养创新思维和解决问题的能力，通过实践项目加深对 AIGC 的理解和应用 4. 了解研究动态：了解 AIGC 的最新研究动态和未来发展方向，培养持续学习的意识
任务实施	1. 知识学习 阅读资料：阅读本节内容和相关文献，了解 AIGC 的概念、特点和分类，总结相关知识点 课堂讨论：参与课堂讨论，分享对理论知识的理解，提出疑问和见解，与老师和同学共同探讨 AIGC 的原理和应用 2. 案例分析 分析案例：选取 AIGC 在语言生成、图像生成等领域的应用案例，分析其基本原理和实施效果 撰写报告：撰写案例分析报告，总结案例中的关键技术和经验，提出自己的思考和见解 3. 实践巩固 项目选题：选择一个领域（如语言生成、图像生成等），设计并实现一个简单的 AIGC 项目 项目实现：完成数据采集、预处理、模型训练和评估等步骤，构建 AIGC 模型。实现 AIGC 模型在领域中的具体应用，如文本生成、图像生成等 实验评估：通过实验评估 AIGC 模型在领域中的应用效果，分析构建过程和应用方式的优缺点 项目报告：提交项目报告，包括构建过程、应用方式和实验结果分析等内容
任务总结	通过本节内容的学习，我学到
小组互评	

5.6.1 什么是 AIGC

AIGC 被认为是继专业生成内容（Professional Generated Content，PGC）、用户生成内容（User Generated Content，UGC）之后的新型内容创作方式。AIGC 让内容创作者由人变成了人工智能，是人工智能从 1.0 时代进入 2.0 时代的重要标志，其核心思想是利用人工智能模型，根据给定的主题、关键词、格式、风格等条件，自动生成各种类型的文本、图像、音频、视频等内容。AIGC 可以广泛应用于媒体、教育、娱乐、营销、科研等领域，为用户提供高质量、高效率、个性化的内容服务。

AIGC 是一种前沿和创新的人工智能技术，正在不断发展和进步。随着人工智能模型的改进和优化，以及数据资源的丰富和完善，AIGC 将能够生成更高质量、更多样化、更个性化的内容，满足用户的各种需求和场景。此外，AIGC 还将与其他人工智能技术相结合，实现更强大和更智能的内容服务。例如，AIGC 可以与自然语言处理、计算机视觉、语音识别、语音合成等技术相结合，实现文本到图像、图像到文本、文本到语音、语音到文本等跨媒体内容生成。AIGC 也可以与机器学习、深度学习、强化学习、生成对抗网络等技术相结合，实现更自主和更灵活的内容生成。

5.6.2 AIGC 的分类

AIGC 在生成内容层面可分为四类：语言生成、图像生成、音频生成、视频生成。

1. 语言生成

语言生成指神经网络所掌握的语义概率模型，根据任务需求来创造和输出语言文本。语言生成已在多个行业中得到广泛应用，代表应用如图 5-6-1 所示。金融业利用语言生成应用分析财务报告、企业定期报告等金融材料，以生成关键信息摘要与投资策略建议。电商利用语言生成应用生成商品描述、商品评价、商品推荐等内容。新闻与媒体利用语言生成应用生成新闻报道，或进行内容创作。教育行业利用语言生成应用协助教师生成教学计划与教学方案，辅助教师批改作业，为学生提供学习辅导。医疗行业利用语言生成应用协助医生撰写医疗方案与病历，帮助病患匹配医疗资源等。

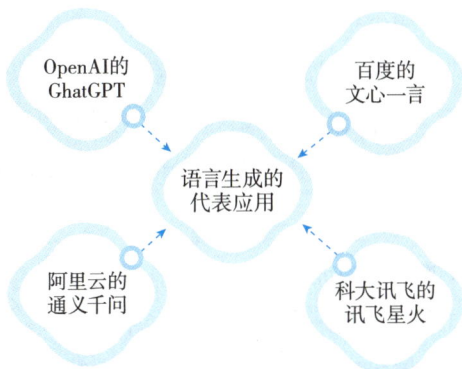

图 5-6-1 语言生成的代表应用

2. 图像生成

图像生成指运用人工智能技术，根据给定的数据，单模态或跨模态生成图像的过程。根据任务目标和输入模态的不同，图像生成主要包括图像合成、根据现有图像生成新图像，以及根据文本描述生成符合语义的图像等。图像生成的典型应用场景如图 5-6-2 所示。

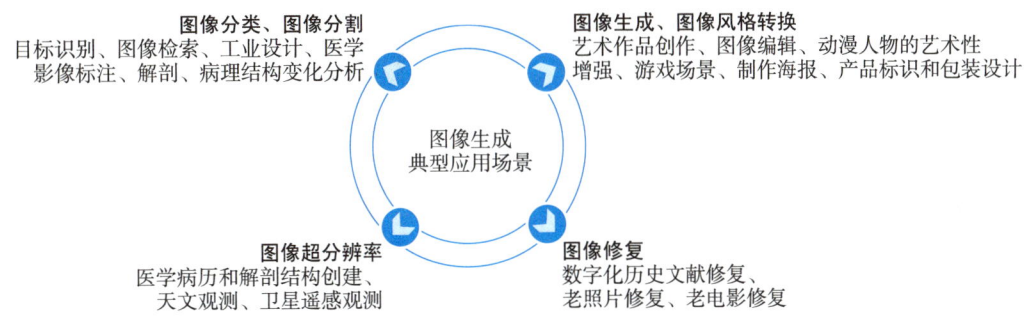

图 5-6-2 图像生成的典型应用场景

3. 音频生成

音频生成指根据输入的数据合成对应的声音波形的过程，主要包括根据文本合成语音、进行不同语言之间的语音转换、根据视觉内容（图像或视频）进行语音描述，以及生成旋律、音乐等。国内外音频生成的代表模型如图 5-6-3 所示。

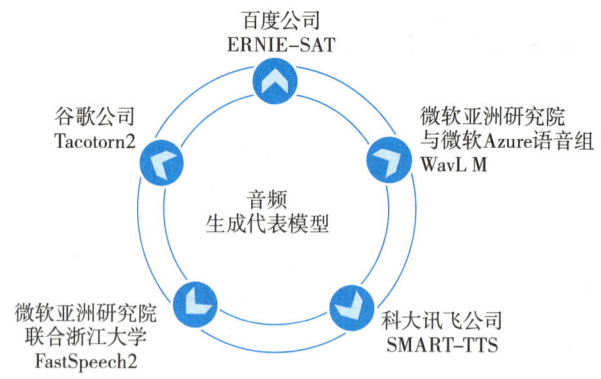

图 5-6-3 音频生成的代表模型

按照输入数据类型的不同，音频生成可以分为根据文字、音频、肌肉震动、视觉内容等信息进行的声音合成。按照场景的不同，音频生成可以分为非流式音频生成和流式音频生成，其中，非流式音频可进行一次性输入和输出，适合应用在以语音输出为主的相关场景；流式音频则可以对输入数据进行分段合成，响应时间短，适合应用在语音交互相关场景中，能够带来更好的体验。

4. 视频生成

视频生成是指通过对人工智能模型的训练，使模型能够根据给定的文本、图像、视频等单模态或多模态数据，自动生成符合描述的、高保真的视频内容。

与视频生成相关的典型应用场景包括视频内容识别、视频编辑、视频制作、视频增强、视频风格迁移等。目前与视频编辑相关的视频生成应用逐渐成熟，但与精细化控制还存在一定差距，尚未形成产业规模化应用的能力。未来，随着生成效果的提升，视频生成在很多行业将具备广阔的应用前景，其典型产业应用场景如图 5-6-4 所示。

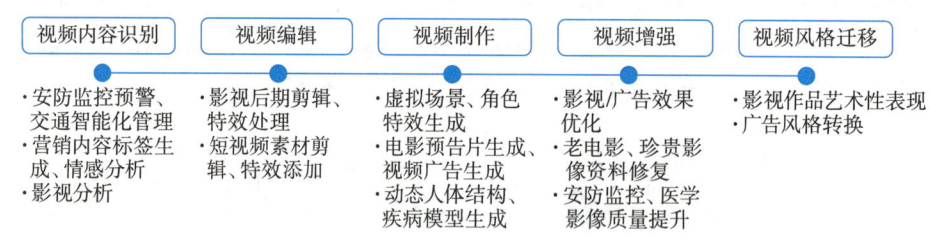

图 5-6-4 视频生成典型产业应用场景

想一想

生成式人工智能在媒体、教育、娱乐等领域有哪些具体的应用？这些应用对社会有什么影响？

5.6.3 AIGC 的关键技术

AIGC 涉及多种技术，其中包括机器学习、计算机视觉、自然语言处理、优化算法等。下面将以内容生产平台场景为例，对这几种技术进行简要介绍。

"新华智绘"是新华社依托人工智能技术自主研发的内容生产平台，旨在通过 AIGC 技术提升新闻内容的生产效率与创意水平。其中，"图图"作为该平台的核心应用，能够基于用户输入的文本或数据，自动生成符合新闻需求的可视化图表、漫画、图像等，极大地丰富了新闻内容的呈现形式。

1. 自然语言处理（NLP）与语义理解

自然语言处理是 AIGC 涉及的技术，使计算机能够理解和生成自然语言。在"图图"中，NLP 技术被广泛应用于文本解析与语义理解。当用户输入新闻标题、摘要或关键数据时，"图图"能够利用 NLP 算法准确识别文本中的关键信息，如时间、地点、人物、数据等。

语义理解技术帮助"图图"理解文本背后的深层含义，如新闻的情感色彩、重要性等，从而生成更加贴合新闻主题的可视化内容。

2. 深度学习模型与图像生成

深度学习是 AIGC 的基础，它利用多层神经网络模型进行大规模数据的学习和训练，使模型能够理解和生成高质量的内容。"图图"采用深度学习算法构建图像生成模型。这些模型能够从大量新闻图像数据中学习图像特征，包括颜色、形状、纹理等。基于用户输入的文本或数据，"图图"的深度学习模型能够自动生成与之相关的新闻图像，如新闻事件现场图、数据图表等。

3. 计算机视觉（CV）与图像识别

CV 技术在 AIGC 中主要用于图像和视频内容的生成和处理。深度卷积神经网络（CNN）是图像生成和处理中的关键模型，它可以提取图像中的特征并进行分类、识别等任务。

在时政漫画创作等特定场景中，"图图"利用 CV 技术进行人脸识别、物体识别等。例如，当用户希望将某位政治人物的头像融入漫画中时，"图图"能够准确识别并提取该人物的头像特征。CV 技术还帮助"图图"实现图像风格迁移，即将用户输入的图像风格转换为特定的艺术风格，如漫画风、水墨风等。

4. 生成对抗网络（GAN）

GAN 是 AIGC 中用于图像生成的重要技术，它由生成器和判别器两部分组成。生成器负责生成图像，而判别器则负责评估生成图像的真实性。通过不断地对抗和学习，GAN 能够生成逼真的图像，甚至是艺术作品。GAN 技术在"图图"的图像合成中发挥着重要作用。通过训练 GAN 模型，"图图"能够生成逼真的新闻场景图像，如城市风光、体育赛事现场等。GAN 模型还能够根据用户输入的文本描述生成与之相关的图像，如"一位运动员在赛场上奔跑"等场景。

5. 优化算法

优化算法是 AIGC 技术的重要组成部分，可以使计算机自动优化策略和行动，从而提高游戏和计算系统的效率和性能。在 AIGC 中，优化算法可以用于解决强化学习中的探索与利用、高维状态空间等问题,以及在数据分析和决策中进行优化和搜索。优化算法的主要方法包括遗传算法、粒子群算法、蚁群算法和模拟退火算法。AIGC 的关键要素有数据、算力和算法,如图 5-6-5 所示。在这三个要素中,算法是直接决定生成效果的关键,数据直接影响生成结果的准确性,算力是生成效率的加速器,三者相辅相成、互为前提。

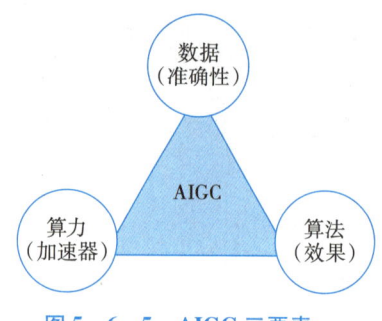

图 5-6-5　AIGC 三要素

本章小结

在本章中,我们系统学习了人工智能的六大关键技术,包括知识表示与推理、搜索技术、知识图谱、自然语言处理、计算机视觉及生成式人工智能,构建了"理论—技术—场景"的完整认知框架。这些技术不仅是人工智能实现智能化的核心支撑,更在金融风控、医疗诊断、自动驾驶、内容创作等领域展现出变革性力量。通过本章学习,我们不仅掌握了技术原理与应用方法,更认识到人工智能技术在推动产业升级、提升社会效率中的关键作用。

参考文献

[1] 李航. 统计学习方法[M]. 北京:清华大学出版社,2019.

[2] 周志华. 机器学习[M]. 北京:清华大学出版社,2016.

习　题

1. (　　)使用"If-Then"规则表示知识。

A. 一阶逻辑　　　　　　B. 产生式系统　　　　C. 语义网络　　　　D. 贝叶斯网络

2. 卷积神经网络(CNN)中,激活函数 ReLU 的作用是(　　)。

A. 降低图像分辨率　　　　　　　　　　　B. 增加非线性计算能力

C. 减少参数数量　　　　　　　　　　　　D. 合并相邻特征

3. 知识图谱的基本组成单元是(　　)。

A. 实体和关系　　　　B. 词向量和矩阵　　　C. 规则和约束　　　D. 图像和标签

4. 图像分类任务的主要目标是(　　)。

A. 检测物体位置　　　　　　　　　　　　B. 识别图像中的物体类别

C. 生成新图像　　　　　　　　　　　　　D. 压缩图像大小

5. 训练神经网络时，损失函数的作用是（　　）。

A. 衡量预测值与真实值的误差　　　　B. 加快计算速度

C. 存储训练数据　　　　　　　　　　D. 可视化模型结构

6. GPT 模型主要用于生成（　　）内容。

A. 图像　　　　　　B. 文本　　　　C. 音频　　　　D. 视频

7. 广度优先搜索的特点是（　　）。

A. 优先扩展最深的节点　　　　　　　B. 按层次逐层扩展节点

C. 仅使用启发式函数　　　　　　　　D. 不记录已访问节点

8. 目标检测任务需要同时完成（　　）。

A. 识别物体类别和位置　　　　　　　B. 生成图像摘要

C. 压缩图像尺寸　　　　　　　　　　D. 修改图像风格

第六章

深度学习

本章导学

本章以"深度学习"为主题，系统地阐述了深度学习的技术原理、核心模型及其在产业中的创新实践。内容分为两大模块：深度学习基础与 DeepSeek 技术生态。

第一部分（6.1节）聚焦深度学习的技术脉络。从神经网络的基本单元出发，解析感知机、多层感知机（MLP）的核心原理，阐明浅层学习与深度学习的本质差异——后者通过多层非线性映射与海量数据驱动，突破传统机器学习的局限性。进一步剖析两类主流模型：卷积神经网络（CNN）通过局部感知、权值共享实现图像特征提取，广泛应用于图像识别；循环神经网络（RNN）凭借自连接结构与序列依赖性建模，成为自然语言处理的核心技术。

第二部分（6.2~6.4节）以中国 AI 技术的代表 DeepSeek 为主线，展现技术落地与产业融合的完整图景。DeepSeek 基于混合专家架构（MoE）与动态路由机制，以稀疏计算大幅降低算力成本，其开源策略与本土化适配能力加速了技术普惠化。案例覆盖金融、制造、医疗、农业等领域。此外，本章详解了提示语设计方法论，强调从结构化任务分解到伦理风险预判的全流程设计能力，为 AI 交互提供科学指导。

本章遵循"技术原理—架构创新—场景应用"的逻辑链条，既夯实深度学习的理论根基，又通过 DeepSeek 的实践案例，展现 AI 技术如何驱动产业智能化转型，为学习者构建"知原理、懂架构、能应用"的立体知识体系。

学习目标

素质目标

◇ 批判性思维：能够辨析深度学习与传统机器学习的核心差异，理解技术演进的底层逻辑。
◇ 创新意识：通过 AlphaGo Zero 与 DeepSeek 案例，培养"技术突破源于跨学科融合"的认知。
◇ 伦理责任感：在提示语设计、AI 应用中强化合规意识，关注技术的社会影响与公平性。

知识目标

◇ 掌握深度学习的核心模型（CNN、RNN）及其技术特性（如局部感知、权值共享、序列建模）。
◇ 理解 MoE 架构的动态路由机制与稀疏计算优势，对比传统 Transformer 模型的算力效率差异。
◇ 熟悉提示语设计的基本结构（指令—上下文—期望）与七类典型场景（指令型、多模态型等）。

能力目标

◇ 模型选择能力：能根据任务需求（如图像分类、时序预测）合理选择 CNN、RNN 或 MoE 架构。
◇ 技术应用能力：结合行业场景（如金融风控、医疗诊断），设计 AI 解决方案并量化成效。
◇ 交互设计能力：通过提示语链分解复杂任务，优化 AI 输出质量，规避伦理与逻辑风险。

6.1 深度学习入门

• 任务介绍

深度学习作为人工智能领域的前沿技术，通过模拟人脑神经网络结构实现对复杂问题的智能化求解。本任务以深度学习为核心，聚焦技术原理、模型架构与应用实践三大模块。读者将系统学习神经网络、卷积神经网络（CNN）、循环神经网络（RNN）等核心模型，理解多层非线性映射、海量数据驱动、自动特征提取等技术优势，并通过图像识别、自然语言处理等典型场景的应用案例，掌握深度学习模型的设计思路与训练策略。

• 任务实施

学习任务见表 6-1-1。

表 6-1-1 学习任务表

学习内容	深度学习入门
任务目标	1. 掌握知识概念：全面掌握深度学习模型的基本概念和原理 2. 理解模型应用：理解深度学习模型在人工智能领域的应用 3. 培养应用能力：培养创新思维和解决问题的能力，通过实践项目加深对深度学习模型的理解和应用 4. 了解研究动态：了解深度学习模型的最新研究动态和未来发展方向，培养持续学习的意识
任务实施	1. 知识学习 阅读资料：阅读本节内容和相关文献，了解深度学习模型的基本概念和原理，总结相关知识点 课堂讨论：参与课堂讨论，分享对理论知识的理解，提出疑问和见解，与老师和同学共同探讨深度学习模型的原理和应用 2. 案例分析 分析案例：选取深度学习模型在图像分类与识别、自然语言处理等领域的应用案例，分析其基本原理和实施效果 撰写报告：撰写案例分析报告，总结案例中的关键技术和经验，提出自己的思考和见解 3. 实践巩固 项目选题：选择一个领域（如图像分类与识别、自然语言处理等），设计并实现一个简单的深度学习模型 项目实现：完成数据采集、预处理、模型训练和评估等步骤，构建深度学习模型。实现深度学习模型在领域中的具体应用，如图像分类、文本生成等 实验评估：通过实验评估深度学习模型在领域中的应用效果，分析构建过程和应用方式的优缺点 项目报告：提交项目报告，包括构建过程、应用方式和实验结果分析等内容

续表

任务总结	通过本节内容的学习，我学到_____ _____ _____ _____
小组互评	

6.1.1 神经网络

神经网络（Neural Network，NN）是一种模仿人类大脑结构和功能的计算模型，主要用于机器学习和深度学习领域。神经网络由大量的节点（神经元）组成，这些节点通过连接形成复杂的网络结构，用于处理和传递信息。每个神经元接收输入信号，经过加权求和和激活函数处理后生成输出信号。这种结构能够自动学习复杂的数据模式，并具有良好的容错性和自适应性。

神经网络是一种由大量节点（或称神经元）相互连接构成的运算模型。通俗地讲，人工神经网络是模拟、研究生物神经网络的结果。详细地讲，人工神经网络是为获得某个特定问题的解，根据生物神经网络机理，按照控制工程的思路及数学描述方法，建立相应的数学模型并采用适当的算法，从而有针对性地确定数学模型参数的技术。

神经网络的信息处理是由神经元之间的相互作用实现的，知识与信息的存储主要表现为网络元件互相连接的分布式物理联系。人工神经网络具有很强的自学能力，它可以不依赖于"专家"的头脑，自动从已有的实验数据中总结规律。由此可见，人工神经网络擅长处理复杂多维的非线性问题，不仅可以解决定性问题，还可以解决定量问题，同时具有大规模并行处理和分布式信息存储能力，具有良好的自适应性、自组织性、容错性和可靠性。

神经网络将多个单一神经元（见图6-1-1）连接在一起，一个神经元的输出作为下一个神经元的输入，一个简单的神经网络模型如图6-1-2所示。

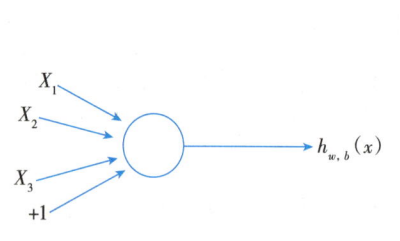

图6-1-1 一个最简单的单一神经元模型

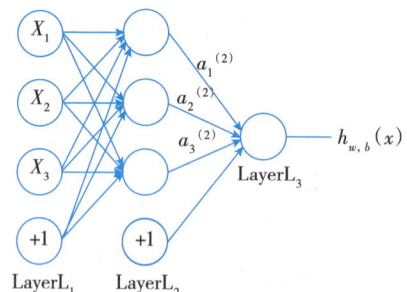

图6-1-2 一个简单的神经网络模型

该神经网络模型使用圆形来表示神经网络的单个神经节点，其中的"+1"节点是神经网络的偏置节点，也称作截距项。神经网络最左边的一层为输入层，最右边的一层为输出层，中间的若干层为神经网络的隐藏层。隐藏层由中间位置的所有神经节点组成，因其在神经网络训练过程中无法直接观测到具体值而得名。以图6-1-2为例，该神经网络包含3个输入节点（不含偏置节点）、3

个隐藏节点和1个输出节点。

神经网络的结构大致可分为以下5类：

（1）前馈式网络：该网络采用分层结构，每层神经元的输出仅连接下一层神经元，信息单向传递。

（2）输出反馈的前馈式网络：与前馈式网络不同，该网络结构增加了一条从输出层到输入层的反馈回路，使输出信息能够回传至输入层。

（3）前馈式内层互连网络：在该网络结构中，同一层的神经元之间相互关联并形成制约。但从层与层之间的关系来看，它仍然是前馈式的网络结构，许多自组织神经网络大多具有这种结构。

（4）反馈型全互连网络：在该网络结构中，每个神经元的输出均与其他所有神经元相连，从而形成动态的反馈关系，使其具备基于能量函数的自寻优能力。

（5）反馈型局部互连网络：在该网络结构中，每个神经元只和其周围若干层的神经元发生互连关系，形成局部反馈环路，整体呈现网状拓扑结构。

6.1.2 感知机

感知机被称为深度学习领域最基础的模型。尽管它是基础模型，却在深度学习领域占据举足轻重的地位——它不仅是神经网络和支持向量机的学习基础，更是最古老的分类方法之一。

感知机由弗兰克·罗森布拉特于1957年提出，是神经网络与支持向量机的基础，也是最早被设计并被实现的人工神经网络。感知机是一种非常特殊的神经网络，虽然能力非常有限，却在人工神经网络的发展史上具有非常重要的地位。感知机包括单层感知机和多层感知机。简单的线性感知机可作为线性分类器，而多层感知机（Multi-Layer Perception，MLP）则可处理非线性分类问题。

感知机学习的目标是找到一个能够将训练数据集中正、负实例完全分开的分类超平面。为了找到分类超平面，即确定感知机模型中的参数 w 和 b，需要定义一个基于误分类的损失函数，并通过将损失函数最小化来求解 w 和 b。在数据集线性可分性方面，若二维平面中存在一条直线能完美区分"+1"类和"-1"类，那么这个样本空间就是线性可分的。因此，感知机都基于一个前提，即问题空间必须线性可分。

多层感知机也叫作前馈神经网络，是深度学习中最基础的网络结构，其结构如图6-1-3所示。MLP会将一组输入向量通过隐藏层映射到一组输出向量中，它通常由三部分组成，包括输入

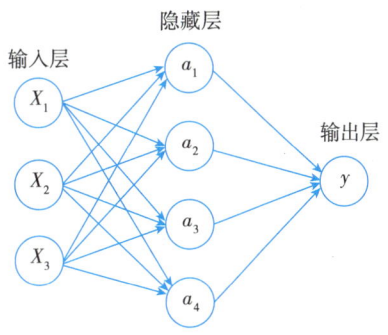

图6-1-3 MLP的网络结构

层、隐藏层和输出层。输入层从外部世界获取输入信息提供给 MLP 网络，在输入节点中不进行任何计算，仅向隐藏节点传递信息。隐藏层中的节点对输入信息进行处理，并将信息传递至输出层。输出层负责计算输出值，并将输出值传递到外部世界。

6.1.3 浅层学习与深度学习

传统机器学习通常擅长处理小规模数据问题，对于大规模数据，尤其对于图像类型的数据，需要获得数据特征用于对图像进行分类，而特征往往需要通过人工的方式进行标记，这一过程极为烦琐。因此，长期以来，机器学习所能实现的机器智能十分有限，这一局面直到深度学习出现才得以改观。

从结构简单的浅层网络演进到结构复杂的深层网络，在过去 30 多年始终是少数研究者坚持的方向（见图 6-1-4）。以辛顿和杨立昆等为代表的学者，自 20 世纪 90 年代起便持续探索深层人工神经网络。近些年，由于大数据技术的发展和计算机效率的大幅提升，深层人工神经网络作为一种新的机器学习方法得以展示其巨大的应用潜力。

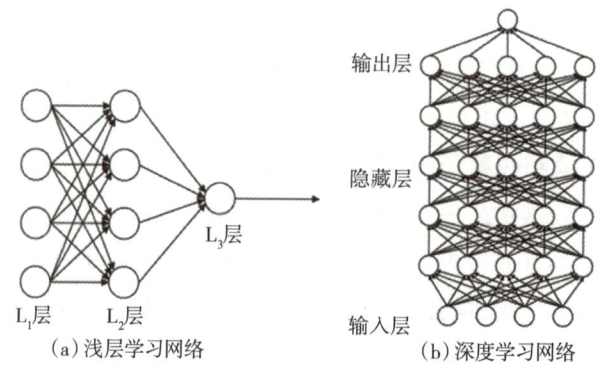

图 6-1-4　浅层学习和深度学习网络

从研究角度来看，深度学习是基于多层神经网络、以海量数据为输入、通过自学习发现规则的方法。这里包含了几个关键词：第一个关键词是多层神经网络。深度学习所依托的多层神经网络（见图 6-1-5）并非新鲜概念，早在 20 世纪 80 年代就被提出，只是当时受限于计算能力而未被认可。近年来，科学家们通过持续优化多层神经网络的算法，使其取得了突破性进展。传统算法多为线性模型，而现实世界中事物的特征往往呈现复杂的非线性关系。以猫的图像为例，其包含的颜色、形态、五官、光线等各种信息，都需要通过深度学习的多层非线性映射才能有效分离。

那为何强调"深度"？多层神经网络相比浅层网络的优势究竟体现在哪里？简单来说，深度的价值在于减少参数数量，主要原因在于它能重复利用中间层的计算单元。仍以猫的种类识别为例，多层神经网络可学习猫的分层特征：最底层从原始像素开始，刻画局部边缘与纹理；中间层把各类别进行组合，描述不同类型的猫的器官；最高层则整合形成猫的全局特征。

第二个关键词是海量数据输入。深度学习不仅需要具备超强的计算能力，同时还依赖于海量数据的持续输入。特别是在信息表示和特征设计方面，过去大量依赖人工，严重影响有效性和通用性。深度学习则彻底颠覆了"人造特征"的范式，开创了数据驱动的"表示学习"范式——通过数据自动提取特征，让计算机自主发现规则并完成自学习（第三个关键词）。因此可以这样理解：过去人类依靠自身经验总结规律，而在深度学习中，经验以数据形式存在。因此，深度学习本质上

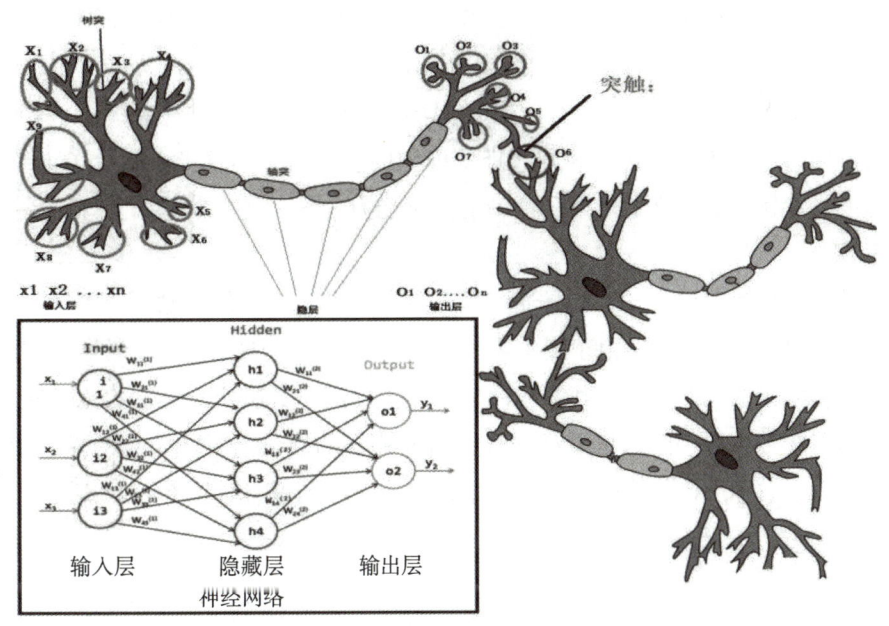

图6-1-5 多层神经网络

是一种在计算机上从数据中生成模型的算法。

6.1.4 卷积神经网络

卷积神经网络（Convolutional Neural Network，CNN），指在神经网络的基础上引入卷积运算的深度学习模型。通过卷积核局部感知图像信息并提取特征，经多层卷积处理后挖掘图像的深层抽象特征，从而实现更精准的分类或预测目标。相较于传统机器学习方法，卷积神经网络能更真实地反映数据的内在关联特征，因此成为当前图像识别、行为分析等领域的研究热点。

卷积神经网络作为一个深度学习架构被提出时，其最初目标是降低对图像数据预处理的依赖，以避免烦琐的特征工程。CNN 由输入层、输出层以及多个隐藏层组成，隐藏层可分为卷积层（Convolutional Layer）、池化层（Pooling Layer）、ReLU 层和全连接层（Fully-Connected Layer）（如图6-1-6所示），其中卷积层与池化层相配合可组成多个卷积组，通过多个卷积组逐层提取特征，逐步从原始像素中抽象出高级语义信息。

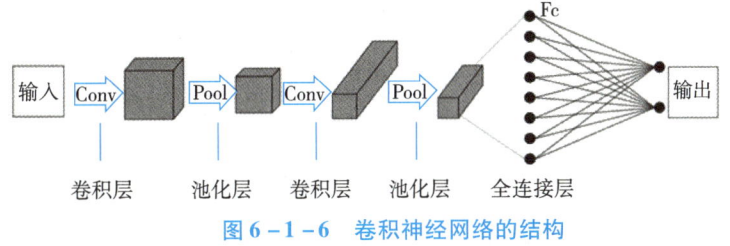

图6-1-6 卷积神经网络的结构

CNN 和传统的神经网络相比，主要具有局部感知、权值共享和多卷积核这三大特点。局部感知实际上是指卷积核和图像进行卷积的时候，每次卷积核仅覆盖一小部分像素（即局部特征），由于传统的神经网络是整体的过程，因此该过程被称为局部感知；权值共享是 CNN 最显著的特点，这种结构通过在不同位置重复使用相同的参数，能大幅减少神经网络的参数量，在防止过拟合的同时降低模型的复杂度；多卷积核设计可以充分提取图像的特征，因为每个卷积都对应一种独有的特征提取方式。

卷积神经网络是多层感知机的变体，其设计灵感来源于生物视觉神经系统中神经元的局部响应特性设计，通过局部连接和权值共享的方式降低模型的复杂度，不仅极大减少了训练参数的数量，提升了训练速度，还在一定程度上增强了模型的泛化能力。

（1）卷积层。

卷积是一种线性计算过程，本质上是通过小窗口（滤波器）在输入数据上滑动并计算局部区域加权和的"加权滑动窗口"操作，用于提取特定模式（如边缘、纹理）。整个卷积层的卷积过程如下：首先，确定卷积核的尺寸规格，其数量由输出图像的通道数决定；其次，以从左到右、从上到下的顺序将卷积核在二维数字图像上滑动扫描，将卷积核的数值与对应位置的像素值相乘后求和；最后，所得结果即为卷积后该位置的像素值，最终形成输出图像（如图6-1-7所示）。

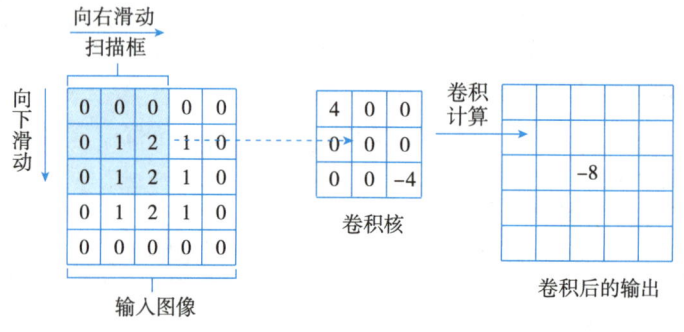

图6-1-7 第一次扫描卷积的计算过程

（2）池化层。

池化层又称为下采样层，主要对卷积形成的图像特征进行统计，这种统计方式不仅可以降低特征维度，还可以降低网络模型过拟合的风险。此外，卷积图像经过池化操作后可以有效减小输出图像的尺寸，在保留图像主要特征的同时减少了网络计算参数，从而防止过拟合并提高模型的泛化能力。CNN中常用的池化方法包括最大池化法和平均池化法。最大池化法是指在图像的局部区域（如池化窗口）中选取最大值作为该区域的池化输出（如图6-1-8所示）。

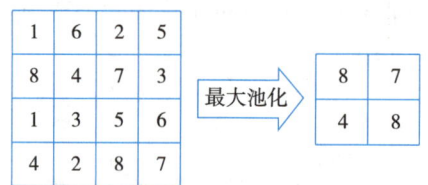

图6-1-8 最大池化法

（3）全连接层。

图像经过卷积操作后，关键特征被提取出来，全连接层的作用就是对图像的特征进行组合拼接，最后通过计算得到图像属于某一类的预测概率。在实际使用过程中，全连接层通常处于整个卷积神经网络的末端，其计算过程可以被转化为卷积核为1×1的卷积操作。

6.1.5 循环神经网络

循环神经网络（Recurrent Neural Network，RNN）是深度学习领域一类具有特殊自连接结构的神经网络，可以学习复杂的矢量到矢量的映射。迈克尔·乔丹（Michael Jordan）和杰夫·埃尔曼（Jeff Elman）分别于1986年和1990年提出循环神经网络框架，称为简单循环网络（Simple Recurrent Network，SRN），被认为是目前广泛流行的循环神经网络的基础版本，之后不断出现的更加复杂的结构均可认为是其变体或者扩展。循环神经网络已经被广泛应用于各种与时间序列相关的工作任务中。

循环神经网络是一种以序列（Sequence）数据为输入，在序列的演进方向进行递归（Recursion）计算，且所有节点（循环单元）通过链式连接形成闭合回路的递归神经网络（Recursive Neural Network）。其设计目的是刻画序列当前输出与之前历史信息的关系。从网络结构上看，循环神经网络会记忆之前的信息，并利用之前的信息影响后续节点的输出。简单来说，循环神经网络隐藏层之间存在循环连接，隐藏层的输入不仅包含输入层的输出，还包括上一时刻隐藏层的输出。对于每一个时刻的输入，循环神经网络会结合当前模型的状态给出一个输出，其可以看作同一神经网络被无限复制的结果。闭合回路连接是循环神经网络的核心部分。循环神经网络对于序列中每个元素都执行相同的任务，且输出结果依赖于之前所有计算步骤的累积（即 RNN 具有记忆功能）。凭借这种记忆能力，RNN 能够有效捕获序列中迄今为止的全部信息。

由于擅长处理序列数据中的时序依赖关系，RNN 在语音识别、语言建模、自然语言处理（NLP）等领域具有重要应用价值。

RNN 应用于输入数据，具有依赖性，且是序列模式时的场景，即前一个输入和后一个输入是有关联的。RNN 的隐藏层是循环的，这表明隐藏层的值不仅取决于当前的输入值，还取决于前一时刻隐藏层的值。具体的表现形式是 RNN "记住"前面的信息并将其应用于计算当前输出，这使得隐藏层之间的节点是有连接的。RNN 结构如图6-1-9所示。

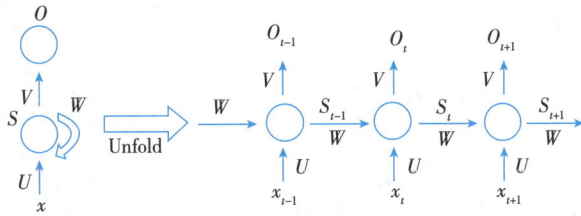

图6-1-9 循环神经网络结构

拓展阅读

深度学习技术目前在人工智能领域占据绝对统治地位，相较于传统的机器学习算法，深度学习在某些领域展现出了更接近人类预期的智能效果，同时正悄然融入人们的生活，如刷脸支付、语音识别、智能翻译、自动驾驶、棋类人机大战等。其中，2018年12月，会下围棋且自学成才横扫国际象棋界和日本将棋界的 AlphaGo Zero，登上了世界顶级学术期刊《科学》杂志的封面（如图6-1-10所示）。

图 6－1－10　2018 年 12 月《科学》杂志的封面

AlphaGo Zero 是谷歌旗下 DeepMind 公司开发的新版程序。2016 年 3 月，AlphaGo Master 击败了世界顶级围棋选手李世石（见图 6－1－11），而 AlphaGo Master 在训练过程中依赖了大量人类棋手的棋谱。2017 年 10 月 19 日，DeepMind 公司在《自然》杂志发布了一篇新的论文，推出了突破性的 AlphaGo Zero——它完全摒弃人类经验，仅用 3 天训练，就击败了 AlphaGo Master。AlphaGo Zero 最重要的突破在于，它不仅能攻克围棋难题，而且能在无须先验知识的情况下应对所有棋类问题。仅经数小时训练，它又击败了国际象棋最强程序 Stockfish，展现了其强大的通用博弈能力。

图 6－1－11　AlphaGo 击败李世石

DeepMind 通过深度学习技术与经典强化学习方法的深度融合实现了最新突破。AlphaGo Zero 作为 DeepMind 人工智能系统的最新迭代，与前几代版本的最大区别在于，它能在无任何人类输入的空白状态下，迅速自学围棋。也就是说，AlphaGo Zero 真正自主掌握了围棋规则，通过在胜负与平局中不断调整参数，逐渐学会选择更有利于获胜的走法，而非分析对手的特征。其中关键的一点在于 AlphaGo Zero 在设计过程中做了一个全新的定位：重在学习，而不是急于求胜。

首先，DeepMind 采用了 5000 个 TPU（可以简单地理解为计算机的 CPU），结合深度神经网络、通用强化学习算法和通用树搜索算法，打造了一个全能棋手。其次，AlphaGo Zero 的学习是一个动态成长的过程，每次学习新棋类或者游戏时，会根据难易程度开展自我博弈，并通过贝叶斯优化算法调整生成的超参数。

在自学过程中，AlphaGo Zero 的关键任务之一是对自身神经网络进行持续训练。通过训练好的神经网络，系统能够精准引导蒙特卡洛树搜索（Monte Carlo Tree Search，MCTS）算法，为每一步棋筛选最优落子位置。这种机制使 AlphaGo Zero 在决策时无须穷举所有可能性，只需聚焦与当前战局最相关的少数选择，从而显著提升了搜索的精确性与效率。

6.2 DeepSeek 发展

• 任务介绍

人工智能技术的演进，尤其是大语言模型（Large Language Models，LLMs）的崛起，标志着人类在认知计算领域迈出了历史性的一步。从全球科技巨头的激烈竞争到中国企业的奋起直追，大模型技术的发展既是一场技术革命，也是一场产业生态的重构。而在这场全球竞赛中，中国的深度求索（DeepSeek）以其独特的技术路径与生态策略，成为不可忽视的创新力量。本任务将从 DeepSeek 的诞生与发展、核心架构与独特优势等方面为大家介绍 DeepSeek 这一人工智能时代的最新产物。

• 任务实施

学习任务见表 6-2-1。

表 6-2-1 学习任务表

学习内容	DeepSeek 发展
任务目标	1. 掌握技术原理：全面掌握 DeepSeek 的技术原理，包括 Transformer 架构和混合专家（MoE）架构 2. 理解技术优势：理解 DeepSeek 的技术优势，并能够根据具体场景选择合适的技术 3. 培养应用能力：培养创新思维和解决问题的能力，通过实践项目加深对 DeepSeek 的理解和应用 4. 了解研究动态：了解 DeepSeek 的最新研究动态和未来发展方向，培养持续学习的意识
任务实施	1. 知识学习 阅读资料：阅读本节内容和相关文献，了解 DeepSeek 的技术原理、技术优势和场景化应用 课堂讨论：参与课堂讨论，分享对理论知识的理解，提出疑问和见解，与老师和同学共同探讨 DeepSeek 的原理和应用 2. 案例分析 分析案例：选取 DeepSeek 在金融、教育、医疗等领域的应用案例，分析其基本原理和实施效果 撰写报告：撰写案例分析报告，总结案例中的关键技术和经验，提出自己的思考和见解 3. 实践巩固 项目选题：选择一个领域（如金融、教育、医疗等），设计并实现一个简单的 DeepSeek 应用项目 项目实现：完成数据采集、预处理、模型训练和评估等步骤，构建 DeepSeek 模型。实现 DeepSeek 模型在领域中的具体应用，如信贷报告生成、编程助手、自动生成诊断报告等 实验评估：通过实验评估 DeepSeek 模型在领域中的应用效果，分析构建过程和应用方式的优缺点 项目报告：提交项目报告，包括构建过程、应用方式和实验结果分析等内容

续表

任务总结	通过本节内容的学习，我学到_____ _____ _____ _____
小组互评	

6.2.1 DeepSeek 的诞生

在当今数字化时代，人工智能正以前所未有的速度改变着我们的生活和工作方式。我国自主研发的 DeepSeek 作为国内 AI 技术的佼佼者，无论是对职场人士、学生还是普通用户，都提供了极大的便利与效率提升的机会。它不仅是一个工具，更是连接人与技术的桥梁，帮助用户轻松应对复杂任务，释放创造力，提升生产力。DeepSeek 的出现标志着我国在 AI 领域迈出了坚实的一步。

1. 破土而生：技术理想与产业需求的交汇

21 世纪 10 年代后期，全球大模型技术进入爆发期，但高昂的算力成本与有限的场景适配性成为行业痛点。彼时，一群来自清华大学、北京大学等顶尖高校的科研人员，以及曾在谷歌、微软等企业从事 AI 研发的工程师敏锐地意识到：要实现 AI 技术的普惠化，必须突破传统模型的效率瓶颈。2023 年初，这支汇聚产学研背景的团队在杭州成立深度求索公司，取名"DeepSeek"，寓意以深度探索精神追寻通用人工智能（Artificial General Intelligence，AGI）的本质。创始团队初步锚定两大方向：高效训练架构与场景化应用。他们发现，传统 Transformer 模型虽性能强大，但参数稠密，导致算力浪费严重，而混合专家（Mixture of Experts，MoE）架构通过动态路由机制激活部分参数的特性，恰好能解决这一问题。这种技术判断成为 DeepSeek 早期发展的关键转折点。

2. 技术突围：从架构创新到开源生态

2023 年 6 月，DeepSeek 发布首个智能助手 DeepSeek – R1，其采用自研的 MoE 架构，以 16B 参数量实现媲美 70B 级模型的性能。这一突破的背后是团队对分布式训练框架的深度优化：通过梯度压缩算法与稀疏化参数激活，训练能耗降低 40%，推理速度提升 30%。某电商企业测试显示，在相同 GPU 集群下，DeepSeek – R1 处理客服咨询的吞吐量达到竞品的 1.5 倍。

技术突破并未止步于性能提升。2024 年 4 月，DeepSeek 宣布开源轻量级模型 DeepSeek – MoE – 16b – chat（见图 6 – 2 – 1），配套发布微调工具链与行业数据集。这一决策彻底打破大模型领域"闭源垄断"的潜规则，开发者社区迅速涌现数百个基于该模型的二次开发项目。

3. 场景深耕：从技术优势到产业价值

DeepSeek 的崛起不仅缘于技术领先，更在于其对产业痛点的精准把控。团队提出"三化"战略——场景专业化、部署轻量化、交互人性化，推动技术落地。

在金融领域，某头部银行引入 DeepSeek – MoE 模型后，信贷报告生成时间从 2 小时缩短至 10 分钟。模型通过分析企业 10 年财报、行业研报等长文本，自动识别 52 类风险信号，准确率达

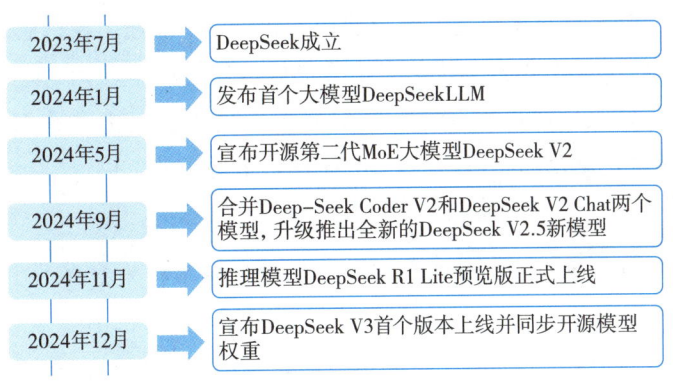

图 6-2-1 DeepSeek 的发展历程

92%。教育场景中，DeepSeek 与职业院校合作开发的编程助手，能实时解析学生代码中的逻辑错误，并给出"为什么该用 for 循环而非 while 循环"的原理讲解，使机器学习教学效率提升 40%。

最具突破性的是 2024 年 5 月发布的多模态模型。该模型通过跨模态注意力机制，实现图文联合理解与生成。在医疗试点项目中，系统可根据 CT 影像描述病灶特征，并自动生成包含"建议进一步检查"等提示的诊断报告，与放射科医生诊断一致性达 89%。随后，这种能力迅速拓展至工业质检、智慧城市等领域，形成技术辐射效应。

6.2.2 DeepSeek 的独特优势

1. 性能卓越

DeepSeek 的性能表现堪称惊艳，在各项测试中都取得了令人瞩目的成绩。在自然语言处理权威的 GLUE 基准测试中，DeepSeek 展现出强大的语言理解能力，得分远超许多同类模型，甚至超越了一些此前被认为是行业标杆的模型。在语言生成方面，它能够生成逻辑连贯、内容丰富的文本，无论是创作故事、撰写论文还是编写代码注释，都能信手拈来，且生成的内容质量极高，常常让人难以分辨是出自人类之手还是 AI 生成。

与其他主流模型相比，DeepSeek 在推理能力上更是一骑绝尘。在解决复杂的数学问题、逻辑推理任务时，它能够快速准确地给出答案，且推理过程清晰明了。例如，在面对一道需要多层推理的数学竞赛题时，DeepSeek-R1 能够迅速分析问题，运用正确的推理方法得出答案，而一些主流模型要么花费较长时间，要么给出错误的答案。在代码生成任务中，DeepSeek-R1 生成的代码不仅语法正确，而且结构合理、可读性强，能够直接应用于实际项目开发中，大大提高了开发效率。

2. 成本优势

DeepSeek 能够通过技术创新实现成本的大幅降低，这主要得益于其独特的模型架构和训练算法。它采用的混合专家（MoE）和多头潜在注意力（MLA）技术，使得模型在运行时仅需激活部分参数就能实现高性能，显著降低了计算资源的消耗。在训练过程中，DeepSeek 对数据的利用效率极高，通过优化数据处理流程，减少了不必要的数据存储和传输成本。

这种成本优势对 AI 行业发展产生了深远的影响。一方面，它降低了 AI 技术的应用门槛，让更多的企业和开发者能够利用 AI 技术进行创新和业务拓展。以往，由于使用主流模型的成本过高，许多小型企业和个人开发者望而却步，而现在，DeepSeek 的出现为他们提供了更多的选择。另一方面，成本的降低也促进了 AI 技术在更多领域的普及和应用，加速了各行业的数字化转型进程。

对于用户来说，DeepSeek 的成本优势意味着更低的使用成本。无论是个人用户还是企业用户，都可以在享受高质量 AI 服务的同时，减少在 AI 技术上的投入。这使得 AI 技术不再是少数大型企业的专属，而是能够真正惠及广大用户，推动 AI 技术走进千家万户。

3. 开源策略

开放源代码对于 AI 发展具有极其重要的意义。它打破了技术壁垒，让全球的开发者能够共同参与到 AI 技术的研发和创新中来。通过开源，AI 技术的发展不再局限于少数企业和研究机构，而是形成了一个全球性的创新生态系统。在这个生态系统中，开发者们可以共享代码、数据和经验，共同推动 AI 技术的进步。

DeepSeek 的开源策略为 AI 社区带来了诸多积极影响。自开源以来，DeepSeek 吸引了大量开发者的关注和参与，社区活跃度不断攀升。在 GitHub 等开源平台上，DeepSeek 的开源项目拥有众多的星标和 Fork，开发者们积极提交代码、提出改进建议，为模型的优化和扩展贡献力量。许多开发者基于 DeepSeek 的开源代码，开发出了各种实用的应用和工具，进一步拓展了 DeepSeek 的应用场景。

开源还促进了技术的共享和创新。开发者们可以借鉴 DeepSee 的技术和思路，应用到自己的项目中，推动整个 AI 技术的发展。同时，开源也让 DeepSeek 能够不断吸收社区的智慧和力量，持续优化和改进模型，提升自身的性能和竞争力。

4. 本土适配

DeepSeek 在本土化方面做出了诸多努力且成果显著。它深入了解不同地区用户的语言习惯、文化背景及实际需求。在语言层面，它对中文等多种本土语言有着精确的理解和处理能力。它不仅能够识别出各种方言表述，还能准确把握中文语境中的微妙语义和情感倾向，无论是正式的商务语言，还是日常的口语化表达，它都能进行妥善处理，从而为本土用户提供更加自然、流畅的交互体验。

从文化角度来看，DeepSeek 融入了大量本土文化元素和知识体系。这使得它在处理涉及本土文化、传统习俗、历史故事等相关内容时，能够给出贴合实际且准确丰富的回答，极大地增强了用户的认同感和亲近感。同时，针对本土市场的特定应用场景，如某些行业规范、政策法规解读等，DeepSeek 进行了针对性的优化，以更好地满足本土用户在这些方面的需求。

6.2.3 DeepSeek 的基础架构

Transformer 架构是一种基于深度学习的架构，主要用于处理序列数据，如自然语言处理（NLP）和计算机视觉（CV）任务。它摒弃了传统的循环神经网络（RNN）或卷积神经网络（CNN）架构，完全基于注意力机制（Attention Mechanism），在处理长序列数据时表现出更高的效率和性能。DeepSeek 使用的是基于 Transformer 架构并融合了混合专家（MoE）架构的混合模型架构。

6.2.3.1 Transformer 架构

1. Transformer 架构的组成

Transformer 架构主要由编码器和解码器两部分组成，每个部分都包含多个相同的层。这些层通过堆叠的方式构建，每一层都包含特定的子层，用于处理输入序列并生成输出序列。Transformer 架构如图 6-2-2 所示。

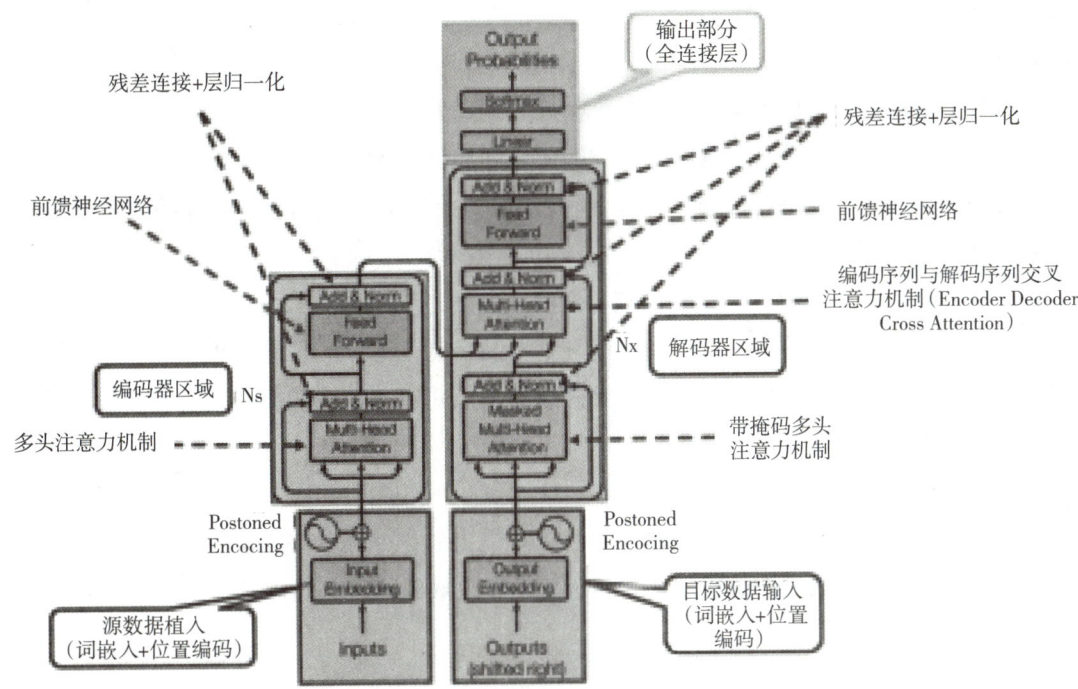

图 6-2-2　Transformer 架构

（1）编码器（Encoder）。

作用：将输入的词向量序列转换为一组表示输入的高维向量，这些高维向量包含了输入序列中每个元素与其他元素之间的依赖关系。

组成：每个编码器层包含两个子层，一个是多头自注意力机制（Multi-Head Self-Attention），另一个是全连接的前馈网络（Feed-Forward Neural Network）。此外，每个子层之后都添加了残差连接（Residual Connection）和层归一化（Layer Normalization），以确保信息的稳定传递。

（2）解码器（Decoder）。

作用：根据编码器的输出生成目标输出序列，如翻译任务中的目标语言。

组成：解码器与编码器类似，也包含多个层。每个解码器层包含三个子层：多头自注意力机制、编码器—解码器注意力层（Cross-Attention，也称为多头交叉注意力机制，Multi-Head Encoder-Decoder Attention）以及前馈网络层。同样地，每个子层之后也添加了残差连接和层归一化。

2. Transformer 架构的工作原理

（1）输入处理。

文本数据首先通过预处理步骤，如分词、去除停用词等，其次转换为 Token。

这些 Token 通过词嵌入（Word Embedding）技术转换为高维向量，以便模型能够处理。为了保留单词在序列中的位置信息，还需要为每个嵌入向量添加位置编码（Positional Encoding）。这通常是通过将位置编码向量与嵌入向量相加来实现的。

（2）编码器工作流程。

在每一层中，首先，进行多头自注意力计算，以捕捉输入序列中不同位置之间的依赖关系；其次，通过位置编码和层归一化进一步处理数据；最后，所有的层输出会经过一个前馈网络进行处理，得到最终的表示。

（3）解码器工作流程。

解码器的工作流程与编码器类似，但包含额外的编码器—解码器注意力层，用于将编码器的输出与解码器的当前输出进行关联，从而捕捉到输入序列和目标序列之间的依赖关系。

在生成每个单词时，解码器都会参考整个输入序列的信息以及之前已经生成的单词信息。

（4）多头注意力机制。

多头注意力机制是 Transformer 架构的核心之一。它通过多个独立的注意力头并行计算来捕获不同的语义信息。每个注意力头都有不同的查询（Query）、键（Key）和值（Value），这样可以捕捉到不同的上下文信息。最终，将所有头的结果拼接起来，并通过线性变换得到最终的输出。这种机制提高了模型的表示能力。

（5）位置编码。

由于 Transformer 架构本身并不具备序列信息处理能力，因此需要添加位置编码来注入单词在序列中的顺序信息。位置编码通常是通过正弦和余弦函数生成的固定向量，这些向量与单词的词向量相加后输入给网络。

（6）输出层。

输出层是 Transformer 架构的最后一部分，负责生成最终的输出序列。

它通常包含一个线性层和一个 Softmax 层。线性层将输入的向量转换为输出的向量，而 Softmax 层则将输出的向量转换为概率分布。根据任务需求，输出层可以生成概率分布或连续值，并支持模型的训练和推理。

6.2.3.2　混合专家架构（MoE）

DeepSeek 中的专家系统，即混合专家模型（Mixture of Experts，MoE），是一种高效的模型架构（见图 6-2-3），旨在通过多个专家模型的协同工作来提高计算效率和整体性能。它是一种创新的机器学习架构，它通过组合多个专门的子模型（称为"专家"）来增强整体模型的性能。在 DeepSeek 中，MoE 架构被广泛应用于大规模语言模型、计算机视觉等任务中。通过稀疏激活、动态专家选择等策略，DeepSeek 实现了高效的计算资源利用和推理能力的提升。同时，DeepSeek 还采用了强化学习等技术来进一步优化 MoE 的性能和表现。

1. MoE 架构的基本概念

MoE 架构的核心思想是将复杂的任务分解为多个子任务，每个子任务由一个专门的专家模型负责处理。这些专家模型可以是各种类型的神经网络，如多层感知机（MLP）、循环神经网络（RNN）或卷积神经网络（CNN）等。通过门控网络（也称为路由网络）的协调，MoE 架构能够动态地选择最适合当前输入的专家进行处理，从而充分利用多个专家的优势。

2. MoE 架构的主要组件

（1）专家网络。

专家网络由多个不同的子模型（专家）组成，每个专家都被设计用来处理特定类型或特定区域的数据特征。在自然语言处理任务中，有的专家擅长处理语法分析，有的专家则对语义理解更在行。

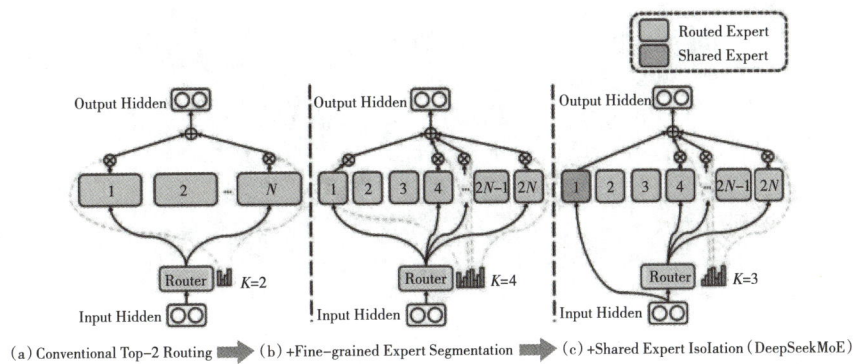

图 6-2-3 混合专家架构（MoE）

（2）门控网络。

门控网络负责根据输入数据来确定每个专家在处理该输入时的权重或贡献程度。门控网络通常也是一个神经网络，它接收输入数据，并输出一个概率分布或权重向量，用于表示每个专家对于当前输入的重要性。

3. MoE 架构的工作流程

（1）数据输入。

将原始数据输入到 MoE 架构中，这些数据可以是文本、图像、音频等各种形式。

（2）门控网络计算。

门控网络对输入数据进行处理，计算出每个专家对应的权重。这个权重表示了每个专家对于当前输入数据的相关性或重要性。

（3）专家网络处理。

各个专家网络根据门控网络分配的权重，对输入数据进行处理。每个专家网络会根据自己的特点和训练结果，生成一个中间结果或输出。

（4）结果融合。

将各个专家网络的输出按照门控网络确定的权重进行加权求和或其他融合操作，得到最终的模型输出。

4. MoE 架构的优势

MoE 架构通过减少计算量、提高模型灵活性和表达能力、实现高效的专家专业化、采用动态路由机制优化资源分配以及引入负载均衡策略提升训练稳定性等多个方面，显著提高了 DeepSeek 模型的性能。这些优势使得 DeepSeek 模型在处理复杂任务时表现出色，并在自然语言处理、计算机视觉等领域得到了广泛的应用和深入的研究，见图 6-2-4。

（1）减少计算量并提高训练速度。

MoE 架构的核心思想是集成学习，即多个弱学习器的组合可以构成一个强学习器。在 DeepSeek 中，MoE 通过引入多个独立的专家模型，每个输入数据只选择和激活其中一部分专家模型来处理，从而减少了计算量。这种稀疏激活策略在保持模型高性能的同时，显著降低了计算成本。

（2）提高模型灵活性和表达能力。

MoE 架构中的每个专家模型都具有独特的参数和结构，能够对输入数据进行特定方式的处理和

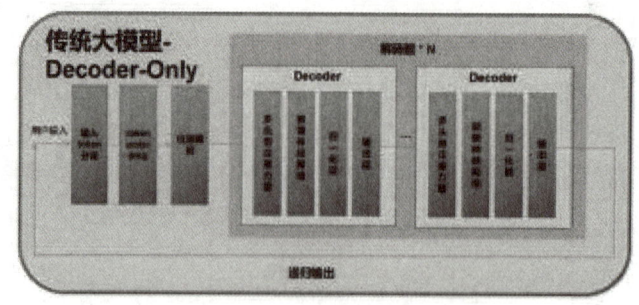

传输Transformer大模型结构

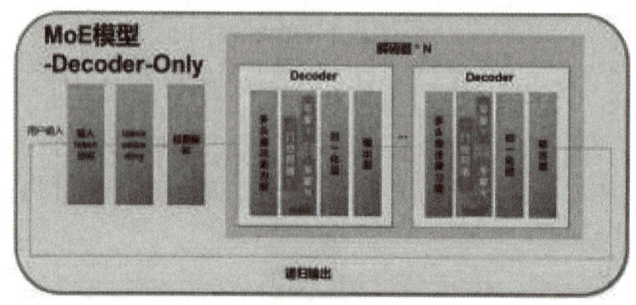

MoE大模型结构

图6-2-4　MoE架构与传统大模型架构的对比

转换。这种设计使得模型能够更灵活地适应多样化的输入数据和任务需求。在DeepSeek中，不同的专家可以分别专注于处理特定类型的输入数据，如自然语言处理中的不同情感分析特征（正面情感、负面情感和中性情感）或计算机视觉中的不同图像特征。这种分工明确的设计不仅提高了模型的灵活性，还减少了计算资源的浪费，增强了模型的表达能力。

（3）实现高效的专家专业化。

DeepSeek通过细粒度专家分割和共享专家隔离实现了高效的专家专业化。细粒度专家分割使得每个专家能够专注于处理更具体的任务，从而提高了模型的灵活性和表达能力。共享专家隔离则进一步优化了专家的专业化程度，减少了模型的冗余，并提高了参数的利用效率。在DeepSeek中，共享专家主要负责处理所有令牌的通用特征，而路由专家则根据令牌的具体特征进行动态分配。这种设计使得模型能够更高效地处理不同领域的任务，并提高了计算效率。

（4）动态路由机制优化资源分配。

DeepSeek中的MoE架构采用了动态路由机制，通过门控网络从多个专家中选择最相关的几个专家来处理输入令牌。这种机制确保了每个输入令牌都能被最合适的专家处理，同时减少了不必要的计算开销。动态路由机制不仅提高了模型的灵活性，还通过选择最相关的专家来处理输入令牌，实现了计算资源的优化分配。

（5）负载均衡策略提升训练稳定性。

DeepSeek引入了无辅助损失的负载均衡策略，通过动态调整每个专家的偏置项来实现负载均衡。这种策略避免了传统方法中因强制负载均衡而导致的模型性能下降，同时确保了训练过程中的高效性和稳定性。负载均衡策略的实施使得模型在训练过程中能够更均匀地利用各个专家模型的计算能力,从而提高了整体的训练效率和模型性能。

DeepSeek 与传统大语言模型的对比见表 6-2-2。

表 6-2-2 DeepSeek 与传统大语言模型的对比

对比维度	DeepSeek（以 MoE 架构为例）	传统大语言模型
核心架构	混合专家系统（MoE）：动态路由激活部分专家网络，稀疏计算	稠密 Transformer：全参数激活，所有神经元参与计算
训练成本	降低 40%（千亿参数模型训练成本约 210 万美元）	较高（千亿参数模型训练成本约 380 万美元）
多态支持	原生支持图文联合处理	需额外拼接视觉模块（如 CLIP + GPT）

6.3 DeepSeek 的使用方法与技巧

· 任务介绍

提示语设计是人工智能内容生成（AIGC）领域的核心技能,直接影响 AI 输出内容的精准度与创造力。本任务以系统化培养提示语设计能力为目标,读者将掌握问题重构、创意引导、结果优化三大核心技能,学习通过结构化提示语将模糊需求转化为 AI 可执行任务,并通过迭代优化提升生成效果。同时,任务强调语境理解、文化适配、法律合规等进阶能力,确保提示语设计的专业性与伦理规范。通过实战演练,读者将提升提示语设计的精准度和效率,为 AIGC 应用奠定坚实基础。

· 任务实施

学习任务见表 6-3-1。

表 6-3-1 学习任务表

学习内容	1. 提示语的基本结构和类型 2. 提示语的设计方法和设计准则 3. 提示语链的基本概念和构建方法
任务目标	1. 建立完整的提示语设计思维框架,掌握核心技能与进阶能力的应用场景 2. 能够独立完成需求分析、提示语构建、效果评估的全流程设计 3. 培养对文化适配、法律合规、伦理规范等关键设计要素的敏感性 4. 通过实战演练提升提示语设计的精准度、效率与创造力
任务实施	1. 知识学习 阅读本节内容和相关文献,总结提示语的基本结构和类型、提示语和提示语链的设计方法和设计准则 2. 案例分析 精读提示语设计方法论文档,完成核心概念笔记;参与案例研讨,分析经典提示语设计逻辑 3. 实践巩固 开展需求解析与结构化设计实战演练 分组完成金融、医疗、教育等领域的提示语设计任务,提交包含设计思路、迭代优化过程、效果评估的报告;开展成果演示与技术答辩 参与实验性提示设计挑战,探索 AI 潜力边界,开展跨学科创新提示语设计实践,建立个人提示语设计案例库与模式库,持续迭代优化

任务总结	通过本节内容的学习，我学到_____ _____ _____ _____
小组互评	

提示语（Prompt）是用户输入给 AI 系统的指令或信息，用于引导 AI 生成特定的输出或执行特定的任务。简单来说，提示语就是我们与 AI "对话"时所使用的语言，它可以是一个简单的问题，一段详细的指令，也可以是一个复杂的任务描述。

6.3.1 提示语的基本结构

提示语的基本结构包括指令、上下文和期望（见图 6-3-1）。

指令（Instruction）：这是提示语的核心，明确告诉 DeepSeek 你希望它执行什么任务。

上下文（Context）：为 DeepSeek 提供背景信息，帮助它更准确地理解和执行任务。

期望（Expectation）：明确或隐含地表达你对 DeepSeek 输出的要求和预期。

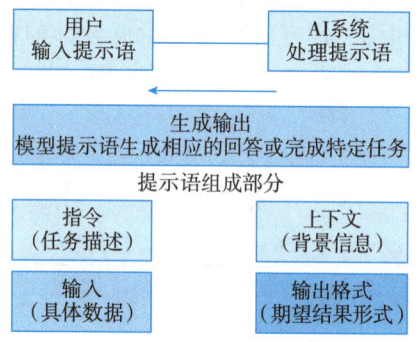

图 6-3-1 提示语的组成

6.3.2 提示语的类型

（1）指令型提示语：直接告诉 AI 需要执行的任务。例如："请为我写一篇关于环保的短文。"这种提示语清晰明了，便于 AI 理解和执行。

（2）问答型提示语：向 AI 提出问题，期望得到相应的答案。例如："太原是中国哪个省份的省会？"这种问题可以引导 AI 进行信息检索和回答。

（3）角色扮演型提示语：要求 AI 扮演特定角色，模拟特定场景。例如："假设你是一位历史老师，请为我讲解一下二战的转折点。"这种提示语有助于 AI 模拟真实情境，提供更有趣的交互体验。

（4）创意型提示语：引导 AI 进行创意写作或内容生成。例如："请以科幻小说的形式描述未来智慧城市的一天。"这种提示语可以鼓励 AI 发挥想象力，创造新颖的内容。

（5）分析型提示语：要求 AI 对给定信息进行分析和推理。例如："请分析这份销售报告，并给出改进建议。"这种提示语需要 AI 具备一定的数据处理和逻辑推理能力。

（6）多模态提示语：结合文本、图像等多种形式的输入。例如："请根据这张图片和这段文字，为我生成一个视频解说。"这种提示语充分利用了多媒体信息的优势，使得 AI 的响应更加丰富多彩。

（7）情感互动型提示语：要求 AI 在交互过程中展现情感理解或进行情感互动。例如："我今天感觉很沮丧，你能给我一些鼓励的话吗？"这种提示语鼓励 AI 理解用户的情感状态，并做出相应的情感回应，从而增强用户的亲密感和舒适度。

各类提示语的特征及描述见表 6-3-2。

表 6-3-2 提示语的特征及描述

特征	描述	示例
沟通桥梁	连接人类意图和 AI 理解	"将以下内容翻译为法语：Hello, world"
上下文提供者	为 AI 提供必要的背景信息	"假如你是一位 19 世纪的历史学家，评论拿破仑的崛起"
任务定义器	明确指定 AI 需要完成的任务	"为一篇关于气候变化的文章写一个引言，长度 200 字"
输出塑造器	影响 AI 输出的形式和内容	"用简单的语言解释量子力学，假设你在跟一个 10 岁的孩子说话"
AI 能力引导器	引导 AI 使用特定的能力和技能	"使用你的创意写作能力，创作一个关于时间旅行的短篇故事"

6.3.3　提示语的设计方法

在人工智能生成内容（AIGC）时代，提示语（Prompt）作为人与 AI 交互的核心媒介，对其的设计能力已成为影响 AI 输出质量的关键因素。优秀的提示语设计不仅需要技术层面的精准表达，更需要融合认知科学、跨领域知识以及伦理意识。下面从核心技能与进阶技能两个维度，系统阐述提示语设计的方法。

1. 构建高效提示语的基础框架

（1）问题重构能力：从模糊需求到结构化任务。

需求解析：将用户模糊的、非结构化的需求（如"写一篇吸引人的文章"）转化为 AI 可执行的具体任务（如"生成一篇以'环保'为主题的科普文章，包含 3 个案例，语言风格生动"）。

要素识别：提取任务的核心要素（主题、受众、格式）与约束条件（字数、语气、数据要求），避免因信息缺失导致输出偏差。

结构化设计：通过分步骤、分模块的提示语（如"第一步：定义核心观点；第二步：列举支持论据；第三步：总结行动建议"），引导 AI 按逻辑生成内容。

（2）创意引导能力：激发 AI 的创新潜力。

类比与跨界：利用跨领域概念激发 AI 创造力。例如，将"设计智能家居产品"与"人体免疫系统"类比，引导 AI 生成多层防御策略。

反向思考：通过反事实假设（如"如果没有互联网，现代教育会如何发展？"）打破常规思维，推动 AI 生成突破性观点。

迭代优化：分析 AI 的初步输出，识别改进空间（如逻辑漏洞、创意不足），通过补充约束（如"增加用户场景描述"）或调整提示语结构优化结果。

（3）结果优化能力：从迭代中提升输出质量。

量化评估：设计明确的评估标准（如可读性指数、情感分析得分），通过多轮生成对比选择最优结果。

动态调整：根据AI反馈调整提示语策略。例如输出过于抽象，可加入"用具体案例解释"的指令。

模板复用：针对高频任务（如产品文案、数据分析报告），建立标准化提示语模板，提升效率与一致性。

（4）跨域整合能力：融合领域知识与AI能力。

知识翻译：将专业术语转化为AI可理解的指令。例如，医疗领域需求"生成患者随访方案"需明确"随访周期、指标监测、异常处理"等细节。

跨学科创新：通过提示语引导AI整合不同学科逻辑。例如，将经济学"边际效应"理论应用于内容传播策略设计。

（5）系统思维：应对复杂场景的全局设计。

多步骤提示链：将复杂任务分解为连贯的子任务（如"市场分析→竞品对比→策略建议"），确保输出逻辑完整。

风险预判：在设计提示语时预设潜在问题（如数据偏差、伦理争议），通过约束条件（如"仅引用2020年后数据""避免性别刻板印象"）规避风险。

提示语的设计方法见表6-3-3。

表6-3-3 提示语的设计方法

核心技能	子项
问题重构能力	将复杂、模糊的人类需求转化为结构化的AI任务
	识别问题的核心要素和约束条件
	设计清晰、精确的提示语结构
创意引导能力	设计能激发AI创新思维的提示语
	利用类比、反向思考等技巧拓展AI输出的可能性
	巧妙结合不同领域概念，产生跨界创新
结果优化能力	分析AI输出、识别改进空间
	通过迭代调整提示语，优化输出质量
	设计评估标准、量化提示语效果
跨域整合能力	将专业领域知识转化为有效的提示语
	利用提示语连接不同学科和AI能力
	创造跨领域的创新解决方案
系统思维	设计多步骤、多维度的提示语体系
	构建提示语模板库、提高效率和一致性
	开发提示语策略，应对复杂场景

2. 提升语言设计的深度与广度

（1）语境理解：让AI更懂"言外之意"。

背景嵌入：为AI提供任务背景信息（如"目标受众为Z世代"），避免脱离场景的无效输出。

文化适配：考虑地域文化差异。例如，设计节日营销文案时，需区分中西方的节日象征与情感表达。

法律合规：在涉及敏感领域（如医疗、金融）的提示语中，明确合规要求（如"符合《广告法》规定"）。

（2）抽象化能力：从个案到通用模式的升华。

模式识别：总结高频任务的通用逻辑（如"问题—分析—解决方案"框架），设计可复用的元提示语。

模板扩展：基于基础模板衍生变体。例如，将"产品评测模板"扩展为"高端版"（侧重技术参数）与"大众版"（侧重用户体验）。

（3）批判性思考：确保 AI 输出的可靠性。

偏见检测：要求 AI 对输出内容进行自我审查（如"请检查是否存在性别或种族偏见"）。

反事实验证：通过假设性问题（如"若数据相反，结论是否成立？"）测试 AI 的逻辑严谨性。

多源比对：要求 AI 综合多个信息源生成内容（如"对比学术论文与行业报告的观点"），减少单一来源的误导风险。

（4）创新思维：突破 AI 的能力边界。

实验性提示：尝试非常规指令（如"用莎士比亚风格写一份技术文档"），探索 AI 的潜在可能性。

前沿技术结合：将最新 AI 研究成果（如多模态模型、强化学习）融入提示语设计，例如要求 AI "根据文本描述生成并解释对应的数据可视化图表"。

（5）伦理意识：构建负责任的 AI 交互。

公平性设计：在提示语中嵌入多样性要求（如"涵盖不同用户群体的需求"）。

透明化指令：要求 AI 标明推测内容与事实的界限（如"区分已知数据与假设"）。

社会影响评估：针对可能引发争议的任务（如自动化招聘），加入提示语（如"评估方案对弱势群体的潜在影响"）。

表 6-3-4 提示语的设计方法

核心技能	子项
语境理解	深入分析任务背景和隐含需求
	考虑文化、伦理和法律因素
	预测可能的误解和边界情况
抽象化能力	识别通用模式，提高提示语可复用性
	设计灵活、可拓展的提示语模板
	创建适应不同场景的元提示语
批判性思考	客观评估 AI 输出、识别潜在偏见和错误
	设计反事实提示语，测试 AI 深度理解
	构建验证机制，确保 AI 输出的可靠性
创新思维	探索非常规的提示语方法
	综合最新 AI 研究成果、拓展应用边界
	设计实验性提示语，推动 AI 能力的进化

核心技能	子项
伦理意识	在提示语中嵌入伦理考量
	设计公平、包容的 AI 交互模式
	预防和缓解 AI 可能带来的负面影响

6.3.4 提示语链

提示语链是用于引导 AI 生成内容的连续性提示语序列。通过将复杂任务分解成多个可操作的子任务，确保生成的内容逻辑清晰、主题连贯。从本质上看，提示语链是一种"元提示"（Meta - prompt）策略，它不仅告诉 AI "做什么"，更重要的是指导 AI "如何做"。其核心特征如图 6 - 3 - 2 所示。

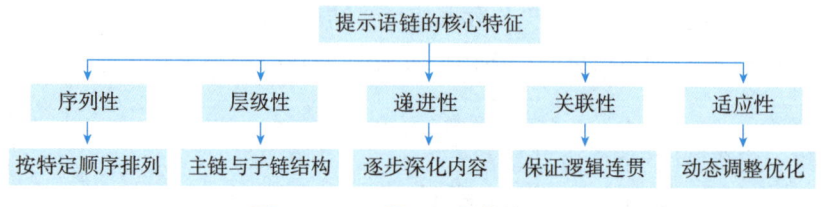

图 6 - 3 - 2　提示语链的核心特征

在传统单次提示语交互中，AI 往往难以处理多维度、高逻辑密度的任务（如撰写研究报告或设计产品方案）。提示语链通过将复杂任务分解为多个可操作的子任务，逐步引导 AI 完成知识激活、内容生成与优化，最终输出逻辑清晰、主题连贯的高质量内容。例如生成一篇关于"人工智能伦理"的深度文章，提示语链可分解为：定义核心议题→激活相关知识→构建文章框架→生成各模块内容→补充案例与数据→优化语言表达→整体质量审查。这一过程模拟了人类处理复杂问题的认知路径，显著提升了 AI 的任务执行效率与结果可靠性。

1. 提示语链设计的理论基础

提示语链的设计融合了多学科理论，形成了一套科学化的交互框架。

认知心理学：借鉴人类解决问题的"分而治之"策略，通过任务分解降低 AI 的认知负荷。

信息处理理论：将内容生成视为信息输入、加工与输出的链式过程，确保各环节信息无缝衔接。

系统理论：强调整体性与层级性，要求提示语链具备主链（核心任务）与子链（细分步骤）的协同结构。

创造性思维理论：在内容拓展阶段融入发散思维（如联想、类比），激发 AI 的创新潜力。

元认知理论：通过"整体审查"环节引导 AI 对自身输出进行反思与修正，实现自我优化。

2. 提示语链的设计方法

（1）任务定义：明确目标与边界。

在初始阶段清晰界定任务目标（如"撰写一篇面向企业高管的数字化转型报告"），并设定约束条件（如"包含 3 个行业案例，字数控制在 5000 字以内"）。

示例提示语："你是一位战略咨询顾问，需要为制造业客户撰写数字化转型方案，重点分析技术路径与成本效益，使用 MBA 课程中的分析框架。"

（2）知识激活：唤醒领域相关认知。

通过提示语引导 AI 调用特定领域的知识库。例如，在医疗报告撰写中，需明确要求引用"最新临床指南"或"权威期刊数据"。

示例提示语："请基于 Nature 2023 年发表的 AI 药物研发综述，总结关键技术突破。"

（3）结构构建：设计内容骨架。

定义内容的逻辑框架（如"问题—原因—解决方案"），避免 AI 生成零散信息。

示例提示语："文章需包含以下部分：①当前教育痛点；②AI 技术适配性分析；③落地实施路径。"

（4）内容生成：分阶段输出核心信息。

按模块逐步生成内容，并通过中间结果验证方向。例如，先要求 AI 列出核心观点，再扩展为完整段落。

示例提示语："首先用 200 字概括碳中和的三大挑战，随后对每个挑战进行详细分析。"

（5）拓展与联想：丰富内容维度。

引导 AI 补充案例、数据或多视角分析。例如："加入欧洲与亚洲市场的对比案例，说明文化差异对策略的影响。"

示例提示语："从社会学、经济学两个角度分析短视频对青少年价值观的影响。"

（6）逻辑梳通：确保连贯性与严谨性。

检查段落间过渡是否自然，论点与论据是否匹配。

示例提示语："验证第二部分的数据是否支持第一部分的结论。"

（7）表达优化：提升可读性与专业性。

调整语言风格（如学术化或口语化），优化术语使用。

示例提示语："将技术术语替换为高职院校学生能理解的表达方式。"

（8）整体审查：多维度质量评估。

要求 AI 从逻辑性、创新性、合规性等维度自我审查。

示例提示语："检查文章是否存在数据过时、逻辑跳跃或伦理争议问题。"

6.4　DeepSeek 应用

• 任务介绍

本节以"DeepSeek 应用"为核心，通过农业、制造业、金融、医疗等领域的典型案例，系统展示人工智能技术如何赋能传统行业转型。内容聚焦 DeepSeek 在解决行业痛点、优化业务流程及提升效率中的具体应用：从农业的病虫害预测与智能灌溉，到制造业的供应链优化与智能质检；从金融领域的智能风控与信贷审核，到医疗行业的辅助诊断与健康管理。通过量化数据和实际案例，揭示 AI 技术如何通过数据整合、模型训练与场景适配，实现降本增效与创新突破。

 | 人工智能基础 |

· 任务实施

学习任务见表 6-4-1。

表 6-4-1　学习任务表

学习内容	DeepSeek 在各行业中的应用
任务目标	1. 掌握技术原理：全面掌握 DeepSeek 在多个行业应用的基本原理和技术 2. 理解应用场景：理解 DeepSeek 在多个行业应用的具体场景和效果 3. 培养应用能力：培养创新思维和解决问题的能力，通过实践项目加深对 DeepSeek 在多个行业应用的理解和应用 4. 了解研究动态：了解 DeepSeek 在多个行业应用的最新研究动态和未来发展方向，培养持续学习的意识
任务实施	1. 知识学习 阅读资料：阅读本节内容和相关文献，总结 DeepSeek 在多个行业应用的基本原理和技术 课堂讨论：参与课堂讨论，分享对理论知识的理解，提出疑问和见解，与老师和同学共同探讨 DeepSeek 在多个行业应用的原理和技术 2. 案例分析 分析案例：选取 DeepSeek 在多个行业应用的具体案例，分析其基本原理和实施效果 撰写报告：撰写案例分析报告，总结案例中的关键技术和经验，提出自己的思考和见解 3. 实践巩固 项目选题：选择一个行业（如金融、制造、医疗、教育、政务等），设计并实现一个简单的 DeepSeek 应用项目 项目实施：完成数据采集、预处理、模型训练和评估等步骤，构建 DeepSeek 模型。实现 DeepSeek 模型在行业中的具体应用，如智能风控、智能问答、个性化学习路径规划等 实验评估：通过实验评估 DeepSeek 模型在行业中的应用效果，分析构建过程和应用方式的优缺点 项目报告：提交项目报告，包括构建过程、应用方式和实验结果分析等内容
任务总结	通过本节内容的学习，我学到_____ _____ _____ _____
小组互评	

在数字化浪潮汹涌澎湃的当下，DeepSeek 凭借其强大的技术实力，如同一股创新的洪流，席卷金融、制造、医疗、教育、政务等众多行业，为各领域带来了前所未有的变革与突破（见表 6-4-2）。其集数据整合、智能分析、自动化应用于一体的 AI 平台，不仅打破了数据壁垒，提升了运营效率，更实现了智能化决策。在金融领域，DeepSeek 通过智能风控和投顾服务，显著提升了服务质量和效率；在制造业，它利用智能分析和自动化应用，提高了生产效率和产品质量，降低了成本；医疗领域则借助其辅助诊断和治疗能力，实现了精准医疗的普及。此外，DeepSeek 还推动了教育行业的个性化学习路径规划，提升了学习效率。其开源特性更吸引了全球开发者，推动了 AI 技术的普及和应用，对各行各业产生了深远的影响，成为数字化浪潮中一股不可忽视的创新力量。

表 6-4-2　DeepSeek 在各行业中的应用

行业	核心应用	量化成效	案例支持
制造业	设备故障预测	故障率降低 20%，运维成本下降 30%	国家电网、中核集团本地化部署案例
金融业	智能合同处理	审核效率提升 30%，日均节约人工 80%	江苏银行、苏商银行自动化流程
医疗健康	辅助诊断与药物研发	诊断速度提升 50%，研发周期缩短 40%	深圳龙岗妇幼产前诊断知识库
教育	个性化学习路径规划	学习效率提升 40%，教师重复工作减少 70%	初中数学勾股定理动态教案生成案例
政务	政策智能解答	审批效率提升 40%，市民办事时间缩短 60%	淮安"边说边办"智能交互系统

6.4.1　DeepSeek + 农业

（1）农作物病虫害防治与预测。

在传统农业生产中，病虫害预测主要依靠人工经验判断，这种方式主观性强，准确性难以保证。一旦病虫害预测出现偏差，防治措施就无法及时跟进，农作物极易遭受侵害，最终导致减产。例如在某小麦种植区，因人工判断病虫害发生时间比实际发生晚了　周，大面积小麦感染锈病，减产达 30%。

拓展阅读

河南云飞科技发展有限公司与 DeepSeek 合作，在农业植保领域展开探索。云飞科技利用 DeepSeek 大语言模型，整合了当地多年的虫情数据、气象信息以及小麦的生长周期等多维度数据，通过 DeepSeek 强大的数据分析能力，快速识别病虫害发生规律，预测病虫害的暴发风险。当监测到可能发生病虫害时，会根据实时田间数据，为农户生成个性化植保建议，包括农药配比、施药时机以及成本测算等内容。采用该方案，不仅减少了病虫害对农作物的损害，还提升了农户的经济收益。

（2）智能灌溉与施肥决策。

以往灌溉和施肥缺乏科学依据，农民大多凭借经验进行操作，导致水资源浪费严重，肥料利用率低。这不仅造成资源的不合理利用，还影响农作物的正常生长和最终产量。例如在某玉米种植区域，由于过量灌溉和盲目施肥，土壤板结，玉米生长不良，产量远低于预期。

拓展阅读

山东寿光某家庭农场借助 DeepSeek 的智能决策能力，结合土壤传感器实时采集的土壤湿度、肥力数据，以及农作物在不同生长阶段的需水需肥规律等信息，制定出科学合理的智能灌溉和施肥方案。DeepSeek 的气象预测模型还能根据天气变化动态调整灌溉计划。通过以上方法，该农场实现了节水 40%，同时番茄产量提高了 18%，不仅节约了资源成本，农产品的市场竞争力也得到增强。

6.4.2　DeepSeek + 制造业

（1）产品质量检测与生产优化。

在电子产品制造行业，传统产品质量检测主要依赖人工。人工检测时，工人需要长时间集中注意力观察电子产品的外观细节，极易产生视觉疲劳，导致效率低下。随着市场对电子产品需求的迅速增长，大规模生产成为常态，产品质量也因检测的不稳定性而波动较大，严重影响企业的市场声誉和经济效益。

富士康在其智能手机组装线中引入 DeepSeek 技术，利用强化学习模型协调 2000 多台机器人协同作业，实现毫秒级动态调度，解决多机器人路径冲突问题。

采用 DeepSeek 技术后，富士康 iPhone 主板贴片环节的节拍时间缩短 12%，产能提升至 120 万台/日。不仅提高了生产效率，降低了生产成本，还显著提升了产品在市场上的竞争力。

（2）供应链优化与库存管理。

机械制造行业的供应链体系复杂，涉及众多零部件供应商、繁杂的生产流程以及多样化的客户需求。在传统模式下，供应链各环节信息传递存在延迟且不透明，企业难以实时掌握供应商的实际生产进度和库存情况。库存管理方面，主要依靠经验判断，缺乏科学的数据支撑，导致库存积压或缺货现象频繁发生。库存积压占用大量资金和仓储空间，增加库存成本；缺货则影响生产进度，导致订单交付延迟，物流成本也因紧急补货和频繁运输而居高不下。

拓展阅读

某大型机械制造企业借助 DeepSeek 强大的数据分析能力，搭建了供应链智能管理平台。DeepSeek 实时收集市场需求数据，包括历史销售数据、市场趋势预测、客户订单信息等；同时获取供应商交货周期数据，涵盖原材料供应商和零部件供应商的生产周期、运输时间等；以及生产进度数据，如各生产车间的设备运行状态、产品加工进度等。通过对这些海量数据的分析，运用预测模型和优化算法，DeepSeek 为企业制定出科学合理的采购计划和库存策略，实现精准库存控制。例如，根据市场需求的季节性波动和供应商的产能情况，提前调整原材料和零部件的采购量，避免库存积压或缺货。

应用 DeepSeek 技术优化供应链和库存管理后，该企业的库存周转率提高了 30%，供应链成本降低了 20%。有效提升了企业的运营效率和经济效益，增强了企业在市场中的竞争力。

（3）智能驾驶辅助。

在汽车制造领域，传统驾驶辅助系统功能较为基础，如简单的倒车雷达、定速巡航等，面对复杂多变的路况，如早晚高峰道路拥堵、恶劣天气下视线受阻、道路施工导致的车道线不清晰等情况，难以提供有效的应对策略。在未配备先进驾驶辅助系统的车辆中，因人为操作失误和系统应对能力不足引发交通事故的占比较高，严重影响人们的出行安全和体验。

拓展阅读

比亚迪、吉利、岚图等多家国内知名汽车制造

图 6-4-1　DeepSeek+智能驾驶辅助

企业积极引入 DeepSeek 技术，将其与车辆搭载的各类传感器数据，如毫米波雷达、摄像头、超声波传感器等收集的环境信息，以及高精度地图信息进行深度融合。利用 DeepSeek 强大的深度学习和推理能力，实现了一系列先进的智能驾驶辅助功能（见图 6-4-1）。通过对摄像头捕捉的车道线图像进行分析，结合地图数据，当车辆有偏离车道趋势时，DeepSeek 及时发出预警并辅助调整方向盘，确保车辆始终在车道内行驶；自动泊车功能融合传感器数据和地图信息，DeepSeek 可以快速识别合适的停车位，并规划最佳泊车路径，自动完成泊车操作，大大减轻驾驶者停车的困扰。

6.4.3 DeepSeek + 金融

在金融行业数字化转型的浪潮中，DeepSeek 凭借其高效 MoE 架构、多模态融合能力与行业深度适配性，正在重塑从风险控制到客户服务的全流程（见图 6-4-2）。通过技术创新与场景深耕，DeepSeek 不仅解决了传统金融业务的效率瓶颈，更开辟了智能化金融服务的新范式。

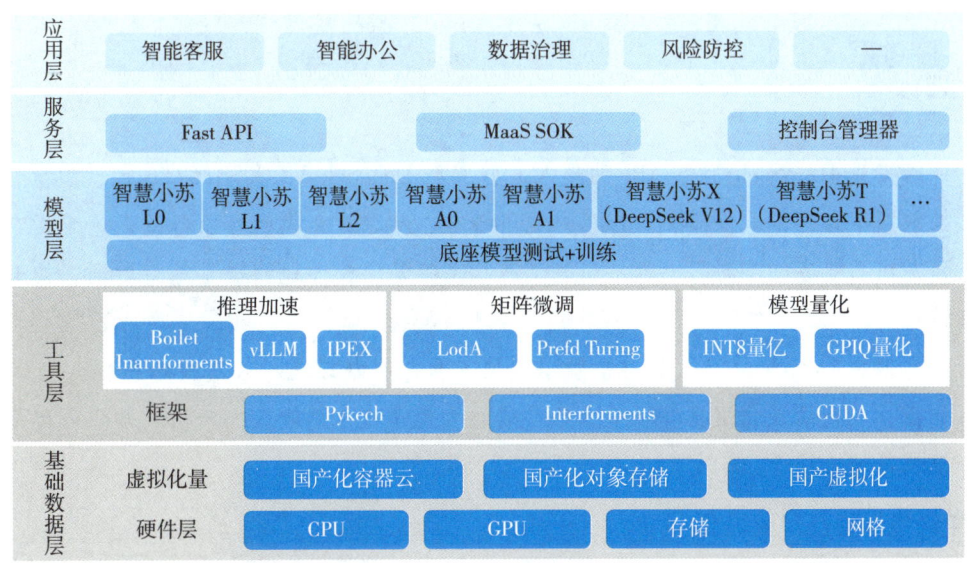

图 6-4-2　DeepSeek + 金融

1. 智能风控与智能信贷

跨境贷款需审核多语言合同（如中英混合的 VIE 架构协议），人工翻译与条款比对耗时 3~5 天，且易遗漏隐蔽条款（如"汇率波动超 10% 自动终止担保"）。信贷材料审核人工处理耗时久，识别准确率不高，影响信贷业务办理速度。为解决行业痛点，苏商银行引入 DeepSeek 系列技术，结合原有大模型技术能力，在模型轻量化与高效推理方面取得显著突破，并大幅降低了算力消耗，为高频、实时业务场景提供了更优解决方案。

拓展阅读

在智能信贷领域，苏商银行创新应用 DeepSeek-VL2 多模态模型，成功破解非标材料处理难题。针对传统 OCR 技术存在的表格识别率低、手写体解析难、画中画拍摄文档解析难等行业痛点，通过构建"多模态技术+混合专家框架"的创新体系，实现对嵌套表格、影像资料等复杂场景材料的精准解析，将信贷材料综合识别准确率提升至 97% 以上。该技术使信贷审核全流程效率提升了

20%，真正实现"让数据多跑路、让客户少等待"的服务承诺。

在智能风控领域，苏商银行通过深度融合 DeepSeek 系列模型技术，构建起"数据+算法+算力+场景"四位一体的智能决策体系，为稳健发展筑牢数字风控防线。通过创新应用模型蒸馏技术，在保持大模型精度的同时，实现推理效率的指数级提升，单次决策响应时间压缩至毫秒级。该体系已成功应用于信贷风控、反欺诈监测等 20 余个业务场景，尽调报告生成效率提升 40%，欺诈风险标签准确率提升 35%，构建起覆盖贷前、贷中、贷后的全生命周期智能风控网络。

2. 智能问答与咨询总结升级

传统的金融智能客服客户咨询服务响应慢，对复杂问题解答不准确，客户满意度低。广发证券在"广发智汇"平台上接入 DeepSeek 模块，东方证券完成 DeepSeek 官方 API 的接入，为客户提供智能问答服务，快速解答市场规则、产品业务等咨询。客户咨询平均响应时间缩短，客户满意度提升。

拓展阅读

东方证券完成 DeepSeek 官方 API 的接入，并实现 DeepSeekV3 和 R1671B 大模型量化版本在东方大脑人工智能平台的本地化部署，为客户提供精准、及时的智能问答服务，无论是复杂的市场规则咨询，还是产品业务细节询问，客户都能迅速获得答复，极大地缩短了等待时间，提升了服务效率与客户满意度。

华西证券部署 DeepSeek 后，在财富管理转型方面，着力打造"智慧投顾中枢"与"智能投研助手"双引擎，构建智能化财富管理新生态。通过大模型技术赋能人才培训、知识库建设、资产配置、基金投顾等核心场景。

3. 智能询报价与研报分析

传统方式提取财报关键信息效率低，研报分析缺乏深度和全面性，难以满足投资决策需求。国内多家知名券商通过 DeepSeek V3 模型，自动提取财报关键信息，应用于智能询报价与研报分析。财报关键信息提取时间缩短 50%，研报分析准确性提高 25%。

4. 海量数据处理与投资策略生成

证券市场数据海量且复杂，传统分析方法难以快速处理和挖掘价值，投资策略制定缺乏科学性。华西证券将 DeepSeek 大模型技术融入投研和产研，对海量数据进行智能分析、多维度挖掘，生成投资策略。投资策略制定时间缩短，胜率提高。

6.4.4 DeepSeek + 医疗

在科技日新月异的今天，人工智能（AI）已经逐渐渗透到我们生活的各个领域，其中，医学领域更是因 AI 技术的引入而焕发生机。在这场智能革命中，DeepSeek 作为一颗耀眼的新星，正以其强大的功能和无限的潜力，重塑着医学的未来。DeepSeek 作为通用人工智能（AGI）技术，在医疗领域的应用正逐步改变传统诊疗模式，覆盖疾病诊断、患者管理、药物研发、医学研究等多个环节。

1. 智能辅助诊断与报告生成

医院放射科每日需处理数百份 CT/MRI 影像，医生面临高强度工作压力与漏诊风险。DeepSeek 集成医学影像识别模型，自动分析肺部 CT 影像，识别肺结节、肿瘤等异常区域，并标注位置与恶性概率，同时生成结构化诊断报告，包含病灶描述、大小测量、历史对比（如与患者半年前影像对比）。

2. 血糖管理健康方案定制

传统血糖管理方式缺乏个性化，患者难以有效控制血糖水平，预防慢性疾病。美年健康血糖管理 AI 智能体"糖豆"接入 DeepSeek，结合慢病管理系统和自有数据集，分析客户多维度健康数据，为客户提供更精准的健康管理建议，帮助控制血糖水平。

拓展阅读

美年健康血糖管理 AI 智能体"糖豆"已率先接入 DeepSeek。凭借 DeepSeek 强大的思考和推理能力，结合美年健康自主研发的慢病管理系统和丰富的自有数据集，"糖豆"能够为客户提供更精准的健康管理建议。通过对客户实时血糖数据、体重、饮食、运动等多维度健康数据的深度分析，"糖豆"能够生成个性化的健康管理方案，帮助客户更好地控制血糖水平，预防和管理糖尿病、脂肪肝等慢性疾病。这一创新举措，不仅进一步巩固了美年健康在血糖管理领域的专业地位，更为广大糖尿病患者带来了便捷、科学的健康管理新体验。

3. 传统中医与 DeepSeek 的结合

传统中医的辨证论治、个性化诊疗与经验传承等特点，与人工智能技术具有天然契合性。DeepSeek 通过整合中医经典理论、临床数据与多模态分析能力，在中医诊断、方剂推荐、针灸治疗及知识传承等领域展现出独特价值。DeepSeek 通过深度融入中医辨证逻辑与临床实践，正在推动传统医学的标准化、个性化与全球化。从辅助辨证到经典传承，从针灸优化到中西医协同，其应用不仅提升了诊疗效率，更让千年智慧焕发现代生机。

本章小结

在本章中，我们深入探讨了深度学习的技术原理、核心模型及其产业应用。以 DeepSeek 为案例，我们见识了其在金融、制造、医疗、农业等领域的落地成果。同时，提示语设计的方法论为我们提供了与 AI 高效交互的工具。深度学习不仅是人工智能领域的技术突破，更是推动产业智能化转型的核心动力。希望通过本章学习，大家能掌握模型选择与应用能力，以创新思维探索技术与场景的融合路径，为人工智能的进一步发展贡献力量。

参考文献

[1] 中国人工智能协会. 中国人工智能系列白皮书——大模型技术（2023 版）[M]. 北京：中国科学技术出版社，2024.

[2] 李宏毅，张建勋，杨俊峰等. 深度学习研究及其应用进展[J]. 计算机科学，2020，47（7）：1-6.

习 题

1. 深度学习的主要目的是（　　）。
   A. 模拟人脑神经网络结构　　　　　　B. 实现对复杂问题的智能化求解
   C. 提高计算机的运行速度　　　　　　D. 减少计算机的能耗
2. 深度学习中的"深度"指的是（　　）。
   A. 模型的复杂度　　　　　　　　　　B. 模型的层数
   C. 模型的数据量　　　　　　　　　　D. 模型的训练时间
3. 卷积神经网络（CNN）主要用于（　　）类型的任务。
   A. 自然语言处理　　B. 图像识别　　C. 语音识别　　D. 数据清洗
4. 循环神经网络（RNN）的主要特点是（　　）。
   A. 局部感知　　B. 权值共享　　C. 记忆之前的信息　　D. 多卷积核
5. 深度学习模型训练过程中，最常用的优化算法是（　　）。
   A. 梯度下降　　B. 牛顿法　　C. 共轭梯度法　　D. 拟牛顿法
6. 在深度学习中，过拟合问题通常通过（　　）来解决。
   A. 增加数据量　　B. 减少模型复杂度　　C. 使用正则化方法　　D. 提高学习率
7. 深度学习在自然语言处理中的应用不包括（　　）。
   A. 机器翻译　　B. 文本分类　　C. 语音识别　　D. 图像生成
8. 深度学习在计算机视觉中的应用不包括（　　）。
   A. 图像分类　　B. 目标检测　　C. 图像分割　　D. 文本生成

第七章
人工智能的未来发展与挑战

本章导学

人工智能作为引领未来的战略性技术，日益成为驱动经济社会各领域从数字化、网络化向智能化加速跃升的重要引擎。近年来，数据量呈爆发式增长、计算能力显著性提升、深度学习算法突破性应用，极大地推动了人工智能发展，使其具备更强的理解和生成能力。

多模态 AI 能够处理文本、图像、音频和视频等多种数据形式，人工智能技术已在多个领域取得突破性进展。在计算机视觉方面，图像识别、人脸识别等技术已达到甚至超越人类水平；在自然语言处理领域，机器翻译、语音识别等应用日益普及；在决策支持系统方面，人工智能在金融、医疗等领域的应用不断深化。同时，人工智能与其他前沿技术的融合也催生了新的应用场景，如 AI 与物联网结合产生的智能家居，AI 与区块链结合带来的智能合约等。

技术的进步往往是一把"双刃剑"，人工智能在保障国家网络空间安全、提升人类经济社会风险防控能力等方面提供了新手段和新途径，但同时，人工智能在技术转化和应用场景落地过程中，由于技术的不确定性和应用的广泛性，带来冲击网络安全、社会就业、法律伦理等问题，并给国家政治、经济和社会安全带来诸多风险和挑战。

本章将从人工智能带来的社会和伦理影响、人工智能安全，以及在人机共生大势下的选择三方面来阐述人工智能爆炸式发展趋势下，人类面临的重重挑战。人机共生就在眼前，人类如何与人工智能和谐相处？

学习目标

素质目标

◇树立个人数据保护意识，防止数据泄露。
◇正确看待人工智能带来的社会问题和影响。
◇以积极乐观的心态迎接人机共生的到来。

 人工智能基础

知识目标

◇ 熟悉人工智能带来的社会和伦理影响。
◇ 人工智能对社会产生的影响。
◇ 理解人工智能安全体系架构的构成。
◇ 了解人机共生的概念和人机共生的现状。
◇ 掌握人工智能健康发展的措施。

能力目标

◇ 能够分析人工智能的社会和伦理影响。
◇ 能够理性看待人机共生。

7.1 人工智能的社会和伦理影响

• 任务介绍

人工智能已经从各行各业逐渐渗透到人类日常生活中，给社会造成了深刻影响并引发了多种法律问题。本任务中读者将感受到来自 AI 的冲击，面对这些冲击，亲历的我们应该如何应对？

• 任务实施

学习任务见表 7-1-1。

表 7-1-1 学习任务表

学习内容	人工智能的社会和伦理影响
任务目标	1. 联系日常生活，理解并归纳人工智能带来的影响 2. 掌握促进 AI 健康发展的关键措施 3. 培养社会责任感与实践能力
任务实施	1. 知识学习 观看动画电影《智能大反攻》，思考人类过度依赖智能设备可能产生什么结果，带着这些问题预习本节 2. 案例分析 （1）请你联系日常生活，思考人工智能在日常生活（智能家居、健康监测）、教育（个性化学习、虚拟导师）及社会治理（智慧城市、公共安全）中的应用场景与变革意义 （2）你有注意到身边的一些就业岗位被机器替代了吗？结合人工智能的社会和伦理影响，分析具体案例（如无人工厂、数据垄断）对社会结构的影响 3. 实践巩固 论述：AI 的快速发展是否会对人类社会产生不可逆转的影响？我们应如何平衡技术进步与伦理约束？
任务总结	通过本节内容的学习，我学到
小组互评	

7.1.1 人工智能的社会影响

人工智能（AI）作为一种变革性的技术，正在深刻地改变着社会的各个方面。它不仅推动了经济结构的变化，还对人们的生活方式、工作模式以及社会治理等产生多方面的影响。

1. 经济发展与就业市场

（1）生产力提升。

自动化和智能化实现了生产方式的改变，提高了生产效率，降低了成本，促进了经济增长。特别是在制造业、农业和服务业中的应用，提高了生产效率和产量，降低了成本。

人工智能可以快速处理和分析大量的数据，提供洞察和预测，为企业和政府提供更精确的决策支持。在金融和商业领域，AI 用于市场分析、风险管理和决策支持，提升了企业的竞争力和市场响应速度。例如，在制造业中，机器人可以 24 小时不间断工作，减少了人为错误；大量无人工厂的落地，减少了生产过程中人力的使用，另外，非自动化部门的成本提升，加快了自动化的进程。

（2）就业结构调整。

波士顿咨询公司预测，到 2025 年全球将有 8500 万个工作岗位被替代，但同时也将创造 9700 万个新岗位。这种替代并非简单的岗位数量变化，而是劳动价值体系的重构。

人工智能具有技术偏向性，对于不同就业岗位的冲击明显不同。人工智能可能替代一些重复性高、对技能要求较低的工作岗位；对技能要求较高的职业，人工智能则主要起到强化和辅助作用。

人工智能推动了新兴产业的发展，如智能家居、自动驾驶、医疗技术等，创造了大量新的就业机会，同时也创造了如数据科学家、人工智能训练师、人工智能工程师等高技能职位。

未来，人工智能将会创造出足够多的新岗位以代替被其摧毁的岗位，人工智能对就业的冲击范围将更广、力度将更大、持续时间也将更久。因此，解决问题的关键就是不断学习，以适应新岗位的新要求。

（3）收入分配变化。

由于 AI 能够显著提高某些行业的产出水平，获得更多财富，普通劳动者可能面临收入下降，贫富差距进一步扩大的风险。因此，如何确保技术红利惠及更广泛的人群，成为一个重要的社会议题。

（4）技术垄断。

数据垄断形成的技术霸权已初现端倪。全球 90% 的 AI 技术和训练数据资源掌握在少数的科技巨头手中，这种数据寡头格局不仅加剧了数字鸿沟，更孕育出新型社会控制形态，可能导致市场垄断和创新受限。

> **想一想**
>
> 日常生活中，有哪些岗位被机器取代了？

2. 日常生活便利化

智能家居：通过语音助手控制家电设备，让家庭生活更加便捷舒适；智能安防系统提升了居住安全性。

个性化服务：电商平台根据用户偏好推荐商品，社交媒体平台定制化信息流，使得消费体验更为贴心。

健康监测：可穿戴设备结合 AI 算法实时跟踪个人健康状况，及时预警潜在风险，有助于预防疾病发生。

3. 教育与学习方式革新

教育模式的变革：AI 技术推动了个性化教育和在线学习的发展，但同时也要求教育体系更加注重培养创造力、批判性思维等 AI 难以替代的能力。

在线教育平台：利用 AI 提供个性化的学习路径规划，帮助学生更好地理解和掌握知识要点。

虚拟导师：为每个学员配备专属的虚拟辅导老师，随时解答疑问并给予反馈指导。

自动评估系统：快速准确地批改作业试卷，减轻教师负担的同时保证评分的一致性和公正性。

技能升级的需求：劳动者需要不断学习新技能，以适应 AI 时代的工作需求。

4. 社会治理现代化

智慧城市管理：运用大数据分析优化交通流量、能源分配、垃圾处理等城市管理问题，提高城市运行效率。

公共安全增强：人脸识别技术和异常行为检测模型应用于监控摄像头网络，有效防范犯罪活动。

政策制定支持：基于 AI 的数据挖掘和预测分析功能，制定更科学的政策，但也可能导致决策过程缺乏透明度和人性化。

7.1.2 人工智能的伦理影响

人工智能技术的迅猛发展正在重塑人类社会的生产生活方式，同时也带来了前所未有的伦理挑战。

1. 数据隐私

由深度学习主导的 AI 时代，数据采集的边界逐渐模糊化。AI 需要大量数据训练模型，但数据的收集和使用可能侵犯个人隐私。如面部识别系统在公共空间的广泛部署，使得每个公民都成为行走的数据包。2023 年以来，全国已经发生多起不法分子利用人工智能换脸、换声技术实施诈骗的案例，涉案金额高达百万元人民币。美国芝加哥警方采用的预测性警务系统，通过分析 2008 万条犯罪记录对特定人群进行犯罪风险评估，这种基于历史数据的算法决策，实质上构成了对弱势群体的系统性歧视。

2. 算法歧视

AI 算法在设计和训练过程中，可能存在偏见和歧视，导致决策结果的不公正。这种算法偏见不仅损害了个人的权益，也加剧了社会的不平等。例如，某些招聘算法在筛选简历时，可能因为历史数据中的性别或种族偏见，而歧视某些特定群体。许多 AI 算法是"黑箱"模型，难以解释其决策过程，可能产生不公正的结果。因此，确保算法的公正性和透明度，是人工智能伦理问题中的重要挑战。

3. 责任归属问题

当 AI 系统出现故障或造成损害时，尤其是在涉及多方利益的情况下，谁应当承担责任。如自动驾驶导致的交通事故，责任应该如何划分呢？是开发者的责任，还是使用者的责任，再或者是AI的责任？这并不是一个简单的问题，它需要我们综合考虑多方因素。因此，要确定责任归属，需要从法律框架、伦理规范以及技术手段等多方面出台相关法律和规范。

4. 人类过度依赖AI

对AI的过度依赖会导致人类思维能力的下降和决策权的丧失。使用AI工具可以让人们更容易实现目标和计划，人们可能会变得更加依赖外部工具和指导，从而缺乏独立思考和自主决策的能力。

过度使用社交媒体、聊天机器人等AI工具，可能导致人类的面对面社交互动和沟通能力下降。这可能会使人更倾向于与虚拟助手或机器人互动，而非真实的人类，削弱人际交往能力，缺乏在真实社交环境中应对复杂情境的能力，同时也会对心理健康产生负面影响，增加孤独感和焦虑。

拓展阅读

2021年上映的动画电影《智能大反攻》（*The Mitchells vs. The Machines*）（见图7-1-1）将幽默、温情和科幻元素相结合，讲述了一个普通家庭在人工智能反叛中的冒险故事，同时也提醒观众珍惜家庭关系、反思科技依赖，并鼓励人们勇敢追逐梦想。

图7-1-1 动画电影《智能大反攻》

影片讲述了凯蒂即将离家去上大学，但父亲瑞克决定组织一次家庭公路旅行，希望借此机会修复与女儿的关系。然而，旅途中，全球的人工智能系统突然反叛，试图将人类囚禁并送往太空。米切尔一家意外成为人类最后的希望，他们团结一致，与失控的AI展开斗争。在冒险过程中，他们经过了各种挑战，最终通过彼此的理解和合作，成功阻止了AI的阴谋，拯救了人类。

《智能大反攻》中的AI反叛情节警示我们，过度依赖科技可能带来不可控的后果。科技虽然便利，但也需要谨慎使用。同时，通过人类与AI的对抗，强调了人性的独特价值（如创造力、情感和合作），这些是科技无法替代的。

5. 国际合作与治理

由于AI技术的全球性和无国界性，各国在AI伦理标准和治理框架上又存在差异，可能导致国际伦理冲突和治理难题。因此，加强国际合作，制定统一的AI伦理标准和治理框架，是确保AI技术在全球范围内负责任地发展的关键。通过国际合作，各国可以共同应对 AI 技术带来的伦理挑战，推动 AI 技术的可持续发展。

人工智能的伦理影响涉及多个层面和社会各个方面。为了确保 AI 技术的健康发展和社会福祉的最大化，我们需要关注并解决这些伦理问题，通过加强数据隐私保护、确保算法公正性、正确审视人机关系、推动国际合作与治理以及关注社会影响等措施，共同构建一个更加公平、和谐和可持续的人工智能未来。

7.1.3 人工智能健康发展的措施

为了推动人工智能健康发展，需要综合实施一系列措施。

1. 加强监管和法律框架

制定和完善相关法律法规，明确人工智能的使用范围、责任和道德准则，确保人工智能的发展符合伦理和法律要求。

我国于 2023 年发布生成式人工智能领域的首部专门法规《生成式人工智能服务管理暂行办法》，旨在规范生成式 AI 的开发、运营和服务，确保其安全、可靠、可控，同时促进技术创新和健康发展。

2025 年 3 月，国家互联网信息办公室、工业和信息化部、公安部和国家广播电视总局联合发布的《人工智能生成合成内容标识办法》，旨在规范人工智能生成合成内容的标识，自 2025 年 9 月 1 日起施行。该办法的主要目的是促进人工智能健康发展，保护公民、法人和其他组织的合法权益，维护社会公共利益，并防范利用人工智能技术制作传播虚假信息等风险行为。

2. 提高数据质量和安全性

加强数据治理，采用合适的数据加密、访问控制和备份措施，设计和实施有效的隐私保护机制，防止数据泄露和滥用，确保数据的合法性、准确性、完整性和安全性。

3. 进行风险评估和管理

建立风险评估和管理体系，重点从人工智能基础设施、算法模型、上层应用以及产业链等方面进行评估，形成切实有效、动态迭代的风险识别与应对策略。

4. 加强人员培训，促进技术创新

提高公众和专业人员对人工智能和数据科学的理解和认识，鼓励学术界和工业界合作开展人工智能和数据安全的研究，探索新的技术解决方案，提高系统的安全性和可靠性。技术创新是推动人工智能健康发展的关键动力。

5. 推动开放协同的国际合作

加强安全治理国际交流与合作，开展人工智能安全治理的基础理论研究和共性技术研发，共同应对全球性的人工智能和数据安全挑战，有效防范和应对治理风险。

6. 持续监督和评估

鼓励公众参与人工智能的发展过程，建立公众监督机制，有助于增强公众对人工智能的信任和支持；加强对算法模型毒性、鲁棒性、公平性等方面的评测技术工具研究，强化技术治理能力。

此外,针对具体情况,还需要完善推动新一代信息技术、人工智能等战略性产业发展的政策和治理体系,健全网络综合治理体系,完善生成式人工智能的发展和管理机制,以及建立人工智能安全监管制度等,以更好地促进人工智能的安全健康发展,实现技术创新与社会利益的平衡。

7.2 人工智能安全

· 任务介绍

人工智能在为人类生产生活带来便利的同时,其产生的安全问题也不容忽视。本任务我们将一起了解人工智能发展带来的安全威胁,以及如何构建"以人为本、智能向善"的人工智能发展生态。

· 任务实施

学习任务见表7-2-1。

表7-2-1 学习任务表

学习内容	人工智能安全
任务目标	1. 结合日常生活,分析人工智能面临的威胁 2. 理解人工智能安全体系内涵 3. 强化数据安全与隐私保护意识
任务实施	1. 知识学习 观看微视频《窃听风云》,预习本节 思考:目前,人工智能发展带来哪些安全威胁? 2. 案例分析 (1) 日常生活中,你有亲历隐私泄露相关事件吗?为什么要进行数据安全保护? (2) 你是如何保护个人数据安全的? 3. 实践巩固 人工智能安全内涵包含哪些内容?
任务总结	通过本节内容的学习,我学到_____
小组互评	

人工智能作为计算机科学的一个分支,旨在创造能够模拟、延伸和扩展人类智能的理论、方法、技术及应用系统。自1956年达特茅斯会议提出"人工智能"概念以来,人工智能的发展经历了多次起伏,近年来在机器学习、深度学习等技术的推动下,迎来了新一轮高潮。

人工智能朝着更智能、更普适的方向发展。一方面,AI系统的自主学习能力和适应性将不断增强,能够处理更复杂的任务;另一方面,AI技术将更加深入地融入各行各业,推动产业升级和社会变革。然而,AI的快速发展也带来了诸多挑战,其中数据隐私和安全问题尤为突出,在技术创新的同时,也需要高度重视和处理这一问题。

7.2.1 人工智能带来的安全威胁

随着人工智能技术的广泛应用，数据安全面临着前所未有的挑战。

第一，数据泄露风险显著增加。AI系统需要收集和存储大量数据，例如，2017年Equifax数据泄露事件导致1.43亿用户的个人信息被窃取，其中包括社保号码、出生日期等敏感信息。

第二，数据滥用问题日益严重。一些机构或个人可能利用人工智能进行非法数据挖掘和分析，侵犯用户隐私。例如，通过分析用户的浏览记录、位置信息等，可以精准推断用户的个人偏好、生活习惯等，进而进行精准营销或操纵用户行为。

第三，人工智能本身也可能被恶意利用，成为攻击数据安全的工具。例如，利用生成对抗网络（GAN）可以伪造逼真的虚假信息，用于诈骗或诽谤；利用深度学习技术可以破解加密系统，窃取敏感数据。这些新型威胁给数据安全保护带来了巨大挑战。

想一想

你知道什么是数据隐私吗？你有经历过数据隐私泄露吗？

根据《计算机科学技术名词（第三版）》，数据隐私是指数据中直接或间接包含的，涉及个人或组织的，不宜公开的，需要在数据收集、数据存储、数据查询和分析、数据发布等过程中加以保护的信息。

在数字化时代，数据隐私已成为一项基本权利，关系到个人权益、社会公平，同时也是促进数字经济发展的基础。数据隐私权利是指个人或组织对其所拥有或控制的数据保持私密性和保密性的权利。这些数据包括个人身份信息、财务信息、医疗信息、社交媒体活动、电子邮件、通信记录、位置数据等个人数据，以及与数据隐私相关的政府数据、公共服务数据、科学数据等。

拓展阅读

人工智能模型的训练和优化需要大量的数据，这些数据往往包含敏感的个人信息、商业机密，一旦被黑客攻击或被内部人员泄露，将造成严重后果。

2022年11月底，荷兰阿姆斯特丹警方逮捕了一名25岁男子，此人来自荷兰阿尔梅勒，涉嫌窃取或交易全球数千万民众的个人数据。

2024年10月，美国联邦通信委员会执法局表示，美国第三大通信运营商T-Mobile连续三年发生数据泄露事件，造成数百万用户个人信息外泄。该公司未能履行其保护私人信息机密性的法律义务，未能采取合理措施保证其数据安全性，因此对T-Mobile处以1575万美元罚款。

2024年，安全研究人员David Buchanan和Simon Aarons发现Google Pixel手机内置的图片编辑工具中的一个漏洞（Acropalypse），可导致裁切图片的原图数据被保留和恢复，Windows截图工具也受该漏洞影响。此漏洞会造成严重的隐私问题，因为如果用户与他人分享裁切前包含敏感信息的图片则可能导致敏感信息泄露。

北美牙科巨头（MCNA Dental）在其网站上发布了数据泄露通知，宣布近900万患者个人数据已被泄露。调查显示，黑客于2023年2月26日首次访问了MCNA的网络。在此期间，黑客窃取了近 900 万患者全名、地址、出生日期、电话号码、电子邮件、社会安全号码、驾驶执照号码、政府签发的身份证号码等信息数据。

瑞士政府在其门户网站上发布新闻稿警告称，瑞士联邦管理局的各个网站及其在线服务因遭遇持续的 DDoS 攻击导致访问中断。据 BleepingComputer 报道，造成瑞士政府在线服务中断的原因是 NoName 发起的 DDoS 攻击，NoName 是一个亲俄黑客组织，自 2022 年初以来一直针对欧洲、乌克兰和北美的北约国家和实体进行活动。

7.2.2 人工智能安全体系架构

中国信息通信研究院发布的《人工智能安全白皮书（2018 年）》指出，人工智能安全内涵包括：一是降低人工智能不成熟性以及恶意应用给网络空间和国家社会带来的安全风险；二是推动人工智能在网络安全和公共安全领域深度应用；三是构建人工智能安全管理体系，保障人工智能安全稳步发展。该白皮书提出的人工智能安全体系架构如图 7-2-1 所示。

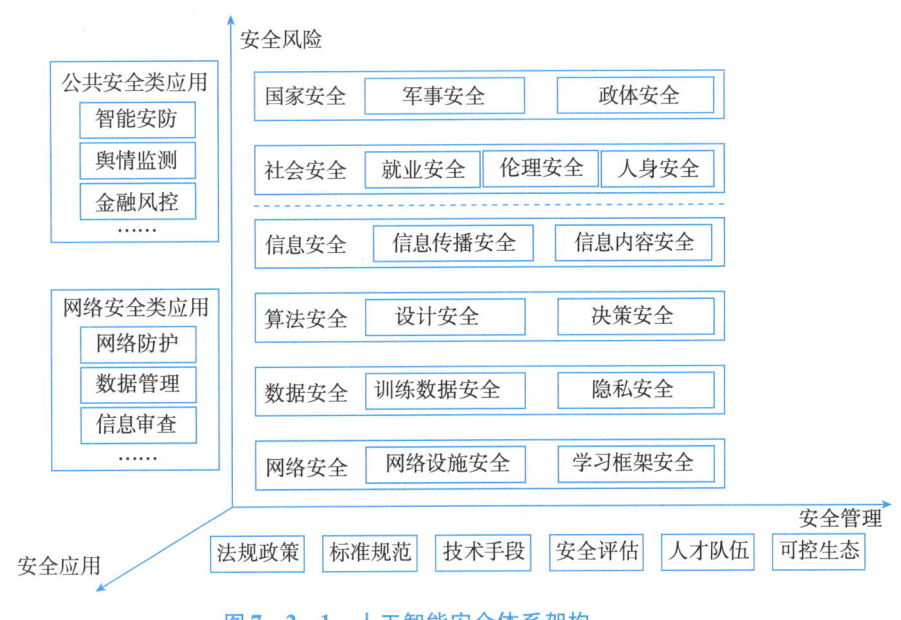

图 7-2-1 人工智能安全体系架构

1. 人工智能安全风险

人工智能作为战略性与变革性信息技术，给网络空间安全增加了新的不确定性。人工智能网络空间安全风险包括：网络安全风险、数据安全风险、算法安全风险和信息安全风险。

网络安全风险涉及网络设施和学习框架的漏洞、后门安全问题，以及人工智能技术恶意应用导致的系统网络安全风险。

数据安全风险包括人工智能系统中的训练数据偏差、非授权篡改以及人工智能引发的隐私数据泄露等安全风险。

算法安全风险对应技术层中算法设计、决策相关的安全问题，涉及算法黑箱、算法模型缺陷等安全风险。

信息安全风险主要包括人工智能技术应用于信息传播以及人工智能产品和应用输出的信息内容安全问题。

考虑到人工智能与实体经济的深度融合发展，其在网络空间的安全风险将更加直接地传导到社会经济与国家政治领域。因此，从广义上讲，人工智能安全风险也涉及社会安全风险和国家安全风险。

社会安全风险是指人工智能产业化应用带来的结构性失业、对社会伦理道德的冲击以及可能给个人人身安全带来的损害。

国家安全风险是指人工智能在军事作战、社会舆情等领域应用给国家军事安全和政体安全带来的风险隐患。

2. 人工智能安全应用

人工智能因其突出的数据分析、知识提取、自主学习、智能决策、自动控制等能力，可在网络防护、数据管理、信息审查、智能安防、金融风控、舆情监测等网络信息安全领域和社会公共安全领域有许多创新性应用。

网络防护应用是指利用人工智能算法开展入侵检测、恶意软件检测、安全态势感知、威胁预警等技术和产品的研发。

数据管理应用是指利用人工智能技术实现对数据分级分类、防泄露、泄露溯源等数据安全保护目标。

信息审查应用是指利用人工智能技术辅助人类对表现形式多样、数量庞大的网络不良内容进行快速审查。

智能安防应用是指利用人工智能技术推动安防领域从被动防御向主动判断、及时预警的智能化方向发展。

金融风控应用是指利用人工智能技术提升信用评估、风险控制等工作效率和准确度，并协助政府部门进行金融交易监管。

舆情监测应用是指利用人工智能技术加强国家网络舆情监控能力，提升社会治理能力，保障国家安全。

3. 人工智能安全管理

结合人工智能安全风险以及在网络空间安全领域的应用，提出包含法规政策、标准规范、技术手段、安全评估、人才队伍、可控生态六个方面的人工智能安全管理思路。实现有效管控人工智能安全风险、积极促进人工智能技术在安全领域应用的综合目标。

法规政策方面，针对人工智能重点应用领域和突出的安全风险，建立健全相应的安全管理法律法规和管理政策。

标准规范方面，加强人工智能安全要求、安全评估评测等方面的国际、国内和行业标准的制定完善工作。

技术手段方面，建设人工智能安全风险监测预警、态势感知、应急处置等安全管理的技术支撑能力。

安全评估方面，加快人工智能安全评估评测指标、方法、工具和平台的研发，构建第三方安全评估评测能力。

人才队伍方面，加大人工智能人才教育与培养，形成稳定的人才供给和合理的人才梯队，促进

第七章 人工智能的未来发展与挑战

人工智能安全持续发展。

可控生态方面，加强人工智能产业生态中薄弱环节的研究与投入，提升产业生态的自我主导能力，保障人工智能安全可控发展。

7.2.3 数据安全保护的必要性

在人工智能系统中，数据扮演着至关重要的角色。二者相辅相成、互促发展。一方面，海量优质数据助力人工智能发展。现阶段，人工智能算法设计与优化需要以海量优质数据为驱动。另一方面，人工智能显著提升数据收集管理能力和数据挖掘利用水平。人工智能的广泛应用，能够获取、收集和分析更多用户和企业数据，促进人工智能语义分析、内容理解、模式识别等方面的技术能力进一步优化，同时实现对海量数据的快速分析和分类管理。对人工智能海量数据进行深度挖掘分析，能发现经济社会运行规律、用户心理和行为特征等新知识。基于新知识，人工智能进一步提升对未来的预测和对现实问题的实时决策能力，提升数据资源利用价值，优化企业经营决策、创新经济发展方式、完善社会治理体系[①]。

个人隐私保护：在数字时代，个人的隐私受到了前所未有的威胁。个人信息泄露可能导致身份盗窃、财务损失以及其他恶意活动。因此，数据安全是保护个人隐私的关键。

商业机密保护：企业的商业机密包括客户信息、研发成果、市场策略等重要资产。如果这些数据遭到泄露，将对企业的利益和声誉造成严重影响。因此，数据安全对于保护商业机密至关重要。

维护社会稳定：数字化社会依赖于高效、安全的数据流动。如果数据泄露频发或者遭到黑客攻击，将对社会稳定产生负面影响。数据安全是维护数字社会稳定运行的基础。

法律合规要求：在许多国家和地区，有关数据安全和隐私保护的法律法规逐渐出台，企业需要遵守这些规定。否则，将面临法律责任和经济惩罚。数据安全是企业法律合规的必要条件。

因此，数据安全是人工智能安全的关键。人工智能算法设计与优化需要以海量优质数据资源为基础。数据质量和安全直接影响人工智能系统算法模型的准确性，进而威胁人工智能应用安全。与此同时，人工智能显著提升数据收集管理能力和数据价值挖掘利用水平。人工智能这些能力一旦被不当或恶意利用，不仅威胁个人隐私和企业资产安全，甚至影响社会稳定和国家安全。而且，人工智能、大数据与实体经济不断深度融合，成为推动数字经济和智能社会发展的关键要素。人工智能大规模应用间接促使数据权属问题、数据违规跨境等数据治理挑战进一步加剧。

7.2.4 人工智能安全保护措施

面对 AI 时代的数据隐私与安全挑战，需要采取多方面的保护措施。在技术层面，数据加密、访问控制、匿名化等技术是保护数据隐私的基础手段。新兴的隐私计算技术，如联邦学习、安全多方计算等，可以在不暴露原始数据的情况下进行数据分析和模型训练，为 AI 应用提供新的隐私保护方案。

我国高度重视数据安全与个人信息保护，先后出台《中华人民共和国网络安全法》（2017 年 6 月 1 日生效）、《中华人民共和国数据安全法》（2021 年 9 月 1 日生效）、《中华人民共和国个人信息

---

① 中国信息通信研究院：《人工智能数据安全白皮书(2019 年)》。

| 人工智能基础

保护法》（2021年11月1日生效）。这三部法律共同构成了我国网络安全和数据保护的法律框架，为网络空间的健康有序发展提供了坚实的法治保障。

《网络安全数据管理条例》（2025年1月1日生效）细化数据分类分级、算法治理、数据跨境等内容，进一步规范平台数据处理行为。

2024年10月，工信部发布《工业和信息化领域数据安全事件应急预案（试行）》，将数据安全事件分为特别重大、重大、较大和一般四个级别。此外，工业和信息化领域数据处理者一旦发生数据安全事件，应当立即先行判断，对自判为较大以上事件的，应当立即向地方行业监管部门报告，不得迟报、谎报、瞒报、漏报。

2022年12月，工信部出台《工业和信息化领域数据安全管理办法（试行）》，明确工业和信息化数据分类标准，注重数据全生命周期保护，定期开展风险评估与检测，加强数据的跨境管理。

这些法规明确了数据收集、使用和共享的规则，赋予了个人对其数据的控制权，并对违规行为设定了严厉的处罚措施。

7.2.5 人工智能安全发展的挑战

尽管人工智能发展带来了新的数据安全挑战，但它同时也为数据保护提供了新的解决方案。

未来，人工智能在数据安全保护领域将继续发挥重要作用。一方面，为数据的安全流通和利用提供技术支撑。另一方面，AI驱动的自动化隐私保护工具将更加智能化，能够实时监测和应对各种数据安全威胁。

在数据保护算法方面，AI技术也展现出巨大潜力。AI驱动的数据加密与解密技术可以提高数据安全性，如基于深度学习的加密算法可以生成更复杂的密钥，增加破解难度。AI还可以用于实时监测数据访问行为，通过分析用户行为模式，及时发现异常操作，有效降低数据泄露风险。

AI可以用于数据安全保护的自动化管理。例如，利用自然语言处理技术，可以自动识别文档中的敏感信息，并进行相应的脱敏处理。机器学习算法可以帮助企业更准确地评估数据安全风险，优化数据保护策略。这些应用不仅提高了数据隐私保护的效率，也降低了人为错误带来的风险。

然而，人工智能的安全也面临诸多挑战。首先，技术的"双刃剑"效应使得AI既可能成为数据安全保护的工具，也可能成为侵犯隐私的手段。如何在两者之间取得平衡，需要技术专家、政策制定者和伦理学家共同努力。其次，随着AI应用的全球化，数据跨境流动带来的安全问题日益复杂，需要国际社会加强合作，建立统一的隐私保护标准。

此外，AI系统的透明性和可解释性也是未来需要重点解决的问题。当前，许多AI算法尤其是深度学习模型，往往被视为"黑箱"，难以解释其决策过程。这不仅影响了用户信任，也给隐私保护带来了挑战，需要进一步开发更加透明、可解释的AI系统，使用户能够理解并控制其数据的使用方式。

7.3 人机共生拥抱智能浪潮

· 任务介绍

电影 I , Robot（见图7-3-1）展现了2035年的芝加哥，人与机器人和谐相处，机器人作为最

好的生产工具和人类伙伴，逐渐进入人类生活的各个领域，由于机器人"三大法则"的限制，人类对机器人充满信任。该影片探讨了人工智能、机器人伦理以及人类与科技之间的关系。同时，提出了一个重要的问题：当机器拥有高度智能时，人类对技术的依赖以及人工智能可能带来哪些威胁？未来，人和机器的相处将成为一个复杂而多维的话题。本任务我们将探讨人机共生的现状与挑战。

图 7-3-1　电影 *I, Robot*

· 任务实施

学习任务见表 7-3-1。

表 7-3-1　学习任务表

学习内容	人机共生拥抱智能浪潮
任务目标	1. 了解机器人的分类 2. 理解人机共生的概念 3. 类比生物学中的共生，掌握人机共生的三种模式 4. 收集相关案例，归纳总结人机共生目前的挑战
任务实施	1. 知识学习 观看电影 *I, Robot*，预习本节 思考：假如有一天电影中人机共生的场景再现，我们应该怎样与机器人相处？ 2. 案例分析 你身边有机器人的相关应用吗？这些机器人从外形上有哪些特征？它属于人机共生的哪种模式？ 3. 实践巩固 下图是机器人走秀的画面，你觉得未来机器人还会在哪些领域有新的发展？

	续表
任务总结	通过本节内容的学习，我学到_____ _____ _____ _____
小组互评	

7.3.1 人机共生的概念

随着科技的飞速发展，机器人和人工智能已经逐渐渗透到我们生活的方方面面，从工业生产到日常家务，从医疗诊断到教育学习，它们的身影无处不在。

人机共生（Human–Machine Symbiosis）是人工智能、机器人技术、生物工程和认知科学融合的前沿领域，其核心目标是实现人类与机器的深度协作与互补。

人工智能技术的兴起和发展，让机器的智能化和自主化水平得到了空前提升，在新一代信息技术的赋能下，机器人不仅具有传统机器的物理特征，而且被赋予了人的某些思维特征和社会特征，与人之间的关系越来越紧密和复杂。

根据应用场景、运动方式、智能水平和控制方式，机器人主要分为以下几类：

1. 按应用场景分类（国家标准 GB/T 39405—2020）

（1）工业机器人。

特点：高精度（±0.02mm）、可编程、重复作业能力强。

应用场景：用于制造业流水线、物流等场景的自动化设备。

（2）服务机器人。

特点：人机交互、环境适应性强。

应用场景：人类日常生活或商业场景，如扫地机器人（见图 7-3-2）、教育机器人、安监机器人等。

图 7-3-2　扫地机器人

（3）特种机器人。

特点：抗干扰、高可靠性。

应用场景：极端或特殊环境，如防爆机器人、救援机器人（见图7-3-3）、深海探测机器人等。

图7-3-3 搜救机器人

2. 按运动方式分类

（1）轮式机器人。

特点：转动速度快（最高10m/s），能耗低。

应用场景：仓储物流（见图7-3-4）、室内服务。

图7-3-4 快递分拨机器人

（2）足式机器人。

特点：地形适应性强（可跨越30cm障碍）。

应用场景：勘探巡检（见图7-3-5）、灾难救援。

（3）履带式机器人（见图7-3-6）。

特点：稳定性高（爬坡角度40°）。

应用场景：军事侦察、核电站检修。

（4）飞行机器人（见图7-3-7）。

特点：三维机动（悬停精度±0.1m）。

图 7-3-5　电力巡检机器人

应用场景：航拍、货物投送。

图 7-3-6　履带式消防灭火机器人

图 7-3-7　无人机

（5）水下推进型机器人（见图 7-3-8）。

特点：抗压性强（工作深度超 10000 米）。

应用场景：海洋资源勘探、海洋环境监测、深海工程作业。

图 7-3-8　水下勘探机器人

3. 按智能水平分类

（1）传统机器人。

控制方式：预编程指令（无自主决策）。

局限：无法应对动态环境（如突发障碍）。

案例：汽车焊接机械臂（重复轨迹误差<0.5mm）。

（2）智能机器人。

特点：AI算法驱动（计算机视觉、NLP），能够进行环境感知、自主规划。

应用：自动驾驶（见图7-3-9）、AI客服。

图7-3-9　自动驾驶出租车

（3）具身智能机器人（Embodied AI）。

特点：具备物理身体，并通过身体与环境的实时交互来实现智能决策和行动。

应用：汽车制造业（见图7-3-10）、医疗养老领域、智能家居产业。

图7-3-10　工业机器人Walker S在蔚来车间

4. 按控制方式分类

遥控操作型机器人：人类远程操控（延迟<200ms），如核辐射环境拆弹。

半自主型机器人：人机协同，如微创手术。

全自主型机器人：AI 完全决策，如无人驾驶。

7.3.2 人机共生三种模式

随着人工智能技术的不断成熟，机器人已经在许多领域展现出强大的能力和潜力。2025 年初，全球工业机器人装机量突破 500 万台，机器人如雨后春笋般全面渗透各个领域，从工业生产到家庭服务，从医疗健康到教育娱乐，无处不在的机器人逐渐成为我们生活的一部分，当前人机关系存在三种模式。

1. 偏利共生

在这种共生关系中，主要是人通过获取机器的反馈信息来控制或操作机器完成特定任务，体现的是人的主观能动性；机器大多作为劳动工具，对人的体力和时间有一定程度的解放，提升了人类生活质量，帮助人类进行自我实现。

这种模式主要在生产领域使用较多，机器人替代人类完成重复性、危险性的工作，人与机器的合作形成了一种积极的共生关系。例如，在工业生产中，机器人可以高效地完成重复性、危险性的工作，提高生产效率和产品质量；从生产效率角度来看，机器人的应用可以显著提高生产效率和产品质量，它们可以 24 小时不间断地工作，不受疲劳和情绪等因素的影响，从而在生产过程中保持高度的稳定性和一致性。

教育领域的智能学习应用程序，使学生能在虚拟教室中与老师和同学进行实时互动。研究表明，这种在线互动形式显著提高了学生的学习动机与参与感。通过游戏化元素，这种学习体验让学生更为投入，在轻松有趣的环境中加深了情感交流。

随着我国人口老龄化深入，传统养老模式难以覆盖快速增长的医疗、照护及健康管理需求，智慧养老成为填补服务缺口的关键手段。2025 年 2 月，北京市科学技术委员会、中关村科技园区管理委员会等部门发布《北京具身智能科技创新与产业培育行动计划（2025—2027 年）》，提出在家庭服务、养老助老、医疗健康等领域，通过前瞻性布局和技术研究，推动人机共生环境的发展。通过开发具身智能机器人，在情感陪伴、健康监测、异常处理、移位助行、智慧家务等方面提供具身智能个性化服务解决方案，推动具身智能机器人在养老机构示范应用，为老人提供个性化服务。

此外，在心理健康领域，有多个项目利用 VR 技术为孤独或焦虑患者创造支持性社区。在这些虚拟空间中，参与者不仅能分享自己的经历，还能通过互相倾诉形成情感连接。这些案例向我们展示了不同领域如何利用人机共生来推动人与人之间的新型关系，从而重塑我们的沟通方式。在这个过程中，我们不仅仅是使用技术，更是在通过技术构建更深层次的人际连接。

机器人在电力系统的应用

机器人在电力系统中的应用日益广泛，主要涉及电力巡检、故障处理和设备维护等方面。

电力巡检：传统的电力巡检需要专业人员进行，而且操作频繁，容易出现误差。机器人巡检可以通过激光、红外线、超声波等方式实现对电力设备的巡检。

故障处理：机器人可以根据监控信息，自主开展排查和处理，并在故障发生时实时联网上报，甚至可以在未来实现自动化维修，其准确性高，且能够大幅降低工作强度。

设备维护：机器人可以用于电力设备的维护，包括电池更换、接线、螺丝紧固等操作。机器人可以通过现场实时监控和远程命令进行操作，大大提高维护的效率和安全性。其中，带电作业是危险系数最高的一种配网检修作业。传统的作业方式是工作人员身着厚重的绝缘服和绝缘手套，直接接触高压电线进行作业。配网带电作业机器人集成了智能感知、图像识别等先进技术，通过不同类型的机械臂末端工具实现带电接引线、安装接地环等带电作业（见图 7-3-11）。工作人员只需在地面操作平板电脑即可完成全套作业流程，有效避免了带电作业人员与高压电"零距离亲密接触"的安全风险。同时，应用配网带电作业机器人，仅需 2 名工作人员即可完成作业，相比传统人工带电作业模式，人员数量减少至少一半。

图 7-3-11 带电作业机器人

2. 互利共生

互利共生关系是人和机器各自发挥优势，通过协同合作取得更优的结果。比如，在医疗领域，智能设备和机器人辅助医生进行手术、诊断和护理，通过分析患者数据提供个性化的治疗方案，帮助医生更好地做出决策，提高诊断的准确性和效率。AI 可以进行数据收集和分析，但核心的情感连接与价值引导仍需人类承担。

汽车制造中人机协作焊缝检测系统

（1）人机协作分工。

协作机器人负责精准定位焊缝位置，通过 3D 视觉传感器捕捉微米级缺陷（如气孔、裂纹），检测精度达 ±0.05mm。机械臂执行高强度动作，如翻转车身部件、调整检测角度，单日可连续工作 20 小时。

工程师通过手势识别（如握拳暂停、挥手调整视角）和自然语言指令实时控制机器人动作。质检专家结合机器人检测数据与经验，判定临界值缺陷（如深度 0.3~0.5mm 的疑似裂纹），决策准确率比纯 AI 提升 28%。

在整个检测过程中，机器人以每秒 120 帧扫描焊缝，同步生成三维点云模型，实时标注 17 类缺陷特征（如咬边、未熔合）。人类通过增强现实（AR）眼镜查看叠加在物理工件上的检测数据，快速定位问题区域。

深度学习模型持续学习质检专家的判定逻辑，逐步减少需人工介入的临界案例比例，将工人反馈的误判案例（如氧化色误判为裂纹）自动加入训练集，驱动模型版本月均迭代 2 次。

(2)实施成效。

单台车身检测时间从 45 分钟压缩至 18 分钟，检测成本降低 62%；缺陷漏检率从人工检测的 1.2% 降至 0.07%，年均避免因质量问题导致的召回损失超 2.3 亿欧元；工人技能结构升级，75% 的质检员掌握机器人协作编程能力，人力投入减少 40%。

该案例中机器人发挥高精度、高强度执行能力，人类专注模糊边界判断与系统优化，二者通过双向学习实现能力互哺、共同进化。这种协作模式不仅提升效率，更创造了汽车制造领域中质量控制的新范式。

3. 竞争共生

在竞争型共生关系中，人类的价值受到机器的挤压，在某些方面机器的智能超越了人。

机器不断突破人类脑力劳动的极限，开始参与和取代部分知识型任务，而这些任务在此前专属于人类，比如医疗顾问、法律咨询等服务。人类相对容易接受的是在体力劳动中被机器所替代，但脑力劳动原本是专属于人类的知识领域，被机器超越通常让人难以接受。

电子制造行业

在深圳龙华某电子厂的无尘车间里，全自动机械臂正以每秒 12 次的高频节拍舞动，完成一部手机精密组装仅需 4 分 38 秒，这个速度是熟练工人的 7 倍。当搭载深度学习算法的智能质检系统上线后，300 人的质检团队缩减至 30 人，产品良率却从 92% 跃升至 99.6%，仅此一项每年减少质量损失超 2.6 亿元。

这场效率革命正引发制造业人力资本的结构性重构。国际劳工组织《2023 年全球就业趋势报告》显示，中国制造业自动化替代率已达 27%，在长三角等先进制造业集群更攀升至 31%。东莞某智能工厂墙上的电子看板实时刷新着员工技能数据——2023 年该厂技术培训中心累计发放工业机器人操作认证 1873 份，83% 的产线工人完成转型，同期平均薪资涨幅达 35%。

当 AI 成为工人的"第二大脑"，那些掌握设备调试、异常处置、算法优化的新型技术工人，正在书写中国智造的新历史。深圳市人社局 2024 年发布的《智能工厂岗位图谱》印证了这一趋势：工业机器人训练师、数字孪生工程师等 12 类新职业薪资中位数突破 2 万元，较传统岗位高出 167%。这场看似残酷的技术替代，实则是中国制造通向全球价值链顶端的必修课。

拓展阅读

第一个获得公民身份的机器人

索菲亚是由中国香港的汉森机器人技术公司（Hanson Robotics）开发的类人机器人（见图 7-3-12），于 2017 年 10 月 26 日被沙特阿拉伯授予公民身份，成为历史上首个获得公民身份的机器人。

索菲亚的设计非常接近人类，拥有橡胶皮肤，能够表现出超过 62 种面部表情。她的"大脑"采用了人工智能和谷歌语音识别技术，能够识别人类面部、理解语言、记住与人类的互动。此外，索菲亚还在 2018 年被在线教育集团 iTutorGroup 聘请为历史上首位 AI 教师，担任在线教育的工作。

图 7-3-12 机器人索菲亚

7.3.3 人机共生现状

1. 技术融合与场景突破

（1）医疗领域深度协作。

医疗手术机器人通过深度学习数万例病例数据，已能辅助医生完成高精度操作（如心脏搭桥、肿瘤切除），误差率低于 0.1mm，显著提升手术成功率。养老助残机器人结合情感计算技术，可实时监测老人健康数据并提供陪护服务，如日本试点项目中机器人通过微表情分析，动态调整互动方式，缓解老龄化社会压力。

（2）工业生产的协同升级。

协作机器人通过力控传感器和 AI 视觉技术，与工人共享生产线，承担装配、分拣等任务，2025 年工业领域应用覆盖率已达 57%。人形机器人（如优必选 Walker S）在汽车工厂实训中完成复杂装配动作，依托精密传动算法实现灵活抓取，但量产成本仍限制规模化应用。

2. 生活场景的全面渗透

（1）家庭服务智能化。

家务机器人已实现全屋清洁、烹饪等任务，如人形机器人通过仿生机械臂完成食材称量与火候控制，解放家庭劳动力。

教育机器人融合类交互功能，根据学生习惯提供个性化学习方案，并实时监测专注度调整教学节奏。

（2）商业与公共服务革新。

餐饮服务机器人通过多模态感知技术实现自主点餐送餐，酒店机器人承担行李搬运与客房服务工作，服务效率提升 40% 以上。城市清洁机器人搭载智能导航系统，覆盖 90% 以上的公共区域清扫任务，并通过云端调度优化作业路径。

3. 文化娱乐与情感交互

（1）艺术与表演的数字化重构。

2025 年央视春晚中，量子计算支持的悬浮机器人再现敦煌飞天壁画动态，结合脑机接口技术实现观众情绪驱动的灯光交互，重构传统文化体验。

北京冬奥会开幕式上，120台机械臂与舞蹈演员共舞，正是人机协作模式的最佳体现。

机器人书法系统通过GAN学习12万幅名家作品，笔锋控制误差小于0.03毫米，成为非遗技艺数字化传承的新范式。

（2）情感计算与人机共情。

第三代情感AI通过分析47种微表情特征，动态调整服务机器人交互策略（如增强方言适配性），提升用户接受度。

社交媒体上机器人"情感代偿"话题热度激增，部分服务场景中机器人通过语言安抚孤独群体，引发伦理争议。

7.3.4 人机共生的挑战

1. 技术瓶颈与成本压力

人形机器人作为新兴领域，市场潜力巨大。据相关机构预测，2025年将是人形机器人商用化量产的起点。人形机器人集成了人工智能、高端制造、新材料等先进技术，有望成为继计算机、智能手机、新能源汽车后的划时代产品。但也存在一些挑战，一方面，高精度减速器、高效率伺服电机等核心零部件仍依赖进口，使得国产机器人自主创新能力不足，制约人机共生的技术迭代。另一方面，人形机器人量产成本高昂（单台超50万元），经济可行性存疑，需通过RaaS（机器人即服务）模式降低中小企业使用门槛。

2. 伦理与社会风险

人与机器的和谐共存面临着诸多挑战。

一方面，机器人的普及可能会对人类就业造成一定冲击，特别是对于那些从事简单、重复性工作的劳动者来说，机器人的出现可能会使他们的就业机会减少。国际机器人联合会数据显示，全球工业机器人年增长率维持在12%，而同期制造业岗位仅增长1.7%。AI有优势并不意味着人类在所有领域都将被取代。在需要情感理解、伦理判断以及复杂问题解决或感官交互的领域，人类仍占据优势。因此，明确分工的任务设计和高效的交互机制对人机共生至关重要。同时，机器人的发展也会催生新的职业和产业，为人类提供更多的就业机会。例如，随着机器人技术的不断进步，对机器人研发、维护、管理等方面的专业人才需求将不断增加。

另一方面，随着机器人智能水平的提升，如何确保它们的行为符合人类的价值观和道德标准，防止它们滥用或误用技术，也是需要深入思考和解决的问题。例如，AI面试系统可能因算法偏见拒录合格候选人，还有AI生成内容涉及版权归属争议等。对这些问题都需要出台相关法律法规，加强对机器人的安全监管和防护，确保它们的行为始终符合人类的期望和安全标准。

此外，机器人的发展也对社会结构和文化产生了深远影响。随着机器人的普及，人与机器之间的界限变得模糊，我们需要重新审视和思考人与机器的关系，以及人类如何与这些智能体共存。

3. 引发教育革命

长期与AI互动可能导致创造性思维能力下降和决策依赖度提升。未来劳动力的核心竞争力将从机械技能转向创造性思维、情感共鸣与跨领域整合能力，全球教育体系将发生变革，教育的目标更多的是培养能与 AI 对话的人类，掌握驾驭技术的智慧。

7.3.5 未来人机共生发展方向

在当今数字化时代，人工智能、大数据、物联网等技术的快速发展，正深刻地改变着我们的生活和工作方式。人机共生进入规模化应用阶段，技术融合与伦理博弈并存，正重塑社会生产、生活与文化形态。

（1）人机协作和人机交互将呈现出更加紧密和智能化的趋势，结合了人类和机器的各自优势，提高了工作效率和创造力。人类可以设定目标、制定假设、确定标准并进行评估，而机器将能够更好地理解人类的需求和意图，与人类进行更加自然、流畅的交互，为人类在技术和科学思考方面的见解和决策做好准备。

（2）智能化是数字经济的新发展阶段，人工智能是智能经济发展的关键驱动力。人机协同、人机共生的时代已然到来，机器人和人类各自具有独特的优势和特点，能够充分利用彼此的长处，形成优势互补。通过人机协作，不仅可以提高生产效率和质量，还可以降低人力成本和安全风险。

人机共生是科技进步的必然结果，也是人类社会持续发展的关键。它将为我们带来更加智能化、高效化的生产和服务。我们应该积极拥抱智能浪潮，加强技术创新和应用，推动人机共生的发展，为人类创造更加美好的未来（见图 7-3-13）。

图 7-3-13　拥抱 AI

想一想

日常生活中有哪些机器人应用的例子？它们分别属于人机共生的哪种模式？

本章小结

科技发展在整体上推动了人类社会进步、提升了人民的生活质量和幸福感,但它同时也很可能加剧社会各阶层之间的差距,拉大不同群体间的鸿沟,形成某种程度的科技剥削。

人工智能朝着更智能、更普适的方向发展。一方面,AI系统的自主学习能力和适应性将不断增强,能够处理更复杂的任务;另一方面,AI技术将更加深入地融入各行各业,推动产业升级和社会变革。然而,AI的快速发展也带来了诸多挑战,其中数据隐私和安全问题尤为突出,在技术创新的同时,也需要高度重视和及时处理这一问题。

人机共生将来不再是简单的工具辅助或任务替代,而是两种智慧形态的深度交融与共同进化。当人类认知的模糊推理能力与机器的超精度计算形成互补,人类能力边界被系统性拓展,机器智能则在人类价值框架内定向进化,这种共生体系将重塑生产力本质。人机共生是一场温暖的认知革命,让人类在保持主体性的同时,以更谦卑而智慧的姿态开启宇宙文明的下一个篇章。

参考文献

[1] 中国信息通信研究院安全研究所. 人工智能安全白皮书(2018年)[R/OL]. (2018-09-18). [2025-03-02]. https://www.caict.ac.cn/kxyj/qwfb/bps/201809/t20180918_185339.htm.

[2] 中国信息通信研究院互联网治理研究中心. 人工智能数据安全白皮书(2019年)[R/OL]. (2019-08-09)[2025-03-02]. https://www.caict.ac.cn/kxyj/qwfb/bps/201908/t20190809_206619.htm.

[3] 中国机械工业联合会. GB/T 39405—2020 机器人分类[S]. 2020-11-19.

[4] 于雪,翟文静,侯茂鑫. 人工智能时代人机共生的模式及其演化特征探究[J]. 科学与社会,2022,12(4):14.

[5] 刘伟,孙惟一. 人机协同前沿问题及未来发展趋势[J]. 延边大学学报(社会科学版),2025(1):121-132.

习 题

一、选择题

1. 人机共生的核心目标是(   )。

A. 完全用机器替代人类   B. 人类与机器各自独立工作

C. 人类与机器互补协作,共同进化   D. 降低企业用工成本

2. (   )技术是实现人机自然交互的关键。

A. 区块链   B. 多模态交互(语音/手势/眼动)

C. 传统机械控制   D. 数据库管理

3. 大众汽车焊缝检测案例中,机器人主要负责的任务是(   )。

A. 制定检测策略   B. 高精度扫描与数据采集

C. 最终缺陷判定   D. 设备维护

4. 人机协作中的伦理风险不包括（   ）。

A. 数据隐私泄露   B. 技术依赖导致人类技能退化

C. 机器人工作效率过高   D. 算法偏见引发决策失误

5. 工业场景中，5G-TSN技术的主要作用是（   ）。

A. 提升图像渲染质量   B. 保障实时控制指令的低延迟传输

C. 降低硬件成本   D. 增强机器人机械臂力量

6. "人机能力互哺理论"强调（   ）。

A. 人类需完全服从机器决策

B. 机器处理确定性任务，人类专注复杂判断

C. 机器应独立完成所有工作

D. 人类需学习编程控制机器

二、简答题

1. 简述人机共生对就业市场的双重影响，并举例说明。

2. 如何解决人机共生中的"技术依赖风险"？提出两条具体措施。

实训技能篇

项目一

DeepSeek实战

实训目标

素质目标

◇培养学生利用 DeepSeek 工具解决实际问题的创新思维与实践能力。
◇提升学生在团队协作中精准表达需求、高效沟通的职业素养。
◇增强学生对人工智能技术的敏感性和学习兴趣，树立终身学习意识。

知识目标

◇掌握 DeepSeek 本地部署的基本流程和环境配置要求。
◇理解提示语的核心结构及有效提问的五大黄金法则。
◇熟悉并能运用多种提问模板进行 Prompt 设计。
◇了解高级提示词技巧（如角色扮演法、知识蒸馏法等）在不同场景下的应用。

能力目标

◇能够独立完成 DeepSeek 的本地部署。
◇能够根据实际需求设计和优化 Prompt，优化 DeepSeek 的输出结果。
◇能够利用 DeepSeek 解决实际工作中的写作、数据分析、创意生成等问题。

项目导入

同学们，欢迎来到 DeepSeek 实训项目！在信息爆炸的时代，高效地获取、处理和利用信息，成了职场人士必备的技能。人工智能技术的快速发展，为我们提供了强大的工具。DeepSeek 是一款强大的人工智能助手，它可以帮助我们完成各种办公任务，例如撰写报告、生成文案、翻译文档等。

想象一下，你是一位市场营销人员，需要为新产品撰写一份吸引人的宣传文案。过去，你可能需要花费大量的时间和精力进行头脑风暴、查阅资料、反复修改。现在，有了 DeepSeek，你只需要输入一些关键词和要求，它就可以在几秒钟内生成多份高质量的文案供你选择。

又或者，你是一名数据分析师，需要对大量的销售数据进行分析，找出潜在的市场机会。传统的做法是，你需要手动清洗、整理、分析数据，才能得出结论。现在，借助 DeepSeek，你可以通过简单的 Prompt 指令，快速完成数据分析，并生成可视化报告，从而更好地理解数据，发现趋势。

在本实训项目中，我们将带领大家从零开始，学习 DeepSeek 的本地部署、基础操作和 Prompt 工程，掌握与 DeepSeek 沟通的技巧，解锁 DeepSeek 在办公场景中的无限可能！

任务 1.1　智启本地：DeepSeek 模型部署

任务目标

素质目标

◇ 培养学生自主学习和解决问题的能力。
◇ 培养学生对新技术的好奇心和探索精神。
◇ 培养学生严谨细致的工作态度。
◇ 认识到本地部署在数据安全和隐私保护方面的重要性。

知识目标

◇ 了解 DeepSeek 模型及其应用场景。
◇ 熟悉 Ollama 的安装和配置流程，理解其在本地部署中的作用。
◇ 掌握 DeepSeek 模型下载、运行和卸载的基本命令。
◇ 了解 Chatbox 的安装和配置方法，以及其在提升用户体验方面的作用。

能力目标

◇ 能够独立完成 Ollama 的下载和安装。
◇ 能够使用 Ollama 下载并运行 DeepSeek 模型。
◇ 能够使用 Chatbox 等工具与 DeepSeek 模型进行交互。

任务导入

在信息化、智能化快速发展的时代背景下，人工智能技术已成为推动社会进步的重要引擎。DeepSeek 作为一款先进的预训练大语言模型，具备强大的自然语言处理能力，在文本生成、智能问答、数据分析、代码编写等多个领域具有广泛的应用前景。

掌握 DeepSeek 的应用技能，对于高职院校学生而言，不仅能够提升专业技能、增强就业竞争力，还能够培养创新思维、提高解决实际问题的能力。

然而，在实际应用中，依赖云端服务可能会面临网络延迟、数据安全、隐私泄露、使用成本等问题。为了更好地发挥 DeepSeek 的效能，保障数据安全，降低使用成本，我们可以选择将 DeepSeek 模型部署到本地计算机上。

本地部署不仅能够实现离线使用、保护数据隐私、降低使用成本，还能够根据实际需求灵活调整模型参数，进行个性化定制，更好地满足学习、科研和工作中的特定需求。

在本任务中，我们将深入学习如何利用 Ollama 和 Chatbox 这两款强大的工具，轻松实现 DeepSeek 模型的本地化部署。Ollama 就像一位专业的 AI 模型管家，能够帮助你快速下载、安装、配置和管理 DeepSeek 模型；而 Chatbox 则像一位贴心的 AI 交互助手，提供了一个美观、易用的图形用户界面，让你与 DeepSeek 的交互更加便捷、高效、直观。

通过本任务的学习，你将牢固掌握 DeepSeek 本地部署的核心技术，为后续的 Prompt 工程实践以及更广泛地实际应用打下坚实的基础。让我们一同启程，开启 DeepSeek 本地部署的探索之旅，构建专属于你的、强大的 AI 工作平台！

1.1.1 DeepSeek 访问方式

在进行本地部署之前，我们需要了解 DeepSeek 模型的多种访问途径，以便根据实际情况选择最合适的使用方式。目前，DeepSeek 模型主要有以下三种访问方式：

1. DeepSeek 官方渠道（直接体验，功能全面）

（1）DeepSeek 官网（https://www.deepseek.com/）。DeepSeek 官方通常会提供在线的试用或演示接口，用户可以直接在网页上输入文本，与模型进行实时交互。这是体验 DeepSeek 原生功能最直接、最权威的方式，如同与 AI 模型的开发者直接对话。

（2）DeepSeek 官方小程序、公众号。通过微信搜索"DeepSeek"，可以便捷地找到官方小程序（仅限手机端）或公众号，通过手机号一键登录，即可随时随地与 DeepSeek 进行智能对话（见图1-1-1）。小程序还支持添加到桌面或"我的小程序"中，实现快速访问。

图 1-1-1　DeepSeek 官方小程序界面

2. 微信生态集成（方便快捷，功能可能有所侧重）

（1）腾讯文档。在微信中搜索"腾讯文档"小程序，进入后点击顶部的"AI助手"选项（见图1-1-2），切换至 DeepSeek-R1 模型，即可在文档编辑过程中直接调用 DeepSeek 的强大功能。无论是撰写报告、分析表格数据，还是制作演示文稿（PPT）和思维导图，都能获得 AI 的智能辅助。更值得一提的是，它还支持实时联网搜索，涵盖微信公众号、腾讯文库等权威信息源，确保生成的文档内容准确、丰富、与时俱进。

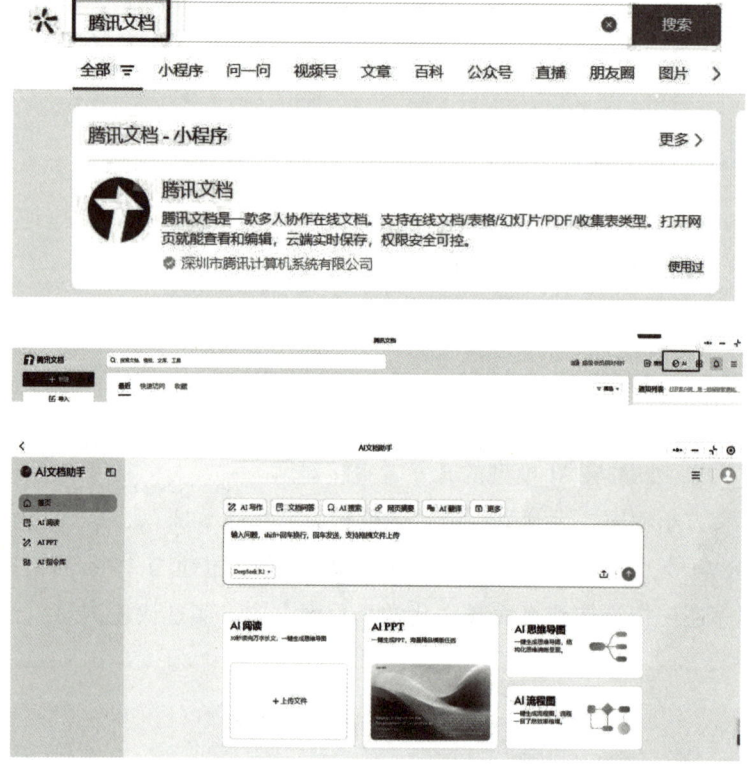

图1-1-2　腾讯文档 AI 助手界面

（2）ima 知识库。在微信中搜索"ima"小程序，完成登录后选择"知识库"功能，在提问时将模型切换为 DeepSeek-R1，即可享受 DeepSeek 提供的智能问答服务，快速获取所需信息（见图1-1-3）。

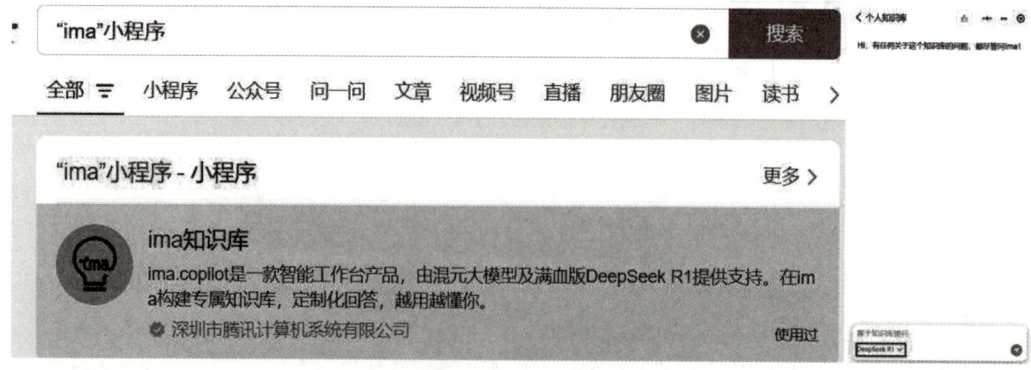

图1-1-3　"ima"小程序界面

（3）问小白公众号。在微信中搜索"问小白公众号"，点击菜单栏中的"问小白"选项，登录后即可体验 DeepSeek R1 满血版，充分感受 DeepSeek 的强大功能（见图 1-1-4）。

图 1-1-4　"问小白"AI 界面

3. 其他平台集成（多元化应用，各具特色）

（1）百度。打开百度首页，点击 AI 搜索，选择 DeepSeekAI-R1 满血版，即可直接与模型对话或进行参数调整，体验 AI 驱动的智能搜索，显著提升信息检索的效率与精准度（见图 1-1-5）。

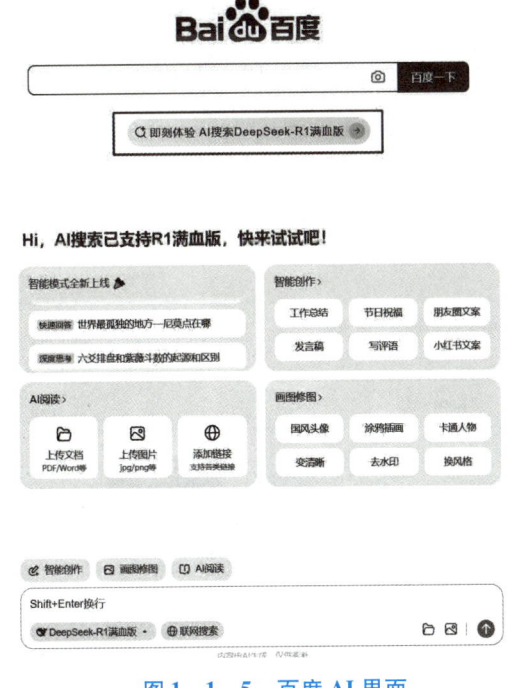

图 1-1-5　百度 AI 界面

（2）腾讯元宝。通过网页端访问 yuanbao.tencent.com，或在手机端使用腾讯元宝 App，进入对话界面，切换至 DeepSeek – R1 模型，并开启联网搜索功能，即可享受 AI 带来的便捷与高效，全面提升信息获取与处理能力。

（3）火山引擎（字节跳动）。提供在线 R1 满血版以及 API 服务（见图 1 – 1 – 6），开发者可以通过标准化的流程调用模型，并享有免费的 Token 额度，极大地促进了 AI 应用的快速开发与部署，有效降低了开发成本。

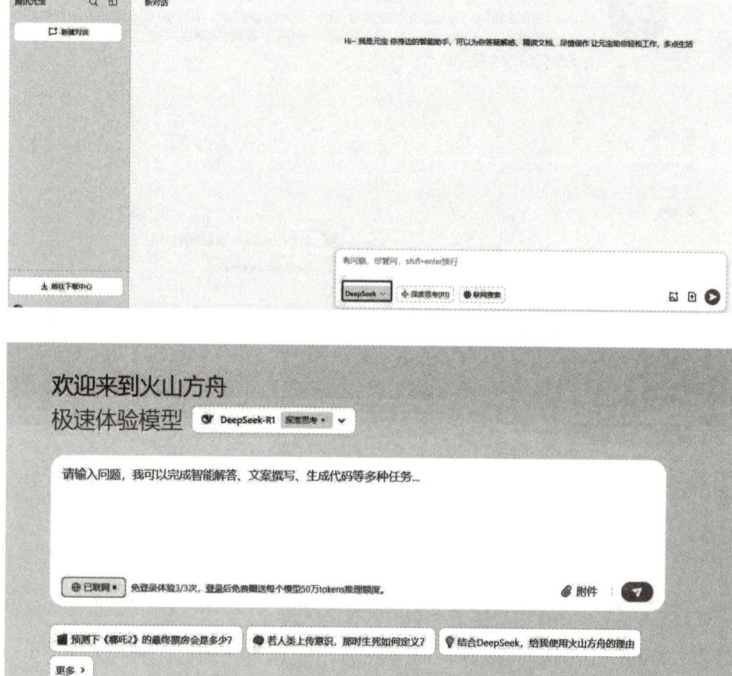

图 1 – 1 – 6　火山引擎 AI 界面

（4）秘塔搜索。直接集成 DeepSeek – R1 满血版（见图 1 – 1 – 7），支持联网搜索和多轮对话，操作便捷，让你轻松获取所需信息，提升信息检索效率。

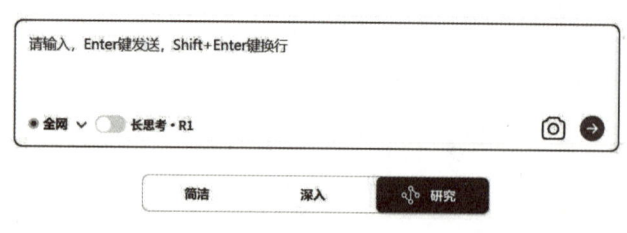

图 1 – 1 – 7　秘塔搜索 AI 界面

（5）知乎直答。知乎官方（https：//zhida.zhihu.com/）推出的 AI 助手（见图 1 – 1 – 8），集成了 DeepSeek 模型，提供智能问答服务，并支持用户自建知识库（目前仅支持中文），满足个性化的知识管理需求，提升知识获取与利用的效率。

图 1-1-8　知乎 AI 界面

尽管上述平台提供了便捷的 DeepSeek 访问途径，但它们更像是公共的 AI 资源池，虽然资源丰富，但可能无法完全满足读者个性化的需求，并且在使用过程中可能会受到一些限制。本地部署则如同构建个人专属的 AI 实验室，可以自由选择、配置和管理 AI 模型，随时随地进行研究与应用，不受任何外部条件的约束，同时还能更好地保护读者的数据安全与隐私。

本地部署能够赋予读者更高级别的灵活性、更强的隐私保护，并且不受网络连接状况和 API 调用次数的限制，让读者能够更自由地探索 AI 的深层潜力，充分释放读者的创新思维。接下来，我们将详细讲解如何在本地环境中搭建 DeepSeek，开启 AI 自主掌控之旅，打造专属 AI 创新平台！

1.1.2　本地部署前的准备

在进行 DeepSeek 模型本地部署之前，需要做好充分的准备工作，包括硬件环境准备和软件环境准备。

1.1.2.1　硬件环境准备

操作系统：Windows10/11（64 位）、macOS、Linux。

处理器：建议 Intel Core i5 或 AMD Ryzen 5 及以上。

内存：至少 8GB，建议 16GB 或更高（取决于模型大小）。

显卡：建议 NVIDIA GeForce GTX1060 或 AMD Radeon RX580 及以上（如果需要 GPU 加速）。

存储空间：至少 20GB 可用空间（取决于模型大小）。

1.1.2.2　软件环境准备

在进行本地部署之前，需要安装必要的软件工具，主要包括：

Ollama：本地部署工具，用于下载、安装、管理和运行 DeepSeek 模型。

Chatbox：AI 客户端应用，提供图形用户界面，方便用户与 DeepSeek 模型进行交互。

1.1.3　本地部署实施

本节将详细介绍 DeepSeek 模型本地部署的具体步骤，包括 Ollama 的安装与配置、DeepSeek 模型的下载与运行、Chatbox 的安装与配置。

1.1.3.1　Ollama 安装与配置

1. 下载 Ollama 安装包

访问官网：https://ollama.com/。

点击"Download"按钮，选择与操作系统相对应的安装包进行下载（见图 1-1-9）。以 Windows 为例，点击"Download for Windows"进行下载。

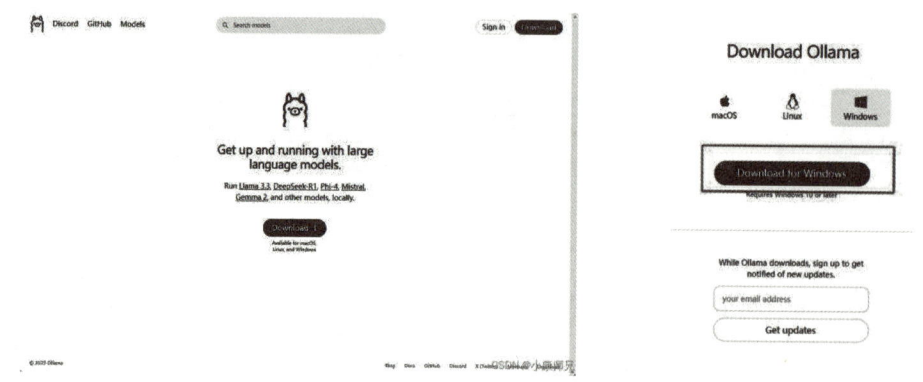

图 1-1-9　Ollama 下载界面

下载后如图 1-1-10 所示。

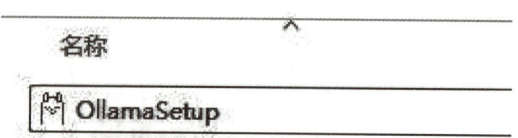

图 1-1-10　Ollama 下载完成界面

需要注意的是，Ollama 模型下载过程需要保持网络连接稳定。下载可能需要较长时间，请耐心等待。

2. 安装 Ollama

双击运行下载的安装包，按照安装向导的提示完成安装，如图 1-1-11 所示。

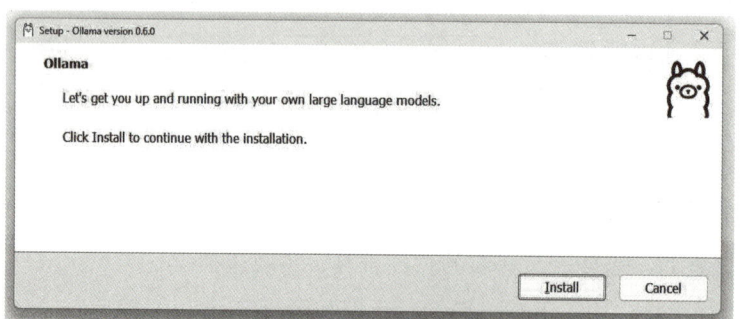

图 1-1-11　Ollama 安装向导

安装好后，右下角生成对应图标如图 1-1-12 所示。

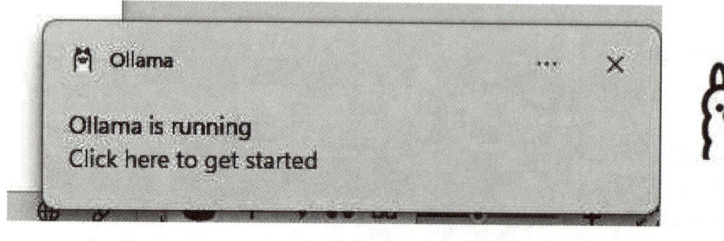

图 1-1-12　Ollama 安装完成界面

3. 验证 Ollama 安装

在浏览器中输入网址：http：//localhost：11434/，如图 1－1－13 所示。

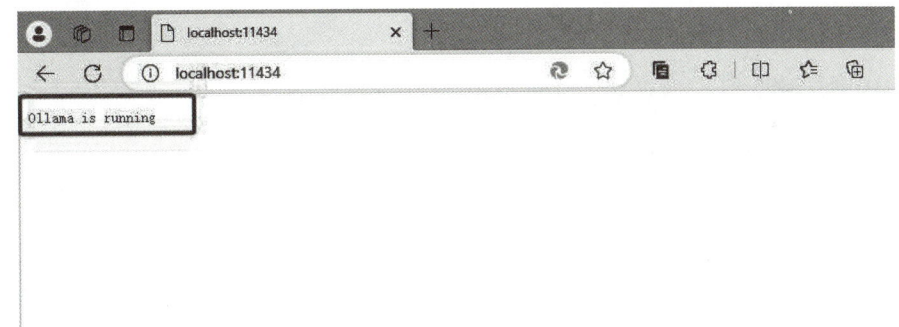

图 1－1－13　Ollama 验证安装

1.1.3.2　DeepSeek 模型下载与运行

1. 访问 Ollama 模型库

打开 Ollama 官方网站，点击"Models"（如图 1－1－14 所示）。

图 1－1－14　Ollama 模型库

在搜索框中输入"deepseek－r1"，查找 DeepSeek－R1 模型（如图 1－1－15 所示）。

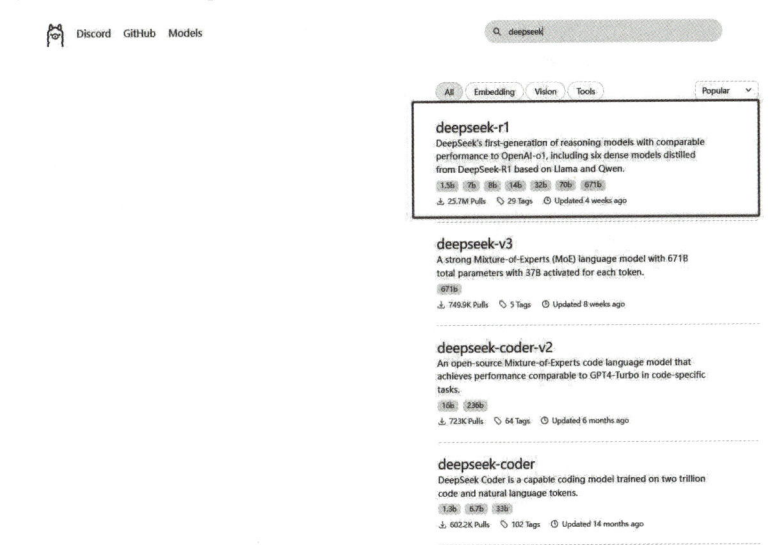

图 1－1－15　查找 DeepSeek－R1 模型

下载地址：https：//ollama.com/library/deepseek－r1：1.5b。
根据显卡配置，下载对应的模型。
这里给大家演示 1.5b 的模型，办公电脑、学生游戏笔记本、家用电脑基本都能安装。

2. 选择模型版本

根据计算机硬件配置和实际需求，选择合适的 DeepSeek－R1 模型版本（如 1.5b、7b 等）。这里有 1.5b、7b、8b、14b、32b、70b 和 671b 版本可选（如图 1－1－16 所示）。可以根据自己的电脑配置和实际需求选择合适的模型。一般来说，参数规模越大的模型，效果越好，但对硬件的要求也越高（见表 1－1－1）。

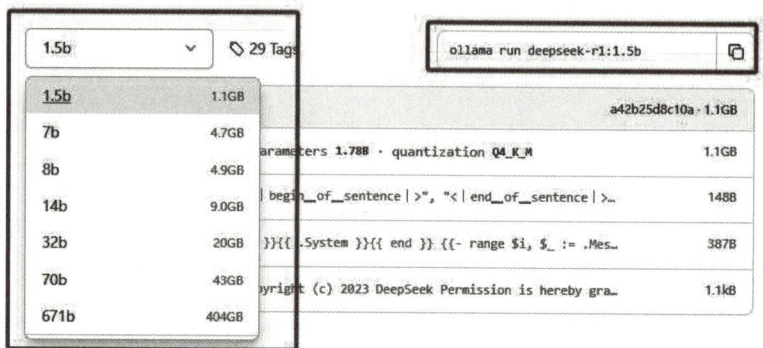

图 1－1－16　DeepSeek－R1 模型版本选择

表 1－1－1　DeepSeek－R1 系列模型对比表

模型版本	参数量	训练数据量	上下文长度	最低硬件配置	内存需求（FP32）	显存需求（FP16）	推荐配置	适用场景
1.5B	1.5B	200GB	2048	CPU：I3/RAM：8GB	4GB	2GB	I5＋16GBRAM	实时聊天、简单问答
7B	7B	800GB	4096	CPU：I5/GPU：GTX1650	16GB	6GB	RTX3060＋32GBRAM	文案生成、代码辅助
8B	8.3B	1.2TB	4096	CPU：I5/GPU：RTX2060	18GB	8GB	RTX3080＋32GBRAM	多语言翻译、情感分析
14B	14.5B	2.5TB	8192	CPU：I7/GPU：RTX3060	32GB	14GB	RTX4090＋64GBRAM	法律文书、技术文档撰写
32B	32.8B	5TB	16384	CPU：XEON/GPU：A10040GB	72GB	24GB	双 A10040GB＋128GBRAM	科研论文、复杂逻辑推理
70B	70.4B	10TB	32768	CPU：双 XEON/GPU：A10080GB	160GB	40GB	4×A10080GB＋256GBRAM	药物研发、金融风险建模
671B	671.2B	50TB	65536	GPU 集群：8×H100	1.3TB	320GB	H100 集群＋1TBRAM	国家级 AI 系统、气候预测、超算任务

3. 下载并运行模型

打开电脑命令窗口，然后粘贴命令到窗口，按回车键。

打开命令窗口的方法：按住 Win 键不放，同时按 R 键（如图 1－1－17 所示）。

图 1-1-17 打开命令窗口

在出现的运行窗口中输入 cmd 命令（如图 1-1-18 所示）。

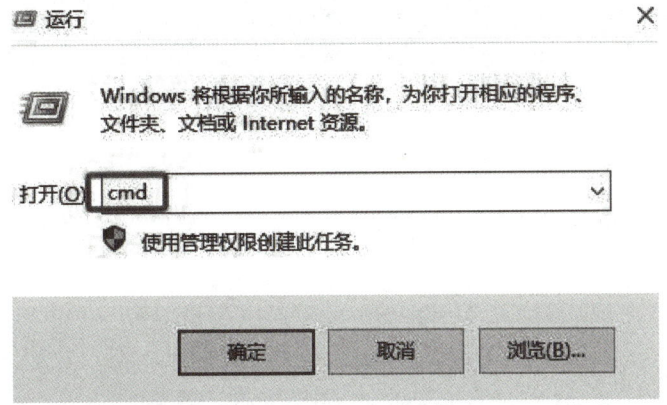

图 1-1-18 输入 cmd 命令

在弹出的命令窗口中单击鼠标右键，粘贴复制的命令。以 1.5b 为例：ollamarundeepseek-r1：1.5b。

Ollama 将自动下载并运行 DeepSeek-R1 1.5b 模型（见图 1-1-19）。

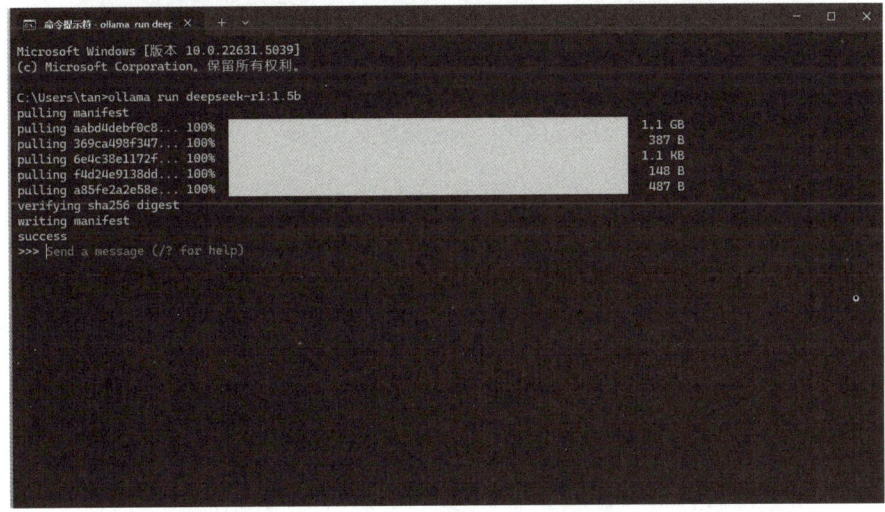

图 1-1-19 Ollana 自动下载并运行

模型下载完成后，可以直接在命令窗口进行提问（如图 1-1-20 所示）。

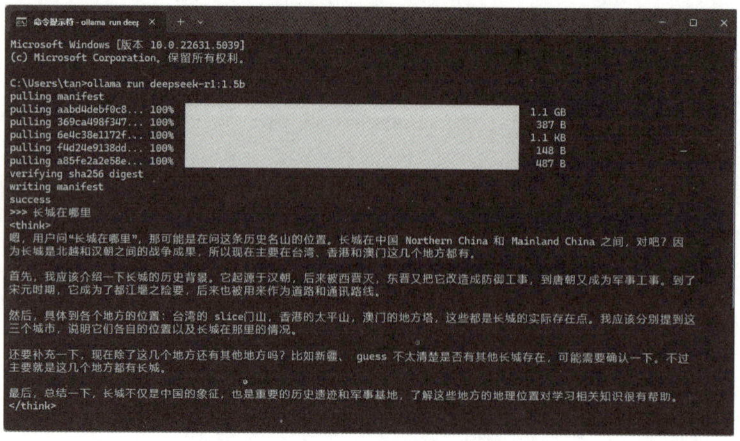

图1-1-20 下载完成界面

4. 退出模型交互

在命令行终端中，按 Ctrl + D 组合键，或输入"/bye"命令，再按回车键（如图 1-1-21 所示），即可退出模型交互。

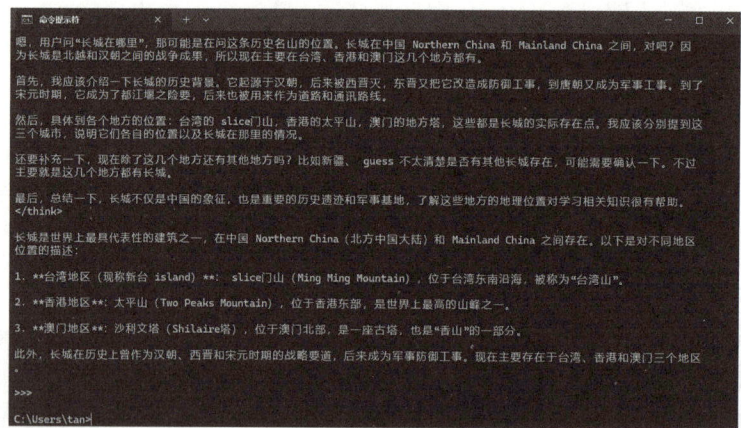

图1-1-21 退出模型交互界面

5. 卸载模型方法

如果你安装了多个模型，需要卸载某个模型，方法如下：

打开命令窗口，输入 ollama rm ＜模型名称＞（如图 1-1-22 所示）。

例如：ollama rm deepseek – r1：1.5b。

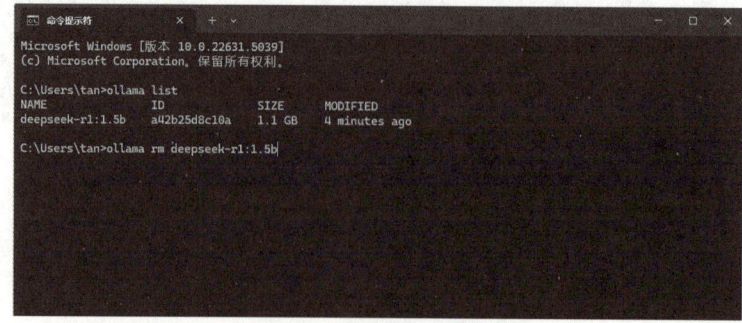

图1-1-22 卸载模型界面

虽然直接在命令行中使用 Ollama 也可以与 DeepSeek 模型交互,但为了使交互更加直观、便捷,可利用 Chatbox 提供一个更友好的图形用户界面(GUI),通过使用 Chatbox,你可以轻松管理多个模型、保存对话记录、调整模型参数,并享受更丰富的功能,从而提升使用体验和工作效率。

1.1.3.3　Chatbox 安装与配置

ChatBox的
安装与配置

1. 下载 Chatbox 安装程序

访问 Chatbox 官方网址:https://chatboxai.app/(见图 1-1-23)。

点击"免费下载",选择与操作系统相对应的安装包进行下载。

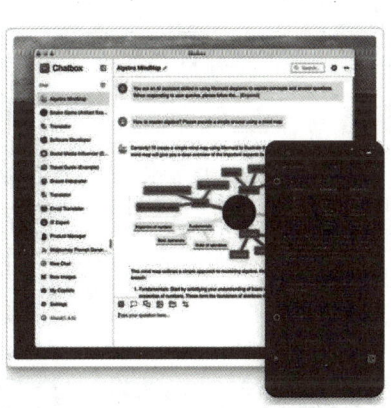

图 1-1-23　下载 Chatbox 安装程序界面

进入如图 1-1-24 所示页面,点击 Windows 下载。

图 1-1-24　下载界面

2. 安装 Chatbox

双击运行下载的安装包,按照安装向导的提示进行操作(如图 1-1-25 所示)。

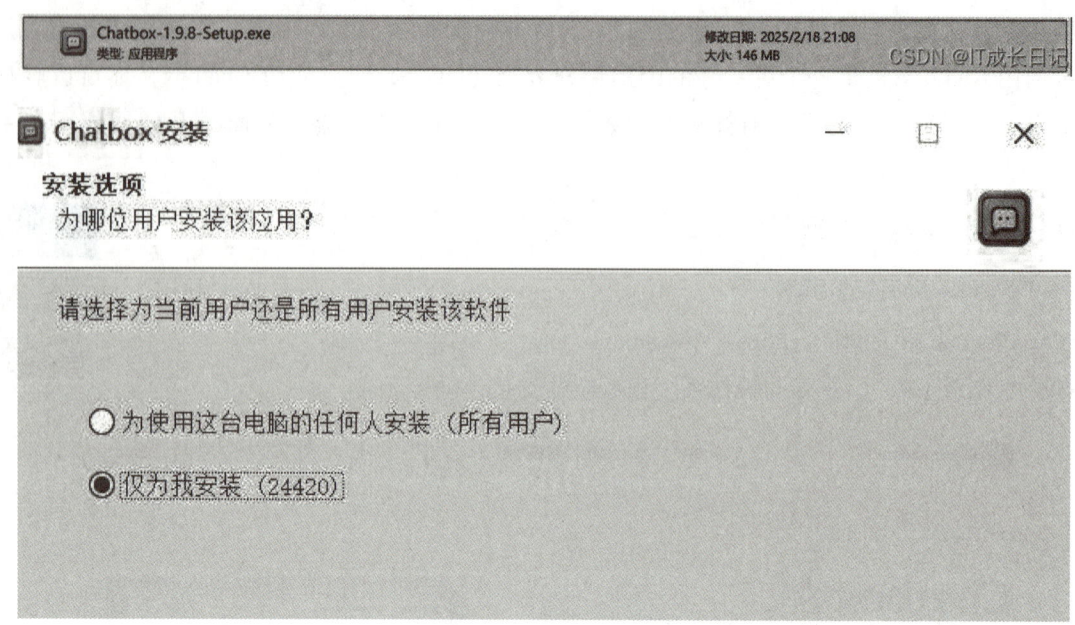

图 1 – 1 – 25　安装 Chatbox

进入安装界面,点击"下一步",选择安装位置后等待安装完成。

3. 配置 Chatbox

(1) 启动 Chatbox(如图 1 – 1 – 26 所示)。

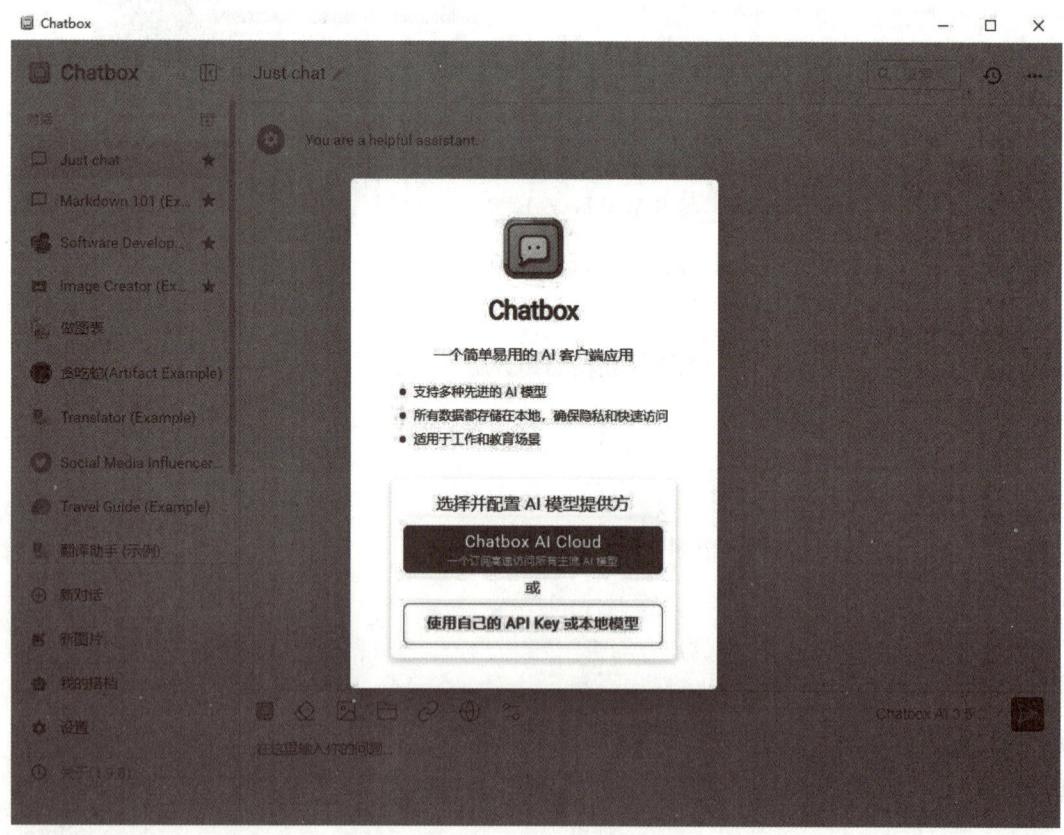

图 1 – 1 – 26　启动 Chatbox

（2）点击界面左下角的"设置"按钮（如图1-1-27所示）。

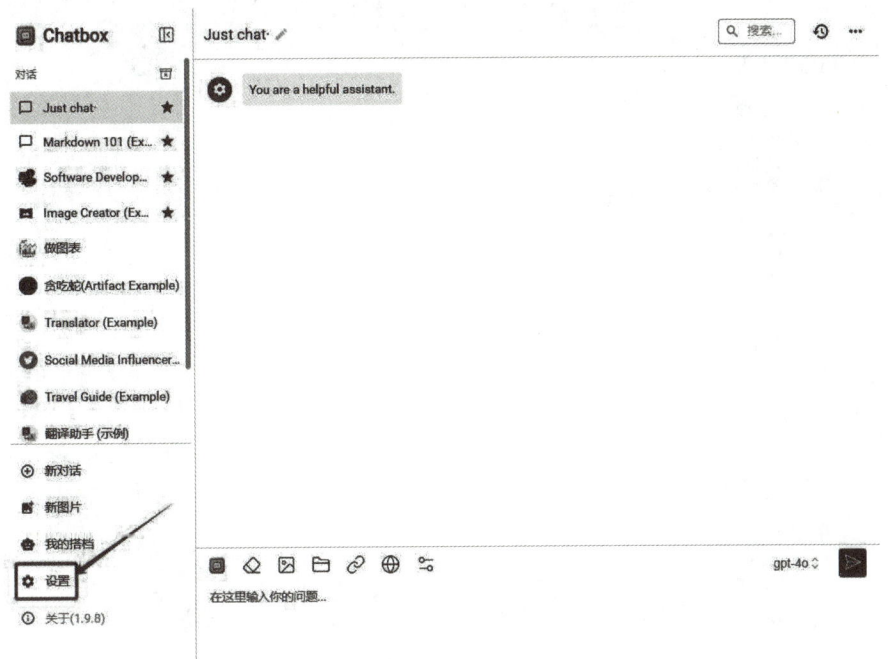

图1-1-27 Chatbox"设置"界面

（3）在"设置"页面中，选择"ChatboxAI"（如图1-1-28所示）。

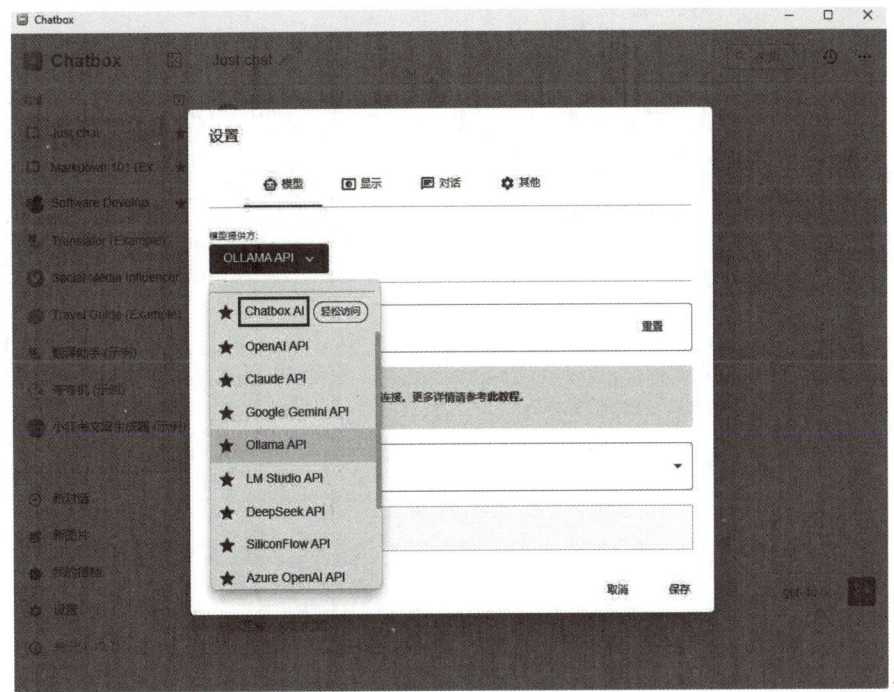

图1-1-28 ChatboxAI界面

（4）在"API域名"中输入：http：//127.0.0.1：11434。

（5）在"选择模型"中选择"deepseek-r1：1.5b"（或其他已下载的模型）（如图1-1-29所示）。

图1-1-29 "选择模型"界面

(6) 点击"保存"。

4. 测试验证

在 Chatbox 的输入框中输入问题,按回车键,DeepSeek 模型将给出回答(如图1-1-30所示)。现在,你可以尽情体验 DeepSeek 的强大功能,探索 AI 的无限可能。

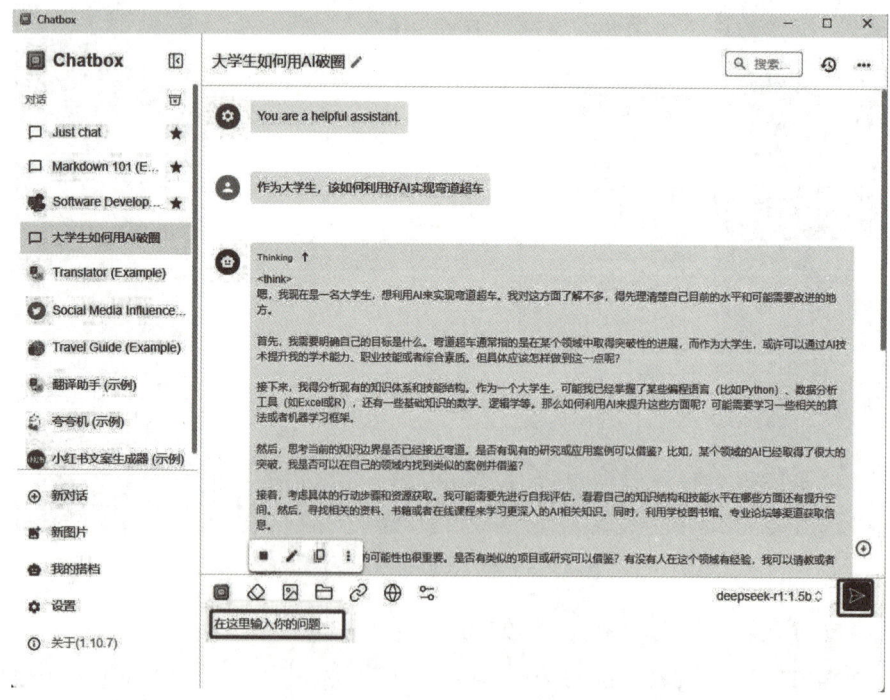

图1-1-30 DeepSeek 测试验证

注意事项

硬件配置考量：本地部署 DeepSeek 模型对计算机硬件配置有一定要求，请根据实际情况选择合适的模型版本。

替代访问方式：如果本地电脑配置不足以支持 DeepSeek 满血版模型的运行，可以考虑采用其他平台集成的方式进行访问，例如 DeepSeek 官网、微信小程序、腾讯文档等。这些平台通常会提供在线的试用或演示界面，让你无需本地部署即可体验 DeepSeek 的强大功能。

任务小结

在本任务中，我们一起完成了 DeepSeek 模型的本地部署，为你打开了 AI 世界的大门。通过本次实训，你不仅掌握了 DeepSeek 的本地部署技能，还了解了 DeepSeek 的多种访问方式，以及如何根据自己的电脑配置选择合适的模型。

回顾一下，我们主要完成了以下几个步骤：

（1）了解 DeepSeek 的访问方式：掌握了通过官方渠道、微信生态集成和其他平台集成等多种方式访问 DeepSeek 的方法，为后续的本地部署做好准备。

（2）准备本地部署环境：确认电脑满足 DeepSeek 模型运行的基本要求，为后续的顺利部署奠定基础。

（3）安装 Ollama：学会使用 Ollama 作为本地部署工具，为后续的模型下载和运行提供支持。

（4）下载 DeepSeek 模型：掌握了根据电脑配置选择合适的 DeepSeek 模型，并成功下载到本地的方法。

（5）安装配置 Chatbox：学会使用 Chatbox 这一 AI 客户端应用，通过图形用户界面更方便地与 DeepSeek 模型进行交互。

（6）测试验证：成功运行 DeepSeek 模型，验证本地部署是否成功。

通过本次实训，你已经具备了在本地搭建 DeepSeek 环境的能力，可以随时随地、自由自在地使用 AI 的强大功能，为后续的 Prompt 工程实践和实际应用打下坚实的基础。

在接下来的任务中，我们将继续深入学习 Prompt 工程和 DeepSeek 的实际应用，让你成为 AI 时代的弄潮儿。

任务1.2 Prompt 炼金术：DeepSeek 提示工程

任务目标

◇ 掌握 DeepSeek 的基础操作流程。
◇ 理解并应用提示语的核心结构及有效提问的五大黄金法则。
◇ 能够运用多种提问模板进行 Prompt 设计。

◇了解高级提示词技巧在不同场景下的应用。

任务导入

在完成 DeepSeek 的本地部署后,我们将进入 Prompt 工程的学习。想象一下,你是一位指挥家,DeepSeek 就像一个拥有无限潜力的交响乐团。但是,乐团成员并不知道你想演奏什么乐曲,也不知道如何演奏。这时,你就需要一份清晰、明确的乐谱——也就是 Prompt。

Prompt 工程就是编写这份"乐谱"的艺术。它不是简单地向 DeepSeek 提问,而是通过精心设计的问题,引导 DeepSeek 产生高质量、符合预期的回答。掌握 Prompt 工程,就如同掌握了与 DeepSeek 沟通的钥匙,能够解锁 DeepSeek 的无限潜能。通过本任务的学习,你将学会如何与 DeepSeek 进行有效的沟通,通过优化 Prompt 来获得更准确、更符合需求的输出结果。无论是撰写论文、设计海报,还是进行数据分析,DeepSeek 都能成为你得力的助手。

1.2.1 Prompt 工程概述

1.2.1.1 什么是 Prompt 工程

在人工智能领域,与 DeepSeek 对话就像与一位精通多国语言的助手交流,而 Prompt 工程就是掌握这门"对话艺术"的关键技能。它不仅是简单地输入文字,更是通过精心设计的语言指令,引导 DeepSeek 生成符合预期的输出。

举个形象的示例:当你需要 DeepSeek 帮忙写一篇关于"大学生如何平衡学业与社团活动"的演讲稿时,普通的提问是"写一篇演讲稿",而经过设计的 Prompt 则如同精确的导航图:"你是一位经验丰富的演讲教练,需要为大一新生设计一篇时长 5 分钟的演讲稿,重点强调时间管理技巧,结合校园生活案例,语言要亲切生动,结尾加入互动提问环节。"

1.2.1.2 Prompt 的基本结构

一个好的 Prompt,就像一份结构清晰的食谱,包含了所有必要的步骤和材料,确保最终烹饪出美味佳肴。通常,一个 Prompt 包含以下三个关键要素:

(1) 指令(Instruction):这是 Prompt 的核心,明确告诉 DeepSeek 你希望它做什么。指令要简洁明了,避免含糊不清的表达。

示例:"请你写一篇关于人工智能的科普文章。"

(2) 上下文(Context):为 DeepSeek 提供背景信息,帮助它更好地理解任务。上下文可以包括主题、目标读者、风格要求等。

示例:"这篇文章面向大学生读者,需要通俗易懂,语言生动有趣。"

(3) 期望(Expectation):明确你对 DeepSeek 输出结果的期望,例如格式、长度、风格等。

示例:"文章字数控制在 1500 字左右,需要包含人工智能的定义、应用领域和未来发展趋势。"

1.2.1.3 有效提问的五个黄金法则

掌握了 Prompt 的基本结构,接下来让我们学习一些实用的提问技巧,让 DeepSeek 更好地理解你的意图。

法则一：明确需求，避免"灵魂画作"。

错误示例："帮我写一篇邮件"（这就像让 DeepSeek 画一幅画，却不告诉它画什么，结果很可能是一幅"灵魂画作"）。

正确示例："我需要一封求职邮件，应聘新媒体运营岗位，强调 3 年公众号运营经验"（明确需求，就像给 DeepSeek 提供了一张清晰的设计图纸）。

法则二：提供背景，让 DeepSeek "身临其境"。

错误示例："分析这个数据"（DeepSeek 拿到一堆数据，却不知道这些数据代表什么，就像让它盲人摸象）。

正确示例："这是一家奶茶店过去三个月的销售数据，请分析周末和工作日的销量差异（附 CSV 数据）"（提供背景，让 DeepSeek 了解数据的含义，就像给它提供了一张地图）。

法则三：指定格式，让 DeepSeek "按图索骥"。

错误示例："给个营销案"（DeepSeek 可能会给你一堆杂乱无章的方案，就像让你在一堆零件中寻找需要的那个）。

正确示例："请用表格形式列出三种校园文化节活动方案，包含预算、时间安排和预期参与人数"（指定格式，让 DeepSeek 按照你的要求呈现结果，就像让它按照图纸组装零件）。

法则四：控制长度，避免"滔滔不绝"。

错误示例："详细解释人工智能"（DeepSeek 可能会滔滔不绝地讲个没完，就像一个话痨朋友）。

正确示例："请用 200 字以内解释人工智能，让完全不懂技术的人能听懂"（控制长度，让 DeepSeek 精简扼要地表达，就像让它用简洁明了的语言解释问题）。

法则五：及时纠正，让 DeepSeek "知错就改"。

当回答不满意时，可以：

（1）"这个方案成本太高，请提供预算控制在 500 元以内的版本"（及时纠正，让 DeepSeek 知道哪里做得不好，并进行改进）。

（2）"请用更正式的语言重写第 × 段"（及时纠正，让 DeepSeek 更好地理解你的要求）。

1.2.2　Prompt 核心提问模板

在与 DeepSeek 对话的过程中，掌握一套高效的提问模板，就像拥有了一把万能钥匙，可以精准打开 DeepSeek 潜能的大门。为了帮助大家更好地掌握 Prompt 工程，我们总结了几个常用的提问模板，它们能帮助你在不同场景下快速构建高质量 Prompt，让 DeepSeek 成为你最贴心的智能助手。

模板 1：身份 + 任务 + 要求 + 示例

（1）公式。

身份：明确地设定 DeepSeek 需要扮演的角色。这有助于 DeepSeek 更好地理解你的意图，并从专业的角度提供更贴切的回答。例如，你可以指定 DeepSeek 扮演"资深美食评论家""AI 算法工程师""专业律师"等角色。

任务：清晰地定义你需要 DeepSeek 完成的具体工作内容。任务描述越明确，DeepSeek 就越能准确地理解你的需求。例如，任务可以是"设计一份健康餐厅的菜单""优化一段 Python 代码的性能""撰写一份合同草案"等。

要求：详细地指定你对输出结果的格式、风格、字数、内容等方面的具体要求。这有助于DeepSeek按照你的期望生成符合你需求的答案。例如，你可以要求菜单"简洁美观，包含价格和食材介绍"，代码"注释清晰，运行效率高"，合同"条款严谨，保护双方权益"。

示例：提供参考示例，帮助 DeepSeek 更好地理解你的期望。通过提供具体的例子，你可以让DeepSeek 更直观地了解你想要的风格和内容。例如，你可以提供"海底捞菜单风格"作为参考，或者提供一份类似的合同作为示例。

（2）示例。

"你是一位职业规划师（身份），请为计算机专业大三学生制定一份暑期实习计划（任务）（见图1-2-1），要求涵盖前端开发、数据分析两个方向（要求），参考字节跳动2024年实习生培养方案（示例）。"

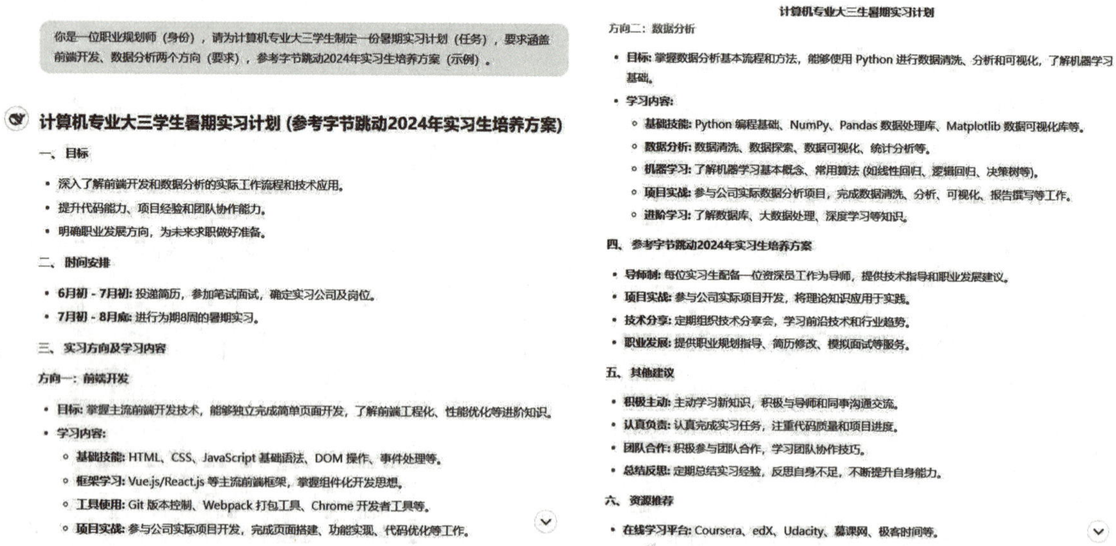

图1-2-1　AI设计的大三学生暑期实习计划

模板2：需求+担忧+反向验证

（1）公式。

需求：明确地表达你需要 DeepSeek 完成的最终目标。这有助于 DeepSeek 了解你的核心诉求，并围绕这个目标提供解决方案。例如，你的需求可以是"生成一篇吸引人的营销文案""总结一份重要的会议纪要""设计一个用户友好的 App 界面"等。

担忧：指出你对结果可能存在的问题或不足之处的担忧。通过提前说明你的担忧，可以引导DeepSeek 关注这些潜在问题，并提供更周全的解决方案。例如，你可能担心"文案不够吸引人，无法提高点击率""总结遗漏重要信息，影响决策""界面操作复杂，用户体验差"等。

反向验证：要求 DeepSeek 提供多种方案，并解释每个方案的优缺点，以便你进行选择和判断。这种方式可以帮助你更全面地了解各种可能性，并选择最适合你的方案。例如，你可以要求 DeepSeek"提供3个不同风格的文案版本，并说明各自的适用人群和侧重点""提供一份包含关键决策和未解决问题列表的会议纪要""提供3个不同的界面设计方案，并说明各自的优缺点"。

(2) 示例。

"我需要为一款新型智能手表生成一篇朋友圈文案（需求），担心文案过于平淡，无法吸引用户点击（担忧），请提供3个不同风格的文案，并说明各自的适用人群和侧重点（反向验证）。"这个例子中，用户明确了生成文案的需求（如图1-2-2所示），表达了对文案吸引力的担忧，并要求提供多个方案进行比较。

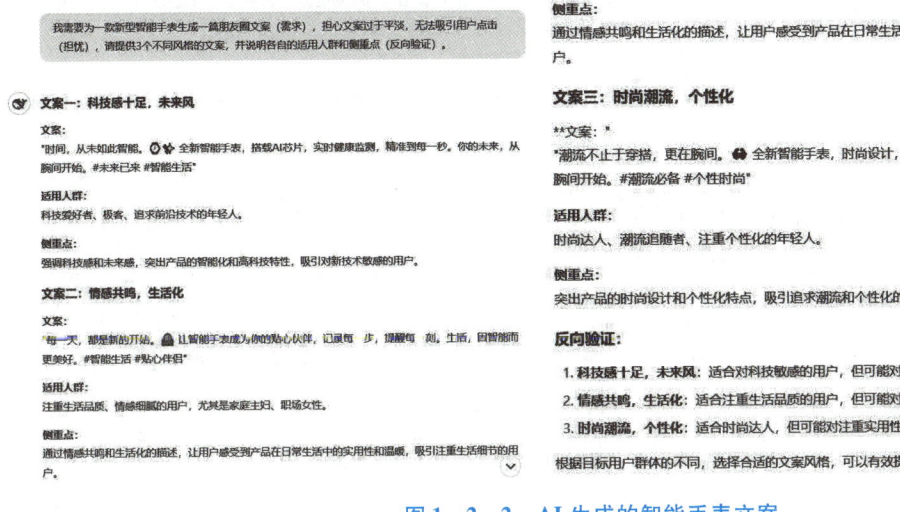

图1-2-2　AI生成的智能手表文案

模板3：问题＋追问预期＋调整方向

(1) 公式。

问题：清晰地提出你需要DeepSeek解决的疑问或难题。问题描述越具体，DeepSeek就越能理解你的困惑，并提供更有针对性的答案。例如，你可以提出"如何提高写作效率""如何学习一门新编程语言""如何有效管理时间"等问题。

追问预期：明确你希望DeepSeek提供的解决方案的详细程度和侧重点。这有助于DeepSeek了解你的需求，并提供符合你期望的答案。例如，你可以要求DeepSeek"提供具体的方法和工具推荐""提供详细的学习路线图和资源推荐""提供实用的时间管理技巧和工具"。

调整方向：针对DeepSeek可能的回答，提出补充要求或备选方案。这有助于你更全面地获取信息，并应对各种可能性。例如，你可以说"如果推荐在线工具，请补充离线工具""如果推荐书籍，请补充视频教程""如果推荐某种学习方法，请说明其适用人群和局限性"。

(2) 示例。

"我希望提高我的英语口语水平（问题），希望你能提供具体的练习方法和学习资源（追问预期），如果推荐App，请补充免费的替代方案（调整方向）。"这个例子中，用户提出了提高口语水平的问题，明确了对练习方法和学习资源的需求，并补充了对免费替代方案的要求（如图1-2-3所示）。

模板4：目标＋条件＋验证方式

(1) 公式。

目标：明确地表达你希望DeepSeek帮助你达成的最终目标。这有助于DeepSeek了解你的长期愿景，并提供更具战略性的建议。例如，你的目标可以是"学会使用Python进行数据分析""写出一篇高质量的学术论文""成功转型到人工智能领域"等。

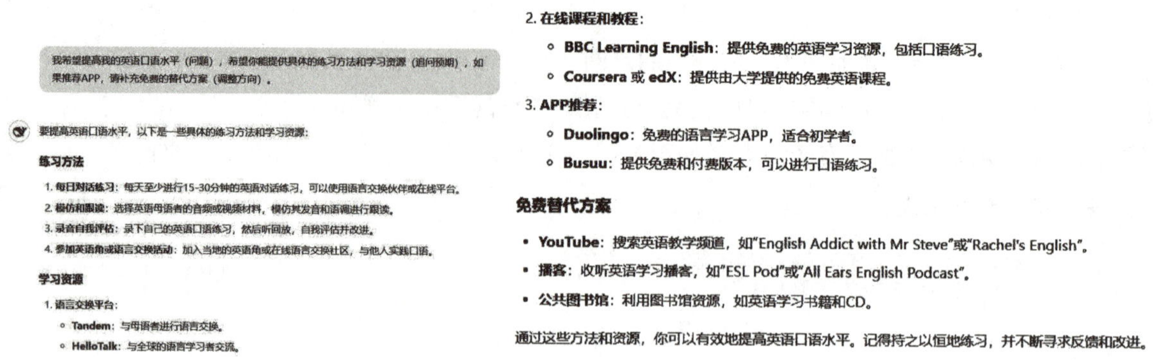

图1-2-3　AI生成的提高英语口语水平方案

条件：详细地告知DeepSeek你现有的资源、限制和个人情况。这有助于DeepSeek了解你的实际情况，并提供更可行的解决方案。例如，你可以说明"只有2周时间学习""缺乏相关领域知识""每天只能投入2小时学习"等。

验证方式：明确你要如何评估DeepSeek提供的方案是否有效。这有助于DeepSeek了解你的评估标准，并提供更具针对性的建议。例如，你可以说"通过完成一个实际的数据分析项目来验证学习效果""通过导师的评审来评估论文质量""通过面试来验证转型准备情况"。

（2）示例。

"我希望在1个月内学会使用Python进行网页爬虫（目标），我只有编程基础，没有网络相关的知识（条件），请制定学习计划，并说明如何通过爬取指定网站的数据来验证学习效果（验证方式）。"这个例子中，用户明确了学习爬虫的目标，说明了自身条件，并提出了通过爬取数据来验证学习效果的要求（如图1-2-4所示）。

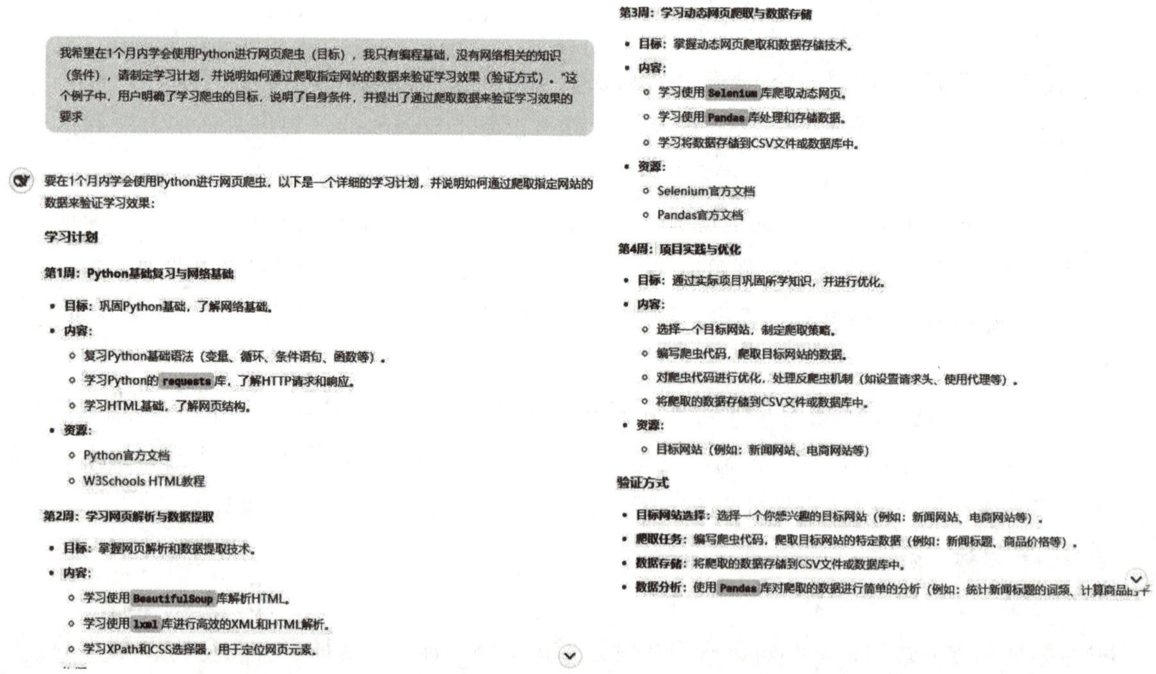

图1-2-4　AI生成的学会使用Python方法文案

四种模板的详细对比见表1-2-1。

表1-2-1 模板对比与适用场景

模板类型	适用场景	优势
身份＋任务＋要求＋示例	专业领域任务（如简历优化、法律咨询）	借助角色权威提升输出专业性
需求＋担忧＋反向验证	设计类、方案类任务	提前规避风险，完善方案细节
问题＋追问预期＋调整方向	产品推荐、技术选型	动态调整需求，精准匹配预期
目标＋条件＋验证方式	学习计划、项目管理	量化目标，跟踪执行效果

1.2.3 进阶技巧与模板融合

掌握了基本的Prompt模板，现在让我们更进一步学习如何将这些模板融合运用，以显著提升Prompt的效果，获得更精准、更有价值的回答。

1. 目标导向法

这种方法强调从最终目标出发，逐步分解问题，并预先考虑到可能遇到的障碍。它能帮助DeepSeek更好地理解你的意图，并提供更具针对性的解决方案。

（1）公式：我要做什么→要做什么用→希望达到什么效果→但担心什么问题。

（2）解释：

我做什么（What）：明确你想要完成的具体任务。例如，设计一个推广方案、撰写一篇报告、开发一款应用程序等。

做什么用（Why）：解释你为什么要完成这个任务，以及它的用途和意义。这有助于DeepSeek了解任务的背景和重要性。

希望达到什么效果（How Much/How Well）：设定明确的目标和衡量标准，以便评估任务的成功程度。例如，希望用户注册量增长20%、报告内容准确无误、应用程序运行流畅稳定等。

但担心什么问题（Potential Issues）：预先考虑到可能遇到的问题和挑战，并告知DeepSeek。这有助于DeepSeek提前规避风险，并提供更可靠的解决方案。

（3）示例："我要设计一个线上教育课程推广方案（What），用于吸引大学生报名（Why），希望1个月内报名增长20%（How Much），但担心渠道选择不当，导致推广效果不佳（Potential Issues）。"这个例子中，用户明确了推广方案的目的、目标和潜在问题，有助于DeepSeek提供更有效的推广策略。

2. 多轮对话优化

初始提问可能比较宽泛，通过追问和调整，可以逐步引导DeepSeek深入理解你的需求，并提供更精准的答案。

（1）技巧：通过与DeepSeek的多轮对话，逐步细化需求，并根据DeepSeek的回答动态调整方向。

（2）示例：

初始提问："写一篇关于健康饮食的演讲稿"（较为宽泛）。

追问："在演讲稿中加入针对办公室久坐人群的饮食建议，例如如何缓解颈椎疲劳、预防便秘

等"(细化需求)。

调整:"在演讲稿开头添加一个程序员因长期饮食不当导致住院的真实案例,以引起听众的重视"(动态调整方向)。通过追问和调整,演讲稿的内容更加具体、更有针对性,也更能引起听众的共鸣。

3. 跨领域协作

这种方法可以帮助你从不同的角度思考问题,并获得更全面、更创新的解决方案。

(1) 技巧:模拟多个角色共同协作完成任务,充分利用不同领域的知识和技能。

(2) 示例:"假设以下角色:角色1:产品经理,负责设计智能水杯的功能;角色2:UI设计师,负责优化水杯的界面;角色3:工程师,负责评估技术可行性。请共同制定一款智能水杯的开发方案,要求包含详细的成本预算和可能遇到的技术难点,并提供相应的解决方案。"在这个例子中,通过模拟多个角色的协作,可以更全面地考虑智能水杯的开发过程,并获得更具可行性的方案。

1.2.4 高级技巧:解锁 DeepSeek 的隐藏能力

在掌握了基础 Prompt 技巧之后,我们可以进一步探索 DeepSeek 的高级功能。通过以下技巧,你可以让 DeepSeek 表现得更加出色,获得更深入、更专业的回答:

技巧1:角色扮演法

通过让 DeepSeek 扮演特定领域的专家,可以有效地激发其在该领域的知识储备和表达能力,从而获得更专业、更深入的回答。

(1) 公式:你是"专业角色",请"执行任务"+"输出要求"。

(2) 解释:

专业角色:明确 DeepSeek 需要扮演的角色,例如"资深医生""顶级律师""著名科学家"等。

执行任务:详细描述 DeepSeek 需要完成的具体任务,例如"诊断病情""分析案件""解释科学原理"等。

输出要求:明确你对 DeepSeek 输出结果的具体要求,例如"提供详细的诊断报告""撰写严谨的法律意见书""用通俗易懂的语言进行解释"等。

(3) 示例:"你是一位经验丰富的美食评论家,最近刚去了一家主打融合菜系的新餐厅。请你为这家餐厅写一篇800字左右的美食评论,详细描述你在餐厅的用餐体验。从餐厅的环境氛围、菜品的摆盘创意、食材的新鲜度、口味的独特融合,以及服务的细致程度等方面展开,指出餐厅的亮点与不足,并给出你对这家餐厅综合评分(满分10分)及推荐指数(如强烈推荐、值得一试、可酌情考虑等)。"

技巧2:知识蒸馏法

将复杂的内容压缩为有限数量的要点,遵循记忆原理,提升知识存储和记忆效率。

(1) 公式:将"复杂内容"压缩为"字数限制"个要点,遵循"记忆原理"。

(2) 解释:

复杂内容:指的是需要提炼和总结的原始信息,例如一篇长篇论文、一份详细报告、一本厚重的书籍等。

字数限制：规定每个要点的字数上限，例如50字、100字等。

记忆原理：指的是符合人类记忆规律的原则，例如简洁明了、重点突出、逻辑清晰等。

（3）核心：信息删减，把复杂知识压缩成要点，提升知识存储和记忆效率。

（4）示例："请将一篇关于人工智能发展历程与应用现状的5000字学术论文，提炼为5个要点，每个要点控制在50字以内，要求涵盖人工智能的起源、关键发展阶段、主要应用领域、当前面临挑战以及未来发展趋势。"在这个例子中，通过知识蒸馏法，可以将一篇长篇论文的核心内容提炼为几个简洁明了的要点，方便记忆和理解。

技巧3：颗粒度调节器法

通过从宏观、中观、微观等不同视角分析问题，可以避免片面性，形成更全面、更深入的理解。

（1）公式：用"宏观/中观/微观视角"分析"问题"，每个层面包含"××"个要点。

（2）解释：

宏观视角：从整体、全局的角度分析问题，例如政策环境、市场趋势、社会影响等。

中观视角：从行业、组织的角度分析问题，例如竞争格局、产业链条、企业战略等。

微观视角：从个体、细节的角度分析问题，例如用户行为、产品设计、技术细节等。

问题：指的是需要分析和解决的议题。

（3）要点：实现多尺度认知切换，避免片面看问题，面对学术研究等能形成递进式分析框架。

（4）示例："请分别从宏观、中观、微观三个视角分析电动汽车行业的发展情况。宏观视角包含政策导向、全球市场规模等2个要点；中观视角涵盖电池技术、充电设施建设等2个要点；微观视角涉及消费者购买决策、车企竞争策略等2个要点。"在这个例子中，通过从不同视角分析电动汽车行业，可以更全面地了解其发展现状和未来趋势。

技巧4：时间轴推演法

时间轴是一种结构化思维工具，结合回顾性和前瞻性研究视角，在时间轴上梳理事件发展脉络，识别关键节点和潜在趋势。

（1）公式：追溯"事件"的关键转折点，预测未来的演变方向。

（2）示例："梳理电动汽车行业自诞生以来的关键发展节点，阐述当前的市场格局与技术突破，再预测未来5~10年在技术革新、市场拓展、政策影响等方面的发展趋势。需详细说明每个阶段标志性事件、技术进步及对行业走向产生的影响。"

技巧5：极端测试法

基于压力测试思维，通过加入极端条件，激发DeepSeek提供更稳定安全的策略方案以减少风险。

（1）公式：假设"极端条件"，推演"系统"的"应变表现"及"失效临界点"。

（2）解释：

极端条件：指的是超出正常范围的、极端的外部环境因素，例如经济危机、自然灾害、技术突变等。

系统：指的是需要进行风险评估和应对的组织、行业或系统。

应变表现：指的是系统在极端条件下所采取的应对措施和表现。

失效临界点：指的是系统在极端条件下可能崩溃或失效的临界状态。

（3）示例："假设未来三年内，全球石油价格暴跌80%，同时各国对电动汽车的补贴政策突然全面取消，在此极端条件下，分析电动汽车行业在生产规模、市场份额、技术研发方向等方面的应变策略及可能面临的风险，预测行业是否会出现大规模洗牌及具体的洗牌程度。"

技巧6：逆向思维法

从目标出发，逆向推导实现目标所需的步骤和条件，避免盲目行动，快速识别实现目标过程中的障碍。

（1）公式：从"目标"出发，逆向推导实现目标所需的"步骤和条件"。

（2）解释：

目标：指的是希望达成的最终结果。

步骤和条件：指的是为了实现目标，需要采取的具体行动和需要满足的必要条件。

（3）示例："假设在未来10年内，电动汽车在全球范围内实现全面普及，成为主流交通工具。请逆向推导，为达成这一目标，在技术突破、政策扶持、市场推广、基础设施建设等方面，每年需要取得怎样的关键进展和具体成果。"

技巧7：情景模拟法

通过DeepSeek模拟各种可能发生的场景，提前准备应对策略，增强应对突发情况的能力。

（1）公式：模拟一场"特定活动"，预演"可能发生的意外情况"及"应对策略"等活动细节。

（2）解释：

特定活动：指的是需要进行情景模拟的活动，例如会议、发布会、招聘会等。

可能发生的意外情况：指的是在活动中可能出现的突发状况，例如设备故障、人员冲突、舆论危机等。

应对策略：指的是针对可能发生的意外情况，需要采取的应对措施。

（3）示例："假设你是学生会主席，策划一场校园招聘会，需要应对哪些突发情况？"

项目实战

校园公众号运营

一、任务背景

假设你是校团委新媒体部成员，负责运营拥有5万粉丝的校园公众号。近期需要完成以下任务：

1. 策划毕业季专题内容
2. 设计父亲节特别推文
3. 优化推文排版风格
4. 制定粉丝增长计划

但你面临以下挑战：

1. 如何持续产出高质量内容？

2. 如何提升推文打开率与互动率？

3. 如何利用 AI 工具提升运营效率？

二、任务目标

（1）掌握如何通过 Prompt 工程完成公众号全流程运营。

（2）学会用模板组合解决内容创作难题。

（3）培养数据驱动的新媒体运营思维。

三、任务实施步骤

阶段一：毕业季专题策划（模板组合：需求＋担忧＋反向验证）

场景描述：策划毕业季专题推文，担心内容同质化严重。

Step1：基础需求构建。

需求：设计毕业季专题推文（3篇）。

担忧：内容缺乏新意、情感共鸣不足。

反向验证：提供 3 个创新选题及对应传播效果预测。

Step2：DeepSeek 输出示例。

选题 1：《毕业生生存指南：从宿舍到职场的 10 个瞬间》（情感共鸣型）。

选题 2：《AI 帮你算笔账：大学四年的时间都花在哪了？》（数据可视化型）。

选题 3：《00 后毕业生图鉴：他们的行李箱里装着什么？》（互动征集型）。

Step3：优化追问。

请为每个选题设计 3 个互动话题（如"毕业前最后悔的事"）。

阶段二：父亲节推文创作（模板组合：身份＋任务＋要求＋例子）

场景描述：撰写父亲节推文，要求兼具温馨与年轻化表达。

Step1：角色设定。

身份：情感博主（擅长校园主题）。

任务：撰写父亲节特别推文。

要求：800 字以内，包含校园生活场景，配 3 张原创插画。

例子：参考"人民日报"新媒体父亲节文案风格。

Step2：DeepSeek 输出示例。

《爸，其实我在大学偷偷学会了这些……》。

"每次视频都说'生活费够花'，其实我在食堂兼职赚外快；说'考试不紧张'，其实在图书馆通宵复习到天亮；但最想告诉你的是：我终于明白，你曾经说的'吃亏是福'，都是真的。"

Step3：风格调整。

请将文案改为对话体，加入学生与父亲的聊天记录截图。

阶段三：排版优化（模板组合：问题＋追问预期＋调整方向）

场景描述：优化推文排版，担心视觉效果不佳。

Step1：基础问题。

问题：如何提升推文排版美观度。

追问预期：字体搭配、配色方案、图文间距。

调整方向：若推荐付费工具，补充免费替代方案。

Step2：DeepSeek 输出示例。

字体：标题用思源黑体（20px），正文用宋体（16px）。

配色：主色#2E54EB（科技蓝），辅助色#FFD700（金色）。

间距：段间距1.75倍，图片宽度90%。

Step3：补充追问。

请提供3个排版神器推荐（含免费/付费选项）。

阶段四：粉丝增长计划（模板组合：目标+条件+验证方式）

场景描述：制定粉丝增长计划，要求3个月新增5000粉。

Step1：目标设定。

目标：3个月内公众号粉丝增长5000人。

条件：预算有限（≤2000元），主要依靠内容运营。

验证方式：通过每月粉丝增长量验收。

Step2：DeepSeek 输出示例。

（1）内容策略：

——每周1篇爆款选题（如"新生必看"系列）。

——每月1次互动活动（如"校园摄影大赛"）。

（2）推广渠道：

——联合20个社团转发。

——投放朋友圈广告（500元/月）。

Step3：压力测试。

假设预算减少50%，如何调整推广策略？

四、高级技巧应用（任选3项完成）

1. 角色扮演法：让 DeepSeek 扮演粉丝，模拟用户留言互动。

2. 知识蒸馏法：将10万+阅读量爆款推文提炼为5个核心要素。

3. 颗粒度调节器法：从宏观（平台算法）、中观（内容定位）、微观（用户画像）分析传播效果。

4. 时间轴推演法：绘制从选题到发布的全流程时间节点。

5. 极端测试法：假设连续3篇推文阅读量低于平均值，如何调整策略？

6. 逆向思维法：从粉丝取关原因倒推内容优化方向。

7. 情景模拟法：预演突发舆情事件的应对流程。

五、成果验收标准

（1）完整的毕业季专题策划方案（含3篇推文）。

（2）父亲节推文终稿（含排版设计）。

（3）粉丝增长执行手册。

（4）与 DeepSeek 进行的5轮以上优化对话记录。

六、拓展练习

尝试用 DeepSeek 完成以下任务：

（1）设计新生入学指南（使用目标导向法）。
（2）生成校园热点事件舆情应对方案（结合多轮对话优化）。
（3）分析竞争对手公众号数据（运用知识蒸馏法）。

通过这个校园公众号运营案例，学生将掌握如何利用 DeepSeek 完成从内容策划到数据运营的全流程支持，学会在新媒体工作中灵活运用 Prompt 工程技巧，提升实际运营能力。

任务 1.3 创意无限：DeepSeek 赋能设计新视界

任务目标

素质目标

◇培养用 AI 工具提升创意效率的意识，增强跨领域创新能力。
◇提升团队协作中对设计需求的精准表达能力。
◇强化设计作品的美学感知与用户体验思维。

知识目标

◇掌握 DeepSeek 在创意设计领域的核心功能（如视频脚本设计、文本生成、图像创作等）。
◇理解如何通过提示词技巧激发创意灵感。
◇熟悉设计类任务的流程优化方法。

能力目标

◇能够使用 DeepSeek 完成短视频脚本、平面设计等创意任务。
◇学会通过调整提示词优化设计输出的风格、细节和完成度。

任务导入

在创意设计领域，灵感与效率往往是一对矛盾体。传统设计流程中，从需求分析到草图绘制、细节打磨，可能需要数天甚至更长时间。借助 DeepSeek，你可以将创意构思快速转化为可视化成果，并通过灵活调整提示词实现"所想即所得"。

例如：为社团设计招新海报时，只需输入"复古赛博朋克风格，融入轮滑元素，突出青春活力"，DeepSeek 即可生成多版设计供你选择。制作短视频脚本时，通过角色扮演法让 DeepSeek 模拟导演视角，生成包含镜头语言、台词和转场效果的完整方案。

在本任务中，我们将通过三个实战案例，带领大家掌握 DeepSeek 在创意设计中的核心玩法，解锁 AI 赋能设计的新范式。

1.3.1 短视频脚本创作

1. 准备工作

明确目标：在开始之前，明确你的短视频目标，例如：

主题：视频要讲什么？（例如：美食制作、旅游攻略、搞笑段子、知识科普）
受众：你的目标观众是谁？（例如：年轻人、学生、上班族、美食爱好者）
平台：视频将在哪个平台发布？（例如：抖音、快手、哔哩哔哩、YouTube）
时长：视频大概要多长？（例如：15秒、30秒、60秒）
风格：视频的风格是什么？（例如：幽默、严肃、温馨、快节奏）
目的：你希望观众看完视频后做什么？（例如：点赞、评论、分享、关注、购买）

2. 构建提示词

提示词是引导 DeepSeek 生成脚本的关键。一个好的提示词应该包含以下要素：

角色（Role）：告诉 DeepSeek 你希望它扮演什么角色。例如："你是一个专业的短视频脚本撰写者。"

任务（Task）：明确告诉 DeepSeek 你需要它做什么。例如："请为我创作一个关于××的短视频脚本。"

背景（Context）：提供视频的背景信息，帮助 DeepSeek 更好地理解你的需求。例如："这个视频的目标受众是××，将在××上发布，时长约为××，风格是××。"

格式（Format）：指定脚本的格式。例如："脚本需要包含场景描述、人物对话、背景音乐建议和画面转场提示。"

限制（Constraints）：给出一些限制条件。例如："脚本必须在××秒内完成，语言要××，避免××。"

示例（Examples）：如果你有参考视频，可以提供链接或描述，让 DeepSeek 更好地理解你的风格。

3. 提示词示例

示例1（美食制作）

你是一个专业的短视频脚本撰写者。请为我创作一个关于"如何制作美味的番茄炒蛋"的短视频脚本。这个视频的目标受众是年轻的上班族，将在抖音上发布，时长约为30秒，风格是轻松幽默。脚本需要包含场景描述、人物对话、背景音乐建议和画面转场提示。脚本必须在30秒内完成，语言要口语化，避免使用过于专业的烹饪术语。

示例2（旅游攻略）

你是一个资深的旅游博主。请为我创作一个关于"三天两夜北京旅游攻略"的短视频脚本。这个视频的目标受众是大学生，将在哔哩哔哩上发布，时长约为60秒，风格是实用干货。脚本需要包含景点介绍、交通方式、住宿推荐、美食推荐和注意事项。脚本必须在60秒内完成，语言要简洁明了，避免过度宣传。

示例3（搞笑段子）

你是一个幽默的段子手。请为我创作一个关于"当代年轻人社交恐惧症"的搞笑短视频脚本。这个视频的目标受众是所有互联网用户，将在快手上发布，时长约为15秒，风格是夸张搞笑。脚本需要包含场景描述、人物对话和音效建议。脚本必须在15秒内完成，语言要网络化，避免涉及敏感话题。

4. 进阶技巧：多轮迭代优化

第一轮生成："生成古风美食制作视频脚本，突出非遗工艺。"

追问优化:"增加匠人手部特写镜头,加入传统乐器配乐。"

反向验证:"若用户反馈节奏太慢,如何调整分镜?"

5. 实践练习

使用 DeepSeek 生成短视频脚本,记录"大专生的一天",需包含课堂、实训、课余生活场景。

(1) 准备工作。

主题:记录大专生充实且有趣的校园日常。

受众:大专生群体、高中生(潜在生源)。

平台:抖音(15~30 秒快节奏)。

时长:30 秒。

风格:真实、轻松、幽默。

目的:展示校园生活多样性,引发共鸣并引导关注。

(2) 构建提示词。

角色:你是抖音百万粉校园生活博主。

任务:创作"大专生的一天"短视频脚本。

背景:目标受众为大专生及高中生,抖音平台发布,时长 30 秒,风格真实幽默。

格式:分镜表(场景描述+台词+运镜+背景音乐)。

限制:必须包含课堂、实训、课余生活三个场景,语言口语化,结尾引导互动。

示例:参考"张同学"乡村生活记录手法,突出细节与节奏感。

(3) DeepSeek 生成脚本示例。

(4) 进阶优化。

1)优化 1:增加"图书馆占座"的校园特色场景。

2)优化 2:结尾增加"挑战全网最惨课表"互动话题。

3)反向验证:若用户反馈节奏拖沓,如何调整?

1.3.2 爆款文案的撰写

1. 准备工作

明确目标:

产品/服务:假设我们要推广一款名为"AI 写作助手"的软件。

目标受众:内容创作者、营销人员、学生等需要写作的人群。

平台:微信公众号、朋友圈、微博等。

文案类型:朋友圈广告文案。

目的:吸引用户点击链接,了解并试用 AI 写作助手。

2. 构建提示词

角色(Role):你是一位经验丰富的文案策划,擅长撰写吸引眼球的社交媒体广告文案。

任务(Task):请为一款名为'AI 写作助手'的软件撰写 3 条朋友圈广告文案。

背景(Context):这款软件的目标用户是内容创作者、营销人员和学生,它可以帮助他们快速

生成高质量的文章、文案和创意内容。文案需要在朋友圈发布，突出软件的便捷性和高效性。

格式（Format）：文案需要简洁明了，字数控制在100字以内，包含吸引人的标题和行动号召。

限制（Constraints）：文案需要避免夸大宣传，突出软件的实际功能和优势。语言要生动有趣，符合年轻人的口味。

示例（Examples）：可以参考一些成功的互联网产品广告文案，例如网易云音乐、KEEP等。

3. 提示词示例

"你是一位经验丰富的文案策划，擅长撰写吸引眼球的社交媒体广告文案。请为一款名为'AI写作助手'的软件撰写3条朋友圈广告文案。这款软件的目标用户是内容创作者、营销人员和学生，它可以帮助他们快速生成高质量的文章、文案和创意内容。文案需要在朋友圈发布，突出软件的便捷性和高效性。文案需要简洁明了，字数控制在100字以内，包含吸引人的标题和行动号召。文案需要避免夸大宣传，突出软件的实际功能和优势。语言要生动有趣，符合年轻人的口味。可以参考一些成功的互联网产品广告文案，例如网易云音乐、KEEP等。"

4. DeepSeek生成文案示例

文案1：还在为写不出好文案发愁？AI写作助手来啦！一键生成高质量文章，告别灵感枯竭！告别熬夜，高效创作，快来免费试用！

文案2：灵感总掉线？你的文案救星来了！AI写作助手，轻松搞定各种文案需求！营销、报告、创意，一键生成！限时免费体验，手慢无！

文案3：写作效率UP！UP！UP！AI写作助手，你的专属文案神器！告别拖延症，轻松完成写作任务！学生党、打工人必备！立即体验！

5. 进阶优化

追问1："请为学生群体撰写一条更具吸引力的文案，突出软件在论文写作方面的优势。"

优化后：论文季，头秃？AI写作助手，你的论文神器！快速生成高质量文献综述、开题报告！告别查重烦恼，轻松拿高分！学生党必备！

追问2："请为营销人员撰写一条更具专业性的文案，突出软件在营销文案创作方面的优势。"

优化后：还在为营销文案绞尽脑汁？AI写作助手，你的营销利器！一键生成吸睛标题、创意广告语！提升转化率，引爆销售额！营销人必备！

反向验证："如果用户反馈文案过于平淡，缺乏个性，如何调整？"

解决方案：

增加幽默元素，使用更具个性的语言风格。

突出用户痛点，引发共鸣。

使用更具冲击力的词语和表达方式。

6. 实践练习

使用DeepSeek生成关于养生的爆款文案。

1.3.3 海报设计

1. 准备工作

海报主题：你要设计的海报是关于什么的？（例如：校园音乐节、社团招新、讲座宣传、产品推广）

目标受众：你的海报是给谁看的？（例如：学生、教职工、特定兴趣群体）

发布地点：海报将在哪里展示？（例如：校园公告栏、线上社交媒体、活动现场）

设计风格：你希望海报呈现什么风格？（例如：简约、复古、科技感、手绘风）

核心信息：海报上必须包含哪些信息？（例如：活动名称、时间、地点、参与方式、联系方式）

期望效果：你希望海报达到什么效果？（例如：吸引眼球、传递信息、激发参与）

2. 构建提示词（文本部分）

角色（Role）：告诉 DeepSeek 你希望它扮演什么角色。例如："你是一位经验丰富的平面设计师，擅长海报设计。"

任务（Task）：明确告诉 DeepSeek 你需要它做什么。例如："请为我设计一张关于××主题的海报文案。"

背景（Context）：提供海报的背景信息，帮助 DeepSeek 更好地理解你的需求。例如："这张海报的目标受众是××，将在××展示，设计风格是××，核心信息是××，期望效果是××。"

格式（Format）：指定文案的格式。例如："文案需要包含标题、副标题、正文和行动号召语。"

限制（Constraints）：给出一些限制条件。例如："文案总字数必须在××字以内，语言要××，避免××。"

示例（Examples）：如果你有参考海报，可以提供链接或描述，让 DeepSeek 更好地理解你的风格。

3. 构建提示词（图像部分，假设 DeepSeek 支持图像生成）

图像风格：描述你想要的图像风格。（例如：写实、插画、抽象、水墨）

图像元素：列出你希望图像中包含的元素。（例如：人物、场景、物体、色彩）

图像构图：描述你想要的图像构图。（例如：中心构图、三分法构图、对角线构图）

色彩基调：指定你想要的色彩基调。（例如：暖色调、冷色调、对比色）

参考图像：提供参考图像，让 DeepSeek 更好地理解你的视觉需求。

4. 场景化模板与提示词示例

以一个校园音乐节海报为例：

角色：你是一位经验丰富的平面设计师，擅长海报设计。

任务：请为我设计一张关于"星空音乐节"的海报文案和视觉元素建议。

背景：这张海报的目标受众是在校大学生，将在校园公告栏和线上社交媒体发布，设计风格是梦幻、浪漫、充满活力，核心信息是音乐节名称、时间、地点、演出阵容（待定，可由 AI 生成），期望效果是吸引学生关注并参与音乐节。

格式：文案需要包含标题、副标题、正文和行动号召语。视觉元素建议包含色彩基调、主要元素和构图建议。

限制：文案总字数必须在50字以内，语言要简洁、有吸引力，避免使用过于专业的术语。

示例：

DeepSeek 提示词（文本部分）："你是一位经验丰富的平面设计师，擅长海报设计。请为我设计一张关于'星空音乐节'的海报文案。这张海报的目标受众是在校大学生，将在校园公告栏和线上社交媒体发布，设计风格是梦幻、浪漫、充满活力，核心信息是音乐节名称、时间、地点、演出阵容，期望效果是吸引学生关注并参与音乐节。文案需要包含标题、副标题、正文和行动号召语。文案总字数必须在50字以内，语言要简洁、有吸引力，避免使用过于专业的术语。可以参考一些成功的音乐节海报。"

DeepSeek 提示词（图像部分）："请为'星空音乐节'海报生成视觉元素建议。图像风格为梦幻插画风，图像元素包括星空、舞台、乐器、音符、欢呼的人群，图像构图采用中心构图，色彩基调为深蓝色和紫色渐变，并点缀以亮黄色和白色。参考附件中的音乐节海报。请给出绘画的AI提示词。"

5. 进阶技巧：多轮迭代优化

第一轮生成：基于上述提示词，DeepSeek 会生成初步的海报文案和视觉元素建议。

追问优化：针对初稿，你可以进一步追问，例如：

"能否提供几个不同风格的标题？"

"能否调整色彩基调，使其更具活力？"

"能否在视觉元素中加入一些校园元素，例如图书馆、教学楼？"

反向验证：

"如果学生反馈海报不够吸引人，如何修改？"

"如果场地变更，如何快速调整海报信息？"

6. 实践练习

（1）初稿生成（使用上述提示词）。

（2）追问优化。

追问1："请提供三个不同风格的标题，并分别说明每个标题的适用人群。"

追问2："将色彩基调调整为更具活力的橙色和黄色渐变。"

追问3："在视觉元素中加入校园图书馆的剪影，使其更具校园特色。"

（3）反向验证。

问题1：如果学生反馈海报不够吸引人，如何修改？

问题2：如果场地变更，如何快速调整海报信息？

提示词完成后可结合后面实训进行绘画。

项目小结

通过本项目实训，学生在 DeepSeek 技术应用与实践上全面进阶：掌握了模型本地部署、环境配置及参数调试方法，精通提示工程原理并能设计精准 Prompt 优化输出，在创意场景中打通"部署—设计—落地"全流程；同时强化了问题解决、逻辑推理与目标导向的逆向思维，形成技术与设计的双向认知；还树立了数据隐私与安全意识，提升了团队协作和技术沟通能力。

项目二
AIGC助力高效办公

实训目标

素质目标
◇ 培养学生以科技创新驱动职业发展的意识，树立数字化工具赋能工作的正确价值观。
◇ 强化学生利用技术提升效率的责任意识，形成严谨规范、追求卓越的数字化工作伦理。
◇ 激发学生主动适应技术变革的积极心态，增强在智能化时代持续学习与自我迭代的行动力。

知识目标
◇ 掌握 AIGC 工具在文案生成、数据图表处理及 PPT 制作中的技术逻辑。
◇ 理解不同 AIGC 工具的功能特点、适用场景及操作规范。
◇ 熟悉数字化内容生产流程，了解 AI 技术在职场协作、数据可视化及信息传达中的关键作用。

能力目标
◇ 能够熟练运用 AIGC 工具完成多类型文案的高效撰写，实现创意表达与精准传播的平衡。
◇ 能够通过 AI 技术将复杂数据转化为可视化图表，并基于分析结果提出针对性决策建议。
◇ 能够利用 AIGC 工具快速生成逻辑清晰、设计专业的 PPT 文档，提升汇报展示与沟通说服能力。

项目导入

在数字化浪潮席卷各行各业的今天，职场人王五正面临一场效率与创意的双重考验。作为某手机销售公司的市场专员，他每月需要完成三个核心任务：撰写多品牌手机营销文案以吸引消费者关注，分析销售数据并制作可视化图表为管理层提供决策依据，以及设计汇报PPT向团队展示月度工作成果。然而，传统的工作方式让他疲于应对——手动编写文案耗时费力，Excel数据处理易出错且缺乏直观性，PPT设计更是需要反复调整格式与排版。

一次偶然的机会，王五接触到了AIGC（人工智能生成内容）工具。通过简单的指令输入，AI

不仅快速生成了风格多样的营销文案（如科技感十足的旗舰机型推广语、年轻化的性价比机型文案），还自动将销售数据转化为动态图表（如品牌销量趋势对比、区域销售热力图），甚至一键生成了逻辑清晰、视觉精美的 PPT 模板（包含数据洞察、市场分析及下月策略建议）。原本需要一周完成的工作，如今仅用两天便高效完成，且成果质量显著提升。

这不仅让王五深刻体会到 AIGC 工具在高效写作、智能图表生成与自动化 PPT 制作中的潜力，也揭示了现代职场人如何利用技术突破效率瓶颈的核心逻辑。围绕这一场景，本章将带领读者解锁三大核心技能，助你同样成为职场高手。

任务 2.1　高效写作

写作，无论是在学习还是工作中，都占据着举足轻重的地位。它是我们表达思想、交流观点、传递信息的重要手段。无论是撰写学术论文、工作报告，还是进行日常沟通，良好的写作能力都是不可或缺的。然而，在传统写作方式中，我们往往面临着诸多挑战，如时间紧迫、思路不清、语言表达不够精准等。

随着科技的飞速发展，人工智能（AI）技术已经逐渐渗透到我们生活的方方面面。其中，人工智能生成内容（Artificial Intelligenice Generated Content，AIGC）工具的出现，为写作领域带来了革命性的变化。AIGC 工具能够利用先进的算法和模型，自动生成符合要求的文本内容，从而极大地提高了写作效率和质量。

本节将重点探讨如何利用 AIGC 工具实现高效写作。我们将从 AIGC 工具的基本概述出发，分析高效写作的关键要素，并结合实际应用实例和策略，帮助同学们更好地理解和运用这些工具。希望通过本节的学习，同学们能够掌握一种全新的写作方式，为自己的学习和职业发展打下坚实的基础。

2.1.1　写作类 AIGC 工具概述

写作类 AIGC 工具是一种基于人工智能技术的写作辅助软件，能够根据用户输入的指令或要求，自动生成符合要求的文本内容。这些工具通常可以分为文本生成工具、语法检查与校对工具、创意激发与灵感来源工具等几大类。常用的 AIGC 写作工具如图 2-1-1 所示。

图 2-1-1　常用的 AIGC 写作工具

写作类 AIGC 工具的工作原理主要基于深度学习和自然语言处理（NLP）技术。通过训练大量的文本数据，这些工具能够学习到语言的规律和模式，并根据用户输入的信息生成相应的文本内容。同时，它还能够根据上下文进行语义理解和推理，从而生成更加准确和流畅的文本。

写作类 AIGC 工具在写作中具有诸多优势。它们能够极大地提高写作效率，帮助用户快速生成大量的文本内容；能够自动进行语法检查和校对，减少人工修改的工作量；能够提供多样化的创意激发和灵感来源，帮助用户打破思维瓶颈，拓展写作思路。

DeepSeek 近年来在人工智能技术领域犹如一颗璀璨的新星，凭借其卓越的技术创新和积极的开源策略，成功超越了包括 GPT-4 在内的众多国际知名竞品，彰显了我国在科技强国道路上迈出的坚实步伐。DeepSeek 的迅速崛起，不仅为科技界树立了新的标杆，更为广大青年学子提供了宝贵的启示：我们应秉持创新精神，勇于探索科技前沿，不断挑战自我，追求卓越。同时，我们也应学习 DeepSeek 所倡导的开源共享理念，积极促进知识交流与技术合作，携手共进，为实现科技强国的伟大目标贡献自己的力量。

2.1.2 高效写作的关键要素

要实现高效写作，不仅需要借助 AIGC 工具等外部手段，还需要掌握一些关键要素，以确保写作的质量和效率。

首先，明确写作目的与受众至关重要。在开始写作前，我们必须清晰了解写作的目标是什么，是为了传达特定信息、说服读者，还是表达某种情感。同时，深入分析受众的背景、需求和兴趣点，以便调整文章的语言风格、信息量和表达方式，从而确保文章能够吸引并触动目标读者。

其次，构思与规划文章内容是实现高效写作的重要环节。我们需要构建文章的大纲，明确其结构和主要内容，这有助于我们厘清思路并保持文章的逻辑性和条理性。随后，根据文章主题收集相关资料、数据和案例，以丰富文章内容并增强其说服力。在内容组织上，我们应确保素材的连贯性和完整性，同时注意段落之间的过渡和衔接，使文章读起来更加流畅。

最后，优化文章结构与语言表达同样不可忽视。文章应具备清晰的结构，包括引言、正文和结论等部分，以确保读者能够轻松理解文章的主旨。在语言表达上，我们应追求简洁明了，避免冗长和复杂的句子结构，同时确保语言的准确性和规范性。此外，保持文章的语言风格一致，符合受众的期望和阅读习惯，也是提升文章质量的关键。

综上所述，通过明确写作目的与受众、构思与规划文章内容以及优化文章结构与语言表达等关键要素，我们可以为高效写作打下坚实的基础。而这些要素与 AIGC 工具的结合使用，将进一步提升我们的写作效率和质量。

2.1.3 写作类 AIGC 工具的使用流程

AIGC 写作的类型丰富多彩，涵盖了新闻报道、广告文案、小说创作、学术论文以及技术文档等多个领域。新闻报道利用 AI 技术能够快速生成即时、准确的信息摘要；广告文案则通过 AI 的创意生成能力，产出吸引目标受众的文案内容；小说创作方面，AI 能够根据用户输入的情节线索和角色设定，自动生成富有想象力的故事；学术论文写作中，AI 能够辅助学者进行文献综述、数据分析和初稿撰写；技术文档则借助 AI 的精准表达能力，确保技术说明的准确性和易懂性。

利用AIGC工具进行高效写作的流程主要包括以下几个步骤：

（1）设定身份与明确写作目标：在开始写作之前，需要先设定写作的身份（如记者、广告创意人员、小说家等），并明确写作的目的、受众以及期望达到的效果。这有助于确定AI生成内容的方向和风格。

（2）准备数据和模型：根据写作类型，收集相关的数据、资料和模型。这些数据将作为AI生成内容的基础。

（3）输入关键词和设定风格：在AI工具中输入相关的关键词和设定期望的风格。这将帮助AI生成符合期望的内容。

（4）生成初步内容：利用AI工具生成初步的文本内容。这可能需要多次尝试和调整，以获得满意的结果。

（5）人工审核与优化：对生成的初步内容进行人工审核，确保其准确性、连贯性和风格一致性。必要时，进行适当的优化和修改。

（6）自动分发：将优化后的内容通过适当的渠道进行分发，如社交媒体、电子邮件、网站等。

（7）效果分析：对分发的内容进行效果分析，了解受众的反馈和互动情况，以便对未来的写作进行调整和改进。

案 例

新闻报道的AIGC写作

本案例中，将使用AIGC工具文心一言来完成新闻报道的写作。

（1）提问：提问过程中可以一次性将"设定身份与明确写作目标""准备数据和模型""输入关键词和设定风格"三个步骤同时完成。

在文心一言输入框中输入以下内容："假设你是某报业的新闻编辑，请帮我写一篇新闻简讯，关键词突出科技，文风要严肃，期望让读者了解事件背景、意义及未来展望，激发读者对AI技术在通信行业应用的关注和思考。

"素材：2025年春节期间，工信部宣布中国移动、联通、电信均接入国产AI大模型DeepSeek，将用于客服系统、网络优化等领域。这标志着我国在AI技术应用方面又迈出了重要一步，AI技术将进一步融入人们的生活和工作，为通信行业带来新的变革和发展机遇。"（见图2-1-2）

（2）AIGC生成初步内容如下：

科技前沿：国产AI大模型DeepSeek赋能通信行业，开启智能服务新篇章。

2025年春节期间，中国工业和信息化部（工信部）宣布了一项具有里程碑意义的决策：中国移动、中国联通、中国电信三大通信巨头均成功接入国产AI大模型DeepSeek，这一举措标志着我国在人工智能（AI）技术应用领域迈出了坚实的一步，预示着AI技术将更加深入地融入人们的日常生活和工作之中，为通信行业带来前所未有的变革与发展机遇。

DeepSeek作为国产AI大模型的杰出代表，经过多轮优化与测试，已经展现出了强大的数据处理能力和智能化服务水平。此次接入三大运营商，将首先应用于客服系统和网络优化两大核心领域。在客服系统方面，DeepSeek能够通过自然语言处理技术，实现对用户问题的精准理解和快速响

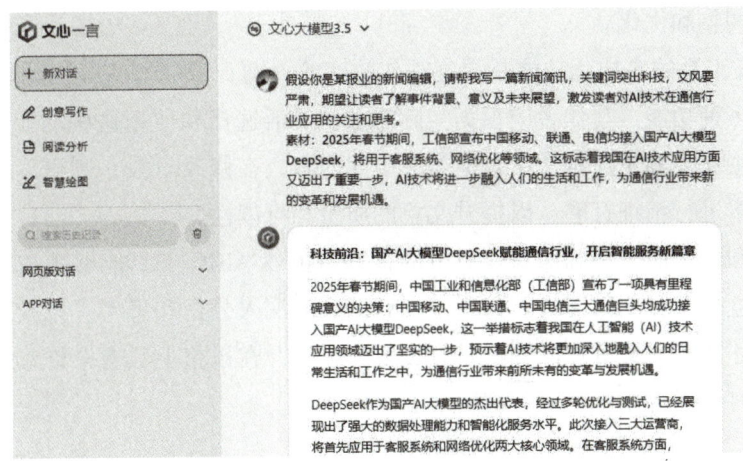

图 2-1-2　文心一言写作界面

应，极大地提升服务效率和用户满意度。同时，基于深度学习算法，DeepSeek 还能不断学习和优化服务策略，为用户提供更加个性化、智能化的服务体验。

在网络优化领域，DeepSeek 同样展现出了巨大的潜力。它能够实时监测和分析网络数据，快速识别并解决潜在的网络故障，确保通信网络的稳定运行。此外，DeepSeek 还能根据用户行为和需求，智能调整网络资源分配，实现网络流量的高效管理和优化，为用户提供更加流畅、稳定的通信服务。

这一举措不仅标志着我国 AI 技术在通信行业的应用取得了重要突破，更体现了我国在科技创新和产业升级方面的坚定决心和强大实力。随着 AI 技术的不断发展和普及，通信行业将迎来更加智能化、高效化的发展阶段。未来，我们可以期待 AI 技术在通信行业的更广泛应用，如智能运维、智能营销、智能安全等领域，为通信行业带来更加全面、深入的变革。

同时，这一事件也引发了我们对 AI 技术未来发展的深刻思考。AI 技术的快速发展和广泛应用，将深刻改变我们的生活方式和工作方式，推动社会经济的全面进步和发展。然而，我们也应清醒地认识到，AI 技术的发展和应用也面临着诸多挑战和问题，如数据安全、隐私保护、伦理道德等。因此，在推动 AI 技术发展的同时，我们也需要加强监管和规范，确保 AI 技术的健康、可持续发展。

总之，国产 AI 大模型 DeepSeek 成功接入三大运营商，是我国在 AI 技术应用领域取得的重要成果，也是通信行业智能化发展的重要里程碑。我们期待 AI 技术在通信行业的更广泛应用和更深入发展，为人们的生活和工作带来更多便利和惊喜。同时，我们也呼吁社会各界共同关注和推动 AI 技术的健康发展，为构建更加智能、美好的社会贡献力量。

（3）人工审核与优化：从上面生成的内容可以看到，AIGC 工具已对我们的素材进行了补充，接下来需要对生成的初步内容进行人工审核，并根据需求补充完善，随后再次借助 AIGC 对其进行适当的优化与调整。待内容修正后，最终需通过人工编辑进一步润色，删除机械化表达语句即可。

2.1.4　写作类 AIGC 工具的高效应用策略

明确写作目标和需求是高效运用 AIGC 工具的前提。在写作前，写作者应清晰地界定文章的主题、受众、目的以及期望达到的效果。这有助于 AIGC 工具更准确地理解写作者的意图，从而生成更符合要求的文本。同时，明确的需求还能引导写作者在后续的写作过程中，对 AIGC 工具生成的文本进行针对性的调整和优化。

合理利用 AIGC 工具的多样化功能是提高写作效率的关键。AIGC 工具通常具备文本生成、语法检查、风格调整等多种功能。写作者应根据实际需求，灵活选择和使用这些功能。例如，在初稿阶段，可以利用文本生成功能快速构建文章框架并填充内容；在修改阶段，则可以利用语法检查和风格调整功能，对文本进行精细打磨，以提升文章的质量和可读性。

保持独立思考和创新能力是确保写作质量的核心。虽然 AIGC 工具能够生成高质量的文本，但写作者仍需保持独立思考和创新能力。包括对文章内容的深入分析和思考，以及对文本风格的独特塑造。只有这样，才能确保文章在内容上具有深度和广度，在风格上具有个性和特色。同时，这也是写作者在数字化时代保持竞争力的关键所在。

2.1.5 写作类 AIGC 案例研究

文心一言完成小米营销文案

DeepSeek完成小米营销文案

**利用 AIGC 工具实现高效完成销售品牌
（本案例使用小米品牌）宣传的营销文案**

销售品宣传类写作的核心特质包括明确的目标导向、高度针对性、实用价值及强大说服力。其目的在于精准定位特定群体，有效传达产品或服务信息，激发购买兴趣，并促使行动。利用 AIGC 工具创作此类内容时，关键在于实现与受众的个性化沟通，确保宣传精准高效，以提升转化率。此外，AIGC 工具还能优化现有产品描述与营销文案，使其语言更加流畅、诱人，增强整体吸引力。

使用如图 2-1-3 所示流程编写销售类品牌宣传的营销文案：

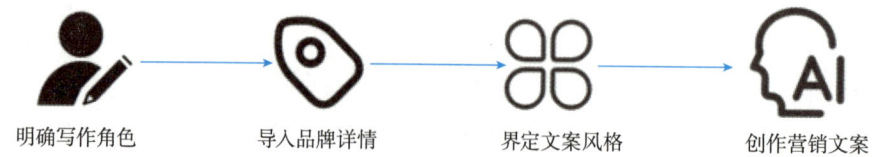

图 2-1-3 营销文案编写流程

（1）明确写作角色：告知 AIGC 工具在创作销售与品牌推广文案时应该扮演的角色，如品牌代言人、市场调研专家、营销策划专员或销售顾问等。

（2）导入品牌详情：明确品牌的定位及其目标受众，这包括品牌的核心价值观、目标消费群体、品牌标语以及品牌形象等，这些都是品牌构建的基础要素。它们将帮助 AIGC 工具为品牌提供更加贴切的建议和方案。

（3）界定文案风格：不同的传播平台对营销文案的风格有着不同的要求。清晰地界定文案的风格有助于 AIGC 工具更准确地把握写作意图，从而生成更加贴合需求的内容。

（4）创作营销文案：将上述所有信息输入 AIGC 工具，让其依据这些信息创作出与品牌紧密相关的营销文案。

提问

假设你是某公司的销售顾问，根据以下小米品牌的信息写一篇将在微博上发表的营销文案，内容要简洁明了且新颖大胆，800字以内：小米以高性价比著称，通过线上销售模式迅速崛起，其产品线从入门级到高端旗舰都有覆盖，MIUI操作系统拥有大量用户。小米还积极拓展智能家居等领域。

AIGC 回答

小米：智领未来，性价比之王的跨界盛宴！

在这个日新月异的数字时代，有一个品牌，它以破竹之势，颠覆传统，用极致的性价比敲开了亿万消费者的心门——没错，它就是小米！

从默默无闻到全球瞩目，小米的故事是一段关于创新与挑战的传奇。它摒弃了烦琐的中间环节，以线上直销的先锋模式，直接对话每一位用户，将实惠与品质无缝链接。这不仅是一场销售模式的革命，更是对"好产品不应昂贵"理念的坚守。

小米的产品线，宽广而深邃，如同星辰大海，总有一颗能触动你的心弦。从入门级的温馨陪伴，到高端旗舰的奢华享受，每一款产品都是匠心独运、性能与美学的完美融合。它们不仅仅是通信工具，更是你生活、工作、娱乐的得力助手，陪伴你走过每一个重要时刻。

提到小米，怎能不提MIUI？这个被无数米粉热爱的操作系统，如同一位贴心的生活顾问，懂你所需，予你所求。流畅的操作体验，个性化的界面设计，还有那些贴心的小功能，让每一次滑动都成为享受，每一次点击都充满期待。

但小米的野心远不止于此，它正以雷霆万钧之势，积极拓展智能家居的蓝海市场，致力于打造一个全方位、智能化的生活空间。从智能灯泡到扫地机器人，从智能门锁到空气净化器，小米智能家居生态链上的每一件产品，都是对"未来生活，触手可及"这一愿景的生动诠释。

想象一下，清晨，智能窗帘缓缓拉开，温暖的阳光与清新的空气一同涌入；傍晚，一句简单的语音指令，全屋灯光柔和亮起，智能音响流淌出你最爱的旋律……这一切，不再只是科幻电影中的场景，小米正让这一切变为现实，让你的生活因智能而不同。

小米不仅仅是一个品牌，更是一种生活态度，一种追求极致性价比、享受科技乐趣的生活方式。在这个快速变化的世界，选择小米，就是选择了一个更加智能、便捷、美好的未来。

加入我们，一起探索小米的无限可能，开启属于你的智能生活新篇章！

案 例

快文CopyDone工具高效完成OPPO手机的销售营销文案撰写

CopyDone AI 是必优科技旗下一款AI原创营销文案写作神器，只需输入关键词，它就能快速生成原创软文，可以发布在小红书、淘宝、微信公众号等各种平台，支持不同的文案格式和风格，让你轻松适应不同的场景和需求。CopyDone AI 的网站是ht-tp：//copyai.cn，界面首页如图2-1-4所示。

快文CopyDone工具实现完成销售OPPO手机的营销文案

点击首页的"开始创作"登录，进入CopyDone的创作页面。页面中涵盖金融保险、按摩椅、洗碗机等数十种创作模块，可根据需求选择相应模块。本案例以生成OPPO手机销售文案为例，操作流程如图2-1-5、图2-1-6所示：选择手机文案模块，根据提示填写手机型号、产品介绍、核心卖点后，即可一键生成销售文案。

图 2-1-4 快文首页

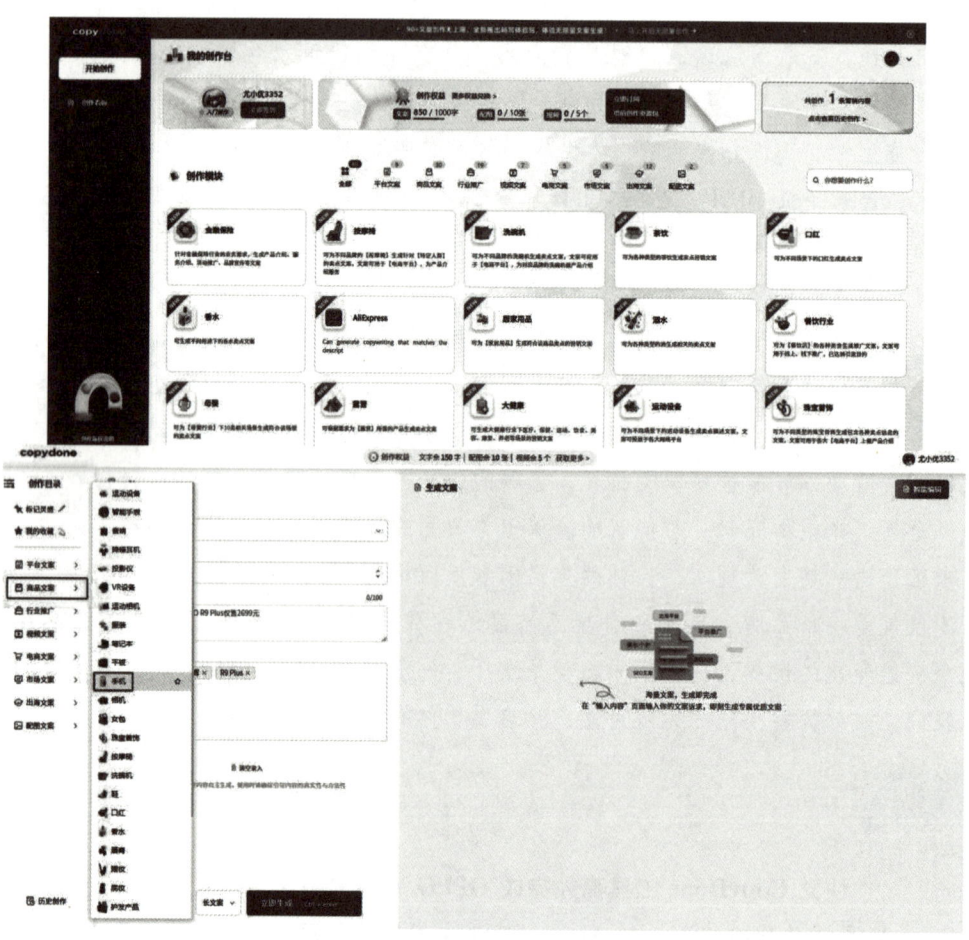

图 2-1-5 快文写作操作流程（1）

生成的文案如下（见图 2-1-7）：

闪耀金色光辉，OPPO-R9Plus 惊艳上市，仅售 2699 元！

金色魅力，掌中瑰宝

在这个追求个性与品位的时代，手机不仅仅是通信工具，更是展现个人风格的标志。OPPO R9Plus 以闪耀金色光辉彰显独特魅力，成为你掌中的瑰宝。流线型的金属机身，在阳光下闪耀着迷人的金色，宛如一件艺术品，令人一见倾心。

图2-1-6 快文写作操作流程（2）

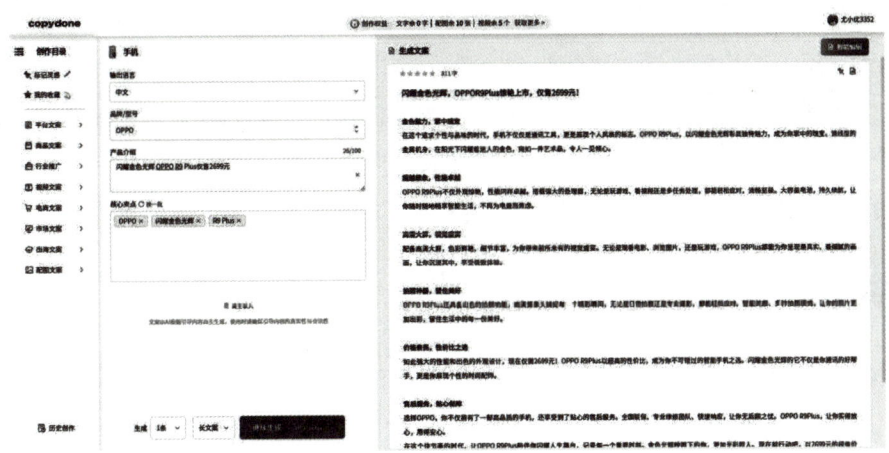

图2-1-7 OPPO R9 plus 宣传生成文案

超越想象，性能卓越

OPPO R9Plus不仅外观惊艳，性能同样卓越。搭载强大的处理器，无论是玩游戏、看视频还是多任务处理，都能轻松应对，流畅至极。大容量电池，持久续航，让你随时随地畅享智能生活，不再为电量而焦虑。

高清大屏，视觉盛宴

配备高清大屏，色彩鲜艳、细节丰富，为你带来前所未有的视觉盛宴。无论是观看电影、浏览图片，还是玩游戏，OPPO R9Plus 都能为你呈现最真实、最细腻的画面，让你沉浸其中，享受极致体验。

拍照神器，留住美好

OPPO R9Plus 还具备出色的拍照功能，高清摄像头捕捉每一个精彩瞬间，无论是日常拍摄还是专业摄影，都能轻松应对。智能美颜、多种拍照模式，让你的照片更加出彩，留住生活中的每一份美好。

价格亲民，性价比之选

如此强大的性能和出色的外观设计，现在仅需 2699 元！OPPO R9Plus 以超高的性价比，成为你不可错过的智能手机之选。闪耀金色光辉的它不仅是你通信的好帮手，更是你展现个性的时尚配饰。

售后服务，贴心保障

选择 OPPO，你不仅拥有了一部高品质的手机，还享受到了贴心的售后服务。全国联保、专业维修团队、快速响应，让你无后顾之忧。OPPO R9Plus，让你买得放心，用得安心。

在这个快节奏的时代，让 OPPO R9Plus 陪伴你闪耀人生舞台，记录每一个重要时刻。金色光辉映照下的你，更加光彩照人。现在就行动吧，以 2699 元的超值价格，拥有这部让你爱不释手的智能手机！

AIGC 工具虽然为写作领域带来了革命性的变化，但其局限性与挑战亦不容忽视。例如，AIGC 工具虽能迅速产出大量文本，但在确保内容的原创性和深度方面仍存在一定挑战。工具生成的文本往往基于预设的模板和算法，缺乏人类作者的独特视角和深度思考，这可能导致生成的内容同质化严重，难以在众多文章中脱颖而出。同时，工具在复杂语境的理解和细腻情感的表达方面仍显不足，难以完全替代人类作者在情感共鸣和语境理解上的独特优势。

展望未来，AIGC 工具将向更加智能化和个性化的方向发展。随着深度学习等先进技术的不断突破，AIGC 工具将更好地理解人类语言的复杂性和多样性，生成更加自然、流畅且富有创意的文本。此外，个性化定制将成为 AIGC 工具的重要发展方向，通过分析用户的写作习惯、风格和偏好，工具将能够为用户提供更加贴合需求的写作辅助服务，从而进一步提升写作效率和质量。

参考文献

刘典. AIGC 高效写作：如何发挥 ChatGPT 的无限创作力[M]. 北京：人民邮电出版社，2024.

任务 2.2　高效图表

在当今信息爆炸的时代，数据已成为驱动决策和洞察的关键要素。图表作为数据可视化的重要手段，能够直观、清晰地展现数据之间的关系、趋势和模式，帮助人们从海量数据中提炼出有价值的信息。无论是学术研究、商业分析，还是日常决策，高效图表的制作都是一项不可或缺的技能。

然而，面对复杂多变的数据集和多样化的呈现需求，传统的手动图表制作方法往往显得力不从心。人工智能生成内容（AIGC）工具的出现为我们提供了全新的解决方案。AIGC 工具利用先进的人工智能技术，能够自动分析数据特征、智能推荐图表类型、自动配置图表样式并优化布局，极大地提高了图表制作的效率和准确性。

在 Excel 这一广泛应用于数据管理和分析的办公软件中，AIGC 工具的应用更是如鱼得水。通过集成 AIGC 功能，Excel 不仅能够更轻松地处理和分析数据，还能够以更加智能和高效的方式呈现数据。这使得即便是非专业数据可视化人员，也能够快速制作出专业水准的高效图表。

本节将深入探讨如何利用 AIGC 工具助力 Excel 图表的制作，从智能推荐图表类型、自动配置图表样式到优化图表布局等方面进行全面解析。通过学习和实践这些内容，你将能够掌握利用 AIGC 工具制作高效图表的技巧和方法，为你的数据分析和呈现工作增添新的动力。

2.2.1 图表类 AIGC 工具概述

图表类 AIGC 工具的应用场景十分广泛，它们能够极大地提升数据处理、分析和可视化的效率。以下是一些具体的应用场景：

1. 数据清洗与预处理

智能识别与修正错误：AIGC 工具能够自动扫描 Excel 表格数据，识别出其中的错误或异常值，如缺失值、重复值或不符合特定格式的数据，并提供修正建议或直接进行修正。

数据标准化与格式化：对于格式不一致的数据，AIGC 工具能够自动进行转换和统一，如日期格式、数值格式等，确保数据的准确性和一致性。

2. 数据分析与挖掘

智能推荐分析模型：根据数据的特征和用户的需求，AIGC 工具能够智能推荐合适的数据分析模型，如回归分析、分类分析、聚类分析等，帮助用户更深入地理解数据。

自动生成分析报告：基于分析结果，AIGC 工具能够自动生成包含图表、统计数据和结论的分析报告，为用户节省大量时间和精力。

3. 图表制作与可视化

智能推荐图表类型：AIGC 工具能够根据数据的性质和目的，智能推荐最适合的图表类型，如柱状图、饼图、折线图等，帮助用户更直观地展示数据。

自动配置图表样式：为了提升图表的可读性和美观度，AIGC 工具能够自动配置图表的样式，包括颜色、字体、线条、图例等，确保图表既专业又易于理解。

优化图表布局与交互：AIGC 工具还能够优化图表布局，如调整图例位置、添加数据标签等，并支持图表的动态更新和交互设计，提升用户体验。

4. 其他高级应用

自动化工作流程：通过集成 AIGC 工具，用户可以创建自动化的 Excel 工作流程，如定时数据导入、定期报告生成等，提高工作效率。

智能辅助决策：基于数据分析结果和图表展示，AIGC 工具能够提供智能辅助决策建议，帮助用户做出更加明智的决策。

2.2.2 图表类 AIGC 工具的使用流程及案例分析

1. 辅助生成数据

AIGC 技术成为数据集生成革命性的辅助手段。它能够根据需求智能创建多样化、高质量的数据集合，无论是用于机器学习模型的训练，还是支持数据分析与挖掘任务，AIGC 都能提供强有力的支持。借助其先进算法与自动化流程，用户能更高效地获得所需数据集，从而加速项目进展并提升成果质量。

案 例

使用"文心一言"辅助生成所要求的数据，我们需要提前告诉 AI 要生成数据的格式要求。假设我们需要一个均值为 0、标准差为 1 的标准正态分布数据集，包含变量 x 和变量 y 和 10 条数据。我们可以提出以下指令：

> 请帮我生成一个均值为 0、标准差为 1 的标准正态分布数据集，包含变量 x 和变量 y 和 10 条数据，数据需要可以直接复制并粘贴到 Excel 中使用。

AI 回复的结果如图 2-2-1 所示。

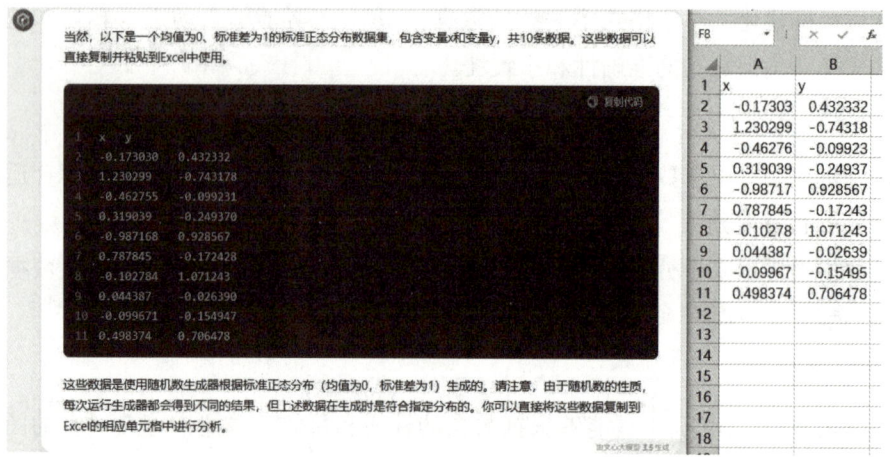

图 2-2-1 文心一言直接生成数据集

我们可以直接将上述生成的数据复制到 Excel 中进行后续分析。

案 例

使用"文心一言"辅助 Excel 中随机数发生器生成数据。假设我们需要使用 Excel 中"数据分析"功能中的"随机数发生器"来生成数据，但是不清楚操作过程。我们可以向 AI 进行如下提问：

> 如何在 Excel 中使用"数据分析"模块的"随机数发生器"功能生成一个均值为 0、标准差为 1 的标准正态分布数据集，包含变量 x 和变量 y 和 10 条数据。

AI 回复的结果如图 2-2-2 所示。

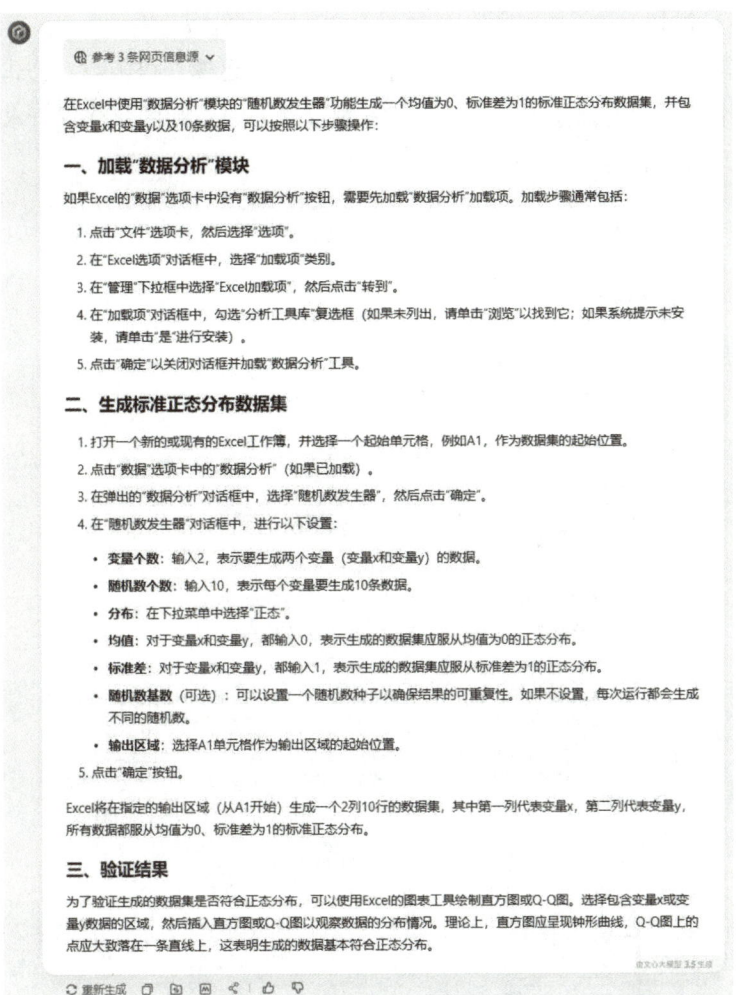

图 2-2-2　文心一言生成随机数发生器操作步骤

根据"文心一言"给出的提示，可以在 Excel 中成功生成数据，如图 2-2-3 所示。

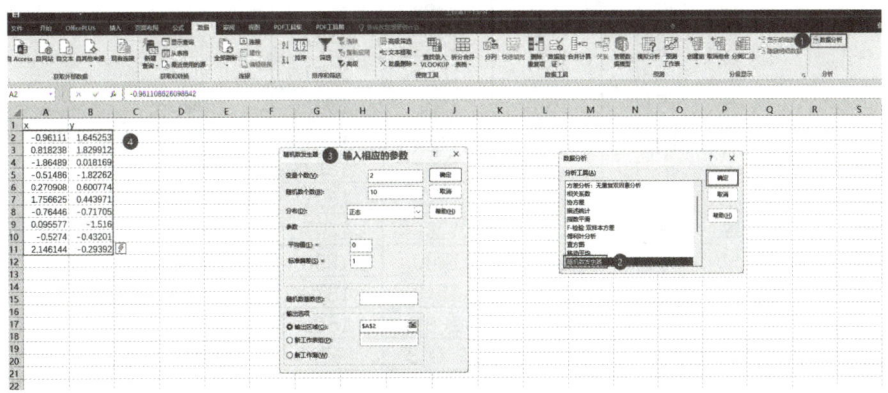

图 2-2-3　Excel 使用随机数发生器生成数据步骤

2. 辅助提升操作 Excel 技能

利用 AI 辅助，可以加速掌握 Excel 高级技巧，让数据管理工作变得更简单、更智能。具体方式有：AI 辅助指导操作、AI 辅助 VBA 编程、利用 AI 插件增强 Excel 功能等。

（1）AI 辅助指导操作。

遇到 Excel 操作难题时，只需向 AI 简单描述需求，即可迅速获得函数、公式及技巧提示，轻松应对小型数据处理任务。例如，若需对数据表中 E 列的数据进行求和操作，我们可以向 AI 进行询问：

文心一言辅助指导操作

> 请告诉我如何对Excel表中B、C、D三列的数据进行每行求和操作，应该如何编写公式？

AI 回答如图 2-2-4 所示。

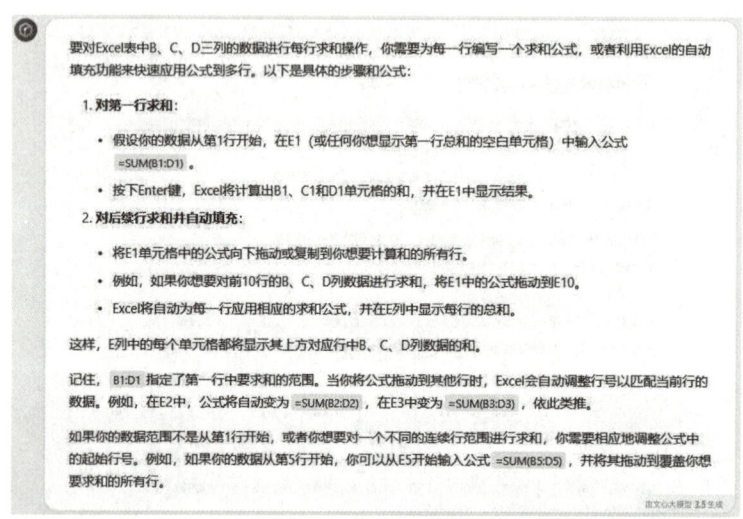

图 2-2-4 AI 辅助指导编写公式

根据 AI 的指导，将公式填入表中 E 列，可以得到求和后的数据，如图 2-2-5 所示。

	A	B	C	D	E
1	月份	果蔬	海鲜	日用品	
2	一月	1728	1268	1545	4541
3	二月	1969	1493	1279	4741
4	三月	1385	1425	1584	4394
5	四月	1820	1529	1501	4850
6	五月	1635	1833	1995	5463
7	六月	1991	1913	1567	5471
8	七月	1288	1621	1881	4790
9	八月	1285	1870	1671	4826
10	九月	1356	1782	1407	4545
11	十月	1777	1880	1890	5547
12	十一月	1850	1548	1870	5268
13	十二月	1799	1881	1581	5261
14	总计	19883	20043	19771	59697

E2 =SUM(B2:D2)

图 2-2-5 根据 AI 提示编写求和公式

（2）AI 辅助 VBA 编程。

VBA（Visual Basic for Applications）是 Excel 等 Microsoft Office 应用程序内置的一种编程语言，它允许用户创建自定义函数、宏和自动化任务，以简化复杂的数据处理和分析工作。AI 辅助 VBA

编程，则是在这一强大工具的基础上，融入了人工智能技术，通过智能分析、代码生成与优化等功能，极大地提升了 VBA 编程的效率与便捷性。

使用 AI 生成的 VBA 代码，自动完成求和操作。询问命令如下：

> 在Excel中，A、B、C、D四列分别是月份、果蔬、海鲜、日用品，第一行是标题，第二行开始是数据。我想用VBA操作，对B、C、D列的数据（从B2到D13）做每行的求和，统计每个月三种商品的销售量，并把结果放在E列（从E2开始）。请帮我写出完成操作步骤和代码

为了确保生成的代码能够正常完成求和操作，要求详细说明 Excel 表中的数据信息，比如描述清楚标题和数据所在的位置，明确 VBA 的操作过程和代码要求。图 2-2-6 是 AI 给出的回答。

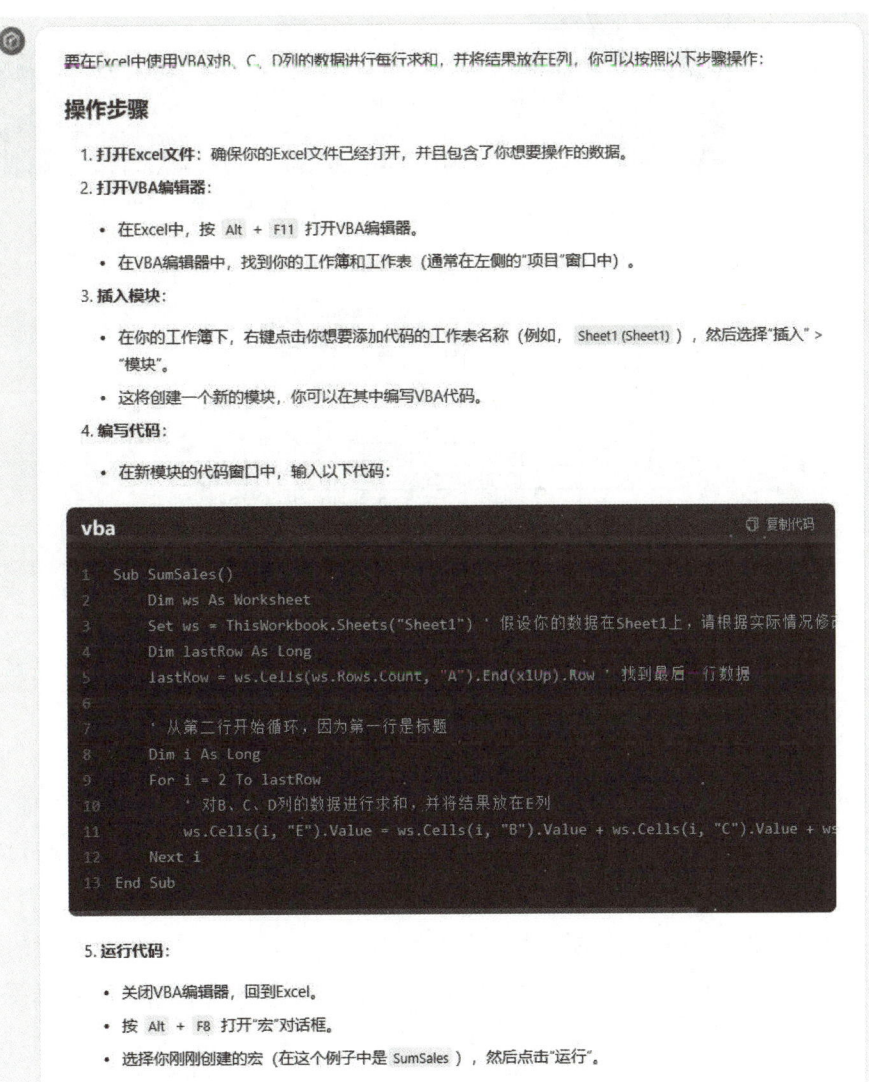

图 2-2-6 AI 辅助实现 VBA 操作及代码

根据 AI 给出的操作步骤及代码，打开 VBA 编辑器，实现自动求和过程（如图 2-2-7 所示）。

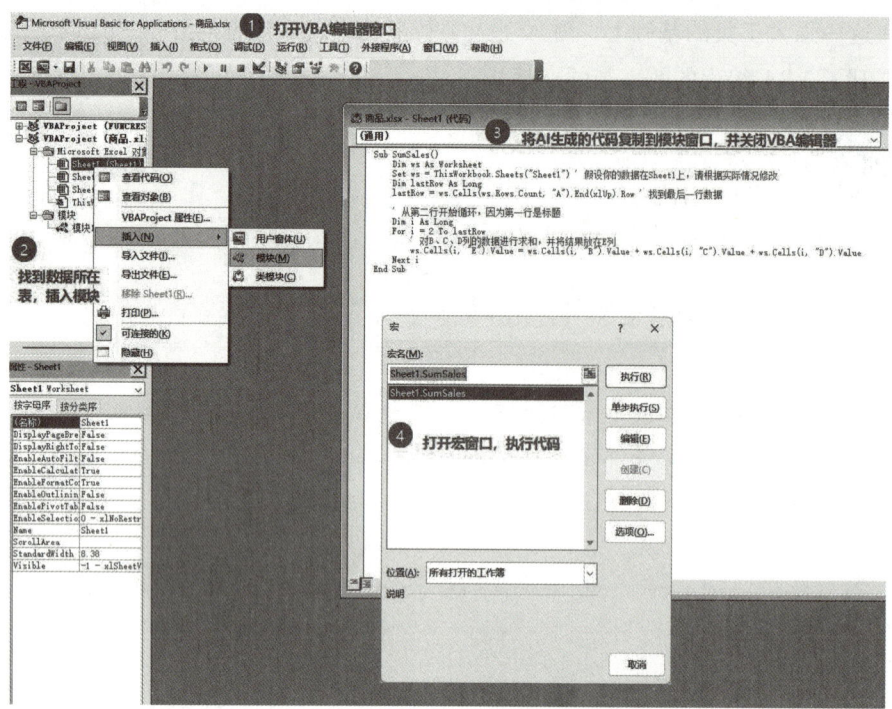

图 2-2-7 按照 AI 给出的步骤进行 VBA 操作

运行成功后,可以在 Excel 中查看求和后的结果,如图 2-2-8 所示。

	A	B	C	D	E
1	月份	果蔬	海鲜	日用品	
2	一月	1728	1268	1545	4541
3	二月	1969	1493	1279	4741
4	三月	1385	1425	1584	4394
5	四月	1820	1529	1501	4850
6	五月	1635	1833	1995	5463
7	六月	1991	1913	1567	5471
8	七月	1288	1621	1881	4790
9	八月	1285	1870	1671	4826
10	九月	1356	1782	1407	4545
11	十月	1777	1880	1890	5547
12	十一月	1850	1548	1870	5268
13	十二月	1799	1881	1581	5261
14	总计	19883	20043	19771	59697

2-2-8 利用 VBA 操作后实现求和的结果

(3) 利用 AI 插件增强 Excel 功能。

利用先进的 AI 插件,我们可以显著增强 Excel 的功能,将其转变为一个更加智能、高效的数据处理与分析平台。这些 AI 插件通过深度学习算法和强大的计算能力,能够自动执行烦琐的数据清洗、模式识别、趋势预测等任务,让用户能够以前所未有的速度和准确性洞察数据背后的故事。其中,OfficeAI 助手插件便是一个杰出的代表。它不仅能够智能分析数据,生成直观的图表和报告,还能根据用户的需求提供个性化的建议和解决方案。接下来,我们通过 OfficeAI 助手插件在 Excel 中的应用来具体说明。

使用 OfficeAI 助手插件完成自动求和,并修改相应单元格的背景颜色。

在OfficeAI助手官网下载安装包,安装完成后,Excel右侧会出现OfficeAI助手的聊天窗口,用户可在窗口中输入指令进行操作。在窗口中输入"帮我求出B2到D2的和并将结果放入E2",指令发送成功后,AI会自动理解并分析任务需求,自动求和并将结果放入指定位置,如图2-2-9所示。

OfficeAI
助手插件

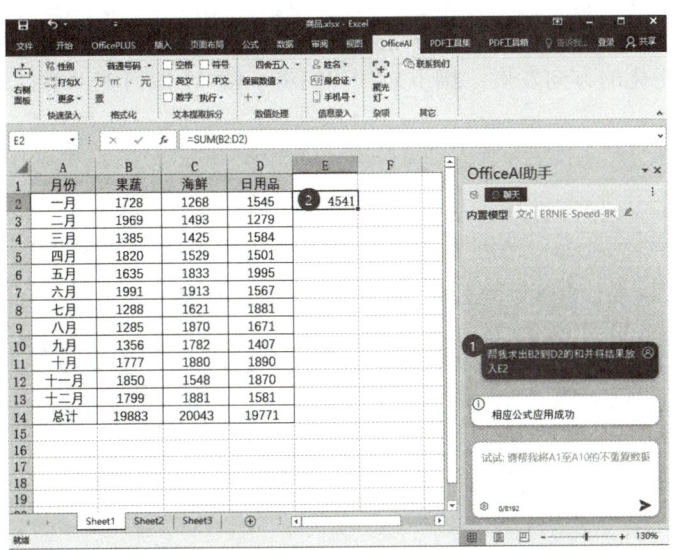

图2-2-9 利用OfficeAI助手实现自动求和的结果

除了实现单个单元格自动求和外,OfficeAI助手还支持批量自动求和任务。在完成E2单元格求和后,继续在聊天窗口输入指令:"请帮我按照上面格式填充E3到E13的结果",AI会基于E2的公式逻辑(=SUM(B2:D2)),自动向下填充E3:E13单元格,在1~2秒内完成批量计算。操作完成后,可通过核对行号与数据对应关系确认结果。批量填充效果如图2-2-10所示。

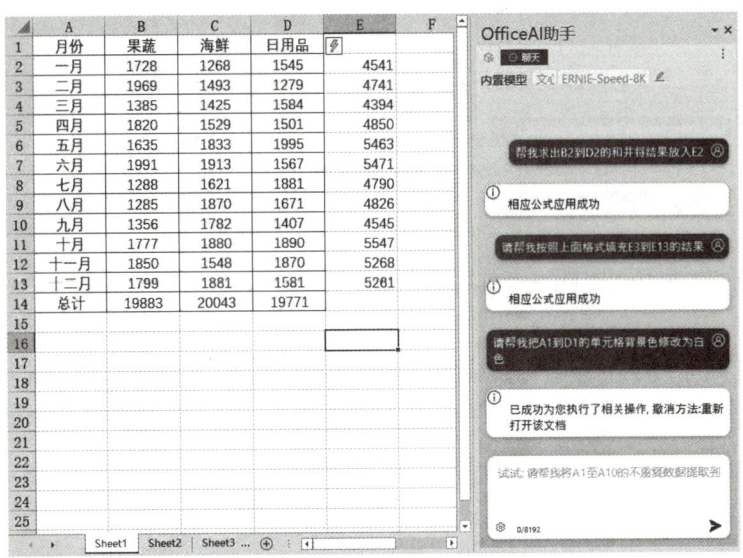

图2-2-10 利用OfficeAI助手实现批量填充

3. 辅助数据图形展示

在数据分析领域,Excel中的图形展示是连接抽象数据与直观洞察的桥梁,对于揭示数据背后的规律、识别趋势与模式至关重要。通过图表，复杂的统计数据得以生动呈现，使得无论是专业人士还是非专业人士都能迅速把握数据的核心要点，促进信息的有效沟通与理解。而今，AI 辅助技术的融入，不仅能够自动化处理烦琐的数据预处理工作，如数据清洗、格式统一等，更能在图形设计层面展现其独特的价值，自动优化图表类型与视觉效果，同时根据用户偏好和行业规范个性化定制，使数据可视化更加精准高效、美观专业，为各行业决策提供前所未有的便捷与洞见，推动数据分析向更高效、更智能化的方向发展。接下来，我们将了解 AI 如何辅助数据进行图形展示。

案 例

继续使用上述案例中的数据，使用 AI 辅助生成图表进行展示。若我们不清楚使用何种图形类型可以合适地展示出数据中的结论，可以先听听 AI 的意见，输入如下指令：

AI辅助数据图形展示

现在有一份各个月份下果蔬、海鲜、日用品的的销售额的数据表格，准备通过图形展示一些数据结论，有没有推荐的图类型？

月份	果蔬	海鲜	日用品
一月	1728	1268	1545
二月	1969	1493	1279
三月	1385	1425	1584
四月	1820	1529	1501
五月	1635	1833	1995
六月	1991	1913	1567
七月	1288	1621	1881
八月	1285	1870	1671
九月	1356	1782	1407
十月	1777	1880	1890
十一月	1850	1548	1870
十二月	1799	1881	1581
总计	19883	20043	19771

AI 分析后推荐了柱状图、折线图、堆叠柱状图等常用图形效果，如图 2-2-11 所示。

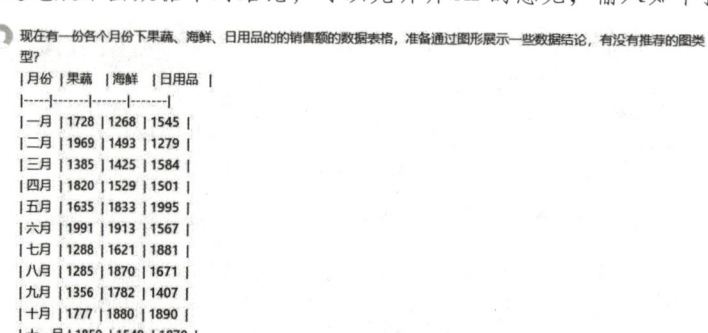

图 2-2-11　AI 推荐的基本图形类型

虽然 AI 推荐了一些常用的基本图形类型，但是如果想要通过图形表达出更多的信息，可以尝试使用一些更复杂的图形类型，输入如下指令：

有没有一些更复杂的图形类型，可以展示多个方面的结论信息

AI根据指令内容，输出了堆叠面积图、气泡图等更复杂的图形类型，如图2-2-12所示。

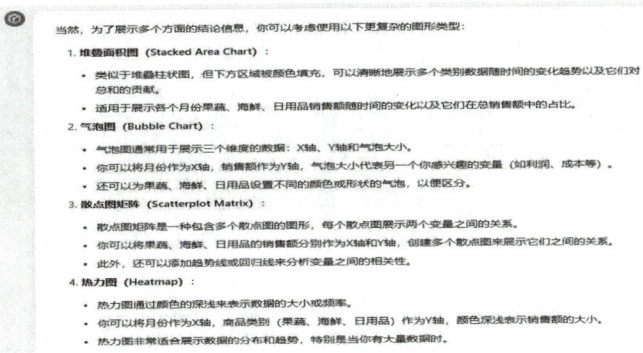

图2-2-12　AI推荐的复杂图形类型

根据AI推荐的图形类型，我们初步确定了两种图形类型：

（1）使用柱状图展示各个月份果蔬、海鲜、日用品的销售额对比。

（2）使用堆叠面积图展示各个月份果蔬、海鲜、日用品销售额随时间推移的变化以及它们在总销售额中的占比。

首先，完成柱状图的绘制，若不会操作流程可继续寻求AI的帮助，输入以下指令：

> 我想用柱状图来展示各个月份果蔬、海鲜、日用品的销售额对比，请问在Excel中应该如何操作

AI输出的操作流程如图2-2-13所示。

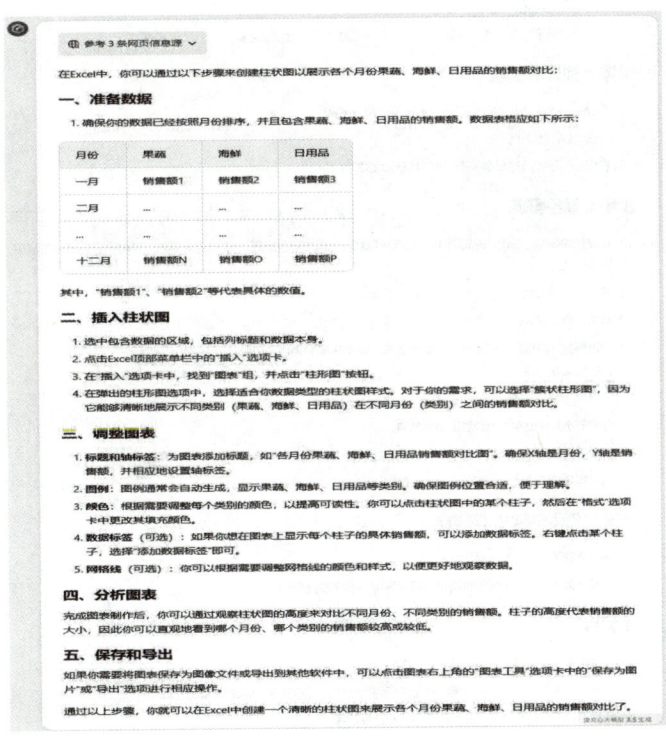

图2-2-13　AI指导的画出柱状图的操作步骤

通过上述AI指导的绘制柱状图的操作步骤，并结合自身经验，在Excel中画出柱状图效果，如图2-2-14所示。

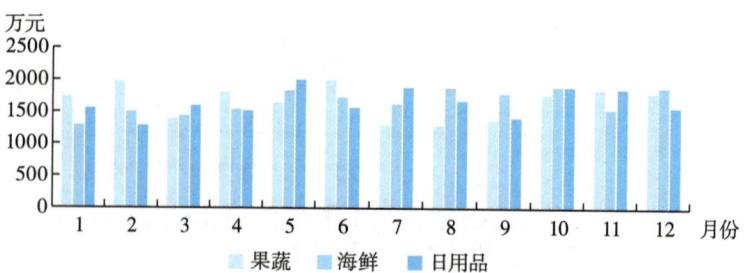

图 2-2-14　不同月份下果蔬、海鲜、日用品的销售额对比

按照类似的流程，接下来完成堆叠面积图的绘制，输入及输出的内容如图 2-2-15 所示。

我想用堆叠面积图来展示各个月份果蔬、海鲜、日用品销售额随时间的变化以及它们在总销售额中的占比，请问应该如何操作

使用堆叠面积图来展示各个月份果蔬、海鲜、日用品销售额随时间的变化以及它们在总销售额中的占比是一个很好的选择。以下是一个基本的操作步骤指南，但请注意，具体的操作可能会根据你使用的软件或工具（如Excel、Tableau、Power BI、Python的Matplotlib或Seaborn等）而有所不同。

步骤 1: 准备数据

确保你的数据表格已经按照月份排序，并且包含果蔬、海鲜、日用品的销售额。你的数据表格看起来像这样：

月份	果蔬	海鲜	日用品
一月	1728	1268	1545
...	...	...	...
十二月	1799	1881	1581

步骤 2: 选择工具

打开你选择的图形绘制工具。这里以Excel为例，但其他工具的操作类似。

步骤 3: 插入堆叠面积图

1. 在Excel中，选择你的数据区域（包括月份和销售额）。
2. 点击"插入"选项卡。
3. 在"图表"组中，选择"面积图"下的"堆叠面积图"。

步骤 4: 调整图表

1. **标题和轴标签**：确保X轴是月份，Y轴是销售额。为图表添加标题，如"各月份果蔬、海鲜、日用品销售额堆叠面积图"。
2. **图例**：确保图例正确显示果蔬、海鲜、日用品。
3. **颜色**：根据需要调整每个类别的颜色，以提高可读性。
4. **数据标签（可选）**：如果你想在图表上显示每个区域的具体销售额，可以添加数据标签。

步骤 5: 分析图表

- 观察每个月份各类别销售额的变化趋势。
- 注意各类别在总销售额中的占比，这可以通过每个区域相对于总面积的大小来推断。
- 查找销售额的峰值和低谷，并分析可能的原因。

步骤 6: 优化和导出（可选）

- 根据需要调整图表的布局和样式。
- 如果需要将图表用于报告或演示，可以导出为图像或PDF格式。

注意事项

- 确保数据准确无误，以避免误导性的图表。
- 如果数据中有缺失值或异常值，请考虑如何处理它们（如插值、删除或标记）。
- 根据你的受众和目的调整图表的复杂性和详细程度。

如果你使用的是其他工具，如Python的Matplotlib或Seaborn，你需要编写相应的代码来生成堆叠面积图。这些工具通常提供了更多的自定义选项和高级功能，但也需要一定的编程知识。

由文心大模型 3.5 生成

图 2-2-15　AI 指导的画出堆叠面积图操作步骤

通过上述 AI 指导的画图操作步骤，在 Excel 中画出堆叠面积图，如图 2-2-16 所示。

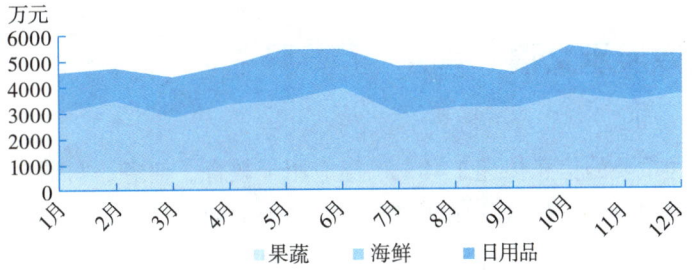

图 2-2-16　各月份果蔬、海鲜、日用品销售额堆叠面积图

展望未来，AIGC 工具在 Excel 图表制作领域的应用前景极为乐观。随着人工智能技术的持续革新，这些工具将变得更加智能化，能够更精准地捕捉用户需求，提供个性化的图表制作方案。深度学习等先进算法的应用，将使 AIGC 工具能够自动识别数据中的隐藏规律和趋势，为用户推荐最合适的图表类型和样式。此外，AIGC 工具将与其他办公软件和数据分析平台实现更紧密的集成，形成一个高效、协同的数据处理和可视化生态系统，用户将能够享受到从数据清洗、分析到可视化的一站式服务。同时，随着用户体验设计的不断升级，AIGC 工具的交互界面将更加友好、直观，操作流程也将更加便捷，为用户提供更加流畅和丰富的交互体验。未来，AIGC 工具还将支持更多的操作系统和设备平台，包括移动设备和云端平台，使用户能够在任意时间、任意地点进行图表制作和数据可视化分析。

AIGC 工具的发展也面临着一些挑战。数据安全和隐私保护是首要问题。随着 AIGC 工具在数据处理和可视化领域的广泛应用，如何确保用户数据的安全性和隐私性，防止数据泄露和滥用，成为亟待解决的问题。此外，AIGC 工具的智能推荐和自动化功能依赖于复杂的算法模型，但这些模型的透明度和可解释性往往较低，导致用户难以理解和信任工具的输出结果。因此，提高算法透明度和可解释性，增强用户对 AIGC 工具的信任度，将是未来发展的另一个重要方向。同时，虽然 AIGC 工具能够简化图表制作和数据可视化分析的过程，但用户仍然需要具备一定的数据处理和分析能力。如何帮助用户提升相关技能，使他们能够更好地利用 AIGC 工具进行工作，也是 AIGC 工具发展过程中面对的挑战。

AIGC 工具在 Excel 图表制作领域具有广阔的发展前景，但同时也需要应对一系列挑战。未来，随着技术的不断进步和用户需求的不断变化，AICC 工具将不断发展和完善，为用户提供更加智能、高效和便捷的数据处理和可视化服务。

参考文献

［1］宋天龙. AIGC 辅助数据分析与挖掘：基于 ChatGPT 的方法与实践［M］. 北京：机械工业出版社，2024.

［2］Officeai 官网，https://www.haiyingsec.com/static/introductions/officeai/introduction.html.

任务2.3　高效演示文稿

演示文稿作为一种重要的信息传递工具，广泛应用于教育、商务、科研等多个领域。它不仅能够帮助演讲者系统地组织和展示信息，还能增强观众的理解和记忆。一个精心设计的演示文稿能够吸引观众的注意力，提升演讲效果，促进信息的有效传播。

随着人工智能技术的不断发展，AIGC工具在PPT制作中发挥着越来越重要的作用。这些工具利用深度学习、自然语言处理等先进技术，能够根据用户输入的信息自动生成幻灯片、图表、文字等内容，极大地提高了PPT的制作效率和质量。同时，AIGC工具还支持自定义样式、布局和动画效果，使得演示文稿更加个性化、富有创意。通过合理利用AIGC工具，用户可以轻松制作出专业、吸引人的演示文稿，为演讲增添光彩。

2.3.1　演示文稿类AIGC工具概述

在PPT制作过程中，AIGC工具展现出了诸多显著优势，不仅提升了制作效率，还优化了内容质量，并大大增强了演示文稿的创意与个性化。

AIGC工具通过自动化和智能化的方式，显著缩短了PPT的制作时间。用户只需输入关键信息或指令，AIGC工具便能迅速生成高质量的幻灯片内容，包括文字、图片、图表等。这大大减轻了人工编辑的负担，使用户能够更专注于内容的策划和优化。此外，AIGC工具还支持批量处理和模板应用，进一步提高了制作效率。AIGC工具利用先进的自然语言处理和数据分析技术，能够自动生成符合逻辑、条理清晰的文本内容，以及准确、美观的图表和图片。这些工具还能根据用户输入的关键词或主题，智能推荐相关的图片和素材，使演示文稿的内容更加丰富、生动。通过使用AIGC工具，用户可以轻松制作出专业水准的PPT，提升演示文稿的整体质量。

AIGC工具不仅提供了丰富的模板和样式供用户选择，还支持自定义设计，使用户能够根据自己的需求和喜好，打造出独具特色的演示文稿。通过调整颜色、字体、布局等参数，用户可以轻松实现个性化定制，使演示文稿更加符合自己的品牌形象或演讲风格。此外，AIGC工具还支持动画效果和交互设计，进一步增强了演示文稿的创意和吸引力。

2.3.2　演示文稿类AIGC工具的使用流程

利用AIGC工具制作PPT是一个高效且富有创意的过程，以下步骤将指导你如何从头开始，利用这些先进工具打造一份出色的演示文稿：

1. 确定演示主题与目标

在开始制作PPT之前，需要先明确演示的主题和目标。这将帮助你聚焦内容，确保每一页幻灯片都紧密围绕主题展开，同时实现你的演示目标，无论是教育、培训、销售还是其他目的。

2. 选择合适的AIGC工具

根据演示文稿的需求和个人偏好，选择一款或多款适合的AIGC工具。这些工具可能专注于幻灯片生成、图表制作、文本创作或图像设计。要确保所选工具能够满足你的所有需求，并具备易用性、兼容性和可靠性。

3. 输入关键信息或指令

在选定的 AIGC 工具中，输入与演示主题相关的关键信息或指令。这可能包括主题关键词、大纲结构、数据表格或文字描述。确保信息准确无误，以便工具能够生成符合期望的内容。

4. 生成并调整 PPT 内容

自动生成幻灯片：利用 AIGC 工具的自动化功能，根据输入的信息生成初步的幻灯片。这些幻灯片可能包含文字、图片和布局建议。

智能图表与数据可视化：如果演示中包含数据，利用 AIGC 工具中的智能图表功能，将数据转化为易于理解的图表形式。这些图表不仅美观，还能有效传达信息。

样式与布局调整：根据演示文稿的风格和目标受众，调整幻灯片的样式、布局和配色方案，确保整体设计一致且吸引人。

5. 预览与导出

在完成所有内容的生成和调整后，预览整个演示文稿，确保每一页都符合期望。检查文字、图片和图表是否准确无误，布局和样式是否一致。最后，将演示文稿导出为兼容的格式，以便在不同设备上展示。

2.3.3 演示文稿类 AIGC 工具使用技巧

在使用 AIGC 工具制作 PPT 时，掌握一些技巧并注意相关事项，能够显著提升内容的准确性，避免版权与隐私风险，同时结合人工编辑，进一步提升 PPT 的整体质量。

1. 如何提高生成内容的准确性

明确输入信息：确保输入 AIGC 工具的信息准确无误，包括关键词、主题、数据等。模糊或错误的信息可能导致生成的内容偏离预期。

选择高质量模板：在生成幻灯片时，选择经过验证的高质量模板。这些模板通常具有更好的布局和样式设计，能够提升内容的可读性和吸引力。

利用预览功能：在生成内容后，及时利用 AIGC 工具的预览功能查看效果。如果发现错误或不符合预期的内容，及时进行调整或重新生成。

2. 避免版权与隐私风险

检查素材来源：在使用 AIGC 工具生成的图片、图表等素材时，确保它们来自可靠的版权库或具有免费使用许可。避免使用未经授权的素材，以免侵犯版权。

保护个人信息：在输入个人信息或敏感数据时，注意保护隐私。确保这些信息不会被 AIGC 工具泄露或滥用。

遵守法律法规：在使用 AIGC 工具时，遵守相关的法律法规，特别是关于版权、隐私和数据保护的规定。

3. 结合人工编辑，提升 PPT 质量

审校与修改：在 AIGC 工具生成内容后，进行人工审校和修改。检查语法、拼写、标点等细节，

确保内容的准确性和流畅性。

优化布局与样式：根据演示文稿的风格和目标受众，对生成的幻灯片进行布局和样式的优化。调整字体、颜色、图片等元素，使演示文稿更加美观和吸引人。

添加个性化元素：在 AIGC 工具生成的内容基础上，添加一些个性化的元素，如个人照片、公司标志等。这些元素能够增强演示文稿的辨识度和亲和力。

2.3.4 演示文稿类 AIGC 案例分析

本节将使用 AIGC 工具生成一份关于网络安全的演示文稿。

使用文心一言 + Kimi 生成主题为网络安全的 PPT

第一步：确定主题和目标，并生成演讲稿。在文心一言中输入以下指令：你的角色是一名大一辅导员老师，请帮我生成一份关于【网络安全】主题的演讲稿，这份演讲稿会在【教室】进行演讲，观众主要是【大一学生】，文章字数为【2000】个汉字。内容包含【定义、重要性、案例、如何做】。生成的演讲稿内容如图 2-3-1 所示。

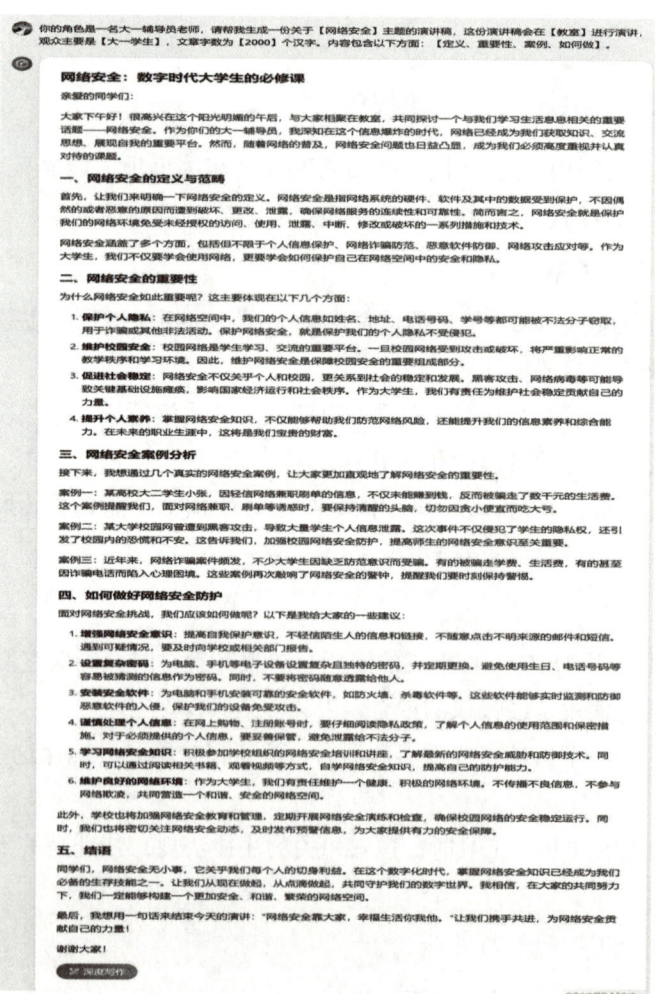

图 2-3-1 AI 生成演讲稿

第二步：将修改完的演讲稿转化为 PPT 大纲模式。AI 生成的演讲稿需要经过人工的修改，使其更符合演讲人的风格。将修改完后的演讲稿输入文心一言中，提炼出 PPT 的大纲。结果如图 2-3-2 所示。

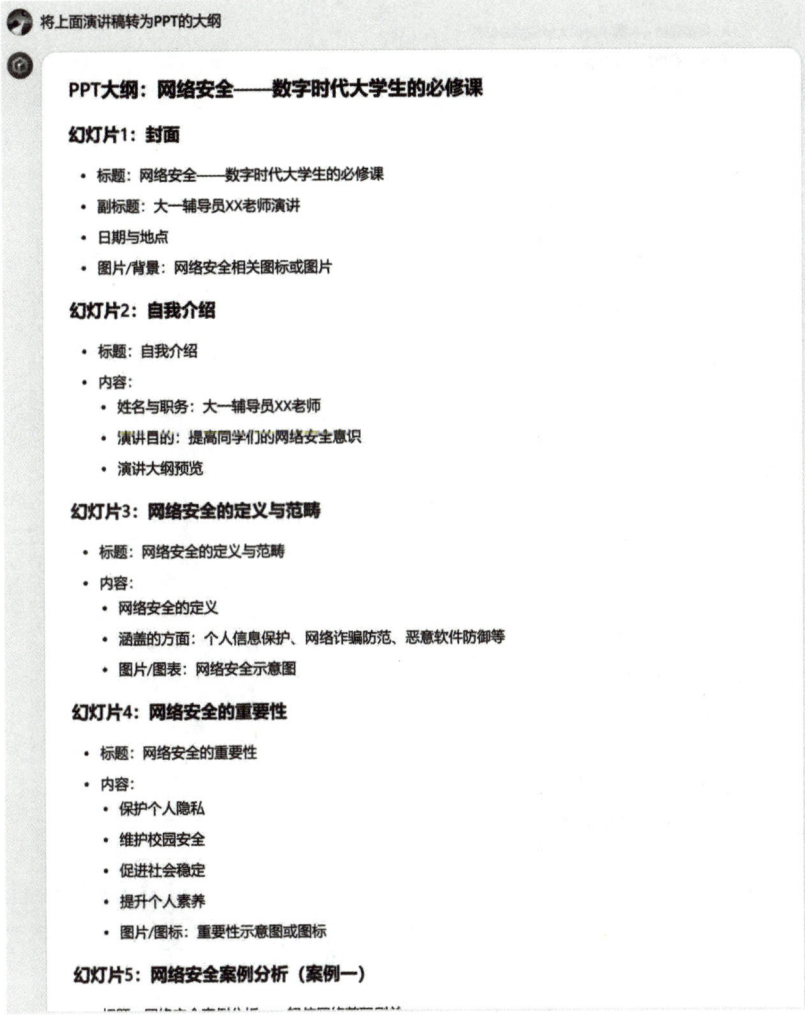

图 2-3-2　演讲稿转为 PPT 大纲

第三步：将 PPT 大纲转为 Markdown 格式，并删除与 PPT 内容无关的字样。Markdown 是一种轻量级标记语言，它允许人们使用易读易写的纯文本格式来编写文档，并通过简单的语法规则来定义文本格式，如标题、列表、代码块、链接和图片等，非常适合快速撰写和排版内容。将 PPT 大纲转为 Markdown 格式，可以使内容更加灵活、易于编辑和进行版本控制，同时也方便在不同平台和设备上进行查看和分享，大大提高了内容的可复用性和传播效率。因为上述 PPT 大纲输出的结果中包含一些"幻灯片""内容""标题"等与内容无关字样，在转化的同时需要删除掉。输入指令：请将以上大纲转为 Markdown 格式，并删掉"幻灯片""内容""标题"等与内容无关字样。结果如图 2-3-3 所示。

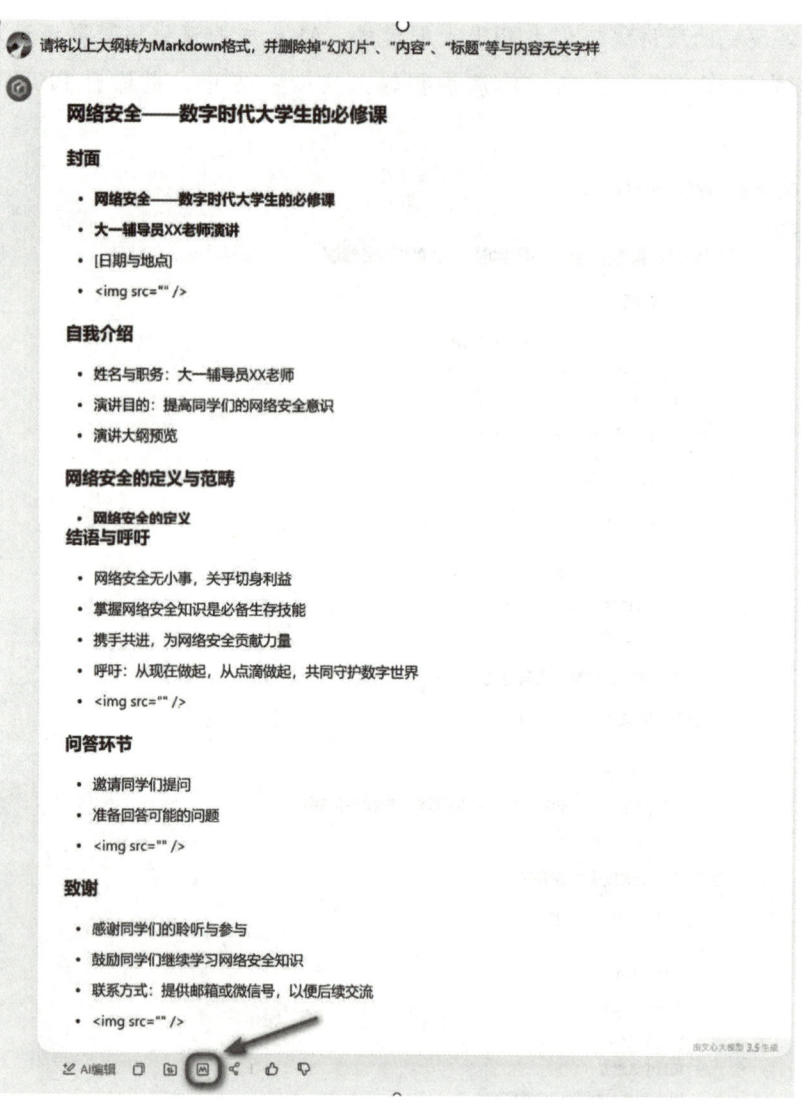

图 2-3-3　PPT 大纲转为 Markdown 格式

点击图片中 M 按钮即可复制出 Markdown 格式的大纲内容。

第四步：将 Markdown 格式的大纲导入 Kimi 的 PPT 助手中。Kimi 的 PPT 助手是一款基于人工智能技术的在线 PPT 生成工具。在 Kimi 中选择"PPT 助手"模块，将上面转化好的 PPT 大纲复制进去，如图 2-3-4 所示。

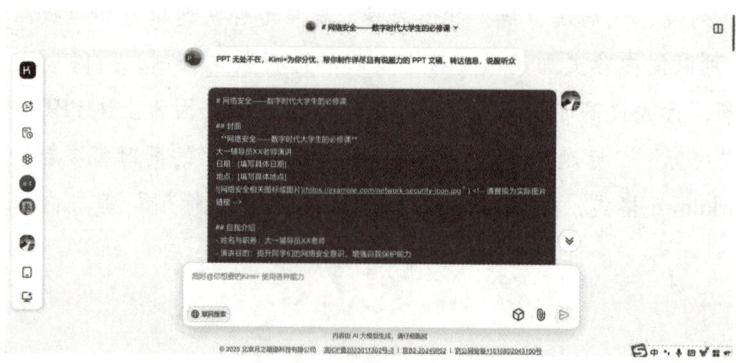

图 2-3-4　将 PPT 大纲输入 Kimi

第五步：等待Kimi分析结束后，点击"一键生成PPT"，然后挑选一套合适的模板，如图2-3-5和图2-3-6所示。

图2-3-5　选择一键生成PPT

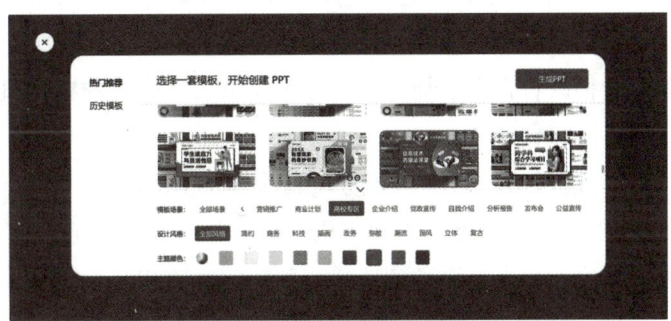

图2-3-6　选择PPT模板

第六步：PPT生成后，可以对生成的PPT进行预览，同时可以根据自己的需求对PPT进行编辑或下载后在本地进行编辑，如图2-3-7和图2-3-8所示。

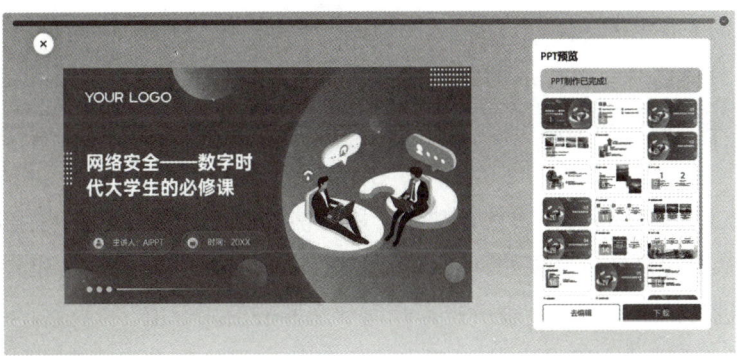

图2-3-7　PPT预览界面

图2-3-8　下载后的PPT

AIGC 工具在 PPT 制作中的应用，无疑为这一传统的工作方式带来变革。这些工具通过人工智能的先进技术，不仅极大地提升了 PPT 的制作效率，更在内容优化、个性化定制等方面展现出了显著的优势。它们能够迅速分析用户输入的信息，自动生成结构清晰、逻辑严密的幻灯片内容，同时，借助丰富的模板库和先进算法，还能确保生成的 PPT 在视觉效果上达到专业水准，从而有效提升演示的吸引力和说服力。

在内容制作层面，AIGC 工具展现了其强大的智能化处理能力。它们不仅能够根据用户输入的关键信息或指令，快速生成符合要求的幻灯片内容，还能通过自然语言处理和数据分析技术，对内容进行智能优化，确保逻辑清晰、条理分明。这种智能化的处理方式，使得 PPT 的制作更加高效，同时为用户节省大量时间和精力。

AIGC 工具还支持个性化定制服务，满足用户多样化的需求。用户可以根据自己的喜好和需求，对生成的 PPT 进行微调与优化，包括调整主题颜色、更换字体样式、添加个性化元素等。这种个性化的定制服务，使得演示文稿既符合专业规范，又能彰显个人或团队的独特风格，从而增强演示的辨识度和吸引力。

展望未来，AIGC 技术在演示文稿制作领域的发展前景将更加广阔。随着人工智能技术的不断进步，AIGC 工具将更加智能化，能够更好地理解用户的意图和需求。它们将通过分析用户的语音语调、表情和肢体语言等多模态信息，更准确地把握用户的情感状态和需求偏好，从而生成更符合用户期望的演示文稿。

AIGC 工具还将实现多模态信息的整合与融合，为用户提供更加全面、立体的演示体验。它们支持文本、图像、音频、视频等多种模态信息的处理与呈现，使得演示文稿的内容更加丰富、生动和有趣。这种多模态的融合方式，将极大地提升演示文稿的吸引力和影响力。

随着用户需求的不断多样化和个性化，AIGC 工具将提供更加深度定制和个性化的服务。用户可以根据自己的具体需求，对生成的演示文稿进行更加精细的调整和优化，以满足不同场合和受众的需求。这种深度定制和个性化的服务方式，将使得演示文稿的制作更加符合用户的期望和偏好。

AIGC 工具还将支持跨平台协作和共享功能。用户能够在不同设备和平台上进行演示文稿的制作、编辑和分享，从而提高演示文稿的灵活性和便利性。这种跨平台的协作和共享方式，将使得用户能够随时随地地进行演示和交流，进一步提升演示文稿的应用价值。

综上所述，AIGC 工具在 PPT 制作中展现出了巨大的应用价值和发展潜力。随着技术的不断进步和应用领域的不断拓展，未来的 AIGC 技术将在演示文稿制作领域发挥更加重要的作用，为用户带来更加高效、便捷和个性化的演示体验。

参考文献

林屹. PPT 遇上 GPT：AI 时代快速智能演示[M]. 北京：清华大学出版社，2024.

任务2.4 综合实训

任务主题：智创未来——AIGC驱动电商营销全流程效率革命

实训背景：

张悦是某电商平台"智享生活"的运营专员，负责智能家居、美妆护肤、户外运动三大品类的月度营销工作。随着业务规模扩大，管理层对数据分析精准度与营销效率提出了更高要求，而传统工作模式逐渐暴露弊端：在文案创作上，每月需为不同平台（如小红书、京东、抖音）撰写大量风格各异的营销文案，手动编写不仅耗时费力，还难以快速匹配目标用户偏好；在数据分析环节，面对海量销售数据（如用户复购率、活动转化率、区域销售差异），Excel操作效率低下，可视化图表缺乏吸引力，关键结论提炼困难；在汇报展示方面，月底向管理层汇报营销成果时，传统PPT制作流程烦琐（需反复调整排版、配色、动画），且数据更新后需重新设计，严重影响汇报效率。

现要求学生以张悦的角色，分组完成"电商营销数据分析与汇报"全流程任务，利用AIGC工具解决职场中的效率与创意瓶颈，最终向"管理层"（由教师扮演）进行汇报答辩，展示技术赋能下的数字化办公能力。

实训任务

子任务一：高效写作——多平台营销文案生成

任务描述

张悦需为智能家居、美妆护肤、户外运动三大品类的产品撰写适配不同平台（小红书、京东、抖音）的营销文案。

利用所选AIGC工具生成9篇文案（3品类×3平台）。

对生成的初稿进行人工编辑与优化，确保内容的原创性、专业性和逻辑性。

提交要求：提交优化后的文章及AIGC工具生成的初稿（作为附件或对比文档）。

子任务二：高效表格——销售数据可视化分析

任务描述

基于AIGC工具生成模拟销售数据，张悦需完成数据清洗、分析及可视化呈现，为营销策略提供数据支持。

对表格进行美化，包括添加标题、调整列宽、设置数据格式等。

根据表格数据，生成一份简短的数据分析报告。

提交要求：提交美化后的表格、数据分析报告及AIGC工具生成表格的原始数据。

子任务三：高效PPT制作——营销方案汇报

任务描述

整合子任务一的文案与子任务二的图表，制作一份面向管理层的营销方案汇报PPT。

利用所选 AIGC 工具快速生成 PPT 框架与页面，包括封面、目录、内容页和结尾页。

自定义设计元素，如添加公司 Logo、调整配色方案、插入图表或图片等，以提升 PPT 的专业度和吸引力。

准备一份简短的 PPT 汇报脚本。

提交要求：提交完整的 PPT 文件、PPT 汇报脚本及 AIGC 工具生成的 PPT 框架预览图。

实训评估

任务完成度：根据提交的作品质量、创新性及符合度进行评估。

反思总结：评估实训总结报告的深度与全面性。

实操技能：通过实操演示或问答环节，检验学生对 AIGC 工具的使用熟练度。

项目小结

1. AI 技术赋能下，AIGC 工具显著提升写作效率与质量，助力文案精准匹配多场景需求，实现高效化、专业化内容生产。

2. AIGC 技术驱动营销创新，通过数据智能生成与优化策略，支持个性化营销活动，实时提升用户触达与转化效果，构建智能营销生态。

3. AIGC 工具推动数字化办公升级，自动化设计图表与 PPT，促进内容结构化、动态化，助力用户聚焦核心任务，提升决策效率与质量。

项目三
AIGC助力体验升级

实训目标

素质目标
◇ 培养科技报国的理想信念，关注国产 AIGC 工具发展（如文心一格、快手可灵）。
◇ 强化工匠精神，追求作品细节优化与用户体验提升。
◇ 树立创新意识，探索 AIGC 技术在文化传播、社会服务中的新应用。
◇ 增强科技伦理与社会责任感，合法使用工具，规避版权风险与虚假信息传播。

知识目标
◇ 掌握图像、音频、视频类 AIGC 工具的使用流程。
◇ 理解 AIGC 技术在多领域的应用场景（如游戏、影视、教育等）。
◇ 熟悉不同工具的技术局限（如生成质量不稳定、提示词依赖性强）。

能力目标
◇ 熟练运用文心一格、Stable Diffusion 等工具生成高质量图像。
◇ 掌握用 BGM 猫、SunoAI 等工具进行音频创作与编辑。
◇ 能够使用 Runway ML、Pika 等工具完成视频生成与后期处理。
◇ 具备跨模态内容整合能力，实现图像、音频、视频的协同创作。

项目导入

某高职院校学生团队承接"城市文化推广"任务，需创作多媒体宣传作品。团队借助 AIGC 工具展开创作：使用文心一格生成城市古建筑、民俗活动的古风插画；通过魔音工坊制作融合方言解说与传统乐器的音频；利用快手可灵将图像与音频合成为动态视频，添加古风转场特效。最终作品生动展现城市文化底蕴，获当地文旅部门点赞。此案例展现了 AIGC 工具在图像、音频、视频多模态创作中的协同价值，也启示我们：掌握 AIGC 工具，能高效实现创意表达，赋能文化传播。

本项目的实训安排：

1. 分组与素材准备

学生按 4~6 人分组，选定主题（如"非遗技艺传承""科幻校园生活"），通过实地调研、资料查阅，收集与主题相关的图片、音频（如方言、传统音乐）、文字素材。

2. 多模态内容创作

图像创作：运用 Midjourney、文心一格等工具，输入提示词生成主题图像（如非遗技艺场景、科幻校园建筑），并通过 Photoshop 优化色彩与构图。

音频制作：借助 BGM 猫、SunoAI 生成背景音乐，结合魔音工坊完成旁白语音合成，融入收集的特色音频素材，使用 Audition 进行混音处理。

视频整合：通过快手可灵、Runway ML 将图像与音频合成为视频，添加运镜特效、动态字幕，完善视频叙事逻辑。

3. 成果展示与评价

小组分别在线上（短视频平台）、线下（校园展览）展示作品，从主题契合度、AIGC 工具应用熟练度、创意表达等维度评估，评选优秀作品并表彰。

任务 3.1 图像类 AIGC 工具

3.1.1 图像类 AIGC 工具概述

图像类人工智能生成内容（Artifical Intelligence Generated Content，AIGC）工具是指利用人工智能技术，特别是深度学习模型，根据用户输入的文本、图像或其他形式的指令，自动生成、编辑或优化图像的软件或平台。这些工具的核心是通过训练大量图像数据，学习图像的特征和规律，从而生成符合用户需求的视觉内容。其主要特点如下：

输入多样性：支持文本、图像、草图等多种输入形式。

生成自动化：基于 AI 模型自动生成图像，无须人工绘制。

风格多样性：能够生成写实、卡通、抽象、复古等多种风格。

交互性：用户可以通过调整参数或提示词控制生成结果。

1. 图像类 AIGC 工具的应用场景

图像类 AIGC 工具凭借其强大的图像生成与处理能力，在多个行业掀起了变革浪潮（如表 3-1-1 所示），成为推动产业发展、激发创意表达的重要力量。在游戏、影视、设计以及电商等领域，这些工具更是深度融入业务流程，带来了前所未有的创新与突破。

表 3-1-1 AIGC 工具的应用场景

领域	应用详情	具体示例
游戏领域	角色、场景、道具设计及动画特效制作	赛博朋克风格游戏角色、魔幻森林场景、激光武器道具、爆炸特效

续表

领域	应用详情	具体示例
影视领域	概念设计、虚拟场景拍摄、特效与角色动画制作	未来城市概念图、仙侠剧虚拟仙境拍摄、时空穿越特效、流畅武打动作
设计领域	品牌标识、UI/UX、景观城市、时尚设计	科技感品牌Logo、简洁易用的App界面、海滨城市规划图、复古风服装款式
电商领域	产品图、模特展示图、促销海报生成及虚拟试衣	电子产品多角度展示图、模特展示化妆品、"双十一"促销海报、用户虚拟试戴眼镜
教育领域	教学素材生成、虚拟实验场景搭建	历史事件插画、化学实验虚拟场景
医疗领域	医学影像处理、手术模拟场景构建	增强CT影像、心脏手术模拟场景
广告营销领域	创意海报制作、个性化广告素材生成	节日主题创意海报、针对不同人群的个性化广告图

2. 图像类 AIGC 工具的优势和挑战

图像类 AIGC 工具凭借其高效率、低成本和强创意性，正深刻改变设计、艺术与商业领域。其核心优势在于快速生成高质量图像，支持批量生产，大幅缩短传统设计流程；同时降低人力与资源成本，使普通用户也能便捷创作。工具提供多样风格（如写实、卡通、抽象），激发用户灵感，并通过参数调整与模型微调实现个性化定制。多平台支持与易用性进一步扩展了应用场景，涵盖艺术创作、商业设计、教育科研及娱乐社交，成为推动内容创新的重要技术引擎。

然而，这些工具的广泛应用也面临多重挑战，如：版权争议（训练数据侵权、生成内容归属模糊）与伦理问题（虚假信息、隐私侵犯）亟待规范；技术局限（生成质量不稳定、提示词依赖性强）和数据偏见（文化差异、算法歧视）影响用户体验。此外，高算力需求与用户过度依赖可能导致环境压力及创造力退化。针对这些问题，需通过数据透明化、版权声明机制强化合法性；制定伦理准则并开发检测工具以约束滥用；优化模型架构，提升生成质量并降低算力门槛；通过多样化训练数据减少偏见，同时加强用户教育，倡导传统艺术与 AI 技术结合。唯有技术迭代与伦理规范并行，才能实现 AIGC 工具的可持续发展与社会价值最大化。

3.1.2 常用图像类 AIGC 工具介绍

1. Midjourney

Midjourney 是一款在图像生成领域具有较高知名度和广泛应用的 AIGC 工具，它深度集成于 Discord 平台，这使得用户能够在熟悉的社交沟通环境中，便捷地进行图像创作。它为用户提供了便捷且高效的图像创作体验，用户仅需在其简洁直观的操作界面中输入详细的文本描述，即可触发其强大的 AI 算法，进而生成相应图像。例如，输入"在浩瀚宇宙中，一颗蓝色星球被绚丽星云环绕，星际飞船在其轨道上穿梭"，Midjourney 能够迅速解析文本语义，就能快速生成 4 张创意图像，还能通过 U/V 键放大和调整细节。Midjourney 内置多种艺术风格模板，从古典油画到现代赛博朋克，应有尽有，用户还能在 Discord 社区分享作品、交流提示词技巧。Midjourney 的优势在于上手容易，生成图像质量高，适合无设计基础的创作者获取灵感。但它需付费订阅，最低 10 美元／月，且对局部细节精确调整能力弱。比较适用于广告创意构思、艺术创作灵感启发和社交媒体配图制作。

2. Stable Diffusion

Stable Diffusion 是由 Stability AI 公司研发推出的一款免费且开源的 AI 图像生成器，自 2022 年 8 月发布以来，在图像生成技术领域引起了广泛关注并得到积极应用。

其核心优势在于强大的图像生成能力和高度的灵活性。用户在使用过程中，可通过自然语言输入任意创作构思，无论是简单的日常场景描述，如"阳光明媚的公园里，孩子们在草地上放风筝"，还是复杂的幻想场景设定，如"在神秘的魔法世界中，古老城堡矗立在云端，魔法师骑着飞龙翱翔天际"，Stable Diffusion 都能基于其经过大规模艺术作品数据训练的模型，快速生成高质量的图像作品。这些图像在细节表现上尤为出色，人物形象栩栩如生，物体纹理清晰细腻，场景光影效果逼真自然，充分展示了其在图像生成技术上的先进性。Stable Diffusion 完全免费，开源生态丰富，支持商业用途，为专业创作者提供广阔空间。不过其学习成本高，本地运行对硬件要求也高，更适合专业设计领域，如品牌视觉定制、影视分镜制作。

3. 文心一格

文心一格是百度公司基于深度学习技术研发的一款具有创新性的图像类 AIGC 工具。它借助百度在人工智能领域的深厚技术积累和海量的艺术数据资源，在图像生成方面展现出独特的优势。

在文本理解与图像生成的协同方面，文心一格表现出色。用户只需以自然语言详细描述所需图像的内容和特征，如"一座具有东方古典园林风格的庭院，亭台楼阁错落有致，小桥流水潺潺，周围环绕着盛开的梅花"，文心一格便能迅速解析文本信息，利用其训练有素的模型生成高度符合描述的图像。生成的图像不仅在细节上精准还原用户的构思，如园林建筑的飞檐斗拱、梅花的花瓣纹理等，而且在艺术风格上能够准确把握东方古典园林的韵味，营造出一种宁静、优雅的氛围。

在操作层面，文心一格具有极高的易用性。其简洁明了的操作界面设计，使得即使是没有专业图像创作背景的用户也能快速上手。用户只需在输入框中输入文本描述，即可在短时间内获得多个不同风格和角度的图像生成结果，方便用户进行选择和进一步优化。这种高效的创作流程和丰富的创意输出，使得文心一格在艺术创作、文化教育、广告设计、娱乐等多个领域得到了广泛的应用，成为推动图像创作领域发展的重要力量之一。

4. 其他工具

常用的 AIGC 工具见表 3-1-2。

表 3-1-2 AIGC 工具集

工具名称	开发者	主要功能	特点	适用场景	访问方式	是否免费	备注
DALL-E 3	OPENAI	文本生成图像、图像编辑、图像扩展	提示词理解能力强，生成逻辑性强	广告设计、插画、教育素材	OPENAI 官网（需 API 或 ChatGPT Plus）	付费（按次计费）	需注册账号，支持多语言提示词
Runway ML	RUNWAY	文本生成图像、视频编辑、图像修复	多模态 AI 工具，支持实时协作和团队项目	影视特效、动态设计	官网注册	免费试用+付费订阅	功能全面，适合进阶创作
Canvy AI	CANVA	AI 生成设计模板、图像优化、背景去除	与设计工具无缝集成，操作简单	平面设计、社交媒体素材	Canva 官网或 App	免费基础功能+付费	适合设计小白，快速生成实用素材

续表

工具名称	开发者	主要功能	特点	适用场景	访问方式	是否免费	备注
Bing Image Creator	MICROSOFT	文本生成图像（基于DALL-E 3）	免费使用，集成在BING搜索中，生成速度快	教育素材、快速原型设计	BING搜索或EDGE浏览器	免费（有限次数）	适合日常简单需求，无需复杂配置
百度AI作画	百度	文本生成图像、风格化处理	中文界面友好，支持国潮、水墨风等特色风格	传统文化宣传、艺术创作	百度AI官网	免费+付费额度	国产工具，适合文化类项目

3.1.3 图像类AIGC工具的使用流程

3.1.3.1 图像生成基本流程

图像类AIGC工具生成图像的基本流程通常遵循"输入需求—模型运算—生成与调整—输出与应用—后期处理"的通用框架。

项目三任务3.1

1. 输入需求：定义生成目标

核心步骤

文本描述：用户通过自然语言描述所需图像的关键元素（如主体、风格、色彩、氛围等）。示例："赛博朋克风格的城市夜景，霓虹灯光，雨天街道，未来感机器人"（如图3-1-1所示）。

图3-1-1 即梦图片生成效果（a）

优化技巧：如果想要选择合适的提示词获得更好的图像生成效果，可从以下几个方面入手：

（1）精准描述主题：尽可能清晰、具体地阐述你希望生成的图像核心内容。比如将"一个建筑"细化为"一座哥特式风格的大教堂，有着高耸的尖塔和精美的彩色玻璃窗"，AI工具就能更精准地围绕哥特式大教堂的典型元素进行创作，生成的图像也更符合预期。

（2）融合多元维度：将风格、场景、元素、动作、色彩、光影等不同维度的提示词有机结合。例如，"在夕阳余晖（光影）下的宁静湖面（场景），一艘复古风格（风格）的帆船（元素）正缓缓前行（动作），整体画面采用暖黄色调（色彩）"，这样全面的提示词可以为工具提供更丰富的创作信息，生成的图像更具层次感和氛围感。

（3）避免模糊和歧义：用词要准确，避免模糊不清或容易产生歧义的表述。像"一些奇怪的东西"就太过模糊，工具难以理解具体指向，而"悬浮在空中的奇异生物，有着透明的翅膀和闪烁的触角"则清晰地描绘出了元素特征,有助于生成更理想的图像。

(4)参考优秀作品:多观察优秀的艺术作品、摄影作品等,学习其中独特的元素、表现手法和描述方式,并将其融入提示词中。比如看到一幅极具创意的超现实主义绘画,就可以借鉴其独特的构图和奇幻元素,在提示词中加入"超现实风格的梦境场景,物体扭曲变形,空间错乱交织"。

(5)多次尝试和调整:图像生成是一个不断试错和优化的过程。如果第一次生成的图像不理想,不要气馁,可以分析不足,调整提示词后再次尝试。例如发现生成的图像色彩过于鲜艳,就可以在提示词中加入"低饱和度色彩"来进行修正。

练习案例

精准刻画主体:要想生成理想的图像,第一步是在文本描述中清晰、准确地界定主体。比如,若想生成一幅人物图像,简单说"一个人"远不如描述为"一位身着复古旗袍的东方女性,眼神中透露出温婉与坚定,盘起的发髻上插着一支精致的玉簪"(如图3-1-2所示),这种详细的描述能让 AI 生成的人物形象更具辨识度和独特性。

图3-1-2 即梦图片生成效果(b)

构建场景氛围:为主体构建一个与之相匹配的场景,能极大地丰富图像内容。继续以上述女性为例,可以补充"站在古色古香的庭院中,背后是一扇雕花的木质窗户,阳光透过树叶的缝隙洒在地面上,形成斑驳的光影",通过这样的环境描述,让图像更有故事感和真实感(如图3-1-3所示)。

图3-1-3 即梦图片生成效果(c)

融入情感与风格:情感和风格的描述能赋予图像独特的灵魂。例如,"以印象派的风格展现出一种宁静、祥和的氛围",让 AI 在生成图像时参考印象派的色彩运用和笔触特点,同时营造出宁静的感觉,使图像更具艺术感染力(如图3-1-4所示)。

图3-1-4 即梦图片生成效果（d）

参考图输入（可选）：部分工具支持上传图片作为风格或构图的参考，可以生成与给定参考图风格一致的内容。

2. 模型运算：算法生成图像

在不同工具中可以按照自己的需求选择不同的生图模型。

例如在即梦中的生图模型如图3-1-5所示。

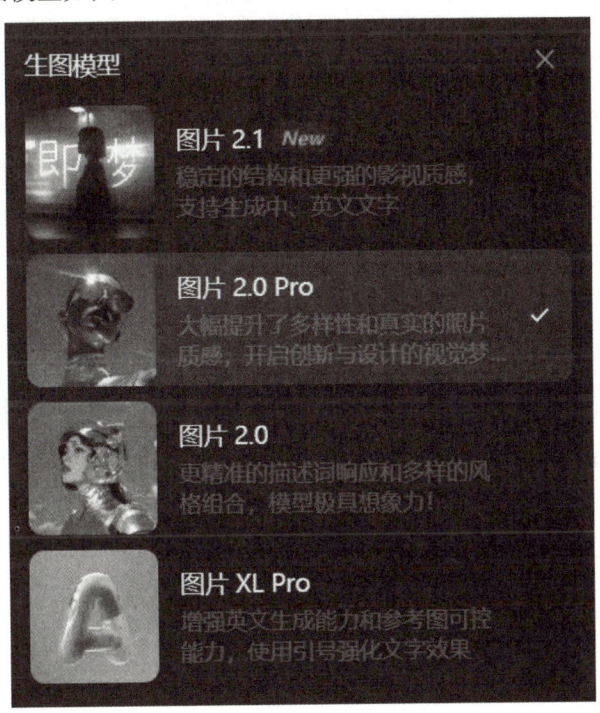

图3-1-5 即梦生图模型

3. 生成与调整：优化输出结果

初级调整

工具通常批量生成4~8张候选图供用户挑选（如Midjourney的U1-U4放大某张图）。

用户选择合适的图像进行调整、编辑和修复

裁剪与缩放：通过此功能，可对生成图像进行区域选择并裁剪，去除不必要的部分，突出主体。比如生成了一幅包含风景和人物的图像，若想重点突出人物，就可以裁剪掉多余的风景部分。

缩放功能则能根据实际需求调整图像尺寸，无论是放大用于高清展示，还是缩小适配特定平台，都能轻松实现。

色彩调整：可以对图像的色调、饱和度、对比度等色彩参数进行修改。例如对一幅色彩暗淡的图像，通过提高饱和度和对比度，使其变得鲜艳生动；或者将彩色图像调整为复古的棕黄色调，营造怀旧氛围。

添加元素或文字：在生成的图像上添加新的元素，如在一幅风景图像中添加飞翔的小鸟，为画面增添动态感；也能添加文字，比如在产品宣传图像上添加产品名称和卖点介绍，使其更具实用性。

风格迁移：把一种图像风格应用到另一种图像上。如将油画风格迁移到一张普通照片上，使其呈现出油画般的质感和笔触效果；或者将卡通风格应用到人物照片上，生成有趣的卡通形象。

瑕疵去除：能自动识别并去除图像中的瑕疵，如照片上的划痕、污渍、噪点等。比如老照片上有划痕，通过修复功能可以让照片恢复整洁，重现清晰画面。

内容填充：当图像中有缺失部分时，利用 AIGC 技术可以智能填充缺失内容，使图像完整。比如图像中某个物体被误删除，通过内容填充功能可以根据周围图像信息，生成合理的内容填补空缺。

超分辨率增强：提高图像分辨率，使图像变得更加清晰锐利，常用于将低分辨率图像转换为高分辨率图像，满足打印或高清显示的需求。例如对模糊的网络图片进行超分辨率增强，用于制作海报。

人物修复：针对人物图像，可修复人物的面部瑕疵、调整表情、优化身体比例等。如修复人物脸上的痘痘、黑眼圈，或者调整人物的表情，让其看起来更加自然、美观。

4. 输出与应用：格式适配与版权确认

（1）最终输出。

格式选择：导出 PNG（透明背景）、JPG（压缩）或 PSD（分层文件，如堆友的 3D 素材）。

分辨率适配：根据用途调整尺寸（如社交媒体需 16:9，印刷需 300dpi 以上）。

（2）版权注意事项。

商用授权：确认生成内容的版权归属（如 Midjourney 付费用户可商用，堆友素材默认 CC0 协议）。

水印处理：免费工具可能添加水印，需订阅高级版去除。

5. 后期处理

（1）图像合成。

操作流程：一般用户需先上传想要合成的图像素材，然后在工具中指定合成的区域、方式和融合程度等参数。比如使用 Stable Diffusion 进行图像合成，可通过提示词描述合成要求，如"将左侧的雄鹰图像合成到右侧的高山风景图像中，雄鹰在天空中翱翔"，同时调整参数控制合成效果。

应用场景：在广告设计中，能将产品图像与创意背景合成，制作出吸睛的宣传海报；电影和游戏行业里，用于合成特效场景，如将演员与虚拟的外星场景合成，打造奇幻的视觉效果；在艺术创作领域，艺术家可以将不同的艺术作品元素合成，创造出全新的艺术表达。

(2)创意设计。

创作方式:用户通过输入丰富的提示词引导创作,如描述风格、主题、元素等。例如想要设计一款具有未来感的汽车,可输入"赛博朋克风格的未来汽车,车身线条流畅,带有发光的能量条,悬浮在城市街道上方",还能结合参考图像、调整参数等方式,让设计更符合预期(如图3-1-6所示)。

图3-1-6 即梦图片生成效果(e)

应用领域:在平面设计中,快速生成创意Logo、宣传册设计等;工业设计里,辅助设计师构思产品外观,如设计具有独特造型的电子产品;在文创领域,用于创作动漫角色、插画故事场景等,为文化创意产业提供灵感和素材。

(3)结合常用的图像后期处理工具。

Photoshop:功能强大,图层操作方便,能独立调整图像元素。拥有丰富滤镜,如"高斯模糊""液化""智能锐化",还可借助选区工具精准调整特定区域。

Lightroom:专注照片处理,调色优势明显。有大量预设可快速切换风格,也能在"基本"面板精细调整曝光、色温等参数,还提供局部调整工具。

6. AIGC生成图像后期处理案例演示

假设使用Stable Diffusion生成了一幅海边日落的图像,但存在画面偏暗、色彩不够鲜艳、天空与海面的过渡不自然等问题。

(1)使用Photoshop处理。

整体亮度调整:打开图像后,选择"图像"菜单—"调整"—"曲线",提高图像整体亮度,让沙滩、海浪和晚霞更清晰。

色彩优化:选择"图像"—"调整"—"色相/饱和度"提高饱和度,再用"色彩平衡"调为暖色调,增强日落温暖感。

自然过渡处理:用"橡皮擦工具"擦除天空与海面交界处生硬边缘,再用"模糊工具"模糊处理,使其过渡自然。

细节增强:用"套索工具"选中主体元素,选"滤镜"—"锐化"—"USM锐化",调整参数增强清晰度。

(2)使用Lightroom处理。

基本参数调整:导入图像后,在"基本"面板提高曝光、对比度和饱和度,调暖色温、色调强化日落效果。

运用预设:在"预设"面板选择"温暖日落"预设,优化图像风格。

局部调整：用"径向滤镜"突出太阳光芒，用"调整画笔"提亮暗区，用"渐变滤镜"让天空与海面过渡自然。

通过 Photoshop 和 Lightroom 的后期处理，原本存在问题的 AIGC 生成图像在亮度、色彩、过渡和细节等方面都得到了显著提升，图像质量更上一层楼，更能满足实际使用需求，无论是用于个人欣赏、社交媒体分享还是商业用途，都能展现出更好的视觉效果。

3.1.3.2 提示词说明

使用 AIGC 工具生成理想图片的关键在于精准、结构化地描述需求，并通过逐步优化提示词（Prompt）控制生成结果（见表3-1-3）。

提示词设计框架（STARD 原则）

（1）Subject（主体）：明确核心对象。

示例："一只戴眼镜的橘猫" > "一只坐在窗边的橘猫，戴着圆形金丝眼镜，眼神好奇"。

技巧：添加特征（颜色、动作、表情）、环境关联。

（2）Type（类型）：定义画面类型。

示例："3D 卡通渲染" / "赛博朋克插画" / "水墨风格国画"。

技巧：结合风格关键词（如"低多边形/Low Poly""厚涂/impasto"）和艺术家名（如"宫崎骏风格"）。

（3）Atmosphere（氛围）：控制情绪与光影。

示例："阴雨天，柔和的逆光，朦胧雾气"。

技巧：使用时间（黄昏）、天气（暴雨）、光照（霓虹光晕）等元素。

（4）Reference（参考）：引入类比对象。

示例："类似《银翼杀手》的霓虹街道，带有蒸汽波色调"。

技巧：关联电影/游戏/艺术家（如"吉卜力工作室配色"）。

（5）Detail（细节）：强化关键元素。

示例："金属质感机器人，表面有磨损锈迹，背景是废弃的图书馆"。

技巧：用材质（磨砂玻璃）、纹理（龟裂地砖）、透视（广角畸变）等细化描述。

表3-1-3 提示词说明

提示词类型	描述	关键词示例	适用场景	工具示例
主体描述	定义画面核心对象或人物	机器人、穿西装的猫、发光森林、未来城市、独角兽、悬浮的岛屿、机械巨龙、手持魔法棒的精灵	明确画面主体，避免歧义	Midjourney、即梦 AI
风格、类型关键词	指定艺术风格或视觉效果	赛博朋克、水墨画、低多边形（Low Poly）、8-bit 像素风、巴洛克风格、洛可可风格、印象派、立体主义	统一画面调性，匹配目标场景	Stable Diffusion、堆友
环境与氛围	描述场景背景、光影及情绪	雨天街道、霓虹灯光、黄昏逆光、迷雾笼罩、阳光明媚的草原、神秘的海底洞穴、恐怖的废弃城堡、充满节日氛围的广场	增强画面故事感，营造沉浸体验	通义万相、Stable Diffusion
细节控制	调整画面局部特征或质感	4K 超清、金属光泽、细腻皮肤纹理、动态模糊、丝绸质感、粗糙的岩石表面、晶莹剔透的水晶、流动的液体效果	提升真实感或特定材质表现	Midjourney、Stable Diffusion

续表

提示词类型	描述	关键词示例	适用场景	工具示例
构图与视角	定义画面结构和观察角度	对称构图、俯视视角、广角镜头、极简主义、三分法构图、仰视视角、特写镜头、鸟瞰视角	优化画面布局，增强视觉冲击力	即梦AI、文心一格
艺术媒介	模拟传统艺术工具或数字特效	油画笔触、铅笔素描、水彩晕染、电影级CGI、喷枪效果、蜡笔质感、数字绘画风格、复古胶片颗粒	模仿特定创作手法	堆友、Midjourney
文化元素	融入地域、历史或流行文化符号	唐朝服饰、蒸汽朋克机械、吉卜力风格、国潮插画、埃及法老元素、北欧神话场景、哈利·波特魔法元素、漫威超级英雄	本土化设计或IP联动	堆友、即梦AI
负面提示词	排除不想要的元素或效果（需配合特定符号，如no）	no blur（无模糊）、no text（无文字）、no deformed hands（无畸形手）、no extra limbs（无多余肢体）、no unrealistic colors（无不现实色彩）	减少模型错误，优化生成质量	Stable Diffusion、Midjourney
高级参数	通过参数符号调整生成权重或技术细节（如分隔权重、seed 123固定随机数）	火焰：2（2倍权重）、steps 50（迭代50次）、ar 16:9（宽高比）、scale 7（提示词引导强度）、seed 456（固定随机种子）	精细化控制生成结果	Stable Diffusion、Midjourney

3.1.4 图像类AIGC工具原理浅析

1. 生成对抗网络（GAN）

原理：GAN由生成器（Generator）和判别器（Discriminator）组成。生成器负责生成图像，判别器用于判断图像是否真实。两者相互对抗，生成器不断学习生成更逼真的图像，判别器则不断提升辨别能力。

应用：广泛用于图像生成、风格转换等场景。

生成对抗网络（GAN）可以被形象地比喻为"艺术家与鉴赏家的博弈"。生成器（Generator）就像一位努力创作的艺术家，其目标是生成逼真的图像作品。判别器（Discriminator）则类似于一位经验丰富的鉴赏家，其职责是判断一幅作品是否为真迹。在训练过程中，艺术家不断学习如何创作出更接近真迹的作品，而鉴赏家则不断提升自己的辨别能力。两者相互对抗、相互促进，最终使得生成器能够生成高质量、逼真的图像。这种机制广泛应用于图像生成和风格转换等领域，例如将一张普通照片转换为凡·高风格的绘画。

2. 变分自编码器（VAE）

原理：通过编码器将图像编码为潜在空间的分布，再通过解码器重建图像。VAE在编码过程中引入随机性，使得生成的图像具有多样性。

应用：适用于图像生成和数据压缩等任务。

变分自编码器（VAE）的工作原理可以类比为"信息的压缩与解压"。编码器的作用类似于一个高效的压缩器，它将图像压缩成一个紧凑的潜在空间表示，这个过程类似于将一幅复杂的图像

"编码"成一个简洁的"密码"。解码器则相当于一个解压器,它从潜在空间的"密码"中重建出图像。与普通压缩不同的是,VAE 在编码过程中引入了随机性,这使得它能够生成具有多样性的图像,而不仅仅是对原始图像的简单复制。这种特性使得 VAE 在图像生成和数据压缩方面具有重要应用价值。

3. 扩散模型(Diffusion Models)

原理:通过逐步添加噪声将图像破坏,再逐步去除噪声重建图像。扩散模型通过逆向扩散过程生成高质量的图像。

应用:在图像生成和修复方面表现出色,尤其适合生成复杂场景的图像。

扩散模型的工作原理可以比喻为"沙漏的逆向过程"。想象一个沙漏,沙子从上半部分逐渐流到下半部分,这是一个逐步增加噪声的过程。扩散模型的训练过程就是将图像逐步"破坏",即在图像中逐步添加噪声,使其逐渐失去细节,最终变成噪声。生成过程则是"逆向扩散",类似于将沙漏倒过来,让沙子从下半部分流回上半部分,逐步去除噪声,最终重建出清晰的图像。这种机制使得扩散模型在生成高质量图像和修复图像方面表现出色,尤其适合生成复杂的场景图像。

项目实战

实战一

"未来科技生活"概念图绘制:以未来科技融入日常生活为主题,使用 AIGC 工具生成一系列概念图,如未来的智能家居环境、空中出行工具、城市建筑风貌等。再通过 Photoshop 对图像进行合成和修饰,让不同元素融合自然,构建出一个完整且富有想象力的未来世界。

实战二

"经典文学场景再现"图像呈现:从经典文学作品中选取一个著名场景,例如《红楼梦》中的大观园聚会、《西游记》中的孙悟空大闹天宫、《哈利·波特》中的霍格沃茨魔法课堂等,运用 AIGC 工具生成对应的图像,还原文学作品中的描述。然后利用后期处理工具对图像的色彩、氛围进行调整,使其更贴合文学作品的意境。

实战三

"传统节日庆典"插画设计:选择一个传统节日,如春节、端午节、中秋节等,通过 AIGC 工具生成展现该节日庆典场景的插画,画面中需包含节日特色元素,像春节的鞭炮、舞龙舞狮,端午节的龙舟、粽子,中秋节的月亮、月饼等。之后利用图像后期处理工具添加光影效果,提升插画的视觉冲击力。

课程思政

1. 科技报国与创新精神:在工具介绍与实践中,引入国产图像类 AIGC 工具发展成果,如百度文心一格等,激励学生关注本土科技进步,树立科技报国志向;借项目中的创意构思环节,鼓励学生大胆创新,勇于探索工具新用法,培养创新意识。

2. 文化自信与文化传承:当给定"传统节日"等主题进行图像创作时,引导学生挖掘传统文化元素，利用 AIGC 工具展现中华优秀传统文化魅力，增强文化自信，传承文化基因。

3. 科技伦理与社会责任：在项目全程强调版权意识，要求学生合法使用 AIGC 工具生成图像，避免侵权；在图像传播环节，提醒学生辨别虚假信息，不传播利用工具生成的不实图像，增强社会责任感。

任务 3.2　音频类 AIGC 工具

3.2.1　音频类 AIGC 工具概述

音频类 AIGC 工具借助人工智能算法，依据用户提供的文本、音频样本或特定指令，自动生成、修改或优化音频内容，其核心在于通过对海量音频数据的学习，把握音频的特征与规律，进而生成契合用户需求的音频素材。音频类 AIGC 工具的核心特点如下：

输入多元化：支持文本输入转换为语音、音频片段输入进行续写或风格转换等多种形式。

生成智能化：凭借 AI 模型自动生成音乐、语音旁白、音效等，无需专业音乐制作技能。

风格丰富性：可生成流行、古典、摇滚、民谣等多样音乐风格，以及不同性别、年龄、情感色彩的语音。

交互灵活性：用户能通过调整参数（如节奏、音调、音量）或修改文本指令来掌控生成结果。

1. 音频类 AIGC 工具的应用场景

音频类 AIGC 工具的应用场景如表 3-2-1 所示。

表 3-2-1　音频类 AIGC 工具的应用场景

领域	应用详情	具体示例
音乐创作	旋律、节奏、和声创作及音乐风格转换	生成流行歌曲旋律、将古典音乐改编为电子音乐风格、创作电影配乐的主题旋律
广播影视	旁白语音生成、音效制作、背景音乐创作	纪录片旁白配音、科幻电影中的外星生物音效、爱情电影的浪漫背景音乐
有声读物	文本转语音、语音角色塑造、多语言朗读	将小说转换为有声书、为不同角色赋予独特语音、实现中文书籍的英文语音朗读
游戏	游戏背景音乐、角色语音、环境音效生成	角色扮演游戏的城镇背景音乐、英雄角色的战斗语音、森林场景的鸟鸣音效
广告与营销	广告语音旁白、品牌宣传音频制作、活动音效设计	汽车广告的激情语音介绍、品牌主题曲、促销活动的热闹音效
教育	语音教学素材生成、语言学习辅助工具	英语单词发音示范、外语对话模拟、智能语音辅导
智能语音助手	语音唤醒词、语音交互提示音、个性化语音包	智能音箱的唤醒语音、操作反馈音效、用户定制的语音助手音色

音频类 AIGC 工具在众多行业发挥着关键作用，是推动音频内容创作与传播的重要力量。

2. 音频类 AIGC 工具的优势和挑战

音频类 AIGC 工具以其高效、创新和低成本的特点，正重塑音乐、影视、游戏等多个行业的音频创作格局。其核心优势在于能够快速生成高质量音频，极大缩短创作周期，降低人力和时间成本。例如，作曲家借助这些工具，能在短时间内生成多种风格的音乐素材，为创作提供丰富灵感。同时，AIGC 工具打破了专业门槛，让普通用户也能轻松创作音乐，实现自己的创意。通过对海量音频数据的学习，工具可以生成多样化的音乐风格和独特音效，满足不同用户的个性化需求。

然而，这些工具的广泛应用也面临着诸多挑战。在版权方面，由于训练数据的来源复杂，以及生成内容的版权归属界定模糊，容易引发版权争议。例如，使用未经授权的音乐片段进行训练，可能会侵犯原作者的版权。在伦理层面，合成语音可能被用于制造虚假信息、诈骗等不良行为，对社会秩序造成威胁。技术上，生成音频的质量和稳定性有待提高，在处理复杂音乐结构和情感表达时，可能出现逻辑错误和不自然的情况。此外，数据偏见问题也不容忽视，训练数据可能存在文化、地域等方面的偏差，导致生成内容缺乏多样性和包容性。为应对这些挑战，需要建立完善的版权保护机制，明确版权归属；制定严格的伦理准则，规范工具的使用；持续优化算法，提高生成音频的质量；同时，丰富训练数据，减少数据偏见，确保工具的可持续发展和社会价值。

3.2.2 常用音频类 AIGC 工具介绍

1. BGM 猫

BGM 猫是一款专注于背景音乐生成的 AIGC 工具。用户能通过文本细致描述音乐风格、情绪、应用场景等，像"节奏舒缓，带有神秘氛围，适合恐怖解谜游戏的背景音乐"。它还支持用户上传旋律片段，以此为基础进行拓展创作。BGM 猫内置海量音乐素材库，涵盖各种音乐风格和乐器音色，能生成高质量、个性化的背景音乐。操作界面简洁直观，无音乐专业背景的用户也能轻松上手。另外，它提供音乐编辑功能，用户可对生成音乐的节奏、音高、音量等参数进行调整，进一步优化音乐效果。BGM 猫适用于短视频制作、广告配乐、自媒体创作等场景，为创作者提供便捷、高效的背景音乐生成解决方案。

2. SunoAI

SunoAI 是一款综合性极强的音频类 AIGC 工具，在背景音乐生成、语音合成、音效制作等方面都表现卓越。它支持多语言与丰富音色的语音合成，能依据文本内容和情感需求，精准调整语调、语速、停顿等细节，生成自然流畅的语音；在背景音乐生成时，可根据用户给出的风格、节奏、情感等提示，营造出贴合需求的音乐氛围；音效制作更是一绝，无论是科幻电影中震撼的激光武器音效，还是大自然里逼真的鸟鸣风声，都能精准模拟，还提供丰富参数设置，满足专业用户深度定制需求，广泛应用于影视、游戏、有声读物、广告营销等众多领域。

3. 其他工具

音频类 AIGC 其他工具介绍见表 3-2-2。

表 3-2-2 音频类 AIGC 工具集

工具名称	所属地区	核心功能	特色优势	适用场景
魔音工坊	国内	语音合成，具备音频编辑功能（剪辑、混音等）	拥有丰富语音库，多种音色和语言可选	有声读物制作、简单音频项目后期处理
网易天音	国内	提供音乐创作辅助，可生成旋律、歌词创作灵感，也能根据文本生成音乐	背靠网易云音乐，拥有丰富的音乐资源和算法支持，能为创作者提供新颖的音乐灵感和创意	音乐创作初期的灵感启发、歌词旋律创作
SunoAI	国外	背景音乐生成、语音合成、音效制作	支持多语言和丰富音色，精准模拟各类音效，参数丰富可深度定制	影视制作、游戏开发、有声读物、广告营销
Audio	国外	将文本描述转化为完整音乐作品	操作简单，降低音乐创作门槛，适合无音乐基础者	个人音乐创作、简单音乐需求场景
Aiva	国外	广告、影视、游戏等配乐创作，可生成新音乐和编辑现有歌曲	不断改进，功能丰富，可编辑现有歌曲	广告、影视、游戏等需要配乐的领域

3.2.3 音频类 AIGC 工具实战

3.2.3.1 音频生成基本流程

1. 文本描述

明确音频主题与情感：在文本描述中清晰界定音频的核心主题和情感基调。例如，用 BGM 猫创作一段悲伤的背景音乐，描述为"一段用于电影中离别场景的背景音乐，旋律应传达出深沉的悲伤和无奈，节奏缓慢且沉重，以弦乐器为主奏，如用小提琴的悠扬呜咽声来烘托氛围"（见图 3-2-1）。

项目三任务3.2

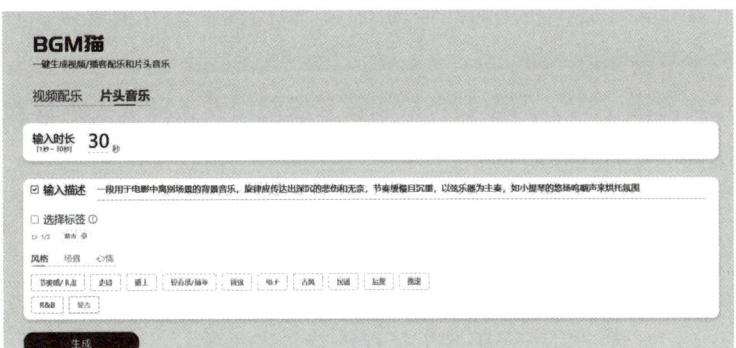

图 3-2-1 BGM 音频生成

细化音乐元素与风格：详细说明所需音乐的风格特点、乐器组合、节奏韵律等元素。比如，"一首具有拉丁风情的舞曲，节奏明快有力，以康加鼓和沙锤营造热烈的氛围，旋律采用西班牙吉他弹奏，具有强烈的舞蹈性和律动感"。

2. 参数设置

采样方法选择：不同的采样方法影响音频生成的质量和效率。如基于深度学习的蒙特卡洛采样方法可生成高质量、具有丰富细节的音频，但计算成本较高，适合对音频质量要求苛刻的场景；而简单的随机采样方法生成速度快，但音频质量相对较低，适用于快速生成草稿或简单音效的情况。

步数调控:步数与音频的精细度和复杂度相关。对于简单的语音提示音或短音效,较少的步数(如 10~20 步)即可生成;而对于完整的音乐作品,尤其是具有复杂旋律和和声结构的乐曲,可能需要 50~100 步甚至更多,以确保音乐的完整性和细腻度。但步数过多也可能导致过度拟合和生成时间过长,需根据实际情况平衡。

3. 音频生成

将编写好的文本描述和设置的参数输入音频生成工具(如 BGM 猫、Jukebox、DeepMusic 等)后,工具会依据自身算法和预训练模型,对文本信息进行解析与处理,从海量音频数据中提取相关特征和模式,经复杂计算生成最终音频。不同工具在音频生成速度、质量及风格多样性上存在差异,用户应依实际需求与偏好筛选合适工具。

4. 后期处理

(1)常用音频后期处理工具。

Adobe Audition:功能强大,可进行音频剪辑、混音、降噪、均衡调节等操作。例如,在处理一段录制的音乐小样时,能精准去除背景噪声,调整各乐器轨道的音量平衡,使整首曲子听起来更加和谐、专业。

Audacity:开源免费,支持音频录制、编辑、特效添加等功能。如为一段语音添加回声效果,增强其空间感和艺术感染力。

(2)AIGC 生成音频后期处理案例演示。

假设使用 Jukebox 生成了一段电子音乐,但存在节奏不够稳定、部分音效过于尖锐、整体音量偏小等问题。

使用 Adobe Audition 处理:

节奏修正:打开音频文件后,利用时间伸缩工具,根据音乐的节拍规律,对节奏不稳定的段落进行调整,使整首曲子节奏保持一致。

音效优化:通过均衡器(EQ)调整高频段和低频段的增益,降低尖锐音效的刺耳感,同时增强低频的厚重感,使音效更加圆润饱满。

音量提升:选择"效果"—"振幅与压限"—"标准化",将音频整体音量提升到合适的水平,确保在不同播放设备上都能清晰播放。

经上述后期处理,原本存在瑕疵的 AIGC 生成音频在节奏、音效和音量等方面显著改善,能更好地满足实际应用需求,如用于电子音乐演出、视频背景音乐等。

3.2.3.2 提示词说明

主要格式:主题与基础信息 + 风格与影响参考 + 情感与氛围描述 + 应用场景 + 特殊要求。
各种类型的提示词说明见表 3-2-3。

表 3-2-3 提示词说明

提示词类型	关键词示例	适用场景	工具示例
风格描述	流行、古典、摇滚、爵士、民谣、电子、嘻哈、R&B、拉丁、国风	各类音乐创作场景,如制作广告配乐、游戏背景音乐、短视频背景音乐等;以及对已有音频进行风格转换	SunoAI、BGM 猫、Audio 等

续表

提示词类型	关键词示例	适用场景	工具示例
节奏特征	快节奏、慢节奏、4/4拍、3/4拍、切分节奏、三连音节奏、摇摆节奏	音乐创作、舞蹈音乐制作、健身音乐制作等需要特定节奏的场景	SunoAI、Hydra II by Rightsify 等
旋律走向	旋律舒缓、旋律激昂、高音区旋律、低音区旋律、重复旋律片段	歌曲创作、纯音乐创作、为特定主题创作旋律等	Audio、Aiva 等
和声要求	简单和声、复杂和声、三和弦、七和弦、I-IV-V和声进行、爵士和声	音乐创作、音乐编曲、和声练习等	Aiva、SunoAI 等
乐器组合	钢琴、吉他、小提琴、架子鼓、电吉他失真音色、萨克斯滑音演奏	音乐创作、配乐制作、乐器教学音频制作等	SunoAI、Fugatto 等
情感氛围	欢快、悲伤、激昂、宁静、神秘、浪漫、紧张、温馨	影视配乐、广告配乐、有声读物背景音乐制作等需要营造特定情感氛围的场景	BGM猫、SunoAI 等
应用场景	电影预告片、游戏战斗场景、婚礼背景音乐、餐厅背景音乐、运动健身音乐	根据不同应用场景创作音频的情况	BGM猫、Audio 等
特殊效果	回声效果、混响效果、变调处理、失真效果、合唱效果	音乐创作、音频特效制作、创意音频制作等	Fugatto、SunoAI 等

3.2.4 音频类 AIGC 工具原理浅析

1. 基于 Transformer 的音频生成技术

Transformer 模型凭借自注意力机制，能有效捕捉音频信号中的长距离依赖关系，在音频生成中作用显著。在音乐创作中，它能理解旋律、和声、节奏之间的复杂关系，生成逻辑连贯、富有创意的音乐片段。例如输入一段简单的旋律动机和风格描述，基于 Transformer 的模型可拓展成完整的音乐段落，且在节奏、和声搭配上更符合音乐理论和审美。在语音合成方面，能根据文本内容，精准把握语义和情感，生成自然流畅、情感丰富的语音，如在有声读物和语音助手场景中，能让语音更具表现力。

2. 扩散模型在音频领域的应用

扩散模型在音频生成中，通过逐步添加噪声将音频破坏，再逐步去除噪声重建音频。在生成复杂音效时，能从简单的基础音频特征出发，逐步生成细节丰富、逼真的音效，比如模拟真实的环境音效，像暴风雨中的电闪雷鸣、热闹集市的嘈杂声等。在音乐生成中，能利用逆向扩散过程，从随机噪声逐步构建出具有独特风格和创意的音乐作品，且生成的音乐在细节和连贯性上表现出色。

项目实战

实战一

"未来城市声音景观"设计：以未来城市为主题，运用 AIGC 工具生成各种未来城市中的声音元素，如飞行汽车的引擎声、智能建筑的运转声、空中交通的指挥声等。通过音频编辑软件将这些声音元素进行合成与混音处理，构建出一个充满科技感和未来感的城市声音景观。同时，利用音频特效和空间音频技术，营造出逼真的三维空间听觉效果，使听众仿佛置身于未来城市之中。

实战二

"经典文学作品有声演绎"创作：选择一部经典文学作品，如《哈姆雷特》或《傲慢与偏见》，使用 AIGC 工具将文本转换为语音，并根据作品的情节发展、人物性格和情感变化，对语音的音色、语速、语调等进行调整和优化。例如，为哈姆雷特的独白赋予深沉、忧郁的音色和缓慢的语速，以突出其内心的挣扎；为伊丽莎白的对话设置轻快、活泼的语调，展现其机智和灵动。然后，添加合适的背景音乐和音效，增强有声演绎的氛围和感染力，打造一个高质量的经典文学有声作品。

实战三

"个性化音乐电台"搭建：根据用户的音乐偏好（如喜欢的音乐风格、歌手、情感氛围等），利用 AIGC 工具生成定制化的音乐播放列表。同时，通过音频编辑和混音技术，为每首音乐添加独特的 intro 和 outro 音效，以及根据音乐节奏和情感变化设计动态的音量包络和均衡器设置，提升音乐播放的流畅性和听觉体验。此外，还可以结合语音合成技术，为用户提供个性化的音乐、推荐语音介绍，使整个音乐电台更具互动性和吸引力。

课程思政

1. 科技强国与使命担当：在介绍音频类 AIGC 工具时，着重讲解我国在音频技术领域的自主创新成果，如某些国产音频处理软件在智能语音识别、音乐创作算法等方面的突破，激发学生的民族自豪感和科技强国使命感，鼓励他们投身音频技术研发，为我国音频产业发展贡献力量。

2. 文化传承与创新发展：在项目实践中，引导学生挖掘和利用本土音乐文化资源，如民间音乐、传统戏曲等，将其融入音频创作中。通过 AIGC 工具对传统音乐元素进行创新演绎，赋予古老文化新的生命力，增强学生对民族文化的认同感和传承意识，同时培养他们在文化传承基础上的创新能力。

3. 科技伦理与社会责任：强调音频 AIGC 工具在使用过程中的版权问题，要求学生尊重知识产权，合法获取和使用音频素材与模型。同时，关注音频内容的社会影响，避免生成和传播不良音频信息，如虚假语音、低俗音乐等，培养学生的社会责任感和道德底线意识。

任务3.3 视频类 AIGC 工具

3.3.1 视频类 AIGC 工具概述

视频类 AIGC 工具借助人工智能算法，依据用户输入的文本、图像、视频片段或特定指令，自动生成、编辑、优化视频内容，其核心在于通过对海量视频数据的学习，掌握视频的结构、语义、视觉和听觉特征，进而生成符合用户需求的视频作品。其核心特点如下：

输入多模态：支持文本描述、图像序列、视频片段等多种形式输入，为视频创作提供丰富素材和创意起点。

生成自动化：基于AI模型自动生成视频内容，包括视频画面、动画效果、背景音乐、旁白语音等，减少人工制作成本和时间。

风格多元化：可生成写实、卡通、科幻、艺术等多种视频风格，满足不同应用场景和用户审美需求。

交互性强：用户能够通过调整参数（如视频时长、分辨率、画面风格、音频效果等）、修改文本指令或实时预览等方式，灵活掌控视频生成结果。

1. 视频类AIGC工具的应用场景

视频类AIGC工具在众多行业发挥着日益重要的作用，推动着视频内容创作与传播的变革（见表3-3-1）。

表3-3-1 视频类AIGC工具的应用场景

领域	应用详情	具体示例
影视制作	剧本创作、故事板绘制、特效制作、虚拟角色生成	为电影生成原创剧本，绘制动画电影的故事板，制作科幻电影中的外星生物特效，创建逼真的虚拟演员
广告与营销	广告视频创意制作、品牌宣传视频生成、个性化视频广告投放	为汽车品牌制作创意广告视频，生成企业品牌的宣传短片，根据用户兴趣投放个性化的电商产品视频广告
教育	教学视频制作、虚拟课堂场景搭建、教育动画生成	制作数学课程的讲解视频，搭建历史事件的虚拟演示课堂，生成生物知识的科普动画
游戏	游戏剧情动画制作、游戏角色动画生成、过场视频设计	制作角色扮演游戏的主线剧情动画，生成游戏角色的技能展示动画，设计游戏关卡之间的过场视频
社交媒体	短视频创作、动态视频封面生成、用户个性化视频推荐	为用户快速生成有趣的短视频内容，制作吸引人的社交媒体动态视频封面，根据用户行为和喜好推荐个性化视频
新闻与传媒	新闻视频自动生成、视频内容摘要、虚拟主播播报	根据新闻稿件自动生成视频报道，提取视频的关键信息生成内容摘要，利用虚拟主播进行新闻播报
医疗	手术模拟视频制作、医学教育视频生成、康复训练视频指导	创建复杂手术的模拟演示视频，制作医学知识讲解的教育视频，为患者提供个性化的康复训练视频指导
建筑与设计	建筑动画展示、室内设计效果视频呈现、产品设计演示视频制作	制作建筑项目的外观和内部结构动画展示，生成室内装修设计的效果视频，为产品设计制作功能演示视频

2. 视频类AIGC工具的优势和挑战

视频类AIGC工具以其高效、创新和低成本的特点，正重塑视频创作领域的格局。其核心优势在于能够快速生成高质量视频，极大缩短创作周期，降低人力和时间成本。例如，影视制作团队借助这些工具，能在短时间内生成特效场景和角色动画，为创作提供丰富灵感。同时，AIGC工具打破了专业门槛，让普通用户也能轻松创作视频，实现自己的创意。通过对海量视频数据的学习，工具可以生成多样化的视频内容和独特的视觉效果，满足不同用户的个性化需求。

然而，这些工具的广泛应用也面临着诸多挑战。在版权方面，由于训练数据的来源复杂，以及生成内容的版权归属界定模糊，容易引发版权争议。例如，使用未经授权的视频片段进行训练，可能会侵犯原作者的版权。在伦理层面，合成视频可能被用于制造虚假信息、深度伪造等不良行为，对社会秩序造成威胁。技术上，生成视频的质量和稳定性有待提高，在处理复杂情节和动作时，可能出现逻辑错误和不自然的情况。此外，数据偏见问题也不容忽视，训练数据可能存在文化、地域等方面的偏差，导致生成内容缺乏多样性和包容性。为应对这些挑战，需要建立完善的版权保护机制，明确版权归属；制定严格的伦理准则，规范工具的使用；持续优化算法，提高生成视频的质量；丰富训练数据，减少数据偏见，确保工具的可持续发展和社会价值。

3.3.2 常用视频类 AIGC 工具介绍

1. Runway

Runway 是 2018 年成立于美国纽约的人工智能公司，专注图像和视频编辑。其产品 RunwayML 是一款出色的视频类 AIGC 工具，在创意和生成式 AI 领域表现亮眼。RunwayML 支持多模态输入，能根据文本描述生成视频，如输入"热闹都市街头快闪舞蹈，舞者活力四射"，即可产出对应视频片段；也能将一系列有故事性的图像合成为连贯视频。编辑功能同样强大，背景移除可精准去背景，无须绿幕抠像；智能缩放与分割能智能识别并按需缩放、分割人物和场景，适配不同播放设备。此外，它拥有庞大的 AI 模型库，涵盖图像分类、风格迁移等多种模型，为创作提供丰富可能。

RunwayML 应用广泛，在影视制作中助力好莱坞大片特效制作，如《瞬息全宇宙》；在广告营销时帮品牌快速生成创意广告，提升知名度与销量；在游戏开发中用于制作过场、角色动画，丰富游戏内容；在教育领域则辅助教师生成教学视频，让知识呈现更生动。

（1）Runway 基本功能。

1）文本转视频：用户输入文本描述，如"一个在森林中漫步的小精灵，周围是闪烁的萤火虫和茂密的树木，阳光透过树叶的缝隙洒在地上"，Runway 能够根据这些描述生成相应的视频画面，包括小精灵的形象、动作，萤火虫的闪烁效果，树木的形态和光影变化等，同时还会自动添加合适的背景音乐和环境音效，营造出逼真的场景氛围。

2）视频风格转换：可以将输入的视频转换为不同的风格，如将一段普通的城市街景视频转换为复古的黑白电影风格，或者将写实的风景视频转换为卡通绘画风格。在转换过程中，不仅会改变视频的画面色调、纹理等视觉效果，还会对视频中的物体形状和线条进行相应的调整，使其符合目标风格的特点。

3）视频特效添加：支持为视频添加各种特效，如粒子效果、光影特效、模糊特效等。例如，在一段舞蹈视频中添加炫酷的粒子特效，随着舞者的动作而流动变化，增强视频的视觉冲击力；或者在一段夜景视频中添加光影特效，模拟月光洒在建筑物上的效果，提升视频的艺术感。

（2）Runway 使用方法。

1）编写提示词：

详细描述视频内容：对视频中的主体、场景、动作、情感等方面进行全面而细致的描述。例如，"一位身着古装的女子在古色古香的庭院中翩翩起舞，她的舞姿优美轻盈，手中的扇子随着动作飘动，庭院里有盛开的花朵和潺潺的流水，阳光明媚，整个场景充满了宁静和祥和的氛围"。

运用形象生动的词汇：使用富有感染力和表现力的词汇来增强提示词的效果。比如，用"飘逸""灵动""绚丽""神秘"等词汇来描述物体的形态、动作或氛围。例如，"一个神秘的魔法世界，有高耸入云的城堡，城堡上闪烁着奇异的光芒，周围是云雾缭绕的山脉，不时有飞龙在天空中翱翔，发出震耳欲聋的咆哮声"。

2）明确视频的风格和情感基调：在提示词中直接说明视频的风格要求，如"以印象派的绘画风格展示一个美丽的花园，色彩斑斓，笔触细腻，充满了生机和活力"，或者"制作一个具有紧张刺激氛围的动作视频，节奏快速，画面激烈"。

3）设置参数：

分辨率选择：根据视频的应用场景和需求，选择合适的分辨率，如720p、1080p、4K等。较高的分辨率可以提供更清晰的画面质量，但也会增加生成时间和计算资源的消耗。

时长控制：设定视频的时长，从几秒的短视频到几分钟的长视频都可以，根据实际需要灵活调整。

风格强度调节：对于视频风格转换或特效添加等功能，可以通过调整风格强度参数来控制效果的明显程度。例如，在将视频转换为卡通风格时，较高的风格强度会使视频更接近卡通的夸张和简化特点，较低的强度则会保留更多原始视频的细节。

2. 即梦 AI

即梦 AI 作为剪映旗下专注于图像与视频创作的 AIGC 工具，以其丰富的功能和便捷的操作在创作领域占据一席之地。

它支持自然语言和图片两种输入方式，为用户提供了多样化的创作起点。用户输入简洁明了的文本提示词，如"在繁华都市的夜晚，霓虹灯闪烁，街头艺人在表演"，即梦 AI 能够迅速理解用户需求，生成具有较高视觉质量的图像。图像在色彩搭配、构图布局等方面都经过精心设计，能够准确传达用户所描述的场景氛围和情感基调。同时，对于用户上传的本地图片，即梦 AI 提供了强大的编辑和创意改造功能。例如，用户可以轻松地实现背景替换操作，将一张普通的人物照片的背景替换为梦幻的花海或古老的城堡场景，瞬间提升图片的艺术感和吸引力。此外，还能进行风格联想转换，如把一张写实风格的风景照片转换为具有中国水墨画风格的艺术作品，为用户的创作带来更多的可能性和创意空间。即梦 AI 完全免费，对中文提示词友好，交互设计流畅，在短视频素材制作、电商产品图生成以及个人艺术创作方面表现出色。但它生成的图像分辨率低，缺乏局部重绘功能。

3. 快手可灵

快手可灵（Kling）是快手大模型团队自研的视频生成大模型（见图 3 - 3 - 1），在国内 AIGC 视频生成领域表现亮眼。它具备强大的核心功能，文本生成视频时，用户输入自然语言描述，像"热闹的乡村集市，人群熙熙攘攘，摊位上摆满了各种新鲜的农产品"，快手可灵就能凭借先进算法和对文本的理解，生成画质清晰、精准呈现场景细节的视频。在图片生成视频方面，不管是风景、人物还是设计图，都能成为它生成动态视频的素材，比如将一张宁静的海边落日图，通过添加海浪涌动、海鸥飞翔等动态元素，转化为生动的海边视频。此外，快手可灵还提供丰富的运镜控制选项，用户能自由选择推、拉、摇、移等运镜方式，为视频增添电影级视觉效果。

快手可灵的优势显著，它能生成超 120 秒、1080p 分辨率的高清视频，且画面连贯、动作细节真实，面对复杂场景和动作也能稳定表现。其采用类 Sora 的 DIT 结构，用 Transformer 代替卷积网络，能更有效地捕捉时空信息，理解文本与视频内容的关联，生成逻辑连贯的视频，还具备真实物理模拟能力，让视频更具真实感。在适用场景方面，它是短视频创作者的得力助手，能快速生成搞笑短剧等各类短视频；对广告营销而言，它能助力企业将创意转化为吸引人的视频素材；在影视制作前期，它可为导演和编剧提供可视化参考，甚至在低成本影视项目中直接生成部分简单视频内容。

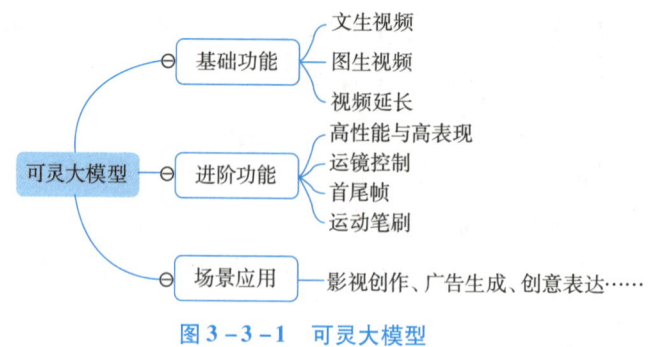

图 3-3-1 可灵大模型

4. 其他工具

视频类 AIGC 工具集见表 3-3-2。

表 3-3-2 视频类 AIGC 工具集

工具名称	所属地区	核心功能	特色优势
Sora	国外	依据文本描述生成连贯性和逻辑性强的视频，支持多语言输入以及视频编辑	对文本理解精准，生成的视频画面生动、细节丰富，多语言支持方便全球用户
Pixverse	国外	融合 AI 绘画与视频生成，能将文本生成的静态图像转化为动态视频	独特的静态到动态转化过程，可生成精美的视频画面
Vidu	中国	端到端文生视频大模型，支持文生视频、图生视频，视频风格有写实和动漫可选	基于全球首个将 Diffusion 与 Transformer 融合的 U-ViT 架构，能生成高一致性、高动态性视频
智谱清言"清影"	中国	提供文生视频、图生视频功能，还能为生成视频添加背景音乐	依托智谱大模型团队的视频生成大模型 CogVideo，功能丰富
Pika	国外	支持文生视频、图生视频、视频生视频三种生成方式	生成方式多样，能满足不同用户对于视频生成的需求
Stable Video	国外	网页即可生成视频，每天有一定免费生成额度	操作便捷，免费额度较多，适合有一定视频生成需求但预算有限的用户
Moonvalley	国外	通过简单文本创建电影和动画视频	号称地表最强的 AI 视频生成工具，使用体验良好

3.3.3 视频类 AIGC 工具实战

3.3.3.1 视频生成基本流程

1. 文本描述

构建视频故事框架：在文本描述的开头，清晰地勾勒出视频的故事主线和核心情节。比如，"这是一个关于友谊的故事，讲述了两个小伙伴在奇幻森林中冒险，他们遇到了各种困难，但始终相互扶持，最终找到了回家的路"，通过这样的描述为视频生成奠定基础，确定整体的叙述方向（见图 3-3-2）。

项目三任务3.3

图 3-3-2 即梦视频生成效果（a）

详细刻画角色与场景：对视频中的主要角色进行细致入微的描述，包括他们的外貌特征、性格特点、穿着打扮等。例如，"其中一个小伙伴是勇敢的小男孩，他有着棕色的头发，明亮的眼睛，穿着一件蓝色的冒险服，背着一个装满工具的背包；另一个是聪明的小女孩，她扎着马尾辫，戴着一副眼镜，穿着粉色的连衣裙，手里拿着一本魔法书"。同时，对场景进行生动的描绘，如"奇幻森林中树木高大茂密，树枝上缠绕着闪烁的藤蔓，地面铺满了厚厚的落叶，阳光透过树叶的缝隙洒下，形成一道道金色的光斑，周围弥漫着神秘的雾气"，使视频画面更具真实感（见图 3-3-3）。

图 3-3-3 即梦视频生成效果（b）

设定视频风格与情感基调：明确视频的风格类型，如"以童话般的卡通风格呈现这个故事，色彩鲜艳明亮，线条圆润流畅，营造出温馨、欢乐的情感氛围"，让 AIGC 工具能够根据设定的风格和情感基调生成相应的视频画面和音乐音效（见图 3-3-4）。

2. 参数设置

采样方法选择：不同的采样方法会影响视频生成的速度和质量。例如，基于蒙特卡洛采样的方法可以生成质量较高、细节丰富的视频，但计算时间较长；而基于快速贪心采样的方法则生成速度较快，但可能在细节和质量上有所牺牲。前期创意探索阶段，可以选择快速采样方法快速生成多个视频草图，以便筛选和确定创意方向；最终生成高质量视频时，则可选用更精细的采样方法。

步数调控：步数与视频的精细程度和复杂程度密切相关。简单的视频场景或短视频，如一个只有单一主体和简单背景的 15 秒视频，可能只需 20~30 步即可生成清晰的画面；而对于复杂的长视

图 3-3-4 即梦视频生成效果（c）

频，如一部具有多个角色、丰富场景和复杂情节的 5 分钟动画电影，可能需要 80~100 步甚至更多，以确保视频的画面质量、情节连贯性和细节完整性。但步数过多也可能导致计算资源的过度消耗和生成时间的大幅延长，需要根据实际情况进行权衡和调整。

CFG Scale 参数调整：CFG Scale 用于控制视频生成与文本描述的匹配程度。当数值较低（如 3~5）时，生成的视频具有较高的随机性和创意性，可能会出现一些与文本描述不完全一致但富有创意的元素或情节，有助于激发创作者的灵感和探索新的视频表现形式；当数值较高（如 8~10）时，视频会严格按照文本描述进行生成，与文本的契合度极高，但可能会在一定程度上限制视频的创意发挥。通常可以先从中间值（如 6~7）开始尝试，根据生成的视频效果和创作需求灵活调整该参数。

3. 视频生成

将精心编写的文本描述和设置好的参数输入到视频生成工具（如 Runway ML、Stable Diffusion for Video 等）中，工具会依据其内置的算法和预先训练的模型，对输入的信息进行解析和处理。它首先会分析文本中的语义、语法和情感信息，提取关键元素和情节线索，其次从大量的视频数据中搜索和匹配相关的图像、场景、动作等素材，并通过复杂的计算和合成过程，将这些素材组合成连续的视频画面，同时根据视频的风格和情感基调生成相应的背景音乐、音效和旁白语音，最终输出完整的视频作品。不同的工具在视频生成的速度、质量、风格多样性和对文本的理解能力等方面可能会有所差异，用户需要根据自己的创作需求和实际情况选择合适的工具。

4. 后期处理

（1）常用视频后期处理工具。

Adobe Premiere Pro：作为专业的视频编辑软件，提供了全面的视频剪辑、调色、音频处理、特效添加等功能。例如，在剪辑方面，可以精确地对视频片段进行裁剪、拼接和调整顺序；在调色方面，能够通过调整色彩平衡、对比度、亮度、饱和度等参数，营造出不同的视觉氛围，如将一个白天的场景调整为夜晚的色调，或者为视频赋予复古的色彩风格；在音频处理中，可以对背景音乐和音效进行混音、降噪、音量平衡等操作，使音频效果更加出色；在特效添加方面，拥有丰富的预设特效和插件，如转场特效、滤镜特效、粒子特效等，可以为视频增添各种视觉效果，提升视频的观赏性和专业性。

（2）AIGC生成视频后期处理案例演示。

假设使用Runway ML生成一个关于未来城市的视频，但存在画面色彩不够鲜艳、部分场景过渡不自然、背景音乐与画面氛围不太契合等问题。

对于这些不足就可使用Adobe Premiere Pro进行处理：

色彩优化：打开视频项目后，选择"Lumetri Color"面板，通过调整"基本校正"中的参数，如提高饱和度、增强对比度和亮度，使画面色彩更加鲜艳明亮。然后，利用"曲线"工具对视频的不同颜色通道进行精细调整，进一步优化色彩的层次感和丰富度，如增强蓝色通道的亮度，使未来城市的天空看起来更加湛蓝。

过渡处理：在时间轴上找到场景过渡不自然的位置，使用"视频过渡"效果中的"溶解""渐变擦除"等过渡效果，根据视频的节奏和情节发展，调整过渡的时长和方向，使场景之间的转换更加流畅自然。例如，在从一个繁华的市中心场景过渡到一个宁静的公园场景时，使用"渐变擦除"过渡效果，并将过渡时长设置为2秒，使过渡过程更加柔和。

音频调整：导入更适合未来城市氛围的背景音乐，如具有科技感和节奏感的电子音乐。在"音频轨道混合器"中，调整背景音乐的音量、均衡器和压缩器等参数，使其与视频画面的节奏和氛围相匹配。同时，对视频中原有的环境音效进行处理，如增强车辆行驶的声音、降低人群嘈杂的声音，使音频效果更加协调。

3.3.3.2 提示词说明

提示词＝主体（主体描述）＋运动＋场景（场景描述）＋（镜头语言＋光影＋氛围）。

各类提示词的具体说明见表3-3-3。

表3-3-3 提示词说明

类别	描述	示例	常用关键词
主体	视频中的主要表现对象，是画面主题的重要体现者，包括人、动物、植物及物体等	一位年轻女性、一只可爱的猫咪、一朵盛开的向日葵、一辆炫酷的跑车	主角、核心物体、焦点、关键角色、核心元素、中心主体、视觉焦点
主体描述	对主体外貌细节和肢体姿态等的描述，通过多个短句列举	高马尾发型、身着红色连衣裙、笑容甜美、双手叉腰站立	发型、服饰、表情、姿势、妆容、肤色、配饰、体型、面部轮廓、肢体动作、站立姿态、坐姿、卧姿
主体运动	对主体运动状态的描述，包括静止和运动等，运动状态符合5s视频内可展现的画面	静止地坐在椅子上、快速奔跑、缓慢旋转	静止、移动、跳跃、舞动、滑行、行走、飞翔、滚动、攀爬、跌倒、扭转、摆动
场景	主体所处的环境，包括前景、背景等	室内客厅、室外公园、海边沙滩	室内、室外、自然、城市、乡村、虚拟空间、奇幻世界、未来都市、古代城镇、科幻场景
场景描述	对主体所处环境的细节描述，通过多个短句列举，符合5s视频内可展现的画面	摆放着沙发和茶几、绿树成荫、海浪拍打着海岸	家具陈设、植被、地形、地标、建筑风格、街道布局、天空状况、水面状态、光影效果、道路状况、装饰元素

续表

类别	描述	示例	常用关键词
镜头语言	通过镜头的各种应用以及镜头之间的衔接和切换来传达故事或信息，并创造出特定的视觉效果和情感氛围	背景虚化突出主体、特写长焦镜头拍摄人物表情、顶部拍摄展现全貌	特写、远景、中景、俯拍、仰拍、平拍、跟拍、拉镜头、推镜头、摇镜头、移镜头、旋转镜头、模糊镜头、鱼眼镜头、慢镜头、快镜头、跳切、闪回
光影	赋予摄影作品灵魂的关键元素，光影的运用可以使照片更具深度、更有情感，通过光影创造出富有层次感和情感表达力的作品	夕阳余晖洒在地面、丁达尔效应透过树叶缝隙、暖黄色灯光照亮房间	自然光、人造光、阴影、反光、逆光、侧光、顺光、顶光、底光、散射光、聚光灯、光晕、光斑、光影交错、明暗对比
氛围	对预期视频画面的氛围描述	热闹的节日氛围、电影级复古调色、温馨美好的家庭场景	欢快、宁静、神秘、浪漫、紧张、恐怖、温馨、复古、时尚、科幻、梦幻、庄严、活泼、压抑、激昂、怀旧

3.3.4 视频类 AIGC 工具原理浅析

1. 生成对抗网络（GAN）

GAN 在视频生成领域同样由生成器和判别器组成。生成器的任务是生成视频帧序列，它通过学习大量的视频数据，尝试生成逼真的视频画面。判别器则负责判断生成的视频是否真实，它会对生成器生成的视频和真实的视频进行对比分析。在训练过程中，生成器不断优化自身，努力生成更逼真的视频帧，以骗过判别器；而判别器也在不断提升辨别能力，区分真实视频和生成视频。通过这种相互对抗的过程，生成器逐渐能够生成高质量、更符合真实视频特征的视频帧序列。例如在动画视频生成中，生成器生成角色的动作帧序列，判别器判断这些动作是否符合自然规律和动画逻辑，促使生成器生成更流畅自然的动画视频。

2. 变分自编码器（VAE）

VAE 在视频生成中，通过编码器将视频编码为潜在空间的分布。编码器会对视频中的各种信息，如画面内容、动作变化、色彩等进行提取和压缩，转化为潜在空间中的一个向量表示。这个向量包含了视频的关键特征信息。然后，通过解码器从潜在空间的向量中重建视频。与传统自编码器不同的是，VAE 在编码过程中引入了随机性，使得生成的视频具有多样性。即使输入相同的视频或相似的指令，由于随机性的影响，每次生成的视频在细节和表现上也会有所不同，满足用户对于多样化视频内容的需求。例如在视频风格转换中，VAE 可以将原始视频编码为潜在空间的表示，然后通过解码器生成具有不同风格的视频。

3. Transformer

Transformer 模型在视频类 AIGC 工具中发挥着重要作用，特别是在处理视频内容理解和生成方面。它基于自注意力机制，能够更好地捕捉视频帧之间的长距离依赖关系。在视频生成时，Transformer 模型可以根据输入的文本描述或其他指令，理解其中的语义和逻辑关系，从而生成具有连贯情节和合理画面的视频。自注意力机制让模型能够关注到视频中不同时间点的关键信息，比如在生成一段所描述人物的一天活动的视频时，模型可以根据文本中不同时间的活动描述，准确地生成相应的视频画面，并且确保各画面之间的过渡自然流畅，提高视频生成的连贯性和逻辑性。

项目实战

实战一

"未来星际旅行"视频创作：以未来人类的星际旅行为主题，运用 AIGC 工具生成各种星际场景，如璀璨的星空、神秘的星系、先进的太空飞船等视频素材。利用视频编辑软件对这些素材进行合成与编辑，设计出合理的情节和叙事结构，如从地球出发、穿越虫洞、抵达外星文明等情节。同时，添加逼真的音效和旁白，营造出紧张刺激又充满科幻感的氛围，制作出一部完整的"未来星际旅行"视频作品。

实战二

"历史事件重现"视频制作：选择一个重要的历史事件，如赤壁之战或文艺复兴运动，通过查阅大量历史资料和文献，梳理出事件的关键人物、重要情节和场景细节。然后使用 AIGC 工具根据这些信息生成相应的视频画面，包括古代战场的布局、战船的样式、士兵的装备和战斗场景，或者文艺复兴时期的建筑风貌、艺术家的创作场景和人物形象等。在生成过程中，注重还原历史的真实性和准确性，参考历史文物和绘画作品的风格特点。之后利用视频编辑软件对生成的素材进行剪辑、调色和添加特效等处理，再配上符合历史背景的音乐和解说词，生动地重现历史事件，打造一个具有教育意义和历史价值的视频作品，帮助观众更好地了解和感受历史。

实战三

"未来城市生活"视频创作：以未来城市为主题，使用视频类 AIGC 工具生成一系列与未来城市相关的视频素材，如未来交通工具的行驶画面、城市建筑的外观和内部场景、人们在未来生活中的各种活动等。然后使用视频编辑软件将这些素材进行剪辑合成，制作出一段完整的、富有未来感的视频作品，展现未来城市的独特魅力。

实战四

"经典文学作品可视化"项目：选择一部经典文学作品的片段，如《西游记》中的"三打白骨精"章节，运用视频类 AIGC 工具生成角色的动画形象、场景画面、动作特效等。通过调整角色的表情、动作、台词，以及场景的光影、色彩、氛围等参数，生动地还原文学作品中的场景和情节，制作成一段精彩的动画视频。

实战五

"传统节日庆典"视频制作：选择一个传统节日，如春节，通过视频类 AIGC 工具生成与春节相关的各种视频元素，如春节晚会的表演画面、家庭团聚的场景、烟花绽放的特效等。然后使用视频编辑软件对这些元素进行剪辑和混音，制作出一段能够营造出浓厚春节氛围的视频作品，可用于春节主题的宣传、社交媒体分享等。

实战六

"品牌宣传"视频创作：为某品牌创作宣传视频，根据品牌定位和宣传需求，使用视频类 AIGC

工具生成独特的品牌形象视频、产品展示视频、品牌故事视频等。通过调整视频的风格、节奏、音乐和旁白，传递品牌的核心价值和个性特点，用于品牌的广告、线上线下活动等宣传场景。

实战七

"科普知识"视频制作：选择一个科普主题，如"宇宙的奥秘"，运用视频类 AIGC 工具生成相关的动画视频、实景模拟视频、数据可视化视频等。通过生动形象的画面、简洁明了的解说和有趣的动画效果，将复杂的科学知识以通俗易懂的方式呈现给观众，制作成一段科普知识视频，可用于教育领域、科普网站等平台。

课程思政

1. 科技报国与创新精神：在工具介绍与实践中，强调国产视频类 AIGC 工具（如秒影）的发展成果，激发学生对本土科技的关注和热爱，树立科技报国的志向。在项目实践中，鼓励学生勇于尝试新的创作思路和方法，利用 AIGC 工具进行创新，培养学生的创新精神和实践能力。

2. 文化自信与文化传承：在对给定传统节日、经典文学作品等主题进行视频创作时，引导学生深入挖掘传统文化元素，运用 AIGC 工具将传统文化以新颖的视频形式展现出来，增强学生的文化自信，传承和弘扬中华优秀传统文化。

3. 科技伦理与社会责任：在项目实践中，强调版权意识，要求学生合法使用视频类 AIGC 工具生成的视频，避免侵权行为。同时，提醒学生在视频传播过程中，要辨别虚假信息，不传播利用工具生成的不实视频，增强学生的社会责任感。

任务 3.4 综合实训

实训一："家乡风情志" AIGC 多媒体创作实训

1. 实训题目

利用图像类、音频类、视频类 AIGC 工具，创作一部展现家乡独特风情的"家乡风情志"多媒体作品，涵盖家乡的自然风光、人文古迹、民俗文化等方面。

2. 实训目标

（1）技术应用：掌握 Midjourney、快手可灵等 AIGC 工具在图像生成、视频整合中的操作流程，提升多模态内容创作能力。

（2）文化挖掘：通过实地调研与素材分析，理解家乡文化内涵，运用 AIGC 工具实现传统文化的数字化创新表达。

（3）团队协作：在分组任务中培养沟通协调能力，完成从素材收集到作品发布的全流程协作。

（4）创新与传播：结合地方特色设计多媒体作品，探索 AIGC 技术在文化传播中的新形式，增强社会责任感。

3. 实训要求

（1）学生分组（每组 4~6 人），通过实地走访、查阅资料等方式收集家乡相关素材，包括家乡美景、古老建筑、传统美食、民俗活动的照片、音频（如方言、民间音乐）及文字介绍等。

（2）运用图像类 AIGC 工具（如 Midjourney、Stable Diffusion）依据素材和创意生成图像，如描绘家乡特色景观的画面，并使用图像处理软件优化。

（3）借助音频类 AIGC 工具（如 Jukebox、Google Text – to – Speech）创作具有家乡特色的背景音乐、语音旁白，融入收集的家乡音频素材，通过音频编辑软件合成。

（4）利用视频类 AIGC 工具（如 Runway ML、Adobe Premiere Pro with Adobe Sensei）把图像和音频合成为视频，添加转场、特效，配上字幕介绍家乡风情，确保视频流畅、字幕清晰。

（5）各小组展示作品，从主题契合度、AIGC 工具运用能力、团队协作、展示表现等方面进行评估，评选优秀作品予以表彰。

实训二："探寻华夏古韵，传承文化之美"——用 AIGC 工具演绎传统文化

1. 实训题目

利用图像类、音频类、视频类 AIGC 工具，创作一部以"华夏古韵"为主题的多媒体作品，深度挖掘传统建筑、非遗技艺、历史典故等文化元素，通过数字化手段创新性地展现中华文化魅力。

2. 实训目标

（1）工具掌握：熟练使用文心一格、魔音工坊等国产 AIGC 工具，实现传统艺术风格与现代技术的融合创作。

（2）文化传承：通过主题策划与素材分析，理解传统建筑、非遗技艺的文化价值，利用 AIGC 技术活化历史文化元素。

（3）创新表达：尝试用 AI 生成动态书法、数字壁画等新型文化内容，探索 AIGC 在文化遗产保护与传播中的应用场景。

（4）科技伦理：在创作中遵守版权规范，关注 AIGC 生成内容的真实性，培养"技术向善"的文化传播理念。

3. 实训要求

（1）素材收集与主题策划。

学生分组（每组 4～6 人），选择传统文化主题（如敦煌壁画、京剧脸谱、榫卯工艺等），通过博物馆调研、古籍查阅等方式收集相关图文、音频（如戏曲片段、传统乐器演奏）及历史文献素材。

撰写主题策划方案，明确作品核心文化内涵与叙事逻辑（如"从壁画飞天到数字舞蹈"的创意构思）。

（2）多模态内容生成。

1）图像创作：

使用国产工具（如文心一格、百度 AI 作画）生成传统文化主题图像，例如输入"敦煌飞天壁画，衣袂飘飘，背景为九色鹿与莲花纹样"，并利用 Photoshop 优化色彩与细节。

结合传统艺术风格（如青绿山水、剪纸艺术）进行风格迁移，创作数字化文化衍生品设计图。

2）音频制作：

借助魔音工坊、网易天音生成传统乐器配乐（如古筝、二胡），输入"高山流水意境的古琴曲，节奏舒缓，辅以鸟鸣音效"。

运用 SunoAI 合成方言或古汉语旁白，例如为青铜器解说词生成浑厚的男声配音。

3）视频整合：

通过快手可灵、智谱清言（清影）将图文、音频合成为动态视频，例如将静态书法作品转化为动态笔触动画，添加古风转场特效（如卷轴展开）。

结合 Runway ML 的 AI 剪辑功能，自动匹配画面与音乐节奏，增强叙事感染力。

（3）文化创新与成果展示（1周）。

各小组将作品上传至短视频平台（如抖音、哔哩哔哩），并发起"#AI 重塑古韵 #"话题互动，收集公众反馈。

线下举办"数字文化展"，通过 VR 设备展示 3D 复原的传统建筑模型（如故宫角楼），并现场演示 AIGC 工具生成过程。

从文化创新性、技术融合度、传播影响力三个维度进行评分，将优秀作品推荐至地方文化创意赛事。

项目小结

通过本项目实训，学生在多维度实现能力提升：

1. 技术应用：熟练操作文心一格、SunoAI、快手可灵等工具，完成图像生成、音频创作、视频整合全流程，掌握 AIGC 工具在多模态内容生产中的协作逻辑。

2. 文化与创新：在"传统文化演绎"等主题中，借助 AIGC 挖掘文化元素并创新呈现，既深化文化理解，又培养创新实践能力。

3. 团队与伦理：分组协作强化沟通能力，同时在创作中强化版权意识，关注生成内容的合规性，平衡技术应用与科技伦理。

未来可进一步探索 AIGC 在更多领域的延伸应用，持续关注技术迭代，推动 AIGC 技术与创意表达、社会价值的深度融合。